Klaus Schindler

Mathematatik für Ökonomen

WIRTSCHAFTSWISSENSCHAFT

Klaus Schindler

Mathematik für Ökonomen

Grundlagen für Betriebswirte,
Volkswirte und Wirtschaftsingenieure

5. Auflage

Deutscher Universitäts-Verlag

Bibliografische Information Der Deutschen Nationalbibliothek
Die Deutsche Nationalbibliothek verzeichnet diese Publikation in der
Deutschen Nationalbibliografie; detaillierte bibliografische Daten sind im Internet über
<http://dnb.d-nb.de> abrufbar.

1. Auflage 1993
2. Auflage 1996
.
.
.
5. Auflage 2005
Nachdruck 2007

Lektorat: Ute Wrasmann / Frauke Schindler

Der Deutsche Universitäts-Verlag ist ein Unternehmen von Springer Science+Business Media.
www.duv.de

Umschlaggestaltung: Regine Zimmer, Dipl.-Designerin, Frankfurt/Main
Gedruckt auf säurefreiem und chlorfrei gebleichtem Papier

ISBN-13: 978-3-8350-0192-3 e-ISBN-13: 978-3-322-88900-3
DOI: 10.1007/978-3-322-88900-3

Für Silke und Anne

Inhaltsverzeichnis

Verzeichnis ausgewählter Symbole und Abkürzungen

Abb.	Abbildung
BGB	Bürgerliches Gesetzbuch
bzgl.	bezüglich
bzw.	beziehungsweise
d.h.	das heißt
etc.	et cetera
GE	Geldeinheiten
i.A.	im Allgemeinen
ME	Mengeneinheiten
m.E.	meines Erachtens
o.ä.	oder ähnliches
o.B.d.A.	ohne Beschränkung der Allgemeinheit
o.E.	ohne Einschränkung
p.a.	pro anno
PAngV	Preisangabenverordnung
S.	Seite
u.a.	unter anderem
usw.	und so weiter
vgl.	vergleiche
z.B.	zum Beispiel
ZZT	Zinszuschlagstermin 5.2
$:=$	definiert als
$=$	gleich
$\approx$	ungefähr
$\wedge$	logisches „und“ 1.12
$\vee$	logisches „oder“ 1.12
$\longrightarrow$	Subjunktion 1.16
$\Longrightarrow$	Implikation 1.21
$\longleftrightarrow$	Bijunktion 1.16
$\Longleftrightarrow$	Äquivalenz 1.21

$\in$ bzw. $\notin$	Element bzw. nicht Element von	2.1
$\subset$	Teilmenge	2.4 a)
$\emptyset$	Leere Menge	2.2 ii)
$\wp(M)$	Potenzmenge der Menge M	2.6
$\bigcup_{M \in \mathfrak{M}} M$ oder $\bigcup \mathfrak{M}$	Vereinigung des Mengensystems $\mathfrak{M}$	2.9 a)
$\bigcap_{M \in \mathfrak{M}} M$ oder $\bigcap \mathfrak{M}$	Durchschnitt des Mengensystems $\mathfrak{M}$	2.9 b)
$\overline{B}^A$, $\complement_A(B)$ bzw. $A \setminus B$	relatives Komplement von B in A (Differenz)	2.14
$A \times B$ bzw. $\prod_{j=1}^{n} A_j$	kartesisches Produkt der Mengen A, B bzw. A_j	2.20
$\mathbb{N}$, $\mathbb{Z}$, $\mathbb{Q}$, $\mathbb{R}$	natürliche, ganze, rationale, reelle Zahlen	2.2 iii)
$[a,b]$, $]a,b[$, $[a,b[$, $]a,b]$	Intervall von a bis b (mit bzw. ohne Randpunkt)	3.15
$[\vec{a},\vec{b}]$, $]\vec{a},\vec{b}[$, $[\vec{a},\vec{b}[$, $]\vec{a},\vec{b}]$	Strecke von $\vec{a}$ bis $\vec{b}$	4.37
$(a_1,\ldots,a_N)$	geordnetes N-Tupel	2.20
$\sup M$ / $\inf M$	Supremum / Infimum der Menge M	2.28 a)
$\max M$ / $\min M$	Maximum / Minimum der Menge M	2.28 a)
$\arg\max f$ / $\arg\min f$	Menge der Maxima / Minima von f	2.30 iv)
$\lceil x \rceil$	kleinste ganze Zahl größer oder gleich x	4.3 v)
$\lfloor x \rfloor$	größte ganze Zahl kleiner oder gleich x	4.3 v)
$\lvert x \rvert$, $\lvert \vec{x} \rvert$	Betrag von x bzw. Norm des Vektors $\vec{x}$	4.3 ii)
$\operatorname{sgn}(x)$	Signum (Vorzeichen) von x	4.3 iii)
$\vec{0}$	Nullvektor	3.19 ii)
$\mathbf{0}$	Nullmatrix	3.2 iv)
$\vec{e}_j$	j-ter kanonischer Einheitsvektor des $\mathbb{R}^N$	3.22 ii)
E	Einheitsmatrix	3.2 iv)
$A = (a_{ij})_{\substack{i=1,\ldots,M \\ j=1,\ldots,N}}$	$(M \times N)$-Matrix mit den Elementen a_{ij}	2.2 iv)
A^T	zu A transponierte Matrix	3.3 iv)
$\det(A)$	Determinante der Matrix A	4.3 vii)
$\vec{x} * \vec{y}$	Skalarprodukt der Vektoren $\vec{x}$, $\vec{y} \in \mathbb{R}^N$	3.20 ii)
$Q_A(\vec{x})$	Quadratische Form der Matrix A	4.3 vi)/7.49

i_{nach} bzw. i_{vor}	nach- bzw. vorschüssiger Periodenzinssatz	5.4
i_{nom}	nomineller Periodenzinssatz	5.11 a)
$q := 1 + i$	zum Zinssatz i gehöriger Zinsfaktor	5.7 iii)
i_{eff}	effektiver Periodenzinssatz	5.11 b)
$(t \mid K)$, K_t, $K(t)$	Zahlung in Höhe K zum Zeitpunkt t	5.1
$[t \mid K]$	zur Zahlung $(t\|K)$ gehörende Äquivalenzklasse	5.15
$(x_n)_{n=1}^{\infty}$ bzw. $(\vec{x}_n)_{n=1}^{\infty}$	Zahlen- bzw. Vektorfolge	4.19
$\lim\limits_{n\to\infty} x_n$	Grenzwert der Folge $(x_n)_{n=1}^{\infty}$	6.3
$\liminf\limits_{n\to\infty} x_n$	Limes inferior der Folge $(x_n)_{n=1}^{\infty}$	6.8 v)
$\limsup\limits_{n\to\infty} x_n$	Limes superior der Folge $(x_n)_{n=1}^{\infty}$	6.8 v)
$\sum\limits_{n=1}^{\infty} x_n$	(unendliche) Reihe	6.4 v)
$\lim\limits_{\vec{x}\to\vec{x}_0} f(\vec{x})$	Funktionsgrenzwert	6.19 a)
$T_n(x)$	Taylorpolynom n-ter Ordnung	7.32 iii)
f^{-1}	Urbildmengen-/Umkehrabbildung	4.9/4.14
$\binom{n}{k}$	Binomialkoeffizient	4.24
f', df, Df, $\frac{df}{d\vec{x}}$	Totale Ableitung (Differential) von f	7.6
$D^n f$, $\frac{d^n f}{d\vec{x}^n}$, $f^{(n)}$	Totale Ableitung $n-$ter Ordnung von f	7.27
$\frac{\partial f}{\partial x_j}$, $D_j f$, f_{x_j}	Partielle Ableitung von f nach der Variablen x_j	7.12
$\text{grad} f$ bzw. ∇f	Gradient von f	7.12
$H_f(\vec{x})$	Hesse-Matrix von f	7.28
$\epsilon_f(x)$	Elastizität von f im Punkt x	.7.9
λ	Lebesgue-Maß	8.15
μ	Maß	8.11
$\mathbb{1}_M$	Indikatorfunktion der Menge M	4.3 iv)
$R\!\!\!\int f(x)\,dx$, $\int f(x)\,dx$	Riemann-Integral von f	8.1/8.28
$\int f\,d\lambda$, $\int f(x)\,dx$	Lebesgue-Integral von f	8.17

Vorwort zur fünften Auflage

In der vorliegenden Neuauflage sind einige zusätzliche Beispiele und Graphiken neu aufgenommen. Desweiteren habe ich die Darstellung der in Kapitel 4 hergeleiteten Summenformeln so verändert, dass deren Anwendung im Kapitel Finanzmathematik sich nun besonders einfach gestaltet. Schließlich habe ich auch den Anfang von Kapitel 7 überarbeitet, in der Hoffnung, dass sich der Einstieg in die mehrdimensionale Differentialrechnung damit deutlich erleichtert.

Saarbrücken, im September 2005 K. Schindler

Vorwort zur vierten Auflage

Dieses Lehrbuch behandelt den mathematischen Stoff, den ein modern ausgebildeter Wirtschaftswissenschaftler beherrscht. Als Student erlernt man diese Methoden üblicherweise entweder zu Beginn des Grundstudiums oder wünscht wenig später, man hätte es getan. Der Lernprozess ist notwendigerweise mühsam. Es fällt schwer, sich *heute* zum Studium - eines noch dazu mathematischen - Instrumentariums zu motivieren, dessen *spätere* Nützlichkeit vom jeweiligen Dozenten bestenfalls behauptet werden kann. Den Beweis muss er in der Regel schuldig bleiben.
Das neu hinzugefügte **Kapitel 9** versucht hier Abhilfe zu schaffen, indem einige Anwendungen der in den Kapiteln 1 bis 8 entwickelten mathematischen Konzepte aus dem Bereich der Wirtschaftstheorie vorgestellt werden. Die Darstellung ist dabei wesentlich ausführlicher als sie vom mathematischen Standpunkt aus sein müsste. Ziel ist es jedoch ausdrücklich nicht, eine systematische Einführung in die mathematisch fundierte Wirtschaftstheorie zu entwickeln. Dafür ist die Auswahl der Themen zu willkürlich und vor allem auch zu unvollständig. Der Anspruch besteht vielmehr darin, anhand einiger Beispiele darzustellen, in welcher Form mathematische Methoden genutzt werden können, um zu einer formalen Beschreibung ökonomischer Zusammenhänge zu gelangen.

Kapitel 9 versucht im Wesentlichen zwei Erfahrungen aus dem Lehr- und Lernbetrieb Rechnung zu tragen. Zunächst fällt es dem Anfänger häufig schwer, bei einer abstrakt

definierten mathematischen Struktur, etwa einem Vektorraum oder einer Matrix, jegliche Anwendbarkeit für vorstellbar zu halten. Zum Zweiten scheitert oft der Transfer von erworbenen mathematischen Kenntnissen zu den ökonomischen Anwendungen. Das Wiedererkennen von formalen Strukturen ist oft nicht gegeben, so dass es zu einer vermeidbaren Vervielfachung des Lehr- und Lernaufwands kommt.
Vor diesem Hintergrund wird die Zielsetzung verständlich, die diesem Kapitel über ökonomische Anwendungen zu Grunde liegt. Zum einen sollen ökonomische Konzepte genutzt werden, um die Anschaulichkeit der Mathematik zu steigern. Das Vorgehen etwa bei der Darstellung von Risikopräferenzen ist wie folgt: Zunächst wird gefragt, welche ökonomische Fragestellung geklärt werden soll. In einem weiteren Schritt wird gefragt, welche Anforderungen an eine formale Beschreibung gestellt werden. Schließlich wird der Formalismus dargestellt. Diese Herangehensweise soll den Zusammenhang zwischen mathematischen Methoden und ökonomischer Theorie demonstrieren. Es wird beispielsweise gezeigt, warum die mathematische Definition einer konkaven Funktion gerade der Definition einer Nutzenfunktion entspricht, die risikoaverse Präferenzen abbildet. Das Vorgehen in diesem Kapitel zeichnet sich also gegenüber anderen Lehrbüchern der Mathematik für Wirtschaftswissenschaftler durch ein intensiveres Eingehen auf ökonomische Fragestellungen aus. Anwendungen werden daher nicht einfach „nachgereicht“, sondern in ihren ökonomischen *und* mathematischen Bezügen entwickelt.

Eine weitere wesentliche Zielsetzung besteht darin, die Effizienz der Lehre und des Studiums zu steigern. Der Zusammenhang der in diesem Buch entwickelten Methoden zu den in anderen Vorlesungen verwendeten Konzepten soll transparenter werden. Studierende der Wirtschaftswissenschaften lernen allzu oft zu viel und zu wenig Mathematik zugleich. Sie lernen *zu wenig* Mathematik in dem Sinne, dass es ihnen nicht gelingt, auf der Grundlage eines analytisch geschärften Verstandes bestimmte Zusammenhänge in ihrer Struktur ein für alle Mal zu durchschauen. Stattdessen lernen sie die gleichen Zusammenhänge *zu häufig* und hangeln sich dabei von einer Plausibilitätsüberlegung zur nächsten. Diese reichen meist nicht sehr weit, weil sie zu spezifisch auf die gerade relevanten Sachverhalte zugeschnitten sind und sich daher einem Transfer entziehen. Diesem Problem abzuhelfen, würde einen enormen Fortschritt bedeuten, da es Studierenden und Dozenten in nachfolgenden Veranstaltungen erlaubte, sehr viel schneller zum eigentlichen Gegenstand vorzudringen, anstatt sich erneut mathematische Grundlagen aneignen zu müssen.

Danksagung

Einen besonders zu würdigenden Beitrag zu dem neu entstandenen Kapitel 9 hat mein Mitarbeiter Dipl.-Vw. Felix Bierbrauer geleistet. Ohne sein Engagement, seine Begeisterung für die Ökonomie und seine Unterstützung wäre dieser Teil des Buches nicht zu Stande gekommen. Ihm ist es - mit Ausnahme des Abschnittes 9.2 - gelungen, meine „mathematische Unbeherrschtheit" in ökonomische Bahnen zu lenken und so dafür zu sorgen, dass ein - hoffentlich auch für Ökonomen - lesbarer Text entstanden ist.
Außerdem möchte ich Herrn Dipl. Kfm. Frank Rosar danken, der die Texte immer besonders kritisch und aufmerksam durchgesehen und mit seinem Einfallsreichtum viel zur besseren Struktur beigetragen hat.

In dieser Danksagung nicht zu vergessen sind Nadine Cwikla, Janine Goels, Oliver Fries, Farsin Khageh-Hosseini, Patrick Saul und Roland Zimmer, die sich - vor allem an einem langen und beschwerlichen Wochenende - bemüht haben, Kapitel 9 aus studentischer Sicht kritisch zu hinterfragen. Dies wäre allerdings ohne die ausgezeichnete Bewirtung von Oma Thieser kläglich gescheitert. Jutta Kronenberger ist schließlich noch für die letzte Korrektur und die Erledigung der alles entscheidenden organisatorischen „Kleinigkeiten" zu danken.

Saarbrücken, im August 2002 K. Schindler

Vorwort zur dritten Auflage

Die dritte Auflage unterscheidet sich vor allem durch die Neubearbeitung der Kapitel Finanzmathematik, Stetigkeit und Differentialrechnung von der letzten Auflage. Daneben wurden kleinere - teilweise durch die letzte Korrektur verursachte - Fehler beseitigt.

Saarbrücken, im August 1998 K. Schindler

Vorwort zur zweiten Auflage

Die vorliegende zweite Auflage weist gegenüber der ersten nur an einigen Stellen wesentliche Änderungen auf, die zumeist aus didaktischen Gründen aufgenommen wurden. Außerdem wurde eine erhebliche Anzahl von Druckfehlern beseitigt, auf die ich zum Teil von Kollegen und von Hörern meiner Vorlesung aufmerksam gemacht wurde.

Saarbrücken, im August 1996 K. Schindler

Vorwort zur ersten Auflage

In den letzten Jahrzehnten ist die Mathematik eines der wichtigsten Hilfsmittel der modernen Ökonomie geworden, da es nur mit (wenn auch idealisierten) mathematischen Modellen möglich ist, die Wechselwirkungen komplexer wirtschaftlicher Situationen zu beschreiben. Die Entwicklung von speziell auf die Bedürfnisse von Ökonomen zugeschnittenen mathematischen Instrumentarien hat teilweise sogar zur Entwicklung eigener mathematischer Disziplinen geführt und einen dementsprechend starken Einfluss auf die Mathematik ausgeübt (z.B. Lineare und nichtlineare Optimierung, Statistik, Spieltheorie). So reicht das mathematische Spektrum des Wirtschaftswissenschaftlers von der elementaren Analysis bis hin zu den modernsten Methoden der Funktionalanalysis.

Dies hat dazu geführt, dass in allen Bereichen der Wirtschaftswissenschaften nicht nur Fachwissen, sondern auch die entsprechende Vertrautheit mit mathematischen Methoden und Denkweisen verlangt wird, was eine solide mathematische Grundausbildung erfordert, wenn nicht von vornherein bestimmte ökonomische Disziplinen verschlossen bleiben sollen. Dem wird (zumindest in der deutschsprachigen Literatur) zu wenig Rechnung getragen. Nur selten wird dem später mehr quantitativ orientierten Studenten eine mathematisch ausreichende Basis zur Verfügung gestellt.

Man ist sich zwar in der Auswahl der mathematischen Grundinhalte weitgehend einig, jedoch herrscht Uneinigkeit hinsichtlich der Art und Weise ihrer Vermittlung. Allzu häufig wird die Mathematik durch Plausibilitätsbetrachtungen und mechanisches Trainieren von Rechenregeln anhand ökonomischer Beispiele nähergebracht. Dies führt immer dann zu Schwierigkeiten, wenn später mathematische Modelle analysiert oder weiterentwickelt werden sollen bzw., wenn auf fortgeschrittene mathematische Methoden zurückgegriffen wird. Da die Methoden der Mathematik aber nur durch das Studium der Beweise mathematischer Aussagen vermittelt werden können, werden in dem vorliegenden Buch fast alle Aussagen bewiesen. Die Verwendung der einzelnen Voraussetzungen in den Beweisen macht klar, dass mathematische Sätze nicht voraussetzungslos angewendet werden können und zeigen die Grenzen der Anwendung. So ist z.B. $f'(x_0) = 0$ *keine* notwendige Voraussetzung für ein lokales Extremum der Funktion f im Punkt x_0. Dies ist nur richtig, wenn die Funktion f differenzierbar *und* x_0 ein innerer Punkt des Definitionsbereiches ist.

Weiterhin wurde darauf geachtet, dass der Text in sich vollständig ist, d.h. ohne Fremdlektüre gelesen werden kann, so dass sich das Buch auch zum Selbststudium eignet. Eine große Anzahl erläuternder und weiterführender Beispiele erleichtert dem Studierenden hierbei das Verständnis und gestattet auch demjenigen die Lektüre, der an der Mathematik nur als reinem Handwerksgerät interessiert ist.

Der Text ist aus meinen einführenden Vorlesungen „Mathematik für Wirtschaftswissenschaftler“ an der Universität des Saarlandes hervorgegangen. Dennoch richtet sich dieses Buch nicht nur an Studierende der Wirtschaftswissenschaften, sondern auch an Mathematiker, die an ökonomischen Aspekten ihres Fachgebietes interessiert sind. Es wurde versucht, den ökonomischen Sprachgebrauch mathematisch zu fundieren und so die (nicht gerade sehr ökonomische) Überfrachtung mit Fachbegriffen auf ein Minimum zu reduzieren. Sicherlich hat jeder ökonomische terminus technicus in den Situationen, aus denen heraus er entwickelt wurde, seine Daseinsberechtigung, doch stellt der teilweise Verzicht auf eine einheitliche Sprache (nicht nur) für den Lernenden ein großes Hemmnis dar. Beispielsweise ist nur schwer einzusehen, warum eine vorschüssige und eine nachschüssige Rentenrechnung (inklusive Formeln und Bezeichnungen) entwickelt werden soll, wenn sich der vorschüssige Formalismus durch eine Verschiebung der Zeiteinheit um Eins aus der nachschüssigen Rechnung (und umgekehrt) ergibt. Um ein anderes Beispiel zu nennen: Warum soll der Student in den Fällen, in denen der Grenznutzen, die Grenzkosten, der Grenzertrag o.ä. gleich 3 sind, die jeweiligen Sachverhalte gesondert interpretieren, obwohl dies in allen Fällen lediglich bedeutet, dass die Steigungen der entsprechenden Funktionen gleich 3 sind (oder marginal: die Änderung der Eingangsvariable um eine infinitesimale Einheit eine Veränderung des Funktionswertes um drei Einheiten bewirkt)?

Aus diesem Grund und wegen der Schwierigkeiten, die der Übergang zur wissenschaftlichen Ausdrucksweise bereitet, wird in den **Kapiteln 1** und **2** eine ausführliche Darstellung von logischen und mathematischen Grundbegriffen gegeben.

Im Bereich der Mengenlehre (**Kapitel 2**) wird nur sehr kurz auf Zahlenmengen eingegangen, weil die Studierenden mit diesen Mengen von der Schule her vertraut sind. Relationen werden hingegen recht ausführlich behandelt, da sich aus ihnen der Begriff der Funktion ableitet und sie zum Verständnis der Nutzentheorie unumgänglich sind. Außerdem sind Ordnungsrelationen im Bereich der Datenverarbeitung unverzichtbar geworden.

Auch die Betrachtung algebraischer Strukturen in **Kapitel 3** erweist sich als sinnvoll, wenn an Datenverarbeitung, Matrizenrechnung oder an moderne Texte der Wirtschaftstheorie gedacht wird.

In **Kapitel 4** werden Funktionen und Abbildungen definiert und verschiedene Eigenschaften (Konvexität, Konkavität, Monotonie, Homogenität u.ä.) untersucht. Insbesondere wird der Zusammenhang zwischen linearen Abbildungen und Matrizen geklärt.

In der Finanzmathematik (**Kapitel 5**) wird die gesamte Zinsrechnung auf das Prinzip der einfachen Zinsrechnung zurückgeführt, so dass kein Bruch zwischen reiner Zinseszinsrechnung, gemischter und einfacher Zinsrechnung entsteht. Außerdem gestattet dies eine klare Definition der finanzmathematischen Begriffe. Hervorzuheben ist in diesem Kapitel vor allem die konsequente Verwendung des Äquivalenzprinzips in Form einer mathematischen Äquivalenzrelation. Dies liefert ein im Bereich der Finanzmathematik überraschend leicht handhabbares Rechenkalkül, mit dem alle finanzmathematischen Entscheidungs- bzw. Investitionsprobleme übersichtlich gelöst werden können.

Kapitel 6 behandelt zunächst den Grenzwertbegriff, dessen Verständnis für die gesamte Differential- und Integralrechnung unumgänglich ist, und endet mit der Untersuchung stetiger Abbildungen. Hier wird u.a. gezeigt, dass eine stetige Funktion auf einer kompakten Menge Minimum und Maximum annimmt. Dieser Existenzsatz ist vor allem im Rahmen der Optimierung von außerordentlicher Wichtigkeit. Erwähnt sei auch der Zwischenwertsatz, der für die numerische Lösung von Gleichungen von großer Bedeutung ist.

Kapitel 7 beginnt mit der Differentialrechnung, wobei – ausgehend vom eindimensionalen Fall – die Definition der Differenzierbarkeit auf dem Begriff der linearen Approximation aufgebaut wird, weil damit ohne Bruch (d.h. zunächst unter Vermeidung der partiellen Ableitungen) der Übergang zum mehrdimensionalen Fall möglich ist. Neben Methoden zur numerischen Lösung von Gleichungen und Gleichungssystemen (Fixpunktsatz, Newtonverfahren u.ä.) werden nach dem impliziten Funktionensatz u.a. auch die für die wirtschaftswissenschaftlichen Fragestellungen so wichtigen Optimierungsprobleme mit und ohne Nebenbedingungen (Lagrange, Kuhn–Tucker) behandelt. Ergänzend finden sich in diesem Kapitel eine größere Anzahl von Beispielen aus dem Bereich der Ökonomie.

In **Kapitel 8** wird ausgehend vom Riemann-Integral die Lebesguesche Integrationstheorie entwickelt und u.a. gezeigt, dass das Lebesgue–Integral eine Verallgemeinerung des Riemann-Integrals darstellt. Diese Vorgehensweise wurde gewählt, weil in den späteren Statistikvorlesungen eine entsprechend allgemeine Integrationstheorie benötigt wird.

Zum Abschluss möchte ich meinen Mitarbeitern Herrn Dipl.-Kfm. Torsten Daenert und Herrn Dipl.-Kfm. Jens W. Meyer für die eingehende Diskussion des dem Buch zugrundeliegenden Stoffes, die gelungene Umsetzung und ihr großes Engagement danken.

Saarbrücken, im Mai 1993 K. Schindler

1

Der Tag ist genau so lang wie etwas,
das genau so lang ist wie ein Tag.
L. Carroll

Formale Logik

In jeder Wissenschaft werden Beziehungen zwischen den Eigenschaften vorgegebener Strukturen abgeleitet. Wichtig ist dabei vor allem, inwieweit gewisse Eigenschaften andere implizieren. Um diese Beziehungen präzise formulieren zu können, benötigt man einige Grundbegriffe der Aussagenlogik, in der die Regeln über die Bildung von Begriffen, Aussagen und Schlüssen erforscht werden.
Als Lehre von den Gesetzen und Beziehungen der Wahrheit ist es jedoch *nicht* die Aufgabe der Logik, Sätze wie „Diese Decke ist weiß“ oder „Fleisch ist ungesund“ auf ihren Wahrheitsgehalt zu untersuchen. Dies bleibt die Aufgabe der Einzelwissenschaften. Die formale Logik gestattet es nur, aus dem Wahrheitsgehalt einzelner Aussagen auf den Wahrheitsgehalt daraus gebildeter Aussagenverbindungen zu schließen. Dies wird möglich, indem man - passend zur Sprache - algebraische Verknüpfungen für Aussagen definiert und anschließend - wie im Bereich der Zahlen - Rechenregeln für diese Verknüpfungen gibt.

Sowohl in der Umgangssprache als auch in der wissenschaftlichen Fachsprache werden häufig Formulierungen verwendet, die - ihrem Inhalt nach beurteilt - entweder wahr oder falsch sind.

Definition 1.1

Eine *Aussage* ist ein sprachliches Gebilde, das seinem Inhalt nach entweder *wahr* (W) oder *falsch* (F) ist.

Im Weiteren werden Aussagen mit kleinen lateinischen Buchstaben $(a, b, c, \ldots, p, q, r, \ldots)$ bezeichnet.

Beispiel 1.2

i) $a :=$ „Der Mars ist ein Fixstern"

ii) $b :=$ „2 ist eine rationale Zahl"

iii) $c :=$ „3 ist ein ganzzahliger Teiler von 4"

a, b und c sind Aussagen, von denen nur b wahr ist.

Bemerkung 1.3

Im strengen Sinne stellt 1.1 keine Definition des Begriffes „Aussage" dar, da sie selbst zu definierende Begriffe enthält, wie z.B. „sprachliches Gebilde" oder „Inhalt".

Genaugenommen verwenden wir also den Begriff der Aussage als nichtdefinierten Begriff und stellen uns auf den Standpunkt, dass durch Definition 1.1 in etwa umschrieben wird, was eine Aussage ist. Wesentlich ist dabei, dass die Zuordnung eines der beiden Wahrheitswerte frei von Zweifeln ist. Dies ist bei den meisten umgangssprachlichen Formulierungen nicht der Fall, wie z.B. in dem Satz „Heute hat es geregnet", bei dem u.a. der Begriff „regnen" nicht eindeutig ist.

Eine weitere Schwierigkeit wird deutlich, wenn man Sätze betrachtet, die sich auf sich selbst beziehen, wie z.B.

- $a :=$ „Dieser Satz ist falsch"
- $b :=$ „Dieser Satz enthält sechs Wörter".

Wäre nämlich a eine Aussage, so müsste a entweder wahr oder falsch sein. In beiden Fällen ergibt sich jedoch ein Widerspruch zum Inhalt des Satzes. Dieses Dilemma tritt beim zweiten Satz in versteckter Form auf. Denn ist b eine falsche Aussage, dann müsste die Negation von b, d.h. „Dieser Satz enthält nicht sechs Wörter", wahr sein.

Diesen vorher erwähnten Schwierigkeiten wollen wir im Folgenden aus dem Weg gehen, indem wir voraussetzen, dass nur Sätze betrachtet werden, bei denen man eindeutig den Wahrheitsgehalt bestimmen kann[1].

---

[1] Auch bei mathematischen Aussagen ist dies nicht immer ohne weiteres möglich: So ist es zum Beispiel noch nicht gelungen, die Goldbachsche Vermutung „Jede gerade Zahl, die größer als 2 ist, lässt sich als Summe zweier Primzahlen schreiben" zu beweisen. Jedoch zweifeln wir nicht daran, dass sie entweder wahr oder falsch sein muss.

Betrachten wir elementare Aussagen, d.h. nicht zusammengesetzte Aussagen ohne Negation, hinsichtlich ihres Aufbaus, so stellen wir fest, dass sie aus *Subjekten* (Namen für Einzeldinge) und aus *Prädikaten* zusammengesetzt sind. So setzt sich die Aussage "2 ist eine rationale Zahl" aus dem Subjekt "2" und dem Prädikat „... ist eine rationale Zahl" zusammen. Die Aussage „3 ist ein Teiler von 4" enthält die Subjekte „3", „4" und das Prädikat „... ist ein Teiler von ...". In Abhängigkeit von der Anzahl der Leerstellen in dem vorliegenden Prädikat spricht man von ein-, zwei- bzw. *mehrstelligen Prädikaten.* Ersetzt man nun die Leerstellen eines Prädikates durch Platzhalter, entsteht der Begriff der Aussageform.

Definition 1.4

Enthält ein Satz Variablen, welche Plätze für die Einsetzung von Subjekten freihalten, so spricht man von einer *Aussageform.* Die Menge aller Objekte, die für die Variablen einer Aussageform eingesetzt werden dürfen, heißt der *Definitionsbereich* $\mathbb{D}$ *der Aussageform.* Ersetzt man die Variablen der Aussageform durch Elemente des Definitionsbereiches, entsteht eine Aussage, und wir nennen die Elemente aus $\mathbb{D}$, für die Aussageform in eine wahre Aussage übergeht, den *Lösungsbereich* $\mathbb{L}$ der Aussageform.
Aussageformen werden mit kleinen lateinischen Buchstaben $a, b, c, \ldots$ und nachfolgender geklammerter Aufzählung der Variablennamen gekennzeichnet, z.B. $a(x, y, z)$.

Die folgenden Beispiele zeigen, dass ein enger Zusammenhang zwischen Aussageformen und dem kartesischen Produkt von Mengen (siehe Definition 2.20) besteht[2].

Beispiel 1.5

i) Betrachten wir die Aussageform $a(x) :=$„$4 - x^2 = 0$" mit den Zahlen 0, 1 und 2 als Definitionsbereich. Dann ist die Aussage $a(2)$ wahr, während die Aussagen $a(0)$ und $a(1)$ falsch sind. Der Lösungsbereich enthält somit nur die Zahl 2.

ii) Die Aussageform $b(x, y) :=$„$x^2 - y = 0$" mit den Zahlentupeln (Zahlenpaaren) $(2, 0)$, $(2, 4)$ und $(-2, 4)$ als Definitionsbereich, wobei x die erste und y die zweite Komponente sei, liefert als Lösungsbereich die beiden Tupel $(2, 4)$ und $(-2, 4)$.

[2]Dies ist kein Zufall. Formale Logik und Mengenlehre sind nur unterschiedliche Beschreibungen des gleichen Modells.

Bemerkung 1.6

i) Zur vollständigen Beschreibung einer Aussageform gehört (wie später auch bei Abbildungen) immer die Angabe des Definitionsbereiches, da es sonst leicht zu Fehlern oder Missverständnissen kommt. Betrachtet man etwa die Aussageform $a(x) =$ „$4 - x^2 = 0$“ aus Beispiel 1.5 i) ohne Angabe des Definitionsbereiches, wird man zum Lösungsbereich bestehend aus den Zahlen 2 und -2 gelangen, weil man versucht ist, den *maximalen Definitonsbereich*, d.h. die Menge der Zahlen, für die $a(x)$ einen Sinn ergibt, zu wählen. Die Wahl des Definitionsbereiches bestimmt also entscheidend den Lösungsbereich.

ii) Solange man an Stelle der Variablen nicht bestimmte Subjekte einsetzt, kann Aussageformen kein Wahrheitswert zugeordnet werden.

Gerade im Zusammenhang mit Aussageformen treten sogenannte Quantoren auf, d.h. Redewendungen von solchem Typus wie „für beliebige Dinge $x, y, \ldots$ gilt“ und „es gibt Dinge $x, y, \ldots$, so dass ...“. Während der erste dieser Ausdrücke Allquantor heißt, bezeichnet man den zweiten als Existenzquantor. Zur Abkürzung ersetzt man solche umschreibenden Quantoren durch symbolische Ausdrücke.

Bezeichnung 1.7

Ist $p(x)$ eine Aussageform mit Definitionsbereich $\mathbb{D}$, so schreiben wir für den *Allquantor*

$$\forall x \in \mathbb{D} : p(x) \quad \text{(lies: für alle } x \text{ aus } \mathbb{D} \text{ gilt } p(x)\text{)}$$

und für den *Existenzquantor*

$$\exists x \in \mathbb{D} : p(x) \quad \text{(lies: es existiert ein } x \text{ aus } \mathbb{D}\text{, so dass } p(x) \text{ gilt).}$$

Durch die explizite oder auch implizite Verwendung von Quantoren entstehen aus den Aussageformen Aussagen, da jede Variable der Aussageform durch einen Quantor „gebunden“ wird.

Beispiel 1.8

i) Sei p die Aussageform mit $p(x)$:=„$x^2 - 1 = 0$“, wobei der Definitionsbereich aus den Zahlen 1 und 2 bestehe. Dann ist $\exists x : p(x)$ eine wahre, $\forall x : p(x)$ eine falsche Aussage.

ii) Sei q die Aussageform mit $q(x, y)$:=„$x - y = 0$“, wobei wir als Definitionsbereich für x und y jeweils die Zahlen 1 und 2 zulassen. Dann ist die Aussage $\forall x \exists y : q(x, y)$ wahr, während die Aussage $\exists y \forall x : q(x, y)$ eine falsche Aussage ist.

Bemerkung 1.9

i) Ist die Aussage $\exists x : p(x)$ wahr, so bedeutet dies nicht, dass *genau* ein x im Definitionsbereich existiert, so dass $p(x)$ wahr ist, sondern nur, dass *mindestens* ein x mit dieser Eigenschaft existiert.

ii) Wie Beispiel 1.8 ii) zeigt, spielt bei mehreren Quantoren in einer Aussage die Reihenfolge der Quantoren für den Wahrheitswert eine entscheidende Rolle.

Mit Hilfe von *Junktoren* lassen sich aus gegebenen Aussagen neue Aussagen konstruieren. Der Wahrheitswert dieser Aussageverbindungen hängt ausschließlich von den Wahrheitswerten der Teilaussagen ab. Dies lässt sich besonders gut in *Wahrheits(werte)tabellen* festhalten, die den Wahrheitswert der Aussageverbindungen in Abhängigkeit vom Wahrheitswert der Teilaussagen darstellen. Da die Begriffe der formalen Logik häufig der Umgangssprache entnommen sind, bereitet dies anfänglich Schwierigkeiten, weil die vorgenommenen Abstraktionen dem Alltagsdenken fremd sind. Diese Schwierigkeiten sind jedoch in allen Wissenschaften anzutreffen. Man vergleiche hierzu etwa den Begriff „Kraft“ in der Umgangssprache und in der Physik oder den „Wert einer Ware“ im Hausgebrauch und in den Wirtschaftswissenschaften.

Definition 1.10

Die *Negation* $\overline{p}$ (auch $\neg p$) der Aussage p ist die Aussage mit dem zur Aussage p entgegengesetzten Wahrheitswert. Die zugehörige Wahrheitstabelle hat dann folgendes Aussehen:

p	$\overline{p}$
W	F
F	W

Bemerkung 1.11

i) Beim Verneinen von Prädikaten ist Vorsicht geboten. Die Verneinung von „... ist weiß" lautet keinesfalls „... ist schwarz" , sondern „... ist nicht weiß".

ii) Für Quantoren gelten folgende einfach zu überprüfende Negationsregeln:

- $\neg\forall x : p(x)$ hat den gleichen Wahrheitswert wie $\exists x : \neg p(x)$
- $\neg\exists x : p(x)$ hat den gleichen Wahrheitswert wie $\forall x : \neg p(x)$

Definition 1.12

a) Die *Konjunktion* $p \wedge q$ (lies: „p und q") zweier Aussagen p,q ist genau dann wahr, wenn sowohl p als auch q wahr sind.

p	q	$p \wedge q$
W	W	W
W	F	F
F	W	F
F	F	F

b) Die *Disjunktion* $p \vee q$ (lies: „p oder q") zweier Aussagen p,q ist genau dann falsch, wenn sowohl p als auch q falsch sind.

p	q	$p \vee q$
W	W	W
W	F	W
F	W	W
F	F	F

Bemerkung 1.13

Man beachte, dass das formallogische „oder" immer das einschließende „und/oder" und nicht das ausschließliche (exklusive) „entweder ... oder" bedeutet, das den Wahrheitswert *wahr* nur dann liefert, wenn genau eine der beiden Teilaussagen wahr ist.

Abgesehen von diesem Umstand treten schon beim „oder" bemerkenswerte Unterschiede zwischen seinem umgangssprachlichen Gebrauch und seiner Verwendung in der Logik auf. In der Umgangssprache werden zwei Sätze durch das Wort „oder" nur verbunden, wenn sie irgendwie nach Form oder Inhalt miteinander zusammenhängen. Dasselbe gilt - wenn

auch in geringerem Maße - für den Gebrauch des Wortes „und", vor allem aber für die „wenn ... dann ..." - Beziehung, die wir anschließend noch definieren. Jemand, der mit der modernen Logik nicht vertraut ist, wäre wohl nicht bereit, eine Wendung wie „$2 \cdot 2 = 5$, oder London ist eine Großstadt" als eine sinnvolle Ausdrucksweise anzusehen, und noch weniger, sie als einen wahren Satz anzuerkennen[3].
Außerdem hängt die umgangssprachliche Verwendung des Wortes „oder" (bzw. „und") von bestimmten psychologischen Faktoren ab. So behaupten wir eine Disjunktion zweier Aussagen nur dann, wenn wir glauben, dass eine von ihnen wahr ist, aber nicht wissen, welche. Eine Konjunktion zweier Aussagen behaupten wir nur dann, wenn wir glauben, dass beide wahr sind[4].
Generell gesprochen werden in der Umgangssprache nur Aussagen getroffen, von denen man annimmt, dass sie wahr sind. Dies ist in der formalen Logik nicht möglich, da - etwa wegen der Verwendung von Variablen - z.B. auch die Konjunktion einer wahren und einer falschen Aussage berücksichtigt werden muss.

Betrachtet man bei vorgegebenen p und q die zusammengesetzte Aussage $\neg(\overline{p} \wedge \overline{q})$, so kann man sehr schnell (z.B. anhand einer Wahrheitstabelle) nachprüfen, dass man in Abhängigkeit von den individuellen Wahrheitswerten für p und q die gleichen Wahrheitswerte wie bei $p \vee q$ erhält. Dies ist kein Zufall. Man kann nämlich zeigen, dass die Negation und die Konjunktion zur Beschreibung eines jeden in der Aussagenlogik gebräuchlichen Junktors ausreichen (Entsprechendes gilt für die Kombination von Negation und Disjunktion). Dies ergibt sich aus dem folgenden Satz.

Satz 1.14

Liegt die Beschreibung eines Junktors $f(p, q, r, \ldots)$ in Form einer Tabelle vor, die angibt, welchen Wahrheitswert f in Abhängigkeit vom Wahrheitswert der Teilaussagen $p, q, r, \ldots$ annimmt, so kann f mittels Negation und Konjunktion der $p, q, r, \ldots$ dargestellt werden.

---

[3]Der amerikanische Satiriker Ambrose Bierce hat die Logik als „Kunst des Denkens und Schließens in strenger Übereinstimmung mit den Unzulänglichkeiten des menschlichen Falschverstehens" definiert.

[4]So behauptet Hägar der Schreckliche: „Männer sind intelligenter als Frauen, **und** die Erde ist eine Scheibe".

Anstelle eines formalen Beweises sei an dieser Stelle ein Beispiel zur Erläuterung angeführt.

Beispiel 1.15

Gesucht ist eine Wahrheitsfunktion $f(p,q,r)$ in den Variablen p,q,r, die der folgenden Wahrheitstabelle genügt.

p	q	r	$f(p,q,r)$
W	W	W	F
W	W	F	W
W	F	W	W
W	F	F	F
F	W	W	W
F	W	F	W
F	F	W	F
F	F	F	W

Wir bestimmen zuerst die Fälle, in denen $f(p,q,r)$ falsch ist. Diese sind dadurch charakterisiert, dass in ihnen der Reihe nach $p \wedge q \wedge r$, $p \wedge \overline{q} \wedge \overline{r}$ und $\overline{p} \wedge \overline{q} \wedge r$ wahr sind. Den gesuchten Junktor f erhält man nun durch simultane Negation dieser drei Fälle, also

$$f(p,q,r) = \{\neg(p \wedge q \wedge r)\} \wedge \{\neg(p \wedge \overline{q} \wedge \overline{r})\} \wedge \{\neg(\overline{p} \wedge \overline{q} \wedge r)\}.$$

Obwohl es, wie Satz 1.14 zeigt, nicht erforderlich ist, führt man weitere Junktoren ein, um eine möglichst gute Anpassung an die Umgangssprache zu haben.

Definition 1.16

a) Die *Subjunktion* $p \rightarrow q$ der Aussagen p,q ist genau dann falsch, wenn p wahr und q falsch ist. Die zugehörige Wahrheitstabelle hat also folgendes Aussehen:

p	q	$p \rightarrow q$
W	W	W
W	F	F
F	W	W
F	F	W

b) Die *Bijunktion* $p \leftrightarrow q$ der Aussagen p,q ist genau dann wahr, wenn p und q die gleichen Wahrheitswerte haben. Die zugehörige Wahrheitstabelle hat folgende Form:

p	q	$p \leftrightarrow q$
W	W	W
W	F	F
F	W	F
F	F	W

Bemerkung 1.17

i) Für die Subjunktion $p \rightarrow q$ hat sich eine Vielzahl von Sprechweisen eingebürgert. Dies sind: „Aus p folgt q“, „Wenn p, dann q“, „p gilt nur, wenn q gilt“, „p ist hinreichend für q“, „q ist notwendig für p“. Häufig ist auch die Sprechweise „p impliziert q“ anzutreffen, die wir allerdings (siehe auch nachfolgende Definition 1.21) für Subjunktionen reservieren wollen, die immer wahr sind.

ii) Sprechweisen für die Bijunktion sind: „p gilt dann und nur dann, wenn q gilt“, „p ist notwendig und hinreichend für q“, „p gilt genau dann, wenn q gilt“. Den häufig anzutreffenden Ausdruck „p ist äquivalent zu q“ wollen wir für Bijunktionen reservieren, die immer wahr sind.

Beispiel 1.18

„Wenn $2 \cdot 2 = 5$ gilt, ist London eine Großstadt“ stellt eine Subjunktion dar, die wahr ist, weil die Prämisse falsch ist.

Bei der formallogischen Subjunktion tritt der früher schon erwähnte Unterschied zwischen Umgangssprache und formaler Logik besonders stark hervor. Dennoch lässt sich in seltenen Fällen beobachten, dass formallogische Regeln auch in der Umgangssprache verwendet werden. Betrachten wir den Satz „Wenn du das Problem begreifst, fresse ich einen Besen“. Der Sinn dieser Subjunktion ist klar. Zunächst wollen wir betonen, dass die gesamte Äußerung wahr ist. Da der Hintersatz der Subjunktion offenbar nicht erfüllt werden kann, also immer falsch ist, kann das nur sein, wenn der Vordersatz ebenfalls falsch ist. Wir wollen daher unserer Überzeugung Ausdruck geben, dass das vorliegende Problem *nicht* zu verstehen ist.

Bemerkung 1.19

Durch Verwendung mehrerer Junktoren lassen sich auch mehrstellige Aussagenverbindungen herleiten. Die Reihenfolge der Wirksamkeit der einzelnen Symbole wird durch folgende Prioritätsregeln festgelegt (d.h. je niedriger die Ziffer, desto höher die Priorität):

1) Klammern, die von innen nach außen aufgelöst werden

2) $\neg$

3) $\vee$, $\wedge$

4) $\rightarrow$, $\leftrightarrow$

In der Informatik wird die Konjunktion oft mit „·" und die Disjunktion mit „+" notiert. In diesem Fall gibt man der Konjunktion eine höhere Priorität als der Disjunktion.

Beispiel 1.20

i) $\neg p \wedge q$ ist aufzufassen als $(\neg p) \wedge q$ und nicht als $\neg(p \wedge q)$, da „$\neg$" eine höhere Priorität als „$\wedge$" besitzt.

ii) $p \wedge q \rightarrow r$ ist zu lesen als $(p \wedge q) \rightarrow r$, da „$\wedge$" eine höhere Priorität als „$\rightarrow$" besitzt.

Definition 1.21

a) Eine Aussagenverbindung, die unabhängig vom Wahrheitswert der Einzelaussagen immer wahr ist, heißt *Tautologie (logisches Gesetz)*. Eine Tautologie in Form einer Bijunktion $p \leftrightarrow q$ heißt *(logische) Äquivalenz*, und wir schreiben $p \Leftrightarrow q$. Eine Tautologie in Form einer Subjunktion $p \rightarrow q$ heißt *(logische) Implikation*, und wir schreiben $p \Rightarrow q$.

b) Eine Aussagenverbindung heißt *Kontradiktion (logischer Widerspruch)*, wenn ihre Negation eine Tautologie ist.

Bemerkung 1.22

i) Die Lehrbücher, die nicht zwischen Subjunktion und Implikation respektive Bijunktion und Äquivalenz unterscheiden, verwenden entsprechend „$\Longrightarrow$" an Stelle von „$\longrightarrow$" bzw. „ $\Longleftrightarrow$ " an Stelle von „$\longleftrightarrow$".

ii) Wenn wir zeigen wollen, dass eine Implikation $p \Rightarrow q$ vorliegt, ist nur nachzuweisen, dass aus der Wahrheit von p die Wahrheit von q folgt, bzw. den Fall, dass p wahr und q falsch ist, ausschließen.

Beispiel 1.23

i) Folgende Äquivalenzen erweisen sich bei der Untersuchung größerer Aussagenverbindungen als nützlich. Hierbei sei a eine Aussage, während W bzw. F für eine wahre bzw. falsche Aussage stehen.

$$\begin{array}{llll} a \vee W \Longleftrightarrow W & , (a \to W) \Longleftrightarrow W & , (W \leftrightarrow a) \Longleftrightarrow a \\ a \vee F \Longleftrightarrow a & , (a \to F) \Longleftrightarrow \bar{a} & , (F \leftrightarrow a) \Longleftrightarrow \bar{a} \\ a \wedge W \Longleftrightarrow a & , (F \to a) \Longleftrightarrow W & , \\ a \wedge F \Longleftrightarrow F & , (W \to a) \Longleftrightarrow a & , \end{array}$$

ii) Mit den Äquivalenzen aus Teil i) dieses Beispieles wollen wir die Implikation

$$(p \to q) \wedge (q \to r) \Rightarrow (p \to r)$$

beweisen. Hierzu müssen wir nachweisen, dass

$$(p \to q) \wedge (q \to r) \to (p \to r)$$

immer den Wahrheitswert W liefert. Wir unterscheiden zwei Fälle.

1. Fall: p ist falsch. Dann ergibt sich

$$(F \to q) \wedge (q \to r) \to (F \to r) .$$

Diese Aussagenverbindung reduziert sich mit Hilfe der Elementaräquivalenz $(F \to a) \iff W$ von Teil i) zu

$$W \wedge (q \to r) \to W$$

und damit zu W.

2. Fall: p ist wahr. Unter Verwendung von Teil i) ergibt sich dann

$$q \wedge (q \to r) \to r$$

Ist q falsch, reduziert sich diese Aussagenverbindung zu $F \to r$, also zu W. Ist dagegen q wahr, reduziert sich dies zu $r \to r$, also ebenfalls zu W.

iii) Sei $p(x)$ eine Aussageform. Dann gilt (siehe hierzu auch Bemerkung 1.11 ii)

$$\neg \forall x : p(x) \iff \exists x : \neg p(x)$$

und

$$\neg \exists x : p(x) \iff \forall x : \neg p(x) .$$

Der folgende Satz gibt weitere Beispiele für elementare Tautologien und liefert insbesondere Rechenregeln für den Umgang mit Junktoren.

Satz 1.24

Seien p, q, r Aussagen. Dann gelten folgende logische Äquivalenzen:

A1:
$$p \vee p \iff p$$
$$p \wedge p \iff p$$

A2:
$$p \vee q \iff q \vee p$$
$$p \wedge q \iff q \wedge p$$

A3:
$$(p \vee q) \vee r \iff p \vee (q \vee r)$$
$$(p \wedge q) \wedge r \iff p \wedge (q \wedge r)$$

A4:
$$(p \vee q) \wedge r \iff (p \wedge r) \vee (q \wedge r)$$
$$(p \wedge q) \vee r \iff (p \vee r) \wedge (q \vee r)$$

A5:
$$\neg(p \vee q) \iff (\neg p) \wedge (\neg q)$$
$$\neg(p \wedge q) \iff (\neg p) \vee (\neg q)$$

A6:
$$\neg(\neg p) \iff p$$
$$p \vee \neg p \iff \text{Wahr}$$
$$p \wedge \neg p \iff \text{Falsch}$$

A7:
$$p \rightarrow q \iff (\neg q) \rightarrow (\neg p)$$

Beweis:

Unter Verwendung der elementaren Äquivalenzen aus Beispiel 1.23 i) lässt sich diese Aussage einfach beweisen. Beispielhaft soll dies für die erste Distributivitätsregel aus A4 geschehen. Wir unterscheiden hierzu die Fälle $r =$ Falsch und $r =$ Wahr.

Ist r falsch, sind die Konjunktionen $(p \vee q) \wedge r$, $p \wedge r$, $q \wedge r$ falsch, so dass $(p \vee q) \wedge r$ und $(p \wedge r) \vee (q \wedge r)$ in diesem Fall den gleichen Wahrheitswert haben.

Ist r wahr, so kann jede Konjunktion mit r gestrichen werden, d.h. es gilt $x \wedge r \iff x$. $(p \vee q) \wedge r$ reduziert sich dann zu $p \vee q$ und $(p \wedge r) \vee (q \wedge r)$ reduziert sich zu $(p) \vee (q)$, so dass auch in diesem Fall $(p \vee q) \wedge r$ und $(p \wedge r) \vee (q \wedge r)$ den gleichen Wahrheitswert haben.

∎

Die Ergebnisse der Aussagenlogik ermöglichen es, aus wahren Aussagen (*Voraussetzungen, Prämissen*) mittels Tautologien (*logische Schlüsse*) den Wahrheitswert anderer Aussagen (*Folgesätze, Konklusionen*) abzuleiten.

So beruht der *direkte Beweis* auf der formallogischen Implikation $p \wedge (p \rightarrow q) \Rightarrow q$. Bei dieser Beweismethode folgert man direkt aus bekannten Prämissen $p := p_1 \wedge \ldots \wedge p_n$ und der Implikation $p \Rightarrow q$ die neue Aussage q als wahr.

Beispiel 1.25

Sei a die Aussage „Die Vorlesungen fallen aus", b die Aussage „Die Studenten sind froh". Da offensichtlich die Implikation $a \Rightarrow b$ gilt, können wir, falls die Aussage a wahr ist, schließen, dass auch die Aussage b wahr ist.

Häufig ist es einfacher, statt $p \Rightarrow q$ die äquivalente Implikation $\overline{q} \Rightarrow \overline{p}$ zu beweisen. Dies bedeutet, dass man die Negation der Behauptung als wahr annimmt und daraus dann direkt die Negation der Voraussetzung als wahr folgert, so dass ein Widerspruch vorliegt. Man spricht in diesem Fall von einem *indirekten Beweis*. Dieser besteht aus der (zum direkten Beweis äquivalenten) Implikation $p \wedge (\overline{q} \rightarrow \overline{p}) \Rightarrow q$. Setzt sich p aus den als wahr bekannten Prämissen $p_1, \ldots, p_n$ zusammen, d.h. gilt $p = p_1 \wedge \ldots \wedge p_n$, so weist man die Implikation $\overline{q} \Rightarrow \neg(p_1 \wedge \ldots \wedge p_n)$ nach und schließt damit auf die Wahrheit von q. Meist zeigt man jedoch die zu $\overline{q} \Rightarrow \neg(p_1 \wedge \ldots \wedge p_n)$ äquivalente Implikation $\overline{q} \wedge p_2 \wedge \ldots \wedge p_n \Rightarrow \overline{p}_1$.

Beispiel 1.26

i) Wir wollen den *Satz von Euklid* „Es gibt unendlich viele Primzahlen" beweisen. Wir benutzen dazu folgende offensichtlich als wahr erkennbare Prämissen:

$p_1 :=$ „Jede Primzahl ist größer als 1."

$p_2 :=$ „Jede natürliche Zahl n, die größer als 1 ist, besitzt eine Primzahl als Teiler."

$p_3 :=$ „Jede natürliche Zahl n ist ein Teiler von sich selbst."

$p_4 :=$ „Für die natürlichen Zahlen $n, n_1, n_2, \ldots, n_k$ gilt die Implikation:
Ist n ein Teiler von n_1, so ist n auch ein Teiler des Produktes $n_1 \cdot n_2 \cdot \ldots \cdot n_k$."

$p_5 :=$ „Für alle natürlichen Zahlen ℓ, m, n gilt:
Ist ℓ ein Teiler von m und von $m + n$, dann ist ℓ auch ein Teiler von n."

$p_6 :=$ „Für alle natürlichen Zahlen ℓ, m gilt: Ist ℓ ein Teiler von m, so ist $\ell \leq m$."

Die Konklusion lautet nunmehr:

$q :=$ „Es gibt unendlich viele Primzahlen“.

Wir beweisen diesen Satz indirekt, d.h. wir beweisen

$$\overline{q} \wedge p_2 \wedge \ldots \wedge p_6 \Longrightarrow \overline{p}_1 \,.$$

Sei also $\overline{q}$ wahr, d.h. es gibt nur endlich viele Primzahlen $z_1, \ldots, z_r$. Betrachten wir nun die Zahl $z = z_1 \cdot z_2 \cdot \ldots \cdot z_r + 1$. Wegen p_2 ist eine der Primzahlen $z_1, \ldots, z_r$ Teiler von z, sagen wir z_i. Aus p_3 und p_4 folgt, dass z_i ein Teiler von $z_1 \cdot z_2 \cdot \ldots \cdot z_r$ ist, woraus wir mittels p_5 schließen können, dass z_i ein Teiler von 1 ist. Aus p_6 folgt daher, dass $z_i \leq 1$ wahr ist. Dies ist aber die Negation von p_1.

ii) I. A. werden die Prämissen nicht gesondert aufgeführt. Man nimmt einfach die Negation der zu beweisenden Aussage als wahr an und versucht, mittels Umformungen einen Widerspruch, d.h. die Negation einer als offensichtlich wahr bekannten Aussage zu finden. Betrachten wir hierzu die Aussage $q :=$ „$\sqrt{2}$ ist keine rationale Zahl“ (d.h. es existiert keine rationale Zahl x mit $x^2 = 2$). Wir nehmen an, dass die Aussage q falsch ist. In diesem Fall existieren teilerfremde natürliche Zahlen m und n mit $\sqrt{2} = \frac{m}{n}$ oder äquivalent $2n^2 = m^2$. Es muss daher m durch 2 teilbar sein, also $m = 2\ell$ mit $\ell \in \mathbb{N}$ gelten. Dies liefert $2n^2 = 4\ell^2$ oder äquivalent $n^2 = 2\ell^2$. Daher ist auch n durch 2 teilbar, was ein Widerspruch zur Teilerfremdheit von m und n ist.

Eine ebenfalls häufig gebrauchte Beweismethode, die sich auch als Methode zur „Definitionsgewinnung“ verwenden lässt, ist die *vollständige Induktion*, die auf den Eigenschaften (PEANO-Axiome) der *natürlichen Zahlen* $\mathbb{N} = \{1, 2, \ldots\}$ beruht.

Satz 1.27 (Beweis mittels vollständiger Induktion)

Sei $p(n)$ eine Aussageform, deren Definitionsbereich aus den natürlichen Zahlen $\mathbb{N}$ bestehe, mit den folgenden Eigenschaften

1) $p(n_0)$ ist wahr für ein n_0 in $\mathbb{N}$.

2) Für alle natürliche Zahlen $n \geq n_0$ gilt die Implikation $p(n) \Rightarrow p(n+1)$.

Dann ist $p(n)$ wahr für alle natürliche Zahlen $n \geq n_0$.

Satz 1.28 (Definition mittels vollständiger Induktion)

Für alle natürlichen Zahlen $n \geq n_0$ seien Begriffe $B(n)$ gegeben, so dass folgendes gilt:

1) $B(n_0)$ ist definiert, d.h. wir wissen, was $B(n_0)$ bedeutet.

2) Ist $B(n)$ definiert für eine natürliche Zahl n, so ist auch $B(n+1)$ definiert.

Dann ist $B(n)$ für alle natürlichen Zahlen $n \geq n_0$ definiert.

Beispiel 1.29

i) Mittels vollständiger Induktion beweisen wir die Aussage $p(k)$ = „Jeder ganzzahlige Betrag $k \geq 4$ kann mittels 2€-Münzen und 5€-Scheinen dargestellt werden".

Beweis:

$p(4)$ ist wahr, da zwei 2€-Münzen 4€ ergeben. Zu zeigen bleibt, dass für alle natürlichen Zahlen $k \geq 4$ die Implikation $p(k) \Rightarrow p(k+1)$ gilt. Da die Subjunktion $F \to p(k+1)$ wahr ist, genügt es, den Fall, dass $p(k)$ wahr ist, zu untersuchen.
Sei daher $k \geq 4$ eine natürliche Zahl, die sich mittels 2€ und 5€ darstellen lässt. Enthält die Darstellung von k einen 5€-Schein, ersetzen wir diesen durch drei 2€-Stücke, andernfalls ersetzen wir zwei 2€-Stücke durch einen 5€-Schein, um den nächsthöheren ganzzahligen Betrag $k+1$ zu erhalten. Damit haben wir die Implikation $p(k) \Rightarrow p(k+1)$ gezeigt.

■

ii) Für alle $x > -1$ und alle natürlichen Zahlen n gilt die *Bernoulli-Ungleichung*

$$(1+x)^n \geq 1 + n \cdot x \, .$$

Beweis:

Für $n = 1$ ist die Behauptung richtig. Gelte nun für eine feste natürliche Zahl k

$$(1+x)^k \geq 1 + k \cdot x \, .$$

Dann folgt nach Induktionsvoraussetzung

$$(1+x)^{k+1} = (1+x)^k \cdot (1+x) \overset{\text{I.V.}}{\geq} (1+kx) \cdot (1+x) = 1 + (k+1)x + kx^2.$$

Da $k \cdot x^2 \geq 0$ gilt, folgt die Behauptung für $k+1$.

■

iii) Für reelle Zahlen a, b mit $0 < a < b$ und $n \geq 2$ gilt[5]

$$b^n - a^n < (b-a)nb^{n-1}.$$

Beweis:

Für $n = 2$ ist die Behauptung richtig. Gelte nun für eine feste natürliche Zahl $k \geq 2$

$$b^k - a^k < (b-a)kb^{k-1}.$$

Dann folgt nach Induktionsvoraussetzung und wegen $a^k < b^k$

$$\begin{aligned} b^{k+1} - a^{k+1} &= b(b^k - a^k) + a^k(b-a) \\ &< b(b-a)kb^{k-1} + b^k(b-a) \\ &= (b-a)[kb^k + b^k] = (b-a)(k+1)b^k \end{aligned}$$

■

iv) Wir wollen die Zahl $n!$ (sprich: n *Fakultät*) für alle natürlichen Zahlen n definieren. Wir definieren $0! = 1! := 1$ und $(n+1)! := (n+1) \cdot n!$. Damit ist nach Satz 1.28 die Zahl $n!$ für alle natürlichen Zahlen n definiert. Es ergibt sich für $n \geq 2$:

$$n! = 1 \cdot 2 \cdots n$$

v) Ist $a_1, a_2, a_3, \ldots, a_n$ eine Folge von Zahlen, so definieren wir die Summe $\sum_{j=1}^{n} a_j$ bzw. das Produkt $\prod_{j=1}^{n} a_j$ der Zahlen $a_1, \ldots, a_n$ durch

$$\sum_{j=1}^{1} a_j := a_1 \quad \text{und} \quad \sum_{j=1}^{k+1} a_j := \left(\sum_{j=1}^{k} a_j\right) + a_{k+1}$$

bzw.

$$\prod_{j=1}^{1} a_j := a_1 \quad \text{und} \quad \prod_{j=1}^{k+1} a_j := \left(\prod_{j=1}^{k} a_j\right) \cdot a_{k+1}\,.$$

Es ergibt sich also $\sum_{j=1}^{n} a_j = a_1 + a_2 + \cdots + a_n$ und $\prod_{j=1}^{n} a_j = a_1 \cdot a_2 \cdots a_n$.

[5] Dies ergibt sich wegen $a < b$ auch direkt aus der mittels Polynomdivision folgenden Gleichung $b^n - a^n = (b-a)(b^{n-1} + b^{n-2}a + \ldots + a^{n-1})$.

2

Parents of young organic life forms should be warned, that towels can be harmful, if swallowed in large quantities.

Douglas Adams

Mengenlehre

Jener Teil der Logik, in dem man den Mengenbegriff analysiert und dessen Eigenschaften untersucht, heißt eigentlich Klassentheorie. Meist wird diese Theorie jedoch als eine selbstständige mathematische Disziplin – die *allgemeine Mengenlehre* – behandelt.

Definition 2.1

Eine *Menge* M ist die Zusammenfassung wohldefinierter Objekte, die *Elemente der Menge* heißen, zu einem Ganzen. Ist m ein Element der Menge M, so schreiben wir $m \in M$ (lies: m Element M), andernfalls $m \notin M$ (lies: m nicht Element M).

Üblicherweise werden Mengen mit großen, ihre Elemente mit kleinen Buchstaben bezeichnet. Dabei gibt es unterschiedliche Möglichkeiten, eine bestimmte Menge zu definieren:

1) Die Elemente einer Menge werden, durch Kommata oder Semikola getrennt, aufgelistet und in geschweifte (Mengen-)Klammern gesetzt, wobei die Reihenfolge keine Rolle spielt. Mehrfachaufzählungen bleiben ohne Auswirkung, d.h. jedes Objekt tritt in der Menge einmal auf[1]. So ist die Menge aller Buchstaben im Wort „Rimini" gleich

$$\{i, m, n, r\} = \{n, i, m, r\} = \{i, m, n, r, m\} \, .$$

[1]Ohne diese Konvention wären wesentliche Eigenschaften nicht mehr erfüllt. Z.B. würde nicht mehr die Rechenregel $A \cup A = A$ gelten.

2) Man gibt eine oder mehrere Eigenschaften $E_1, E_2, \ldots, E_n$ an und bildet die Menge M aller Objekte, die diese Eigenschaften besitzen. Dafür wählt man die Schreibweise

$$M = \{x \mid E_1(x) \wedge E_2(x) \wedge \ldots \wedge E_n(x)\} .$$

(lies: die Menge M der x mit den Eigenschaften $E_1, E_2, \ldots, E_n$).

Beispiel 2.2

i) $M_1 = \{1, 2, 4, 5\}$, die Menge mit den Zahlen 1, 2, 4 und 5, ist ein Beispiel für die aufzählende (enumerative) Schreibweise. Häufig findet man die aufzählende Schreibweise auch in der Form $M_2 = \{3, 5, 7, 9, 11, 13, \ldots\}$. Diese zählt allerdings eher zur Mengenbeschreibung mittels einer Eigenschaft, die hier durch die Punkte angedeutet wird. Welche Eigenschaft dies ist, bleibt dem jeweiligen Verständnis des Lesers überlassen, was durchaus zu Fehlern führen kann[2]

ii) Die Menge, die kein Element enthält, heißt *leere Menge* und wird mit $\emptyset$ bezeichnet. Die leere Menge kann implizit dadurch entstehen, dass bei der Mengenbeschreibung mittels Eigenschaften keine Objekte mit diesen Eigenschaften existieren, z.B. die Menge der Abiturienten, die jünger als drei Jahre sind[3].

iii) Wir verwenden folgende Bezeichnungen:

- $\mathbb{N} := \{1, 2, 3 \ldots\}$ für die Menge der *natürlichen Zahlen* bzw.
  $\mathbb{N}_0 := \{0, 1, 2, 3, \ldots\}$
- $\mathbb{Z} := \{\ldots, -3, -2, -1, 0, 1, 2, 3, \ldots\}$ für die Menge der *ganzen Zahlen*
- $\mathbb{Q} := \{\frac{p}{q} \mid p \in \mathbb{Z}, q \in \mathbb{N}\}$ für die Menge der *rationalen Zahlen*
- $\mathbb{R}$ für die Menge der *reellen Zahlen*

iv) Ein Zahlenschema A der Form

$$A = \begin{pmatrix} a_{11} \ , \ a_{12} \ , \ \ldots \ , \ a_{1N} \\ a_{21} \ , \ a_{22} \ , \ \ldots \ , \ a_{2N} \\ \vdots \quad \vdots \quad \ddots \quad \vdots \\ a_{M1} \ , \ a_{M2} \ , \ \ldots \ , \ a_{MN} \end{pmatrix} ,$$

[2] Physikern wird auf die Frage, welche Menge M_2 gemeint sei, die Antwort zugeschrieben: „Die Menge der Primzahlen“. Auf den Einwand, wieso dann die Zahl 9 in M_2 liege, die Antwort: „Das ist ein Messfehler!“.

[3] Der Autor ist durchaus empfänglich für die Widerlegung durch ein Gegenbeispiel.

mit den reellen Zahlen a_{ij} für $i = 1, \ldots, M$ und $j = 1, \ldots, N$ heißt eine *Matrix* mit M Zeilen und N Spalten oder eine $(M \times N)$-*Matrix*. Der Kürze wegen schreibt man

$$A = (a_{ij})_{\substack{i=1,\ldots,M \\ j=1,\ldots,N}} .$$

Die Menge aller $(M \times N)$-Matrizen bezeichnen wir im Folgenden mit $\mathbb{R}^{M \times N}$, d.h.

$$\mathbb{R}^{M\times N} = \left\{ \begin{pmatrix} a_{11}, & a_{12}, & \ldots, & a_{1N} \\ \vdots & \vdots & \ddots & \vdots \\ a_{M1}, & a_{M2}, & \ldots, & a_{MN} \end{pmatrix} \middle| \, a_{ij} \in \mathbb{R}, i = 1, \ldots, M; j = 1, \ldots, N \right\} .$$

Im Fall $N = 1$ ergibt sich die Menge der „M-dimensionalen Spaltenvektoren", im Fall $M = 1$ die Menge der „N-dimensionalen Zeilenvektoren".

Bemerkung 2.3

i) Zur Warnung sei gesagt: Die Menge mit dem Element a ist etwas anderes als das Element a, entsprechend wie etwa eine Schachtel, die einen Gegenstand enthält, nicht dasselbe ist, wie der Gegenstand an sich.

ii) Der Unterschied zwischen den rationalen Zahlen $\mathbb{Q}$ und den *irrationalen* (d.h. nicht rationalen) Zahlen $\mathbb{R} \setminus \mathbb{Q}$ lässt sich mit Hilfe der Dezimalschreibweise veranschaulichen (wobei an dieser Stelle schon die Grenzwertdefinition benötigt wird). Die rationalen Zahlen liefern dabei *periodische Dezimalzahlen*, die sich ab einer gewissen Stelle in ihrem Aufbau regelmäßig wiederholen, z.B. $\frac{1}{2} = 0,5 = 0,5\overline{0} = 0,5000\ldots$ oder $\frac{4}{3} = 1,\overline{3} = 1,333\ldots$ oder $1 = 0,\overline{9} = 0,999\ldots$ (man beachte: $1,\overline{0} = 0,\overline{9}$). Alle Irrationalzahlen entsprechen den nicht-periodischen Dezimalzahlen, die keine Regelmäßigkeit in ihrer Dezimaldarstellung aufweisen[4], z.B. die Zahl $\pi = 3,141592654\ldots$ oder die *Eulersche Zahl* $\mathrm{e} = 2,718281828\ldots$.

Bei der auf G. Cantor (1845 - 1918) zurückgehenden Definition 2.1 handelt es sich lediglich um eine Erklärung. Der Mengenbegriff ist - wie der Begriff der Aussage in der Logik - so fundamental und komplex, dass man zu seiner Erklärung nur Synonyme und Beispiele angeben kann. Welche Gefahren Definition 2.1 in sich birgt, zeigt sich, wenn man - analog zur selbstbezüglichen Aussage a auf Seite 2 - die Menge M der Mengen, die sich nicht selbst als Element enthalten, betrachtet: $M = \{X \mid X \text{ ist eine Menge} \wedge X \notin X\}$. Untersucht man nun, ob $M \in M$ oder $M \notin M$ gilt, stellt man fest, dass beide Aussagen nicht zutreffen

[4]Betrachtet man bei der Eulerschen Zahl nur die ersten neun Nachkommastellen, entsteht der Eindruck, dass e rational ist. In Beispiel 7.28 i) wird gezeigt, dass e irrational ist.

können (*Russelsche Antinomie*)[5]. Um solchen uferlosen und zu Widersprüchen führenden Mengenbildungen vorzubeugen, legt man sich vorher auf eine *relative Allmenge* G fest, aus der man dann durch Aussagen Teilmengen aussondert. **Diese Grundmenge G sei im Folgenden fest vorgegeben.**

Definition 2.4

a) Eine Menge A heißt *Teilmenge* einer Menge B, falls gilt:

$$\forall x \in G : (x \in A \Longrightarrow x \in B) \text{ (Schreibweise: } A \subset B\text{; lies: } A \text{ Teilmenge von } B)$$

Die Teilmengenbeziehung „$\subset$" wird oft auch als *Inklusion* bezeichnet[6].

b) Zwei Mengen A und B sind gleich[7], gilt:

$$\forall x \in G : (x \in A \iff x \in B) \text{ (Schreibweise: } A = B\text{; lies: } A \text{ gleich } B)$$

Satz 2.5

Seien A, B und C Mengen. Dann gelten folgende Aussagen:

a) $A \subset A$

b) $(A = B) \iff (A \subset B) \wedge (B \subset A)$

c) $(A \subset B) \wedge (B \subset C) \Longrightarrow (A \subset C)$

d) $\emptyset \subset A$

Beweis:

Die Aussagen ergeben sich jeweils aus folgenden Tautologien:

a) $p \Longrightarrow p$

b) $(p \leftrightarrow q) \iff (p \rightarrow q) \wedge (q \rightarrow p)$

---

[5] Der Komiker Groucho Marx hat dies auf seine spezifische Art und Weise ausgedrückt: „Ich möchte keinem Club angehören, der mich als Mitglied akzeptiert".

[6] Man beachte, dass nach Definition 2.4 die Beziehung $A \subset B$ den Fall $A = B$ nicht ausschließt. Um Missverständnissen vorzubeugen wird in der Literatur deswegen manchmal zwischen $\subseteq$ und der „echten" Inklusion $\subset$, bei der die Gleichheit der Mengen ausgeschlossen ist, unterschieden.

[7] Es erscheint überflüssig, die Gleichheit zweier Mengen noch gesondert zu definieren. Die Notwendigkeit einer solchen Definition zeigt jedoch folgender, in ähnlicher Art häufig zu beobachtender Fehler:

$$25cm = \tfrac{1}{4}m \implies \sqrt{25cm} = \sqrt{\tfrac{1}{4}m} \iff 5cm = \tfrac{1}{2}m.$$

c) $(p \to q) \wedge (q \to r) \Longrightarrow (p \to r)$.

d) $\underbrace{x \in \emptyset}_{F} \Longrightarrow x \in A$ ∎

Analog zu den Junktoren in der formalen Logik lassen sich aus gegebenen Mengen neue Mengen erzeugen.

Definition 2.6

Sei A eine fest vorgegebene Menge, dann heißt

$$\wp(A) = \{M \mid M \subset A\}$$

die *Potenzmenge* von A.

Beispiel 2.7

i) Es gilt $\wp(\emptyset) = \{\emptyset\}$. Während also die leere Menge *kein* Element enthält, besitzt die Potenzmenge der leeren Menge genau ein Element.

ii) $\wp\big(\wp(\emptyset)\big) = \wp\big(\{\emptyset\}\big) = \big\{\emptyset, \{\emptyset\}\big\}$

iii) $\wp\Big(\wp\big(\wp(\emptyset)\big)\Big) = \wp\big(\{\emptyset, \{\emptyset\}\}\big) = \big\{\emptyset, \{\emptyset\}, \{\{\emptyset\}\}, \{\emptyset, \{\emptyset\}\}\big\}$

iv) Sei $A = \{1, 2, 3\}$. Dann gilt

$$\wp(A) = \big\{\emptyset, \{1\}, \{2\}, \{3\}, \{1,2\}, \{1,3\}, \{2,3\}, \{1,2,3\}\big\} .$$

Bezeichnung 2.8

Eine Menge, deren Elemente selbst wieder Mengen sind, bezeichnet man als *Mengensystem*. Potenzmengen sind also spezielle Beispiele für Mengensysteme.

Der Disjunktion und Konjunktion von Aussagen entsprechen in der Mengenlehre die Vereinigung bzw. der Durchschnitt von Mengen. Wir übertragen diese Begriffe direkt auf Mengensysteme. Die Vereinigung eines Mengensystems $\mathfrak{M}$ ist die Menge der Elemente, die in mindestens einer der Mengen M des Mengensystems $\mathfrak{M}$ liegen, während der Durchschnitt von $\mathfrak{M}$ genau die Elemente enthält, die in allen Mengen M von $\mathfrak{M}$ liegen. Man erhält folgende Definition.

Definition 2.9

Sei $\mathfrak{M}$ ein Mengensystem. Die Menge

a) $\bigcup_{M\in\mathfrak{M}} M := \{x \mid \exists M \in \mathfrak{M} : x \in M\}$ heißt die *Vereinigung des Mengensystems* $\mathfrak{M}$,

b) $\bigcap_{M\in\mathfrak{M}} M := \{x \mid \forall M \in \mathfrak{M} : x \in M\}$ heißt der *Durchschnitt des Mengensystems* $\mathfrak{M}$.

Ist speziell $\mathfrak{M} = \{A_1, A_2\}$ bzw. $\mathfrak{M} = \{A_1, \ldots, A_k\}$ bzw. $\mathfrak{M} = \{A_1, A_2, A_3, \ldots\}$, schreibt man $A_1 \cup A_2$ bzw. $\bigcup_{j=1}^{k} A_j$ bzw. $\bigcup_{j=1}^{\infty} A_j$ für die Vereinigung von $\mathfrak{M}$ und $A_1 \cap A_2$ bzw. $\bigcap_{j=1}^{k} A_j$ bzw. $\bigcap_{j=1}^{\infty} A_j$ für den Durchschnitt von $\mathfrak{M}$.

Beispiel 2.10

Ist $n \in \mathbb{N}$, so definieren wir $A_n := \{1, 2, 3, \ldots, n\}$ und $\mathfrak{M} = \{A_1, A_2, A_3, \ldots\}$. Dann gilt:

- $\bigcup_{M\in\mathfrak{M}} M = \bigcup_{j=1}^{\infty} A_j = \{1, 2, 3, \ldots\} = \mathbb{N}$
- $\bigcap_{M\in\mathfrak{M}} M = \bigcap_{j=1}^{\infty} A_j = \{1\}$
- $\bigcup_{j=1}^{k} A_j = \{1, \ldots k\} = A_k$
- $\bigcap_{j=1}^{k} A_j = \{1\}$

Bemerkung 2.11

Manchmal wird auch die Schreibweise $\bigcup \mathfrak{M}$ bzw. $\bigcap \mathfrak{M}$ für die Vereinigung bzw. den Durchschnitt des Mengensystems $\mathfrak{M}$ verwendet. Sind die Mengen des Mengensystems $\mathfrak{M}$ mit einer beliebigen Indexmenge I indiziert, d.h. gilt $\mathfrak{M} = \{M_i \mid i \in I\}$ (siehe auch Bezeichnung 4.19), so schreibt man meist $\bigcup_{i\in I} M_i$ bzw. $\bigcap_{i\in I} M_i$ an Stelle von $\bigcup_{M\in\mathfrak{M}} M$ bzw. $\bigcap_{M\in\mathfrak{M}} M$.

Definition 2.12

Zwei Mengen M und N heißen *disjunkt*, wenn $M \cap N = \emptyset$ gilt. Ein Mengensystem $\mathfrak{M}$ heißt disjunkt, wenn je zwei verschiedene Mengen aus $\mathfrak{M}$ disjunkt sind. Ein disjunktes Mengensystem $\mathfrak{M}$, das die leere Menge *nicht* als Element enthält, und für das $\bigcup_{M\in\mathfrak{M}} M = A$ gilt, heißt eine *Zerlegung* der Menge A.

Beispiel 2.13

Für eine natürliche Zahl j definieren wir $A_j := \{2j-1, 2j\}$ und $\mathfrak{M} = \{A_1, A_2, A_3, \ldots\}$. Dann ist $\mathfrak{M}$ ein disjunktes Mengensystem und eine Zerlegung der natürlichen Zahlen $\mathbb{N}$.

Definition 2.14

Die *Differenzmenge* zwischen den Mengen A und B ist die Menge

$$A \setminus B = \{x \in A \mid x \notin B\}.$$

Sie wird auch das *relative Komplement* von B in A genannt. Ist speziell B eine Teilmenge von A, so heißt $A \setminus B$ auch das *Komplement* von B in A, und man schreibt $\complement_A B$ oder $\overline{B}^A$ bzw. $\complement B$ oder $\overline{B}$, wenn A aus dem Kontext heraus ersichtlich ist.

Beispiel 2.15

Seien $A := \{1,2,3\}$, $B := \{2,3,4\}$, $D := \{1,2,3,4\}$. Dann folgt

$$A \setminus B = \{1\}\ ,\ B \setminus A = \{4\} = D \setminus A = \complement_D A = \overline{A}^D\ .$$

Der nun folgende Satz gibt die wichtigsten Rechenregeln für den Umgang mit Mengen an. Beachtet man, dass die Komplementbildung der Negation in der Aussagenlogik entspricht, erweist er sich als Analogie zu Satz 1.24 .

Satz 2.16

Seien A, B und C Teilmengen der relativen Allmenge G. Dann gilt:

M1:
$$A \cup A = A$$
$$A \cap A = A$$

M2:
$$A \cup B = B \cup A$$
$$A \cap B = B \cap A$$

M3:
$$(A \cup B) \cup C = A \cup (B \cup C)$$
$$(A \cap B) \cap C = A \cap (B \cap C)$$

M4:
$$(A \cup B) \cap C = (A \cap C) \cup (B \cap C)$$
$$(A \cap B) \cup C = (A \cup C) \cap (B \cup C)$$

M5:
$$\overline{A \cup B} = \overline{A} \cap \overline{B}$$
$$\overline{A \cap B} = \overline{A} \cup \overline{B}$$

M6:
$$\begin{aligned} \overline{\overline{A}} &= A \\ A \cup \overline{A} &= G \\ A \cap \overline{A} &= \emptyset \end{aligned}$$

M7:
$$A \subset B \iff \overline{B} \subset \overline{A}$$

Beweis:

Die den Mengengleichheiten M1 - M7 entsprechenden Aussagen sind gerade die Aussagen A1 - A7 aus Satz 1.24. Beispielhaft sei die erste Gleichheit aus M4 und M5 bewiesen.

M4: Sei $x \in (A \cup B) \cap C$. Nach Definition von Durchschnitt und Vereinigung ist dies äquivalent zu

$$x \in (A \cup B) \wedge (x \in C) \iff (x \in A \vee x \in B) \wedge (x \in C)\,.$$

Nach Regel A4 aus Satz 1.24 ist dies aber äquivalent zu

$$[(x \in A) \wedge (x \in C)] \vee [(x \in B) \wedge (x \in C)] \quad ,$$

was wiederum nach Definition des Durchschnitts und der Vereinigung äquivalent ist zu

$$x \in (A \cap C) \cup (B \cap C)\,.$$

M5: Sei $x \in \overline{A \cup B}$. Nach Definition von Komplement und Vereinigung heißt dies

$$x \notin (A \cup B) \iff \neg\big[x \in (A \cup B)\big] \iff \neg\big[(x \in A) \vee (x \in B)\big]\,.$$

Gemäß Regel A5 aus Satz 1.24 ist dies äquivalent zu

$$\big[(x \notin A) \wedge (x \notin B)\big] \iff \big[(x \in \overline{A}) \wedge (x \in \overline{B})\big] \iff x \in (\overline{A} \cap \overline{B})$$

■

Bemerkung 2.17

Mengenbeziehungen M4 und M5 lassen sich auch für Mengensysteme entsprechend formulieren. Es gelten dann an Stelle von M4 bzw. M5:

$$\Big(\bigcup_{M \in \mathfrak{M}} M\Big) \cap C = \bigcup_{M \in \mathfrak{M}} (M \cap C) \quad \text{und} \quad \Big(\bigcap_{M \in \mathfrak{M}} M\Big) \cup C = \bigcap_{M \in \mathfrak{M}} (M \cup C)$$

bzw.

$$\overline{\bigcup_{M\in\mathfrak{M}} M} = \bigcap_{M\in\mathfrak{M}} \overline{M} \quad \text{und} \quad \overline{\bigcap_{M\in\mathfrak{M}} M} = \bigcup_{M\in\mathfrak{M}} \overline{M}$$

Bei der Definition von stetigen, differenzierbaren oder integrierbaren Funktionen spielen die folgenden Mengensysteme eine zentrale Rolle.

Beispiel 2.18

Sei $\mathfrak{M} \subset \wp(\Omega)$ ein Mengensystem von Teilmengen einer fest vorgegebenen Menge Ω.

i) $\mathfrak{M}$ heißt eine *Topologie* in Ω, wenn gilt:

1) $\{\emptyset, \Omega\} \subset \mathfrak{M}$

2) $M_1, M_2 \in \mathfrak{M} \Longrightarrow M_1 \cap M_2 \in \mathfrak{M}$

3) $\mathfrak{N} \subset \mathfrak{M} \Longrightarrow \bigcup \mathfrak{N} \in \mathfrak{M}$

ii) $\mathfrak{M}$ heißt eine $\sigma-$*Algebra* in Ω, wenn gilt:

1) $\Omega \in \mathfrak{M}$

2) $A \in \mathfrak{M} \Longrightarrow \complement A \in \mathfrak{M}$

3) $\{A_1, A_2, \ldots, A_n\} \subset \mathfrak{M} \Longrightarrow \bigcup_{n=1}^{\infty} A_n \in \mathfrak{M}$

Bemerkung 2.19

i) Ist $\mathfrak{M}$ eine σ-Algebra, folgt aus Definition 2.18 b), dass auch $\emptyset \in \mathfrak{M}$ gilt, und wegen $\complement\left(\bigcup_{n=1}^{\infty} \complement A_n\right) = \bigcap_{n=1}^{\infty} A_n$ ist $\mathfrak{M}$ auch bzgl. abzählbaren Durchschnitten abgeschlossen.

ii) Die Mengen einer Topologie werden als offene Mengen bezeichnet (siehe hierzu auch Definition 6.16 und Bemerkung 6.17 auf Seite 127).

Der Mengenbegriff weist in bestimmten Situationen Nachteile auf. Zum einen ist es nicht möglich, ein und dasselbe Element in einer Menge mehrfach zu berücksichtigen. Zum anderen kann die Reihenfolge der Elemente in einer Menge nicht erfasst werden. Viele periodisch ermittelte wirtschaftliche Kenngrößen (z.B. das Bruttosozialprodukt, Aktienkurse usw.) ergeben jedoch erst dann Sinn, wenn sowohl die zeitliche Reihenfolge des Auftretens erfasst wird (*Zeitreihe*), als auch eine Mehrfachnennung desselben Zahlenwertes möglich ist. Der folgende Begriff bietet hierzu die Möglichkeit.

Definition 2.20

Sind $A_1, A_2, A_3, \ldots, A_n$ ($n \in \mathbb{N}$) nichtleere Mengen, so heißt die Menge aller *geordneten n-Tupel* $(a_1, a_2, a_3, \ldots, a_n)$ mit $a_i \in A_i$ für $i = 1, \ldots, n$ das *(kartesische) Produkt* der Mengen A_i, und man schreibt $A_1 \times A_2 \times \ldots \times A_n$ oder $\prod_{i=1}^{n} A_i$. Es ist also

$$\prod_{i=1}^{n} A_i := \{(a_1, a_2, \ldots, a_n) \mid a_i \in A_i \text{ für } i = 1, \ldots, n\} .$$

Bemerkung 2.21

i) Bei einem „geordneten" Tupel spielt die Reihenfolge der Elemente eine entscheidende Rolle. So enthalten die beiden 3-Tupel (1,2,3) und (3,2,1) die gleichen Elemente, sind jedoch verschieden, da die Reihenfolge ihrer Elemente nicht übereinstimmt. Im algebraischen Kontext werden wir diese n-Tupel auch als n-dimensionale Vektoren bezeichnen. Zwei n-Tupel $(a_1, a_2, \ldots, a_n)$ und $(b_1, b_2, \ldots, b_n)$ sind genau dann gleich, wenn gilt

$$\forall i : a_i = b_i .$$

ii) Falls $A_1 = \ldots = A_n = A$, so schreibt man A^n für das kartesische Produkt $\prod_{i=1}^{n} A_i$.

iii) Die Bezeichnung Produkt rührt daher, dass bei endlichen Mengen A_i die Zahl der Elemente in $\prod_{i=1}^{n} A_i$ dem Produkt der Elementanzahlen der einzelnen A_i ist, d.h.

$$\left| \prod_{i=1}^{n} A_i \right| = \prod_{i=1}^{n} |A_i| .$$

Beispiel 2.22

Sei $A = \{1, 2, 3\}$, $B = \{2, 3\}$ und $C = \{4, 5\}$. Dann ergibt sich

$$\begin{aligned} A \times B \times C \;=\; \big\{&(1,2,4),(1,2,5),(1,3,4),(1,3,5),(2,2,4),(2,2,5),\\ &(2,3,4),(2,3,5),(3,2,4),(3,2,5),(3,3,4),(3,3,5)\big\} . \end{aligned}$$

Sind A und B Zahlenmengen, lässt sich das kartesische Produkt $A \times B$ in einem *kartesischen Koordinatensystem* veranschaulichen, indem man die Elemente $x \in A$ auf der horizontalen Achse (*Abszissenachse*) und die Elemente $y \in B$ auf der vertikalen Achse (*Ordinatenachse*) abträgt. Auf diese Weise lässt sich jedes Paar $(x, y) \in A \times B$ als Schnittpunkt der entsprechenden Achsenparallelen durch x bzw. y darstellen. Für

$A = \{x \in \mathbb{R} \mid 1 \leq x \leq 4\}$ und $B = \{y \in \mathbb{R} \mid 2 < y \leq 4\}$ ergibt[8] sich Abbildung 2.1. Diese verdeutlicht den Unterschied zwischen den geordneten 2-Tupeln (x, y) und (y, x), etwa durch die unterschiedliche Lage der Paare $(3, 4)$ und $(4, 3)$.

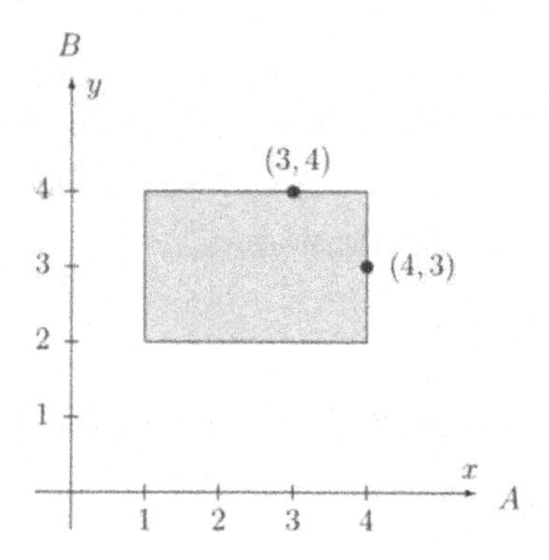

Abbildung 2.1: *Darstellung geordneter Paare in einem kartesischen Koordinatensystem*

Analog lässt sich das Kreuzprodukt $A \times B \times C$ dreier Zahlenmengen in einem „dreidimensionalen" kartesischen Koordinatensystem veranschaulichen. Dies wird vor allem bei der graphischen Darstellung von Funktionen in ein- oder zwei Veränderlichen verwendet (für die genaue Vorgehensweise sei auf Definition 4.1 verwiesen).

Mit Hilfe von geordneten Paaren ist es möglich, die Theorie der Relationen in mengentheoretischer Sprache darzustellen. Hierbei verstehen wir unter einer Relation so etwas wie das Verheiratetsein, oder allgemeiner eine mehr oder minder abstrakte Beziehung zwischen Elementen von Mengen (z.B. Transportverbindungen zwischen Städten, Wege zwischen einzelnen Fertigungsstufen einer Produktion, Beziehungen zwischen den Organisationsstrukturen hierarchischer Systeme o.ä.). Es ist daher naheliegend, bei einer gegebenen Relation den Blick auf geordnete Paare zu lenken.

Bei der Relation des Verheiratetseins betrachtet man alle 2-Tupel (x, y), wobei x ein Mann, y eine Frau und x mit y verheiratet ist. Durch die Menge aller 2-Tupel, die zueinander in der betreffenden Relation stehen, ist die Relation eindeutig bestimmt. D.h., wenn wir die Menge V der verheirateten (geordneten) Paare kennen, können wir jederzeit feststellen, ob ein bestimmter Mann x mit einer bestimmten Frau y verheiratet ist, selbst wenn wir

[8] In Intervallschreibweise (siehe Kapitel 3) gilt $A =]1, 4]$ und $B =]2, 4]$.

die Definition Verheiratetseins vergessen hätten. Wir müssen hierzu nur überprüfen, ob $(x, y) \in V$ gilt oder nicht gilt. Aus diesem heuristischen Zusammenhang heraus definiert man eine Relation einfach durch die entsprechende Menge geordneter 2-Tupel.

Definition 2.23

Sind X und Y zwei nichtleere Mengen und ist R eine Teilmenge des Produktes $X \times Y$, so heißt R eine *Relation zwischen X und Y*. Ist $X = Y = M$, so spricht man von einer *Relation in M*. Ist (x, y) ein Element von $R \subset X \times Y$, so schreibt man auch xRy und sagt „x steht in der Relation R zu y“. Die Menge

$$\{x \in X \mid \exists y \in Y : xRy\}$$

heißt *Definitionsbereich* der Relation R. Das *Bild* der Relation R ist die Menge

$$\{y \in Y \mid \exists x \in X : xRy\} \ .$$

Beispiel 2.24

i) Funktionen sind Spezialfälle von Relationen, denen wir auf Grund ihrer großen Bedeutung das Kapitel 4 gewidmet haben.

ii) $R \subset \mathbb{R} \times \mathbb{R}$ sei die Menge der reellen 2-Tupel, die auf oder unterhalb der „Hauptdiagonale“ $\{(x, x) \mid x \in \mathbb{R}\}$ liegen. R beschreibt die größer-gleich-Relation auf den reellen Zahlen, d.h. es gilt $xRy \iff x \geq y$.

iii) Enthalten X und Y nur wenige Elemente, so lässt sich eine Relation zwischen beiden Mengen dadurch veranschaulichen, dass man für X und Y sogenannte *Venn-Diagramme* zeichnet und die in Beziehung stehenden Elemente von X und Y durch Pfeile verbindet. Ist z.B. $X = \{F_1, F_2, F_3, F_4, F_5\}$ die Menge der Fertigungsbetriebe eines Unternehmens, $Y = \{V_1, V_2, V_3, V_4, V_5\}$ die Menge seiner Verkaufsstellen, so gibt die Relation

$$R = \Big\{(F_1, V_1), (F_2, V_2), (F_2, V_3), (F_4, V_1), (F_4, V_2), (F_4, V_3), (F_5, V_4)\Big\} \subset X \times Y$$

an, welcher Fertigungsbetrieb welche Verkaufsstellen beliefert siehe Abbildung 2.2). Der Definitionsbereich dieser Relation ist die Menge $\{F_1, F_2, F_4, F_5\}$, wohingegen die Menge $\{V_1, V_2, V_3, V_4\}$ das Bild der Relation darstellt.

Da die Definition einer Relation sehr allgemein gehalten ist, können interessante Relationen bzw. Aussagen erst erwartet werden, wenn man weitere Forderungen stellt.

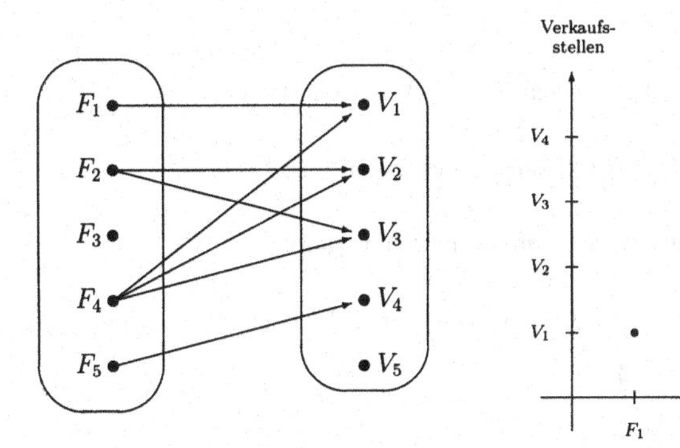

Abbildung 2.2: *Darstellung einer Relation als Venn-Diagramm und als Teilmenge eines kartesischen Produktes*

Definition 2.25

Sei R eine Relation in der Menge M, d.h. gelte $R \subset M \times M$.

a) R heißt

- *reflexiv*, wenn gilt

$$\forall x \in M : xRx \, .$$

- *symmetrisch*, wenn gilt

$$\forall x, y \in M : \Big[xRy \Longrightarrow yRx \Big] \, .$$

- *antisymmetrisch*, wenn gilt

$$\forall x, y \in M : \Big[xRy \wedge yRx \Longrightarrow x = y \Big] \, .$$

- *transitiv*, wenn gilt

$$\forall x, y, z \in M : \Big[xRy \wedge (y, z) \in R \Longrightarrow (x, z) \in R \Big] \, .$$

- *vollständig*, wenn gilt

$$\forall x, y \in M : \Big[xRy \vee yRx \Big] \, .$$

b) Man bezeichnet R als

- *Äquivalenzrelation*, falls R reflexiv, symmetrisch und transitiv ist.
- *Präferenzordnung*, falls R vollständig und transitiv ist.
- *Ordnung*, falls R reflexiv, antisymmetrisch und transitiv ist.
- *Totalordnung*, falls R eine vollständige Ordnung, also reflexiv, antisymmetrisch, transitiv und vollständig ist.

Beispiel 2.26

i) Sei G die Menge aller Geraden in einer Ebene. Wir definieren eine Relation P in G durch $P := \{(g_1, g_2) \in G \times G \mid g_1 \text{ parallel zu } g_2\}$. P ist eine Äquivalenzrelation auf G. P ist allerdings nicht vollständig.

ii) Die Inklusion „$\subset$" ist eine (nicht vollständige) Ordnung in jedem Mengensystem $\mathfrak{M}$.

iii) Die „$\geq$"-Relation ist eine Totalordnung in $\mathbb{R}$. Hierbei gilt $x \geq y$, wenn $x - y$ eine nichtnegative, reelle Zahl ist (Man beachte auch Beispiel 2.24 ii)). Häufig verwendet man auch $y \leq x$ an Stelle von $x \geq y$. An Stelle von $(x \geq y) \wedge (x \neq y)$ verwendet man die Schreibweise $x > y$.

iv) Für $\boldsymbol{x} = (x_1, x_2) \in \mathbb{R}^2$ und $\boldsymbol{y} = (y_1, y_2) \in \mathbb{R}^2$ definieren wir

$$\boldsymbol{x}R\boldsymbol{y} :\Longleftrightarrow (x_1 \geq y_1) \wedge (x_2 \geq y_2) .$$

R definiert eine Ordnung in $\mathbb{R}^2$, die man ebenfalls mit „$\geq$" bezeichnet. In diesem Fall liegt jedoch *keine* Totalordnung vor, denn es gilt z.B. weder $(-1,1) \geq (1,-1)$ noch $(-1,1) \leq (1,-1)$.

v) Für $\boldsymbol{x} = (x_1, \dots, x_N)$ und $\boldsymbol{y} = (y_1, \dots, y_N)$ aus $\mathbb{R}^N$ definieren wir:

$\boldsymbol{x} \succsim \boldsymbol{y}$, falls $\boldsymbol{x} = \boldsymbol{y}$ oder falls die erste von 0 verschiedene Komponente von $(x_1 - y_1, x_2 - y_2, \dots, x_N - y_N)$ positiv ist.

„$\succsim$" ist eine Totalordnung in $\mathbb{R}^N$ und wird als *lexikographische Ordnung* bezeichnet.

vi) Die formallogische Äquivalenz „$\Longleftrightarrow$" ist eine Äquivalenzrelation in der Menge aller Aussagen.

vii) Definiert man für $x, y \in \mathbb{Z}$ die Relation R durch

$$xRy :\Longleftrightarrow (x - y) \text{ ist durch 5 teilbar,}$$

so liegt eine Äquivalenzrelation vor, und zwei ganze Zahlen sind genau dann äquivalent, wenn sie beim Teilen durch 5 den gleichen Rest liefern.

Bemerkung 2.27

i) Aus Bequemlichkeit und Analogiegründen werden Ordnungen meist mit „$\leq$" oder „$\precsim$" und Äquivalenzrelationen meist mit „=", „$\sim$" oder „$\approx$" notiert.
Statt zu sagen, dass „$\leq$" eine Ordnung in M ist, spricht man der Kürze wegen von der geordneten Menge $(M, \leq)$.

ii) Die Vollständigkeit einer Relation in einer Menge M impliziert die Reflexivität. Insbesondere ist eine Präferenzordnung auch reflexiv.

iii) Eigenschaften von Relationen lassen sich oft geometrisch interpretieren. Z.B. ist eine Relation R in der Menge M symmetrisch, wenn sie als Teilmenge des kartesischen Produktes $M \times M$ spiegelsymmetrisch zur Hauptdiagonalen $\{(x, x) \mid x \in M\}$ ist.

iv) Ist R eine Äquivalenzrelation in der Menge M und $m \in M$, so heißt die Menge $[m] = \{n \in M \mid mRn\}$ die zu m gehörende *Äquivalenzklasse*. m wird als *Repräsentant der Äquivalenzklasse* $[m]$ bezeichnet.
Das Mengensystem $\mathfrak{M}_R = \big\{[m] \mid m \in M\big\}$ aller Äquivalenzklassen ist eine Zerlegung von M. Dies ergibt sich aus folgender Äquivalenzkette

$$[m] = [n] \iff [m] \cap [n] \neq \emptyset \iff mRn\ .$$

Umgekehrt existiert zu jeder Zerlegung $\mathfrak{Z}$ von M eine Relation R mit $\mathfrak{M}_R = \mathfrak{Z}$. Statt m äquivalent n sagt man häufig „m gleich n modulo R" und schreibt $m = n(\text{mod } R)$, z.B. $x = y(\text{mod } 5)$ in Beispiel 2.26 vii). Betrachtet man nun die Abbildung[9]

$$\begin{aligned} f : M &\to \mathfrak{M}_R \\ m &\mapsto [m], \end{aligned}$$

so sind zwei Elemente m und n aus M genau dann äquivalent, wenn $f(m) = f(n)$ gilt. f stellt gewissermaßen eine Nutzen- oder Bewertungsfunktion dar und zwei

[9]Der Abbildungs- bzw. Funktionsbegriff wird in Kapitel 4 definiert.

Elemente der Menge M sind in diesem Sinne äquivalent, wenn sie den gleichen Nutzen stiften.

Abschließend wollen wir uns noch etwas intensiver mit Ordnungsrelationen und damit zusammenhängenden Begriffen wie z.B. Maximum, Minimum usw. beschäftigen. Im Bereich der reellen Zahlen, versehen mit der „natürlichen" $\geq$-Ordnung, spielen diese Begriffe bei der Optimierung von Funktionen eine wesentliche Rolle.

Definition 2.28

Sei $(M, \leq)$ eine geordnete Menge und $B \subset M$.

a) Ein Element S aus M heißt

- *obere Schranke* von B, wenn gilt

$$\forall b \in B : b \leq S\,.$$

- *kleinste obere Schranke* oder *Supremum* von B (Schreibweise: $\sup B$), wenn S eine obere Schranke ist mit der Eigenschaft, dass jedes echt kleinere Element als S *keine* obere Schranke von B ist.

- *Maximum* von B (Schreibweise: $\max B$), wenn $S = \sup B$ und $S \in B$ gilt.

- *untere Schranke* von B, wenn gilt

$$\forall b \in B : S \leq b\,.$$

- *größte untere Schranke* oder *Infimum* von B (Schreibweise: $\inf B$), wenn S eine untere Schranke ist mit der Eigenschaft, dass jedes echt größere Element als S *keine* untere Schranke von B ist.

- *Minimum* von B (Schreibweise: $\min B$), wenn $S = \inf B$ $S \in B$ gilt.

b) B heißt *nach oben (unten) beschränkt*, wenn eine obere (untere) Schranke für B existiert. B heißt *beschränkte Menge*, wenn eine obere und eine untere Schranke für B existiert.

Beispiel 2.29

Betrachten wir die rationalen Zahlen $\mathbb{Q}$ mit der gewohnten „kleiner-gleich"-Relation (siehe Beispiel 2.26 ii)). Wir definieren:

- $B_1 := \{q \in \mathbb{Q} \mid (0 \leq q) \wedge (q < 2)\}$

- $B_2 := \{q \in \mathbb{Q} \mid q^2 \leq 2\}$.

B_1 ist beschränkt, denn es gilt: $0 = \min B_1 = \inf B_1$ und $2 = \sup B_1$. B_1 besitzt jedoch kein Maximum. B_2 ist ebenfalls beschränkt (etwa durch -2 und $+2$); B_2 besitzt jedoch *in* $\mathbb{Q}$ kein Supremum und kein Infimum, da es keine rationale Zahl q mit $q^2 = 2$ gibt (siehe Beispiel 1.26 ii)). $\mathbb{Q}$ ist in diesem Sinne „unvollständig".

Bemerkung 2.30

i) Die in Beispiel 2.29 beschriebene „Unvollständigkeit" der rationalen Zahlen führt zur Konstruktion der reellen Zahlen $\mathbb{R}$. Die reellen Zahlen unterscheiden sich von den rationalen Zahlen dadurch, dass jede nach oben beschränkte Menge von $\mathbb{R}$ ein Supremum in $\mathbb{R}$ besitzt (*Supremumseigenschaft*), was sich oberflächlich gesprochen auch als Abgeschlossenheit gegenüber Grenzwertbildungen interpretieren lässt.

ii) Ist B eine nach oben bzw. unten unbeschränkte Menge in den reellen Zahlen $\mathbb{R}$, schreibt man auch $\sup B = +\infty$ bzw. $\inf B = -\infty$.

iii) Ist B eine Teilmenge der reellen Zahlen und ist S eine obere Schranke von B, so gilt

$$S = \sup B \iff \forall \varepsilon > 0 \; \exists b \in B : b > S - \varepsilon.$$

iv) Will man das Maximum einer Funktion[10] $f : M \to \mathbb{R}$ berechnen, also

$$\max\{f(x) \mid x \in M\},$$

so verwendet man häufig die Kurzschreibweise

$$\max_{x \in M} f(x).$$

Die analogen Schreibweisen $\sup_{x \in M} f(x)$, $\min_{x \in M} f(x)$, $\inf_{x \in M} f(x)$ verwendet man für das Supremum, Minimum und Infimum der Funktionswerte. Die Menge der $x \in M$, wo das Maximum bzw. das Minimum angenommen wird, bezeichnet man mit $\arg\max f$ bzw. $\arg\min f$. Es gilt also

$$\arg\max f = \left\{x^* \in M \;\middle|\; f(x^*) = \max_{x \in M} f(x)\right\} \quad \text{bzw.}$$
$$\arg\min f = \left\{x^* \in M \;\middle|\; f(x^*) = \min_{x \in M} f(x)\right\}.$$

[10]Zur Definition von Funktionen siehe Kapitel 4.

3

Der Wert eines Gedankens hängt nicht davon ab, wie anschaulich er ist, sondern was er leistet.

Max Planck

Algebraische Strukturen

Neben den schon im letzten Kapitel beschriebenen Ordnungseigenschaften besitzen die betrachteten Zahlenmengen $\mathbb{N}$, $\mathbb{Z}$, $\mathbb{Q}$, $\mathbb{R}$ *algebraische Strukturen* (Verknüpfungen), wie etwa die Addition oder die Multiplikation.

Definition 3.1

Sei M eine nichtleere Menge.

a) Eine *innere Verknüpfung „$\circ$" (innere Operation)* auf M ordnet je zwei Elementen x, y aus M ein drittes Element aus M zu, das wir mit $x \circ y$ bezeichnen.

b) Die Menge M mit der inneren Verknüpfung $\circ$ heißt *Gruppe*, falls gilt:

1) $\forall x, y, z \in M : (x \circ y) \circ z = x \circ (y \circ z)$ (*Assoziativgesetz*)

2) $\exists n \in M \, \forall x \in M : n \circ x = x \circ n = x$ (n heißt *neutrales Element* bezüglich $\circ$)

3) $\forall x \in M \, \exists \overline{x} \in M : x \circ \overline{x} = \overline{x} \circ x = n$ ($\overline{x}$ heißt das zu x *inverse Element*)

M heißt *kommutative Gruppe*, wenn zusätzlich das *Kommutativgesetz* gilt:

$$\forall x, y \in M : x \circ y = y \circ x$$

Beispiel 3.2

i) Die ganzen Zahlen $\mathbb{Z}$ mit der Addition bilden eine kommutative Gruppe. Neutrales Element ist die 0; inverses Element $\overline{x}$ zu x ist die Zahl $-x$.

ii) Die ganzen Zahlen mit der Multiplikation bilden *keine* Gruppe, da eine Inversenbildung i.A. nicht möglich ist.

iii) $\mathbb{Q} \setminus \{0\}$ mit der Multiplikation ist eine kommutative Gruppe. Neutrales Element ist die Zahl 1, inverses Element von $\frac{p}{q}$ ist $\frac{q}{p}$.

iv) Sind $A = (a_{ij})_{\substack{i=1,\dots,M \\ j=1,\dots,N}}$ und $B = (b_{ij})_{\substack{i=1,\dots,M \\ j=1,\dots,N}}$ zwei $(M \times N)$-Matrizen, so wird eine *Matrizenaddition* definiert durch

$$A + B := (a_{ij} + b_{ij})_{\substack{i=1,\dots,M \\ j=1,\dots,N}} = \begin{pmatrix} a_{11} + b_{11} \ , \ a_{12} + b_{12} \ , \dots , \ a_{1N} + b_{1N} \\ a_{21} + b_{21} \ , \ a_{22} + b_{22} \ , \dots , \ a_{2N} + b_{2N} \\ \vdots \qquad \vdots \qquad \ddots \qquad \vdots \\ a_{M1} + b_{M1} \, , a_{M2} + b_{M2} \, , \dots , a_{MN} + b_{MN} \end{pmatrix}.$$

Mit dieser Verknüpfung bildet die Menge $\mathbb{R}^{M \times N}$ aller $(M \times N)$-Matrizen eine kommutative Gruppe. Neutrales Element ist die *Nullmatrix*

$$\mathbf{0} := \begin{pmatrix} 0 & 0 & \cdots & 0 \\ 0 & 0 & \cdots & 0 \\ \vdots & \vdots & \ddots & \vdots \\ 0 & 0 & \cdots & 0 \end{pmatrix}.$$

Inverses Element zur Matrix $A = (a_{ij})_{\substack{i=1,\dots,M \\ j=1,\dots,N}}$ ist die Matrix

$$-A := (-a_{ij})_{\substack{i=1,\dots,M \\ j=1,\dots,N}}.$$

Bemerkung 3.3

i) Aus Bequemlichkeitsgründen bezeichnet man die Verknüpfung in Gruppen meist mit „+" oder „·", um die Ähnlichkeit mit Zahlen aufzuzeigen, und spricht dann auch von Addition bzw. Multiplikation. In diesen Fällen wird das neutrale Element mit 0 bzw. 1 und das zu x inverse Element mit $-x$ bzw. x^{-1} (oder $\frac{1}{x}$) bezeichnet. Die abkürzenden Schreibweisen $n \cdot x$ für die n-malige Summe $x + x + \cdots + x$ von x (bzw. x^n für das n-malige Produkt $x \cdot x \cdots x$ von x mit sich selbst) für $n \in \mathbb{N}$ sind in diesen Fällen genauso üblich wie die Verwendung des Summenzeichens $\sum$ bzw. des Produktzeichens $\prod$.

ii) Ist $A = (a_{ij})_{\substack{i=1,\dots,M \\ j=1,\dots,N}}$ eine $(M \times N)$-Matrix und $B = (b_{jk})_{\substack{j=1,\dots,N \\ k=1,\dots,L}}$ eine $(N \times L)$-Matrix. Das *Matrizenprodukt* $A \cdot B$ von A und B ist die $(M \times L)$ – Matrix $C = (c_{rs})_{\substack{r=1,\dots,M \\ s=1,\dots,L}}$, definiert durch

$$c_{rs} := \sum_{j=1}^{N} a_{rj} b_{js} = a_{r1} b_{1s} + a_{r2} b_{2s} + \ldots + a_{rN} b_{Ns}$$

Dieses Matrizenprodukt[1] ist also nur dann definiert, wenn die Spaltenanzahl von A mit der Zeilenanzahl von B übereinstimmt. Die *Produktmatrix* $A \cdot B$ besitzt so viele Zeilen wie die Matrix A und so viele Spalten wie die Matrix B. So ist zum Beispiel

$$\begin{pmatrix} 1 & 2 & 3 \\ -1 & 0 & 1 \end{pmatrix} \cdot \begin{pmatrix} 3 & -2 \\ 0 & 1 \\ -1 & 0 \end{pmatrix} = \begin{pmatrix} 0 & 0 \\ -4 & 2 \end{pmatrix}$$

und

$$\begin{pmatrix} 1 & 2 & 3 \\ -1 & 0 & 1 \end{pmatrix} \cdot \begin{pmatrix} 3 \\ 0 \\ -1 \end{pmatrix} = \begin{pmatrix} 0 \\ -4 \end{pmatrix} .$$

Die *Matrizenmultiplikation* liefert auf der Menge der quadratischen $(N \times N)$-Matrizen eine assoziative Verknüpfung, jedoch keine Gruppenstruktur. Es existiert zwar ein neutrales Element, nämlich die *Einheitsmatrix*,

$$E = \begin{pmatrix} 1 & 0 & \dots & 0 \\ 0 & 1 & \dots & 0 \\ \vdots & \vdots & \ddots & \vdots \\ 0 & 0 & \dots & 1 \end{pmatrix} ,$$

doch ist es nicht möglich, zu jeder Matrix A eine multiplikative *inverse Matrix* A^{-1} zu bestimmen. Im Fall $N = 2$ ist z.B. $\begin{pmatrix} 0 & 1 \\ 1 & -1 \end{pmatrix}$ die Inverse der Matrix $\begin{pmatrix} 1 & 1 \\ 1 & 0 \end{pmatrix}$, wohingegen zur Matrix $\begin{pmatrix} 0 & 0 \\ 1 & 0 \end{pmatrix}$ keine multiplikative Inverse existiert.

Die Matrizenmultiplikation ist nicht kommutativ. Selbst wenn $A \cdot B$ und $B \cdot A$ gebildet werden können, gilt im allgemeinen $A \cdot B \neq B \cdot A$. Zum Beispiel ist

$$\begin{pmatrix} 1 & 2 \\ 3 & 4 \end{pmatrix} \cdot \begin{pmatrix} 1 & 0 \\ 0 & 0 \end{pmatrix} = \begin{pmatrix} 1 & 0 \\ 3 & 0 \end{pmatrix},$$

aber

$$\begin{pmatrix} 1 & 0 \\ 0 & 0 \end{pmatrix} \cdot \begin{pmatrix} 1 & 2 \\ 3 & 4 \end{pmatrix} = \begin{pmatrix} 1 & 2 \\ 0 & 0 \end{pmatrix}.$$

[1]Eine genaue Begründung für diese etwas „seltsame“ Art der Multiplikation kann erst in Bemerkung 4.30 gegeben werden.

iii) Eine bei Matrizen oft verwendete Operation ist die *Multiplikation mit Skalaren*, bei der eine Matrix mit einer reellen Zahl multipliziert wird. Es liegt in diesem Fall also keine *innere* Verknüpfung vor, weil zwei Objekte unterschiedlichen Typs miteinander verknüpft werden. Ist $A = (a_{ij})$ eine $(M \times N)$-Matrix und α eine reelle Zahl, so ist $\alpha \cdot A$ die $(M \times N)$-Matrix, die folgendermaßen definiert ist[2]:

$$\alpha \cdot \begin{pmatrix} a_{11}, a_{12}, \dots, a_{1N} \\ a_{21}, a_{22}, \dots, a_{2N} \\ \vdots \quad \vdots \quad \ddots \quad \vdots \\ a_{M1}, a_{M2}, \dots, a_{MN} \end{pmatrix} := \begin{pmatrix} \alpha \cdot a_{11}, \alpha \cdot a_{12}, \dots, \alpha \cdot a_{1N} \\ \alpha \cdot a_{21}, \alpha \cdot a_{22}, \dots, \alpha \cdot a_{2N} \\ \vdots \quad \vdots \quad \ddots \quad \vdots \\ \alpha \cdot a_{M1}, \alpha \cdot a_{M2}, \dots, \alpha \cdot a_{MN} \end{pmatrix}.$$

iv) Eine bei Matrizen ebenfalls häufig anzutreffende Operation vertauscht Zeilen und Spalten. Genauer: Ist $A = (a_{ij})_{\substack{i=1,\dots,M \\ j=1,\dots,N}}$ eine $(M \times N)$-Matrix, so heißt die $(N \times M)$-Matrix A^T, deren Zeilen die Spalten von A sind, die zu A *transponierte Matrix:*

$$A^T := \begin{pmatrix} a_{11}, a_{21}, \dots, a_{M1} \\ a_{12}, a_{22}, \dots, a_{M2} \\ \vdots \quad \vdots \quad \ddots \quad \vdots \\ a_{1N}, a_{2N}, \dots, a_{MN} \end{pmatrix}$$

Da auf den für uns wesentlichen Zahlenmengen in der Regel zwei Verknüpfungen vorgegeben sind, liegt es nahe, folgendes algebraisches Gebilde zu betrachten.

Definition 3.4

Ein *Körper* ist eine Menge $\mathbb{K}$ mit zwei Verknüpfungen „+“ und „·“, die folgende Eigenschaften besitzen:

1) $\mathbb{K}$ ist zusammen mit „+“ eine kommutative Gruppe. Das neutrale Element bzgl. „+“ bezeichnen wir mit 0.

2) $\mathbb{K} \setminus \{0\}$ ist zusammen mit „·“ eine kommutative Gruppe. Das neutrale Element bzgl. „·“ bezeichnen wir mit 1.

3) Es gilt das *Distributivgesetz*:

$$\forall x, y, z \in \mathbb{K} : x \cdot (y + z) = (x \cdot y) + (x \cdot z)$$

[2]Streng genommen sollte man auch hier $\alpha \odot A$ schreiben.

Beispiel 3.5

i) Die rationalen Zahlen $\mathbb{Q}$ und die reellen Zahlen $\mathbb{R}$, versehen mit der gewohnten Addition und Multiplikation, bilden einen Körper, während die ganzen Zahlen $\mathbb{Z}$ mit diesen beiden Verknüpfungen keinen Körper bilden.

ii) Definiert man für $(x_1, x_2), (y_1, y_2) \in \mathbb{R}^2$ die zwei Verknüpfungen „+" und „·" durch

$$(x_1, x_2) + (y_1, y_2) := (x_1 + y_1, x_2 + y_2)$$

und

$$(x_1, x_2) \cdot (y_1, y_2) := (x_1 \cdot y_1 - x_2 \cdot y_2, x_1 \cdot y_2 + x_2 \cdot y_1),$$

so ist $\mathbb{R}^2$ mit diesen beiden Verknüpfungen ein Körper. Man spricht vom *Körper der komplexen Zahlen* und bezeichnet ihn mit dem Symbol $\mathbb{C}$.

Bemerkung 3.6

i) Üblicherweise trifft man in Körpern die Konvention „Punktrechnung vor Strichrechnung" und lässt, soweit möglich, den Multiplikationspunkt wegfallen. Das Distributivgesetz lautet dann $x(y+z) = xy + xz$ an Stelle von $x \cdot (y+z) = (x \cdot y) + (x \cdot z)$.

ii) Für die Matrizenmultiplikation gelten, sofern diese Produkte gebildet werden können, ebenfalls die Distributivgesetze:

- $A \cdot (B + C) = (A \cdot B) + (A \cdot C)$
- $(A + B) \cdot C = (A \cdot C) + (B \cdot C)$

Wir sind nun in der Lage, die reellen Zahlen näher zu charakterisieren. Hierbei erweist sich, wie schon früher erwähnt, dass die reellen Zahlen im Gegensatz zu den rationalen Zahlen die Supremumseigenschaft besitzen. Dieser einzige, jedoch wesentliche Unterschied zwischen den rationalen und den reellen Zahlen ist umso erwähnenswerter, als es schwierig ist, diesen Unterschied samt seiner Konsequenzen zu verstehen. So befinden sich in dem Intervall der reellen Zahlen zwischen 0 und 1 wesentlich „mehr" Zahlen als in der Menge der rationalen Zahlen $\mathbb{Q}$[3]. Dennoch ist es nach Satz 3.9 möglich, zwischen zwei reellen Zahlen immer unendlich viele rationale Zahlen zu finden. Aus diesem Grund bereiten auch viele darauf beruhende Begriffe (z.B. der Grenzwert) enorme Schwierigkeiten.

---

[3] Der Beweis hierzu ist elementar und sehr instruktiv. Siehe z.B. „P.S. Alexandroff, Einführung in die Mengenlehre und die Theorie der reellen Funktionen", S. 34.

Satz 3.7

Die reellen Zahlen $(\mathbb{R}, +, \cdot)$ bilden einen Körper, der eine Totalordnung „$\leq$" besitzt, so dass folgende Eigenschaften gelten[4]:

1) $\forall x, y, z \in \mathbb{K} : x < y \Longrightarrow x + z < y + z$

2) $\forall x, y \in \mathbb{K} : (0 < x) \wedge (0 < y) \Longrightarrow 0 < xy$

3) $\mathbb{K}$ besitzt die *Supremumseigenschaft*, d.h. jede nach oben beschränkte Menge besitzt ein Supremum in $\mathbb{K}$.

Bemerkung 3.8

i) $\mathbb{Q}$ ist eine Teilmenge von $\mathbb{R}$, und die auf $\mathbb{R}$ definierten Verknüpfungen „+" und „$\cdot$", sowie die Ordnung „$\leq$", stimmen mit den entsprechenden Begriffen auf $\mathbb{Q}$ überein. In diesem Sinn stellt $\mathbb{R}$ eine Erweiterung der rationalen Zahlen dar[5].

ii) Körper mit einer Ordnung, die Eigenschaften 1) und 2) des Satzes 3.7 erfüllen, heißen *geordnete Körper*. Aus diesen Eigenschaften ergeben sich folgende Rechenregeln

1) $\forall x \in K : 0 < x \iff -x < 0$

2) $\forall x, y, z \in K : (0 < x) \wedge (y < z) \Longrightarrow xy < xz$

3) $\forall x, y, z \in K : (x < 0) \wedge (y < z) \Longrightarrow xy > xz$

4) $\forall x \in K : (x \neq 0) \Longrightarrow x^2 > 0$

5) $\forall x, y \in K : 0 < x < y \iff 0 < y^{-1} < x^{-1}$

Um die Bedeutung der Supremumseigenschaft klarzumachen, wollen wir uns zwei Anwendungen anschauen.

Satz 3.9

Sind x, y reelle Zahlen, dann gilt:

a) Ist $x > 0$, so existiert eine natürliche Zahl $n \in \mathbb{N}$ mit $y < n \cdot x$.

b) Ist $x < y$, so existiert eine rationale Zahl $q \in \mathbb{Q}$ mit $x < q < y$.

[4]Durch diese Eigenschaften ist $\mathbb{R}$ eindeutig bestimmt.

[5]Für den technisch anspruchsvollen Beweis sei z.B. auf „W. Rudin, Principles of Mathematical Analysis" verwiesen.

Beweis:

a) Wir führen den Beweis indirekt, d.h. wir nehmen an, dass $n \cdot x \leq y$ für alle $n \in \mathbb{N}$ gilt. Dann ist die Menge $A = \{nx \mid n \in \mathbb{N}\}$ nach oben beschränkt, und es existiert eine reelle Zahl r mit $r = \sup A$.
Wegen $x > 0$ ist $r - x < r$. Da r die kleinste obere Schranke von A ist, findet man ein Element $mx \in A$ $(m \in \mathbb{N})$ mit $r - x < mx \iff r < (m+1) \cdot x$. Da $(m+1) \cdot x$ in A liegt, ist dies ein Widerspruch dazu, dass r eine obere Schranke von A ist.

b) Diese Aussage ergibt sich, indem man mit Aussage a) eine natürliche Zahl n bestimmt, so dass $1 < n(y - x) \iff 1 + nx < ny$ gilt. Wendet man a) erneut an, kann man eine natürliche Zahl m bestimmen, so dass $m - 1 \leq nx < m$ gilt. Fasst man diese Ungleichungen zusammen, ergibt sich:

$$nx < m \leq 1 + nx < ny \quad \text{bzw.} \quad x < \frac{m}{n} < y.$$

■

Bemerkung 3.10

Satz 3.9 b) besagt, dass die rationalen Zahlen „dicht" in den reellen Zahlen liegen. Satz 3.9 a) ist als *Archimedisches Axiom* bekannt und wird häufig auch folgendermaßen formuliert:

$$\forall x > 0 \, \exists n \in \mathbb{N} : \frac{1}{n} < x$$

Der folgende Satz zeigt, dass $\mathbb{R}$ im Gegensatz zu den rationalen Zahlen die gewünschte „Vollständigkeit" besitzt, da $\mathbb{R}$ bzgl. der „Wurzelbildung" abgeschlossen ist.

Satz 3.11

Zu jeder positiven reellen Zahl $x > 0$ und jeder natürlichen Zahl $n \in \mathbb{N}$ existiert genau eine *positive* reelle Zahl $y > 0$ mit $y^n = x$. y heißt die *n-te Wurzel von x* und man schreibt

$$y = \sqrt[n]{x} \quad \text{oder} \quad y = x^{\frac{1}{n}} .$$

Beweis:

Sei $A = \{t > 0 \mid t^n < x\}$. A ist nicht leer und nach oben beschränkt (etwa durch $x + 1$). Folglich existiert $y := \sup A$. Wir zeigen nun, dass sowohl $y^n > x$ als auch $y^n < x$ zu einem Widerspruch führt. Hierzu verwenden wir die in Beispiel 1.29 iii) bewiesene Ungleichung

$$(*) \quad b^n - a^n < (b - a)nb^{n-1} .$$

Würde $y^n > x$ gelten, so definiere man $k := \frac{y^n - x}{ny^{n-1}}$. Aus $0 < k < y$ folgt dann, dass $y - k$ eine obere Schranke von A bildet, die kleiner als y ist, im Widerspruch zu $y = \sup(A)$. Ist nämlich $t \geq y - k > 0$, so liegt t nicht in der Menge A, denn es gilt $t^n > x$, wegen

$$y^n - t^n \leq y^n - (y-k)^n \overset{(*)}{<} kny^{n-1} = y^n - x \,.$$

Daher ist $y - k$ eine obere Schranke von A.
Würde $y^n < x$ gelten, so wähle $h \in \mathbb{R}$ mit $h < \frac{x - y^n}{n(y+1)^{n-1}}$ und $0 < h < 1$. Daraus folgt

$$(y+h)^n - y^n \overset{(*)}{<} hn(y+h)^{n-1} < hn(y+1)^{n-1} < x - y^n \,,$$

so dass $(y+h)^n < x$, d.h. $(y+h) \in A$ gilt. Wegen $y + h > y$ ist dies ein Widerspruch dazu, dass y als Supremum eine obere Schranke von A ist.

■

Im Zusammenhang mit dem letzten Satz ist es naheliegend, für $m, n \in \mathbb{N}$ die Potenz $a^{\frac{m}{n}}$ durch $(a^m)^{\frac{1}{n}} = \sqrt[n]{a^m}$ zu definieren. Schwieriger ist es jedoch, z.B. $a^{\sqrt{2}}$ zu definieren, da es nicht möglich ist, $\sqrt{2}$ in der Form $\frac{m}{n}$ mit $m, n \in \mathbb{N}$ darzustellen.

Definition 3.12

a) Ist $a > 0$ so definieren wir $a^0 := 1$ und für $m, n \in \mathbb{N}$

$$a^{\frac{m}{n}} := \sqrt[n]{a^m} \quad \text{und} \quad a^{-\frac{m}{n}} := (a^{\frac{m}{n}})^{-1} = \frac{1}{a^{\frac{m}{n}}} \,.$$

Diese Definition ist eindeutig, da für $\frac{p}{q} = \frac{m}{n}$ auch $a^{\frac{m}{n}} = a^{\frac{p}{q}}$ gilt.

b) Wir definieren für $a > 0$ und $x \in \mathbb{R}$ die Potenz a^x durch

$$a^x := \sup\{a^r \mid r \in \mathbb{Q} \wedge r \leq x\} \,.$$

Bemerkung 3.13

Im Fall $a < 0, n \in \mathbb{N}$ lässt sich noch $a^{\frac{1}{n}} := -(-a)^{\frac{1}{n}}$ für ungerade n definieren. Eine eindeutige Definition von a^x für $a < 0$ und $x \in \mathbb{Q}$ oder $x \in \mathbb{R}$ ist jedoch nicht mehr möglich. In diesem Fall sind schon elementare Rechenregeln nicht mehr erfüllt. So gilt z.B. für $\frac{p}{q} = \frac{m}{n}$ i.A. nicht mehr die Gleichheit $a^{\frac{p}{q}} = a^{\frac{m}{n}}$.

Satz 3.14

Sind $a, b > 0$, so gelten die folgenden Rechenregeln:

P1: $\forall x, y \in \mathbb{R} : a^x a^y = a^{x+y}$

P2: $\forall x, y \in \mathbb{R} : (a^x)^y = a^{xy}$

P3: $\forall x \in \mathbb{R} : (ab)^x = a^x b^x$

Beweis:

Die Aussagen ergeben sich für $x, y \in \mathbb{Q}$ unmittelbar aus der Definition 3.12 und bleiben bei der Supremumsbildung erhalten.

■

Bezeichnung 3.15

Für spezielle Teilmengen von $\mathbb{R}$, die „Intervalle", sind folgende Kurzschreibweisen üblich:

- $[a, b] := \{x \in \mathbb{R} \mid (a \leq x) \wedge (x \leq b)\}$
- $]a, b[:= \{x \in \mathbb{R} \mid (a < x) \wedge (x < b)\}$
- $]a, b] := \{x \in \mathbb{R} \mid (a < x) \wedge (x \leq b)\}$
- $[a, b[:= \{x \in \mathbb{R} \mid (a \leq x) \wedge (x < b)\}$

Häufig erweitert man den reellen Zahlenkörper $\mathbb{R}$ um die zwei *Symbole* $+\infty$ und $-\infty$. Man nennt dann $\mathbb{R}^* := \mathbb{R} \cup \{+\infty\} \cup \{-\infty\}$ die erweiterte reelle Zahlengerade. $\mathbb{R}^*$ kann angeordnet werden, indem man zusätzlich zu der auf $\mathbb{R}$ gegebenen Ordnung definiert:

- $-\infty \leq x \leq +\infty$ für alle $x \in \mathbb{R}^*$

Hierdurch ist es möglich die Intervalle $[a, b]$, $]a, b[$, $]a, b]$ und $[a, b[$ auch für $a, b = \pm\infty$ zu definieren. In $\mathbb{R}^*$ erhält man dann zusätzlich folgende Intervalltypen (hierbei ist $a \in \mathbb{R}$)[6]:

$$]a, +\infty[,\ ]a, +\infty],\ ]-\infty, a[,\ [-\infty, a[,\ ]-\infty, +\infty[\quad \text{und} \quad [-\infty, +\infty]$$

Trotz der folgenden *Konventionen* für $x \in \mathbb{R}$ bildet $\mathbb{R}^*$ *keinen* Körper mehr:

[6] Das häufig verwendete Intervall $]0, +\infty]$ wird oft auch mit $\mathbb{R}_+$ bezeichnet.

- $x \pm \infty := \pm\infty$

- $x \cdot (\pm\infty) := \begin{cases} \pm\infty & \text{falls } x > 0 \\ \mp\infty & \text{falls } x < 0 \end{cases}$

- $\dfrac{x}{\pm\infty} := 0$

Bemerkung 3.16

Man beachte auch die Verwendung der Symbole $+\infty$ und $-\infty$ bei unbeschränkten Teilmengen der reellen Zahlen (siehe Bemerkung 2.30 ii)).

In gewisser Weise stellen Körper die angenehmste algebraische Struktur dar, die auftreten kann, da hier die gleichen Rechenregeln wie im Bereich der vertrauten reellen Zahlen gelten. Daher wird man bei vorgegebenen Problemen versuchen, soweit wie möglich mit dieser algebraischen Struktur zu arbeiten. Dies gelingt jedoch nur in den seltensten Fällen. Einen Kompromiss zwischen Gruppe und Körper stellt der Begriff des Vektorraums dar. Dabei hat man zwar zwei Verknüpfungen, doch nur eine liefert eine Gruppenstruktur.

Definition 3.17

Eine Menge nichtleere V heißt reeller *Vektorraum*, wenn gilt :

1) Es existiert eine innere Verknüpfung „$\oplus$" auf V (*Vektoraddition*), so dass $(V, \oplus)$ eine kommutative Gruppe ist.

2) Es gibt eine Verknüpfung „$\odot$" (*Multiplikation mit Skalaren*), bei der einer reellen Zahl $\alpha \in \mathbb{R}$ und einem Vektor $\vec{x} \in V$ ein Vektor $\alpha \odot \vec{x}$ zugeordnet wird, wobei folgende Rechenregeln gelten:

   - $\forall \alpha \in \mathbb{R}\, \forall \vec{x}, \vec{y} \in V : \alpha \odot (\vec{x} \oplus \vec{y}) = (\alpha \odot \vec{x}) \oplus (\alpha \odot \vec{y})$

   - $\forall \vec{x} \in V : 1 \odot \vec{x} = \vec{x}$

   - $\forall \alpha, \beta \in \mathbb{R}\, \forall \vec{x} \in V : (\alpha + \beta) \odot \vec{x} = (\alpha \odot \vec{x}) \oplus (\beta \odot \vec{x})$

   - $\forall \alpha, \beta \in \mathbb{R}\, \forall \vec{x} \in V : \alpha \odot (\beta \odot \vec{x}) = (\alpha \cdot \beta) \odot \vec{x}$

Bemerkung 3.18

i) Die Elemente eines Vektoraumes heißen *Vektoren.* Im Gegensatz dazu werden reelle Zahlen auch als *Skalare* bezeichnet.

ii) Wir werden im Folgenden für die Verknüpfungen „$\oplus$" bzw. „$\odot$" die Schreibweisen „+" bzw. „·" verwenden, wodurch die Definition 3.17 noch „körperähnlicher" wird. Z.B. lautet das Distributivgesetz aus Definition 3.17 2) mit der Prioritätsregel „Punktrechnung vor Strichrechnung" dann

$$(\alpha + \beta) \cdot \vec{x} = \alpha \cdot \vec{x} + \beta \cdot \vec{x} = \alpha\vec{x} + \beta\vec{x} \,.$$

Beispiel 3.19

i) Die Menge $\mathbb{R}^{M \times N}$ der $(M \times N)$-Matrizen mit der in Beispiel 3.2 iv) definierten Matrizenaddition und mit der in Bemerkung 3.3 iii) definierten Multiplikation mit Skalaren ist ein Vektorraum.

ii) Identifiziert man $\mathbb{R}^{1 \times N}$ mit dem $\mathbb{R}^N$, so ergibt sich mit $M = 1$ in Teil i) die aus der Schule bekannte Vektorraumstruktur auf dem $\mathbb{R}^N$ als Spezialfall. Die Vektoraddition und die Multiplikation mit Skalaren für $\vec{x} = (x_1, \ldots, x_N)$, $\vec{y} = (y_1, \ldots, y_N) \in \mathbb{R}^N$ und $\alpha \in \mathbb{R}$ sieht dann folgendermaßen aus (der besseren Übersicht wegen werden wir im Folgenden manchmal die Spaltenschreibweise der Zeilenschreibweise vorziehen):

$$1)\ \vec{x} + \vec{y} = \begin{pmatrix} x_1 \\ x_2 \\ \vdots \\ x_N \end{pmatrix} + \begin{pmatrix} y_1 \\ y_2 \\ \vdots \\ y_N \end{pmatrix} := \begin{pmatrix} x_1 + y_1 \\ x_2 + y_2 \\ \vdots \\ x_N + y_N \end{pmatrix}$$

$$2)\ \alpha \cdot \vec{x} = \alpha \cdot \begin{pmatrix} x_1 \\ x_2 \\ \vdots \\ x_N \end{pmatrix} := \begin{pmatrix} \alpha x_1 \\ \alpha x_2 \\ \vdots \\ \alpha x_N \end{pmatrix}$$

Der *Nullvektor* (das neutrale Element bzgl. der Vektoraddition) lautet

$$\vec{0} := (0, 0, \ldots, 0)\,,$$

der zu $\vec{x} = (x_1, \ldots, x_N)$ bzgl. der Vektoraddition inverse Vektor $-\vec{x}$ ist

$$-\vec{x} := (-x_1, \ldots, -x_N) = (-1) \cdot \vec{x}\,.$$

Bemerkung 3.20

i) Man beachte, dass der Zeilenvektor $(x_1, x_2, \ldots, x_N)$ eine $(1 \times N)$-Matrix und der zugehörige Spaltenvektor eine $(N \times 1)$-Matrix ist. In der Sprache der Matrizenrechnung sind Spalten- und Zeilenvektor zueinander transponiert.

ii) Die Multiplikation mit Skalaren ist nicht zu verwechseln mit dem *Skalarprodukt* $\vec{x} * \vec{y}$ zweier Vektoren $\vec{x} = (x_1, \ldots, x_N)$ und $\vec{y} = (y_1, \ldots, y_N)$ des $\mathbb{R}^N$, das definiert ist durch

$$\vec{x} * \vec{y} := \vec{x} \cdot \vec{y}^T = (x_1, \ldots, x_N) \cdot \begin{pmatrix} y_1 \\ \vdots \\ y_N \end{pmatrix} = \sum_{i=1}^{N} x_i y_i \,.$$

Zwei Vektoren wird also eine reelle Zahl zugeordnet. Dieses Skalarprodukt zeigt gewisse Ähnlichkeiten zum Produkt reeller Zahlen, insbesondere gelten für alle $\vec{x}, \vec{y}, \vec{z} \in \mathbb{R}^N$ das Kommutativitätsgesetz $\vec{x} * \vec{y} = \vec{y} * \vec{x}$ und das Distributivgesetz $\vec{x} * (\vec{y} + \vec{z}) = (\vec{x} * \vec{y}) + (\vec{x} * \vec{z})$.

Definition 3.21

a) Die Vektoren $\vec{x}_1, \ldots, \vec{x}_n$ des reellen Vektorraumes V heißen *linear unabhängig*, wenn gilt

$$\sum_{j=1}^{n} \lambda_j \vec{x}_j = \vec{0} \quad \Longrightarrow \quad \lambda_1 = \lambda_2 = \ldots = \lambda_n = 0$$

Die Vektoren $\vec{x}_1, \ldots, \vec{x}_n$ heißen *linear abhängig*, falls sie nicht linear unabhängig sind.

b) Eine Menge $B = \{\vec{b}_1, \ldots, \vec{b}_n\}$ von Vektoren aus V heißt eine *Basis von* V, wenn die Vektoren aus B linear unabhängig sind und wenn sich jeder Vektor $\vec{x} \in V$ als Linearkombination der Vektoren aus B darstellen lässt, d.h.

$$\forall \vec{x} \in V \, \exists \lambda_1, \ldots, \lambda_n \in \mathbb{R} : \sum_{k=1}^{n} \lambda_k \vec{b}_k = \vec{x} \,.$$

Beispiel 3.22

i) Die Vektoren $(1,2,3)$, $(1,1,0)$, $(0,1,1)$ des $\mathbb{R}^3$ sind linear unabhängig und bilden eine Basis des $\mathbb{R}^3$. Denn für $\lambda_1, \lambda_2, \lambda_3 \in \mathbb{R}$ ergibt sich

$$\lambda_1 \begin{pmatrix} 1 \\ 2 \\ 3 \end{pmatrix} + \lambda_2 \begin{pmatrix} 1 \\ 1 \\ 0 \end{pmatrix} + \lambda_3 \begin{pmatrix} 0 \\ 1 \\ 1 \end{pmatrix} = \begin{pmatrix} 0 \\ 0 \\ 0 \end{pmatrix} .$$

Liest man diese Vektorgleichung komponentenweise, ergibt sich das lineare Gleichungssystem:

$$\begin{array}{rcrcrcl} \lambda_1 & + & \lambda_2 & & & = & 0 \\ 2\lambda_1 & + & \lambda_2 & + & \lambda_3 & = & 0 \\ 3\lambda_1 & + & & + & \lambda_3 & = & 0 \end{array}$$

Subtrahiert man die erste von der zweiten Gleichung und die daraus resultierende Gleichung von der dritten, ergibt sich $2\lambda_1 = 0$, also $\lambda_1 = 0$, woraus sofort auch $\lambda_2 = \lambda_3 = 0$ folgt. Die drei Vektoren sind daher linear unabhängig.
Ist $\vec{x} = (x_1, x_2, x_3)$ ein beliebiger Vektor des $\mathbb{R}^3$, so ergibt sich $\vec{x}$ als Linearkombination der drei oben genannten Basisvektoren. Es gilt nämlich

$$\vec{x} = \frac{x_1 - x_2 + x_3}{2}\begin{pmatrix}1\\2\\3\end{pmatrix} + \frac{x_1 + x_2 - x_3}{2}\begin{pmatrix}1\\1\\0\end{pmatrix} + \frac{-3x_1 + 3x_2 - x_3}{2}\begin{pmatrix}0\\1\\1\end{pmatrix}.$$

Die drei Vektoren bilden damit eine Basis des $\mathbb{R}^3$.

ii) Die Vektoren $\vec{e}_1, \ldots, \vec{e}_N$ des $\mathbb{R}^N$ mit $\vec{e}_i = (0, \ldots, 0, 1, 0, \ldots, 0)$ (d.h. die i-te Komponente ist 1 und als einzige Komponente von 0 verschieden) bilden eine Basis des $\mathbb{R}^N$. Man bezeichnet sie als *kanonische Basis des* $\mathbb{R}^N$. Ist $\vec{x} = (x_1, \ldots, x_N) \in \mathbb{R}^N$, so gilt

$$\vec{x} = \sum_{i=1}^{N} x_i \vec{e}_i \,.$$

Bemerkung 3.23

Aus schreibtechnischen Gründen werden wir in Zukunft die Elemente des $\mathbb{R}^N$ als Spaltenvektoren auffassen, d.h. wir identifizieren $\mathbb{R}^N$ mit $\mathbb{R}^{N\times 1}$.

4

Jede Wissenschaft ist soweit Wissenschaft,
wie Mathematik in ihr ist.

E. Kant

Abbildungen

Eine Funktion ist etwas wie eine Maschine: Oben wird etwas hineingeworfen (*Input*), die Funktion hackt darauf herum, und unten kommt etwas anderes heraus (*Output*). Funktionen im mathematischen und im metaphorischen Sinne dienen uns als Modell oder Bild der Wirklichkeit, daher auch die Bezeichnung Abbildung. Wie die folgende Definition zeigt, sind Funktionen spezielle Relationen.

Definition 4.1

Eine Relation $f \subset X \times Y$ heißt *Abbildung* oder *Funktion* von X nach Y, wenn gilt:

1.) der Definitionsbereich von f ist X

2.) $\forall x \in X \; \forall y_1, y_2 \in Y : (x, y_1) \in f \wedge (x, y_2) \in f \implies y_1 = y_2$

Die Menge Y wird auch als *Zielbereich* oder *Zielmenge* der Abbildung bezeichnet. Da jedem $x \in X$ genau ein $y \in Y$ mit $(x, y) \in f$ „zugeordnet" ist, heißt y das *Bild von x unter der Abbildung f*, und man schreibt $y = f(x)$ statt $(x, y) \in f$ oder xfy. Daher ist folgende Schreibweise bei der Angabe von Abbildungen üblich:

$$\begin{aligned} f:\; X &\rightarrow Y \\ x &\mapsto f(x)\,. \end{aligned}$$

Bemerkung 4.2

i) Die Begriffe *Funktion* und *Abbildung* werden meistens synonym gebraucht. Oft werden mit dem Begriff „Funktion" auch nur Abbildungen bezeichnet, deren Zielbereich eine Teilmenge der reellen Zahlen ist.

ii) Sind X und Y Teilmengen von $\mathbb{R}$, lässt sich f in einem kartesischen Koordinatensystem auftragen, wenn man beachtet, dass f als Relation eine Teilmenge von $\mathbb{R}^2$ ist[1]. Man bezeichnet die Relation f, d.h. die Menge $\mathcal{G}_f := \{(x, f(x)) \mid x \in X\}$, als *Graph der Funktion* f (siehe die Abbildungen 7.8, 7.9, 7.10 auf den Seiten 191, 195 bzw. 200 als Beispiel).

iii) Eine Abbildung mit Definitionsbereich $X = X_1 \times X_2 \times \ldots \times X_n$, d.h.

$$\begin{aligned} f: \quad X_1 \times X_2 \times \ldots \times X_n &\rightarrow Y \\ \vec{x} = (x_1, x_2, \ldots, x_n) &\mapsto f(\vec{x}) = f(x_1, x_2, \ldots, x_n) \,. \end{aligned}$$

heißt *Abbildung in mehreren* (genauer: n) *Variablen* oder *Veränderlichen.*

Beispiel 4.3

i) Sei X eine nichtleere Menge. Die Abbildung

$$\begin{aligned} \mathrm{id}_X: \quad X &\rightarrow X \\ x &\mapsto \mathrm{id}_X(x) := x \end{aligned}$$

heißt die *identische Abbildung (Identität)* auf X.

ii) Ist $N \in \mathbb{N}$, so definieren wir für $\vec{x} = (x_1, \ldots, x_N)$ die Abbildung:

$$\begin{aligned} |\cdot| : \quad \mathbb{R}^N &\rightarrow \mathbb{R} \\ \vec{x} &\mapsto |\vec{x}| := \left(\sum_{i=1}^{N} x_i^2\right)^{\frac{1}{2}} \end{aligned}$$

$|\vec{x}|$ heißt die *(euklidische) Norm* von $\vec{x}$. Im Fall $N = 1$ ergibt sich die *Betragsfunktion*:

$$\begin{aligned} |\cdot| : \quad \mathbb{R} &\rightarrow \mathbb{R} \\ x &\mapsto |x| := \max\{x, -x\} = \sqrt{x^2} \end{aligned}$$

iii) Die Funktion $\mathrm{sgn} : \mathbb{R} \rightarrow \mathbb{R}$, definiert durch

$$\mathrm{sgn}(x) := \begin{cases} +1 & \text{falls } x > 0 \\ 0 & \text{falls } x = 0 \\ -1 & \text{falls } x < 0 \end{cases} .$$

heißt das *Signum (Vorzeichen) von* x.

---

[1]Für $X \subset \mathbb{R}^2$ ist dies ebenfalls möglich (siehe die Abbildungen 7.2 und 7.3 auf den Seiten 147 bzw. 153).

iv) Sei M eine Teilmenge einer fest vorgegebenen Menge Ω. Die Abbildung

$$\begin{aligned} \mathbb{1}_M : \Omega &\to \mathbb{R} \\ x &\mapsto \mathbb{1}_M(x) := \begin{cases} 1 & \text{falls } x \in M \\ 0 & \text{falls } x \notin M \end{cases} \end{aligned}$$

heißt[2] die *Indikatorfunktion* der Menge M.

v) Die Funktionen $\lfloor\cdot\rfloor : \mathbb{R} \to \mathbb{Z}$ bzw. $\lceil\cdot\rceil : \mathbb{R} \to \mathbb{Z}$ seien definiert durch

$$\lfloor x\rfloor := \max\{z \in \mathbb{Z} \mid z \leq x\} \quad \text{bzw.} \quad \lceil x\rceil := \min\{z \in \mathbb{Z} \mid x \leq z\} .$$

$\lfloor x\rfloor$ ist die größte ganze Zahl unterhalb von x und heißt *ganzzahliger Anteil* von x. $\lceil x\rceil$ ist die kleinste ganze Zahl oberhalb von x.

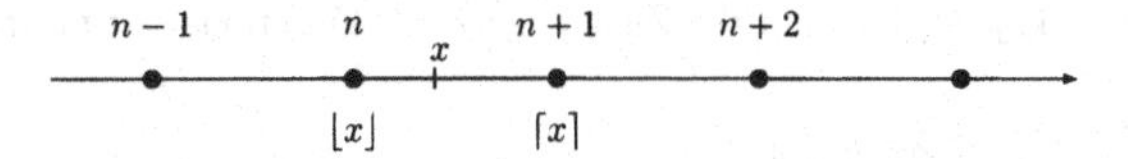

Abbildung 4.1: *Ganzzahliger Anteil einer reellen Zahl x*

vi) Die zu einer $(N \times N)$-Matrix A gehörende *quadratische Form*[3] ist definiert durch

$$\begin{aligned} Q_A : \mathbb{R}^{N\times 1} &\to \mathbb{R} \\ \vec{x} &\mapsto Q_A(\vec{x}) := \vec{x}^T \cdot A \cdot \vec{x} \end{aligned}$$

vii) Wir definieren die *Determinante* $\det : \mathbb{R}^{N\times N} \to \mathbb{R}$ induktiv durch[4]:

1) Ist $N = 1$ und $A = (a_{11})$ eine (1×1)-Matrix, so sei

$$\det(A) := a_{11} .$$

2) Ist $N > 1$ und $A = (a_{ij})_{i,j=1,\ldots,N}$ eine $(N \times N)$-Matrix, so sei

$$\det(A) := \sum_{k=1}^{N} (-1)^{k+1} a_{1k} \det(A_{1k}) .$$

Hierbei bezeichne A_{rs} die $(N-1) \times (N-1)$-Matrix, die aus A durch Streichen der Zeile r und der Spalte s entsteht.

---

[2] In der Maß- und Integrationstheorie spricht man auch von der *charakteristischen Funktion*, was im Bereich der Wahrscheinlichkeitstheorie jedoch zu Missverständnissen führen kann.

[3] Siehe auch Definition 7.49 und das zugehörige Beispiel 7.50 auf Seite 196.

[4] Diese Definition der Determinante ist in der Literatur als Laplacescher Entwicklungssatz bekannt.

Bemerkung 4.4

Die Determinante einer quadratischen Matrix ist betragsmäßig gleich dem Volumen, des von den Spalten- oder Zeilenvektoren von A aufgespannten Quaders. Insbesondere sind die Spalten- bzw. Zeilenvektoren von A genau dann linear unabhängig, wenn $\det(A) \neq 0$.

Definition 4.5

Sei $f : X \to Y$ eine Abbildung von X in Y. f heißt

- *injektiv*, falls verschiedene Elemente des Definitionsbereichs auf verschiedene Elemente im Zielbereich abgebildet werden, d.h. wenn gilt

$$\forall u, v \in X : u \neq v \Longrightarrow f(u) \neq f(v) .$$

- *surjektiv*, falls jedes Element der Zielmenge Y als Funktionswert auftritt, d.h. wenn

$$\forall y \in Y \exists x \in X : y = f(x) .$$

- *bijektiv*, falls f injektiv und surjektiv ist.

Bemerkung 4.6

Da nach Satz 1.24 (A7) die Aussage $\overline{q} \Rightarrow \overline{p}$ äquivalent zur Aussage $p \Rightarrow q$ ist, ergibt sich, dass eine Funktion $f : X \to Y$ genau dann injektiv ist, wenn gilt:

$$\forall u, v \in X : f(u) = f(v) \Longrightarrow u = v .$$

Beispiel 4.7

i) $f_1 : \mathbb{R} \to \mathbb{R}$ mit $f_1(x) = x^2$ ist weder injektiv noch surjektiv, da $f_1(1) = f_1(-1) = 1$ und $f_1(x) \geq 0$ gilt.

ii) $f_2 :]-\infty, 0] \to \mathbb{R}$ mit $f_2(x) = x^2$ ist injektiv, aber nicht surjektiv.

iii) $f_3 : \mathbb{R} \to [0, \infty[$ mit $f_3(x) = x^2$ ist surjektiv, aber nicht injektiv.

iv) $f_4 :]-\infty, 0] \to [0, \infty[$ mit $f_4(x) = x^2$ ist bijektiv.

v) $f_5 :]-1, 1[\to \mathbb{R}$ mit $f_5(x) := \begin{cases} \frac{1}{x} - \operatorname{sgn}(x) & \text{für } x \neq 0 \\ 0 & \text{für } x = 0 \end{cases}$ ist bijektiv.

vi) $f_6 : \mathbb{R}^2 \to \mathbb{R}^3$ mit $f_6(x_1, x_2) = (x_1, x_1 + x_2, x_2^2)$ ist injektiv. Betrachtet man nämlich $\vec{u} = (u_1, u_2)$ und $\vec{v} = (v_1, v_2)$ in $\mathbb{R}^2$ mit $f_6(\vec{u}) = f_6(\vec{v})$, so heißt dies

$$(u_1, u_1 + u_2, u_2^2) = (v_1, v_1 + v_2, v_2^2).$$

Die erste Komponente dieser Vektorgleichung liefert $u_1 = v_1$. Einsetzen in die zweite Komponente liefert $u_2 = v_2$ und damit $\vec{u} = \vec{v}$. f_6 ist nicht surjektiv, da z.B. der Vektor $(1, 2, -1)$ kein Urbild besitzt.

vii) Die Determinatenfunktion $\det : \mathbb{R}^{N \times N} \to \mathbb{R}$ ist (im Fall $N \geq 2$) keine injektive, aber eine surjektive Funktion. Es gilt nämlich für alle $x \in \mathbb{R}$

$$\det \begin{pmatrix} x & 0 & 0 & \dots & 0 \\ 0 & 1 & 0 & \dots & 0 \\ \vdots & 0 & 1 & \ddots & \vdots \\ \vdots & \vdots & \ddots & \ddots & 0 \\ 0 & 0 & \dots & 0 & 1 \end{pmatrix} = \det \begin{pmatrix} 1 & 0 & 0 & \dots & 0 \\ 0 & x & 0 & \dots & 0 \\ \vdots & 0 & 1 & \ddots & \vdots \\ \vdots & \vdots & \ddots & \ddots & 0 \\ 0 & 0 & \dots & 0 & 1 \end{pmatrix} = x\,.$$

Bemerkung 4.8

i) Wie die Beispiele 4.7 i) bis iv) zeigen, ändern sich bei gleicher Funktionsvorschrift i.A. die Eigenschaften der Funktion, wenn der Definitions- oder der Bildbereich geändert werden. Daher sollte eine Funktion immer vollständig, d.h. mit Definitions- und Bildbereich angegeben werden. Dies bedeutet außerdem, dass zwei Abbildungen f und g genau dann gleich sind, wenn sie in Definitions- und Bildbereich übereinstimmen und wenn $f(x) = g(x)$ für alle Elemente x des Definitionsbereiches gilt. Unterschiedliche Funktionsvorschriften garantieren nicht, dass unterschiedliche Funktionen vorliegen, wie schon das elementare Beispiel $f(x) := x^2$ und $g(x) := \dfrac{\ln(1+x)}{\ln(2)}$ auf dem Definitionsbereich $\mathbb{D} = \{0, 1\}$ zeigt.

ii) Sind X und Y endliche Mengen, so besteht ein enger Zusammenhang zwischen der jeweiligen Anzahl der Elemente $|X|$ bzw. $|Y|$ der Mengen X bzw. Y und den Begriffen der Injektivität und der Surjektivität. Es gelten folgende Äquivalenzen:

- $|X| \leq |Y| \iff \exists f : X \to Y :\ f$ ist injektiv
- $|X| \geq |Y| \iff \exists f : X \to Y :\ f$ ist surjektiv
- $|X| = |Y| \iff \exists f : X \to Y :\ f$ ist bijektiv

Allgemein heißen zwei Mengen X und Y von gleicher *Mächtigkeit*, wenn zwischen diesen beiden eine bijektive Abbildung existiert. Eine Menge X heißt *abzählbar unendlich*, falls sie die gleiche Mächtigkeit wie die natürlichen Zahlen $\mathbb{N}$ besitzt. Eine *nichtendliche* Menge, die nicht abzählbar unendlich ist, heißt *überabzählbar unendlich.* Es gilt dann[5]:

- Die rationalen Zahlen $\mathbb{Q}$ sind abzählbar unendlich.
- Die reellen Zahlen $\mathbb{R}$ sind überabzählbar unendlich.

Aus Beispiel 4.7 iv) folgt, dass $]-1,1[$ und $\mathbb{R}$ gleichmächtig sind. $]-1,1[$ „enthält also wesentlich mehr" Elemente als $\mathbb{Q}$, obwohl $\mathbb{Q}$ in $\mathbb{R}$ „dicht" liegt im Sinne von Satz 3.9 b).

Definition 4.9

Sei $f: X \to Y$ eine Abbildung und sei $A \subset X$ bzw. $B \subset Y$.

a) Das *Bild* von A unter f ist eine Teilmenge von Y und wird definiert durch

$$f(A) := \{f(a) \mid a \in A\} \, .$$

Speziell für $A = X$ spricht man von *dem Bild* der Abbildung f und schreibt Bild(f).

b) Das *Urbild* von B unter f ist eine Teilmenge von X und wird definiert durch

$$f^{-1}(B) := \{x \in X \mid f(x) \in B\} \, .$$

c) Ist speziell $B = \{c\}$ eine einelementige Menge, so gilt

$$f^{-1}(B) = f^{-1}(\{c\}) = \{x \in X \mid f(x) = c\}$$

und man spricht von der *Isoquante* oder *Niveaulinie* von f zum Wert c. $f^{-1}(\{c\})$ gibt an, welche Elemente aus dem Definitionsbereich den konstanten Funktionswert c liefern (Man beachte hierzu auch Kapitel 7 und 9.).

[5]Für den Beweis dieser beiden Aussagen sei z.B. auf „P.S. Alexandroff, Einführung in die Mengenlehre und die Theorie der reellen Funktionen", verwiesen.

Beispiel 4.10

i) $f : \mathbb{R} \to \mathbb{R}$ sei definiert durch $f(x) = x^2$. Dann gilt:

$$\begin{aligned} f(\{1,2,3\}) &= f(\{-3,-2,-1,1,2,3\}) = \{1,4,9\}, \\ f([-2,1[) &= [0,4], \\ f(\emptyset) &= \emptyset, \\ f^{-1}(\{1,2,5\}) &= \{-\sqrt{5},-\sqrt{2},-1,1,\sqrt{2},\sqrt{5}\}, \\ f^{-1}(\{-4,-5\}) &= f^{-1}(\emptyset) = \emptyset, \\ f^{-1}([-10,5[) &=]-\sqrt{5},\sqrt{5}[\end{aligned}$$

ii) $f : \mathbb{R}_+ \times \mathbb{R}_+ \to \mathbb{R}$ sei definiert durch $f(x,y) := x \cdot y$. Dann gilt

$$\begin{aligned} f(\{(2,3),(4,5)\}) &= \{6,20\}, \\ f([0,3[\times[2,4]) &= [0,12[, \\ f^{-1}(\{5\}) &= \left\{(x,y) \in \mathbb{R}_+ \times \mathbb{R}_+ \,\middle|\, y = \frac{5}{x}\right\}, \\ f^{-1}([2,5[) &= \left\{(x,y) \in \mathbb{R}_+ \times \mathbb{R}_+ \,\middle|\, \frac{2}{x} \leq y < \frac{5}{x}\right\} \end{aligned}$$

Die Menge $f^{-1}(\{5\})$ ist die Isoquante (Niveaulinie) zum Wert 5. Insbesondere ist daher die Menge $f^{-1}([2,5[)$ die Vereinigung aller Isoquanten zu den Werten zwischen 2 und 5 (ausschließlich). Das nachfolgende Bild 4.2 verdeutlicht dies.

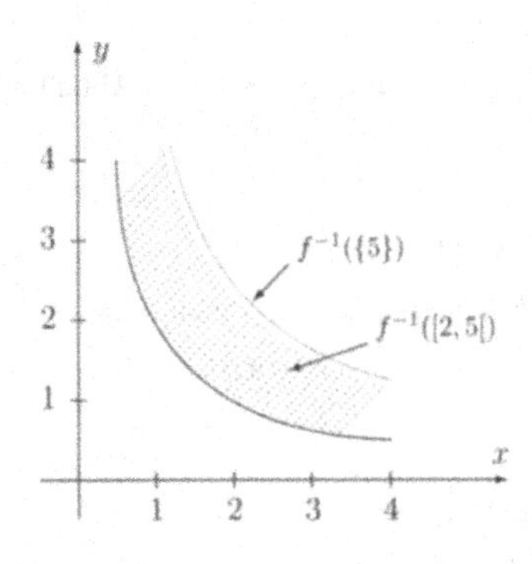

Abbildung 4.2: *Urbildmenge am Beispiel der Funktion* $f(x,y) := x \cdot y$, $(x,y \in \mathbb{R}_+)$

Bemerkung 4.11

Es ist zu unterscheiden zwischen den Abbildungen $x \mapsto f(x)$ und $A \mapsto f(A)$. Genau genommen induziert die vorgegebene Abbildung $f : X \longrightarrow Y$ die Mengenabbildung $f : \wp(X) \longrightarrow \wp(Y)$, der man den gleichen Namen gibt. Analog erzeugt $f : X \longrightarrow Y$ die mengenwertige Abbildung $f^{-1}: \wp(Y) \longrightarrow \wp(X)$. Diese sollte nicht mit der (ebenfalls mit f^{-1} bezeichneten) Umkehrabbildung von f verwechselt werden. Hier tritt der Unterschied deutlicher hervor. Die Mengenabbildung $f^{-1} : \wp(Y) \longrightarrow \wp(X)$ existiert immer, die Umkehrabbildung existiert nach Satz 4.15 nur, wenn f bijektiv ist.

Definition 4.12

Es seien $f : X \to Y$ und $g : Y \to Z$ Abbildungen. Dann ist die *Verkettung (Hintereinanderausführung, Komposition)* der Abbildungen g und f definiert durch

$$\begin{aligned} g \circ f : \ X &\to Z \\ x &\mapsto (g \circ f)(x) := g\big(f(x)\big) \, . \end{aligned}$$

Beispiel 4.13

Sei $f : \mathbb{R}^2 \to \mathbb{R}$ definiert durch $f(x,y) := x + y + xy$, und sei $g : \mathbb{R} \to \mathbb{R}^3$ definiert durch $g(z) := (z^2 + 2 \ , \ 3z \ , \ 1)$. Dann kann $g \circ f : \mathbb{R}^2 \to \mathbb{R}^3$ gebildet werden und es ergibt sich

$$(g \circ f)(x,y) = g\big(f(x,y)\big) = \big((x+y+xy)^2 + 2 \ , \ 3(x+y+xy) \ , \ 1\big) \, .$$

Definition 4.14

Die Abbildung $f : X \to Y$ heißt *invertierbar*, wenn eine Abbildung $g : Y \to X$ existiert mit den Eigenschaften

1) $g \circ f = \mathrm{id}_X$ 2) $f \circ g = \mathrm{id}_Y$.

g heißt die *Inverse* (*Umkehrabbildung*) von f und man schreibt $g = f^{-1}$. Ist nur 1) bzw. nur 2) erfüllt, so heißt f links- bzw. rechtsinvertierbar.

Satz 4.15

Sei $f : X \to Y$ eine Abbildung. Dann gilt:

a) f ist invertierbar $\iff$ f ist bijektiv.

b) Ist f invertierbar, so ist die inverse Abbildung eindeutig bestimmt.

Beweis:

a) Sei f invertierbar. Da die Abbildung id_X injektiv ist, folgt aus $f^{-1} \circ f = \mathrm{id}_X$ die Injektivität von f. Wegen der Surjektivität von id_Y folgt aus $f \circ f^{-1} = \mathrm{id}_Y$ entsprechend die Surjektivität von f.

Ist umgekehrt f bijektiv, so konstruiert man die Inverse $g : Y \to X$ folgendermaßen. Zu $y \in Y$ existiert wegen der Surjektivität von f ein $x \in X$ mit $f(x) = y$. Wegen der Injektivität von f ist x eindeutig bestimmt. Definiert man nun $g(y) := x$, so erfüllt g die Eigenschaften 1) und 2) der Umkehrfunktion von f in Definition 4.14.

b) Seien g_1 und g_2 inverse Abbildungen von f. Aus der Assoziativität von $\circ$ folgt dann:

$$g_1 = g_1 \circ \mathrm{id}_Y = g_1 \circ (f \circ g_2) = (g_1 \circ f) \circ g_2 = \mathrm{id}_X \circ g_2 = g_2.$$

■

Beispiel 4.16

i) Inverse der Funktion $f :]-\infty, 0] \to [0, \infty[$ mit $f(x) = x^2$ aus Beispiel 4.7 iv) ist:

$$\begin{aligned} f^{-1} : [0,\infty[&\to]-\infty, 0] \\ y &\mapsto f^{-1}(y) = -\sqrt{y} \end{aligned}$$

ii) Sei $f :]-1, 1[\to \mathbb{R}$ definiert wie in Beispiel 4.7 v). Da f bijektiv ist, existiert die Umkehrfunktion $f^{-1} : \mathbb{R} \to]-1,1[$. Es gilt:

$$f^{-1}(x) := \begin{cases} \dfrac{1}{x + \mathrm{sgn}(x)} & \text{für } x \neq 0 \\ 0 & \text{für } x = 0 \end{cases}$$

iii) Die *Exponentialfunktion*

$$\begin{aligned} f : \mathbb{R} &\to]0, \infty[\\ x &\mapsto a^x \end{aligned}$$

ist bijektiv und damit invertierbar, falls $a > 0$ und $a \neq 1$ gilt. Die Umkehrfunktion heißt in diesem Fall *Logarithmus zur Basis a*, und man schreibt $\log_a(z)$ oder ${}^a\log(z)$. Ist a gleich der „Eulerschen Zahl" e, spricht man vom *natürlichen Logarithmus*, und schreibt ohne Angabe einer speziellen Basis $\ln(z)$ oder $\log(z)$. Nach Definition der Umkehrfunktion (Eigenschaften 1) und 2)) gilt damit insbesondere:

1) $\forall x \in \mathbb{R} : \log_a(a^x) = \mathrm{id}_{\mathbb{R}}(x) = x$ 2) $\forall z > 0 : a^{\log_a(z)} = \mathrm{id}_{\mathbb{R}_+}(z) = z$

Bemerkung 4.17

i) Häufig wird die Ausgangsvariable mit x und die Variable der Umkehrfunktion (im Zielbereich) mit y bezeichnet. Dies erleichtert zwar die Berechnung der Umkehrfunktion, sorgt jedoch für Verwirrung, wenn bei Funktionen in mehreren Veränderlichen x und y als Variablen der Ausgangsfunktion verwendet werden.

ii) Bei einer reellwertigen Funktion f kann die *Quotientenfunktion* $\frac{1}{f}$, definiert durch $\left(\frac{1}{f}\right)(x) := \frac{1}{f(x)}$, gebildet werden. Sie besitzt den gleichen Definitionsbereich wie f, sofern sämtliche Funktionswerte von f von 0 verschieden sind, und darf nicht mit der inversen Abbildung f^{-1} verwechselt werden.

Der folgende Satz gibt die wichtigsten Rechenregeln für Logarithmen an.

Satz 4.18

Seien $a, b > 0$ mit $a \neq 1, b \neq 1$. Dann gelten folgende Rechenregeln:

L1: $\forall u, v > 0 : \log_a(u \cdot v) = \log_a(u) + \log_a(v)$

L2: $\forall u > 0 \, \forall x \in \mathbb{R} : \log_a(u^x) = x \log_a(u)$ (speziell: $\log_a\left(\frac{1}{u}\right) = -\log_a(u)$)

L3: $\forall u > 0 : \log_a(u) = \dfrac{\log_b(u)}{\log_b(a)}$

Beweis:

Die Aussagen L1 bis L3 ergeben sich direkt aus den Aussagen P1 bis P3 von Satz 3.14 und den Eigenschaften 1) und 2) der Umkehrfunktion in Definition 4.14, die in Beispiel 4.16 iii) nochmals explizit für die Logarithmusfunktion formuliert sind.
Beispielhaft beweisen wir Aussage L1. Mit den Notationen des Satzes gilt:

$$a^{\log_a(u)+\log_a(v)} \overset{\text{P1}}{=} a^{\log_a(u)} \cdot a^{\log_a(v)} \overset{2)}{=} u \cdot v.$$

Logarithmieren dieser Gleichung liefert nun

$$\log_a\left(a^{\log_a(u)+\log_a(v)}\right) \overset{1)}{=} \log_a(u) + \log_a(v) = \log_a(u \cdot v).$$

■

Gelegentlich wird der Wertebereich einer Funktion für wichtiger als der Definitionsbereich gehalten. In einem solchen Fall werden Terminologie und Notation stark verändert.

Bezeichnung 4.19

Sei $f : I \to M$ eine Abbildung zwischen den Mengen I und M. Fasst man die Elemente von I als *Index* und I als *Indexmenge* auf, nennt man f eine *Familie in M* und schreibt f_i anstatt $f(i)$. Die Funktion f wird dann in der Form $(f_i)_{i\in I}$ oder (f_i) geschrieben. Gilt speziell $I = \mathbb{N}$ spricht man von einer *Folge in M* und schreibt $(f_i)_{i=1}^{\infty}$. Ist $(f_i)_{i\in I}$ eine Familie von Zahlen oder Vektoren, verwendet man eine entsprechende Notation für die Summe der f_i, also $\sum\limits_{i\in I} f_i$ mit der Konvention $\sum\limits_{i\in\emptyset} f_i := 0$.[6]

Das folgende Beispiel beschreibt spezielle, im Folgenden häufig verwendete Folgentypen.

Beispiel 4.20

i) Bei *rekursiven Zahlenfolgen* gibt man die ersten k Elemente vor ($k \in \mathbb{N}$). Durch eine Vorschrift der Form $a_n = f(a_{n-1}, \ldots, a_{n-k})$ definiert man für $n > k$ das Element a_n durch die vorangehenden k Elemente $a_{n-1}, \ldots, a_{n-k}$. Beispielsweise liefert $a_1 = 1$, $a_2 = 2$, $a_n := a_{n-1} + a_{n-2}$ die sog. *Fibonacci-Zahlenfolge* $1, 2, 3, 5, 8, 13, \ldots$.

ii) *Arithmetische Zahlenfolgen* $(a_n)_{n\in\mathbb{Z}}$ sind definiert durch die rekursive Vorschrift $a_{n+1} = a_n + d$, wobei d eine fest vorgegebene Zahl ist. Offensichtlich gilt dann

$$a_n := a_1 + (n-1)d\ .$$

iii) *Geometrische Zahlenfolgen* $(a_n)_{n\in\mathbb{Z}}$ sind definiert durch die rekursive Vorschrift $a_{n+1} = a_n \cdot q$, wobei q eine fest vorgegebene reelle Zahl ist. Offensichtlich gilt dann

$$a_n = a_1 \cdot q^{n-1}\ .$$

Da wir häufig die Summe von Zahlenfolgen betrachten, geben wir an dieser Stelle die wichtigsten Rechenregeln für Summen an. Analoge Rechenregeln gelten für das Produkt.

Satz 4.21

Seien $(a_k)_{k\in\mathbb{Z}}$ und $(b_k)_{k\in\mathbb{Z}}$ Folgen in einem reellen Vektorraum. Sind $m, n \in \mathbb{Z}$ mit $m \leq n$, so erhält man folgende Rechenregeln:

a) Für alle $\lambda, \mu \in \mathbb{R}$ gilt:

$$\sum_{k=m}^{n} (\lambda \cdot a_k + \mu \cdot b_k) = \lambda \cdot \sum_{k=m}^{n} a_k + \mu \cdot \sum_{k=m}^{n} b_k$$

[6] Analog definiert man das Produkt $\prod\limits_{i\in I} f_i$ mit der Konvention $\prod\limits_{i\in\emptyset} f_i := 1$.

b) Ist $a_k = c$ für alle $k \in \mathbb{Z}$, so gilt

$$\sum_{k=m}^{n} a_k = \sum_{k=m}^{n} c = (n-m+1) \cdot c \,.$$

c) Für $\ell \in \mathbb{Z}$ mit $m < \ell < n$ gilt

$$\sum_{k=m}^{n} a_k = \sum_{k=m}^{\ell} a_k + \sum_{k=\ell+1}^{n} a_k \,.$$

d) Ist $\ell \in \mathbb{Z}$, so gilt

$$\sum_{k=m}^{n} a_k = \sum_{k=m-\ell}^{n-\ell} a_{k+\ell} = \sum_{k=m+\ell}^{n+\ell} a_{k-\ell} \quad (\textit{Indextransformation}) \,.$$

Beweis:

Die Beweise der Aussagen ergeben sich direkt aus der Summendefinition.

■

Als Anwendung dieser Rechenregeln leiten wir nun einige wichtige Summenformeln her.

Satz 4.22

Seien $m, n \in \mathbb{Z}$ mit $m \leq n$.

a) Ist $(a_k)_{k\in\mathbb{Z}}$ eine arithmetische Zahlenfolge, so gilt

$$\sum_{k=m}^{n} a_k = \frac{n+1-m}{2}(a_m + a_n) \,.$$

b) Ist $(b_k)_{k\in\mathbb{Z}}$ eine nicht konstante[7] geometrische Zahlenfolge, so gilt

$$\sum_{k=m}^{n} b_k = b_m \cdot \frac{b_{n+1} - b_m}{b_{m+1} - b_m} \,.$$

c) Seien $(a_k)_{k\in\mathbb{Z}}$ eine arithmetische und $(b_k)_{k\in\mathbb{Z}}$ eine nicht konstante geometrische Zahlenfolge. Dann gilt:

$$\sum_{k=m}^{n} a_k \cdot b_k = \frac{b_m \cdot (a_n b_{n+1} - a_m b_m)}{b_{m+1} - b_m} + \frac{(a_m - a_{m+1}) \cdot b_m^2 \cdot (b_{n+1} - b_{m+1})}{(b_{m+1} - b_m)^2}$$

[7] Dies garantiert, dass $b_{m+1} \neq b_m$ gilt.

Beweis:

a) Zunächst gilt $\sum\limits_{k=m}^{n} a_k = a_n + a_{n-1} + \ldots + a_m = \sum\limits_{k=m}^{n} a_{n+m-k}$. Daraus folgt

$$2 \cdot \sum_{k=m}^{n} a_k = \sum_{k=m}^{n} (a_k + a_{n+m-k}) \, .$$

Da $(a_k)_{k=1}^{\infty}$ eine arithmetische Folge ist, gilt insbesondere $a_k + a_{n+m-k} = a_n + a_m$. Satz 4.21 b) liefert daher:

$$\sum_{k=m}^{n} a_k = \frac{1}{2} \sum_{k=m}^{n} (a_k + a_{n+m-k}) = \frac{1}{2} \sum_{k=m}^{n} (a_n + a_m) \overset{4.21\text{ b)}}{=} \frac{n-m+1}{2} \cdot (a_n + a_m) \, .$$

b) Für geometrische Folgen gilt $\frac{b_{m+1}}{b_m} = \frac{b_{k+1}}{b_k}$ bzw. $\frac{b_{m+1}}{b_m} \cdot b_k = b_{k+1}$. Daraus folgt

$$\begin{aligned} \left(\frac{b_{m+1}}{b_m} - 1\right) \cdot \sum_{k=m}^{n} b_k &= \sum_{k=m}^{n} \frac{b_{m+1}}{b_m} \cdot b_k - \sum_{k=m}^{n} b_k \\ &= \sum_{k=m}^{n} b_{k+1} - \sum_{k=m}^{n} b_k \\ &= \sum_{k=m+1}^{n+1} b_k - \sum_{k=m}^{n} b_k = b_{n+1} - b_m \end{aligned}$$

Division durch $\frac{b_{m+1}}{b_m} - 1 = \frac{b_{m+1} - b_m}{b_m}$ liefert die Behauptung.

c) Verwendet man wie vorher die Eigenschaften arithmetischer bzw. geometrischer Zahlenfolgen $a_{k-1} - a_k = a_m - a_{m+1}$ bzw. $\frac{b_{m+1}}{b_m} \cdot b_k = b_{k+1}$, so folgt:

$$\begin{aligned} \left(\frac{b_{m+1}}{b_m} - 1\right) \cdot \sum_{k=m}^{n} a_k \cdot b_k &= \sum_{k=m}^{n} a_k \cdot \frac{b_{m+1}}{b_m} \cdot b_k - \sum_{k=m}^{n} a_k \cdot b_k \\ &= \sum_{k=m}^{n} a_k \cdot b_{k+1} - \sum_{k=m}^{n} a_k \cdot b_k \\ &= \sum_{k=m+1}^{n+1} a_{k-1} \cdot b_k - \sum_{k=m}^{n} a_k \cdot b_k \\ &= \sum_{k=m+1}^{n} \overbrace{(a_{k-1} - a_k)}^{a_m - a_{m+1} \,=\, \text{konst}} \cdot b_k + a_n \cdot b_{n+1} - a_m \cdot b_m \\ &\overset{\text{b)}}{=} (a_m - a_{m+1}) \cdot b_m \cdot \frac{b_{n+1} - b_{m+1}}{b_{m+1} - b_m} + a_n \cdot b_{n+1} - a_m \cdot b_m \end{aligned}$$

Division durch $\frac{b_{m+1}}{b_m} - 1 = \frac{b_{m+1} - b_m}{b_m}$ liefert die Behauptung. ∎

Bemerkung 4.23

Eine übersichtlichere Darstellung der Summenformeln aus Satz 4.22 ergibt sich, wenn man für den bei geometrischen Summen häufig auftretenden Quotienten $\frac{x^\ell - 1}{x - 1}$ $(x \neq 1)$ die Kurznotation $s_\ell(x)$ einführt. Ist x ein Zinssatz (bzw. Zinsfaktor), nennt man diese Größe in der Finanzmathematik auch *Rentenendwertfaktor*[8]. Man erhält folgende Aussagen:

a) Ist $(b_k)_{k\in\mathbb{Z}}$ eine nicht konstante geometrische Zahlenfolge, so gilt

$$\sum_{k=m}^{n} b_k = b_m \cdot s_{n+1-m}(\tfrac{b_{m+1}}{b_m}) = b_n \cdot s_{n+1-m}(\tfrac{b_m}{b_{m+1}}). \tag{4.1}$$

Speziell für die geometrische Folge $b_k = x^k$ (mit $x \neq 1$) ergibt sich

$$\sum_{k=m}^{n} x^k = x^m \cdot s_{n+1-m}(x) = x^n \cdot s_{n+1-m}(\tfrac{1}{x}) . \tag{4.2}$$

b) Seien $(a_k)_{k\in\mathbb{Z}}$ eine arithmetische und $(b_k)_{k\in\mathbb{Z}}$ eine nicht konstante geometrische Zahlenfolge. Dann gilt:

$$\sum_{k=m}^{n} a_k b_k = a_m b_n s_{n+1-m}(\tfrac{b_m}{b_{m+1}}) + \frac{(a_{m+1} - a_m)b_n}{1 - \frac{b_m}{b_{m+1}}}\Big((n+1-m) - s_{n+1-m}(\tfrac{b_m}{b_{m+1}})\Big) \tag{4.3}$$

Beweis:

a) Wie in Satz 4.22 b) gesehen, gilt $\sum\limits_{k=m}^{n} b_k = b_m \cdot \frac{b_{n+1} - b_m}{b_{m+1} - b_m}$. Erweitert man den Bruch mit $\frac{1}{b_m}$ und verwendet die für geometrische Folgen gültige Beziehung

$$b_k = b_m \cdot \left(\frac{b_{m+1}}{b_m}\right)^{k-m} ,$$

folgt die erste Gleichung von (4.1). Die zweite Gleichung von (4.1) folgt aus

$$x^\ell \cdot s_\ell(\tfrac{1}{x}) = x \cdot s_\ell(x) = s_{\ell+1}(x) - 1 .$$

b) Der Beweis von Gleichung (4.3) erfolgt ähnlich wie in Teil a). Zusätzlich verwendet man die für arithmetische Folgen gültige Beziehung

$$a_k = a_m + (k - m) \cdot (a_{m+1} - a_m) .$$

■

[8] Zur genaueren Erläuterung dieses Begriffes siehe Bemerkung 5.23.

Satz 4.24 (Binomischer Lehrsatz)

Für reelle Zahlen a, b und $n \in \mathbb{N}$ gilt

$$(a+b)^n = \sum_{k=0}^{n} \binom{n}{k} a^{n-k} b^k \, .$$

Hierbei ist der *Binomialkoeffizient* $\binom{n}{k}$ für $n, k \in \mathbb{N}_0$ definiert durch:

$$\binom{n}{k} := \begin{cases} \dfrac{n!}{k!(n-k)!} & \text{für} \quad k \leq n \\ 0 & \text{für} \quad k > n \end{cases}$$

Beweis:

Der Beweis erfolgt mittels vollständiger Induktion nach n.

Für $n = 1$ ist die Behauptung offenbar richtig.

Gelte die Behauptung nun für eine fest vorgegebene natürliche Zahl n. Dann folgt:

$$\begin{aligned} (a+b)^{n+1} &= (a+b) \cdot (a+b)^n = (a+b) \cdot \sum_{k=0}^{n} \binom{n}{k} a^{n-k} b^k \\ &= \sum_{k=0}^{n} \binom{n}{k} a^{n-k+1} b^k + \sum_{k=0}^{n} \binom{n}{k} a^{n-k} b^{k+1} \end{aligned}$$

Beachtet man nun, dass $\binom{n}{n+1} = 0$ gilt (erste Summe), und führt in der zweiten Summe eine Indextransformation durch, ergibt sich:

$$\begin{aligned} (a+b)^{n+1} &= \sum_{k=0}^{n+1} \binom{n}{k} a^{n-k+1} b^k + \sum_{k=1}^{n+1} \binom{n}{k-1} a^{n-k+1} b^k \\ &= a^{n+1} + \sum_{k=1}^{n+1} \binom{n}{k} a^{n-k+1} b^k + \sum_{k=1}^{n+1} \binom{n}{k-1} a^{n-k+1} b^k \\ &= a^{n+1} + \sum_{k=1}^{n+1} \left\{ \binom{n}{k} + \binom{n}{k-1} \right\} a^{n-k+1} b^k \end{aligned}$$

Mit der leicht zu überprüfenden Eigenschaft $\binom{n}{k} + \binom{n}{k-1} = \binom{n+1}{k}$ folgt schließlich:

$$(a+b)^{n+1} = a^{n+1} + \sum_{k=1}^{n+1} \binom{n+1}{k} a^{n-k+1} b^k = \sum_{k=0}^{n+1} \binom{n+1}{k} a^{n-k+1} b^k$$

■

Bemerkung 4.25

Wegen $\binom{n}{k} = \frac{n!}{k!(n-k)!} = \frac{n!}{k!j!}$ mit $j = n - k$ kann der binomische Lehrsatz auch in der folgenden Form geschrieben werden[9]:

$$(a+b)^n = \sum_{\substack{k,j=0 \\ k+j=n}}^{n} \frac{n!}{k!j!} \cdot a^k b^j. \tag{4.4}$$

Die offensichtliche Verallgemeinerung von Satz 4.24 ist der *polynomische Lehrsatz*. Er lautet

$$(a_1 + a_2 + \cdots + a_r)^n = \sum_{\substack{k_1,k_2,\cdots,k_r=0 \\ k_1+k_2+\cdots+k_r=n}}^{n} \frac{n!}{k_1!k_2!\cdots k_r!} \cdot a_1^{k_1} a_2^{k_2} \cdots a_r^{k_r}.$$

Er kann mittels vollständiger Induktion nach der Zahl r der Summanden und unter Verwendung von Gleichung (4.4) bewiesen werden. Die zu den Binomialkoeffizienten analogen Größen $\frac{n!}{k_1!k_2!\cdots k_r!}$ heißen *Polynomial-* oder *Multinomialkoeffizienten.*

Fasst man - wie zu Beginn dieses Kapitels beschrieben - eine Funktion als Maschine auf, die den Input zerhackt, um den Output zu produzieren, so kann unter Umständen damit gerechnet werden, dass der Output noch einiges an Rückschlüssen über den Input zulässt. Wir wollen im Folgenden untersuchen, inwieweit Informationen über algebraische Strukturen und Ordnungseigenschaften vom Input auf den Output übertragen werden. Häufig erleichtern diese Eigenschaften die mögliche graphische Darstellung dieser Funktionen.

Zunächst untersuchen wir, inwieweit Funktionen mit den algebraischen Strukturen in Definitions- und Zielbereich verträglich sind.

Definition 4.26

Eine Funktion $f : \mathbb{R}^N \to \mathbb{R}$ heißt *homogen vom Grad r*, wenn gilt

$$\forall \vec{x} \in \mathbb{R}^N \, \forall \lambda \in \mathbb{R}_+ : f(\lambda \cdot \vec{x}) = \lambda^r f(\vec{x}) \, .$$

Ist $r = 1$, spricht man auch von *linear-homogenen* Funktionen.

[9] $\sum_{\substack{k,j=0 \\ k+j=n}}^{n}$ ist die Kurzform von $\sum_{k=0}^{n} \sum_{\substack{j=0 \\ k+j=n}}^{n}$.

Beispiel 4.27

i) Sei $f : \mathbb{R}^N \to \mathbb{R}$ eine *Cobb-Douglas-Funktion*, d.h. $f(x_1, \ldots, x_N) := c \cdot x_1^{\alpha_1} \cdots x_N^{\alpha_N}$, mit $\alpha_j > 0$ für $j = 1, \ldots, n$ und $c \in \mathbb{R}$. f ist homogen vom Grad $\alpha := \alpha_1 + \ldots + \alpha_N$.

ii) Die quadratische Form Q_A einer $(N \times N)$-Matrix A ist homogen vom Grad 2.

Von Interesse sind vor allem Abbildungen zwischen Vektorräumen, die die Vektorraumstruktur (Addition und Multiplikation mit Skalaren) respektieren, d.h. die homogen und additiv sind. Man spricht dann von linearen Abbildungen.

Definition 4.28

Sind U und V zwei Vektorräume, so heißt $f : U \to V$ *lineare Abbildung* oder *linearer Operator*, wenn gilt[10]

$$\forall \lambda, \mu \in \mathbb{R} \, \forall \vec{x}, \vec{y} \in U : f(\lambda \cdot \vec{x} + \mu \cdot \vec{y}) = \lambda \cdot f(\vec{x}) + \mu \cdot f(\vec{y}) \, .$$

Die Summe einer linearen Abbildung und eines (vom Nullvektor verschiedenen) konstanten Vektors aus V heißt *affine* oder *affin-lineare* Abbildung.

Beispiel 4.29

i) Differentiation und Integration sind lineare Abbildungen zwischen Vektorräumen von Funktionen, wie wir in Kapitel 7 und 8 noch sehen werden.

ii) Die Transponiertenabbildung $\cdot^T : \mathbb{R}^{M \times N} \to \mathbb{R}^{N \times M}$ (siehe Bemerkung 3.20 i)) ist linear, denn offensichtlich gelten für $A, B \in \mathbb{R}^{M \times N}$ und $\alpha \in \mathbb{R}$ die Aussagen

$$(A + B)^T = A^T + B^T \quad \text{und} \quad (\alpha \cdot A)^T = \alpha \cdot A^T.$$

iii) Affin-lineare Abbildungen sind von der Form $f(x) = a \cdot x + b$ ($a, b \in \mathbb{R}$ konstant).

iv) Sei $f : \mathbb{R}^N \to \mathbb{R}^M$ eine lineare Abbildung. Ähnlich wie im vorher beschriebenen Fall, wo $N = M = 1$ war, ist es möglich, f in der Form $f(\vec{x}) = A \cdot \vec{x}$ zu schreiben, wobei $A = (a_{ij})_{\substack{i=1,\ldots,M \\ j=1,\ldots,N}}$ eine $(M \times N)$-Matrix ist und wir $\vec{x}$ als Spaltenvektor $(x_1, \ldots, x_N)^T$ betrachten. A heißt die *zu f gehörende Matrix*.

---

[10]Man beachte, dass das Pluszeichen auf der linken Seite der Gleichung die Vektoraddition in U, das Pluszeichen auf der rechten Seite die Vektoraddition in V repräsentiert.

Zur Berechnung von A stellen wir $\vec{x}$ mit der kanonischen Basis $\{\vec{e}_1, \ldots, \vec{e}_N\}$ des $\mathbb{R}^N$ dar und wegen der Linearität von f folgt

$$f(\vec{x}) = f\Big(\sum_{i=1}^{N} x_i \cdot \vec{e}_i\Big) = \sum_{i=1}^{N} x_i \cdot f(\vec{e}_i)\,. \tag{4.5}$$

Andererseits soll für alle $\vec{x} \in \mathbb{R}^N$ gelten:

$$\begin{aligned} f(\vec{x}) &= A \cdot \vec{x} = A \cdot (x_1\vec{e}_1 + x_2\vec{e}_2 + \cdots + x_n\vec{e}_n) = \sum_{i=1}^{N} x_i(A \cdot \vec{e}_i) \\ &= x_1 \begin{pmatrix} a_{11} \\ a_{21} \\ \vdots \\ a_{M1} \end{pmatrix} + x_2 \begin{pmatrix} a_{12} \\ a_{22} \\ \vdots \\ a_{M2} \end{pmatrix} + \ldots + x_N \begin{pmatrix} a_{1N} \\ a_{2N} \\ \vdots \\ a_{MN} \end{pmatrix} \end{aligned} \tag{4.6}$$

Vergleich von (4.5) und (4.6) ergibt $f(\vec{e}_i) = \begin{pmatrix} a_{1i} \\ a_{2i} \\ \vdots \\ a_{Mi} \end{pmatrix}$. Zusammen ergibt sich daher für die zu f gehörende Matrix

$$A = \big(f(\vec{e}_1), f(\vec{e}_2), \ldots, f(\vec{e}_N)\big) = \begin{pmatrix} a_{11}, a_{12}, \ldots, a_{1N} \\ a_{21}, a_{22}, \ldots, a_{2N} \\ \vdots \quad \vdots \quad \ddots \quad \vdots \\ a_{M1}, a_{M2}, \ldots, a_{MN} \end{pmatrix}.$$

Betrachten wir hierzu ein konkretes Beispiel. $f : \mathbb{R}^3 \to \mathbb{R}^4$ sei definiert durch

$$f(\vec{x}) = f(x_1, x_2, x_3) := (x_1 + 2x_2 - 5x_3, 2x_1 - x_3, -3x_1 + x_2, -4x_2 + 3x_3)\,.$$

Es ist leicht zu überprüfen, dass f linear ist. Es ergeben sich

$$f(\vec{e}_1) = \begin{pmatrix} 1 \\ 2 \\ -3 \\ 0 \end{pmatrix},\; f(\vec{e}_2) = \begin{pmatrix} 2 \\ 0 \\ 1 \\ -4 \end{pmatrix},\; f(\vec{e}_3) = \begin{pmatrix} -5 \\ -1 \\ 0 \\ 3 \end{pmatrix}.$$

Dies liefert für f die Matrixdarstellung $f(\vec{x}) = A \cdot \vec{x} = \begin{pmatrix} 1 & 2 & -5 \\ 2 & 0 & -1 \\ -3 & 1 & 0 \\ 0 & -4 & 3 \end{pmatrix} \cdot \begin{pmatrix} x_1 \\ x_2 \\ x_3 \end{pmatrix}$.

Bemerkung 4.30

i) Sind $f : \mathbb{R}^N \to \mathbb{R}^M$ und $g : \mathbb{R}^M \to \mathbb{R}^K$ lineare Abbildungen ($K, M, N \in \mathbb{N}$), so ist auch die Komposition der Abbildungen $g \circ f$ eine lineare Abbildung von $\mathbb{R}^N$ nach $\mathbb{R}^K$. Die Matrizenmultiplikation (siehe Beispiel 3.2 v)) ist gerade so definiert, dass die Matrix von $g \circ f$ gleich dem Produkt der zu g und f gehörenden Matrizen ist.

ii) Wir werden im Folgenden immer stillschweigend zur Spaltenschreibweise von Vektoren übergehen, wenn wir eine lineare Abbildung f in Form der Matrizenmultiplikation $f(\vec{x}) = A \cdot \vec{x}$ darstellen.

Ökonomische Funktionen sind häufig in einer bestimmten Art und Weise mit der auf dem Definitionsbereich vorgegebenen Ordnung verträglich. Z.B. kann bei einer Vergrößerung des Inputs eine Vergrößerung des Outputs erfolgen.

Definition 4.31

Sei $\mathbb{D} \subset \mathbb{R}$. Eine Funktion $f : \mathbb{D} \to \mathbb{R}$ heißt *(streng) monoton wachsend auf* $\mathbb{D}$, wenn sie ordnungserhaltend ist, d.h. wenn gilt

$$\forall x, y \in \mathbb{D} : x < y \Longrightarrow f(x) \leq f(y) \text{ (bzw. „<" für strenge Monotonie) .}$$

f heißt *(streng) monoton fallend* auf $\mathbb{D}$, wenn $-f$ (streng) monoton wachsend ist. f kehrt in diesem Fall die Ordnung um.

Satz 4.32

Sei $\mathbb{D} \subset \mathbb{R}$ und $f : \mathbb{D} \to \mathbb{R}$ eine Funktion. Dann gilt: Ist f auf $\mathbb{D}$ streng monoton wachsend (bzw. auf $\mathbb{D}$ streng monoton fallend), so ist f injektiv.

Beweis:

O.B.d.A. sei f streng monoton wachsend. Sind x, y aus $\mathbb{D}$ mit $x \neq y$, so gilt $x < y$ oder $x > y$ und damit $f(x) < f(y)$ oder $f(x) > f(y)$ wegen der Monotonie von f. Insbesondere folgt $f(x) \neq f(y)$.

■

Bemerkung 4.33

i) Die Umkehrung der Aussage des letzten Satzes ist i.A. falsch, gilt jedoch, wenn man f zusätzlich als stetig voraussetzt.

ii) Monotone ökonomische Funktionen beschreiben gleich oder entgegengesetzt tendenzielle Zusammenhänge (z.B. höhere Steuern $\longrightarrow$ höhere Inflation oder höhere Preise $\longrightarrow$ geringere Nachfrage).

iii) Im Fall $\mathbb{D} = \mathbb{Z}$ liefert Definition 4.31 insbesondere den Monotoniebegriff für Folgen.

Beispiel 4.34

i) Ist $a > 1$, so ist die Exponentialfunktion $f : \mathbb{R} \to \mathbb{R}$ mit $f(x) = a^x$ streng monoton wachsend auf $\mathbb{R}$. Für $0 < a < 1$ ist f streng monoton fallend auf $\mathbb{R}$.

ii) $f : \mathbb{R} \to \mathbb{R}$ mit $f(x) = x^2$ ist auf $\mathbb{R}$ weder monoton wachsend noch monoton fallend. f ist jedoch auf $]-\infty, 0]$ monoton fallend und auf $[0, +\infty[$ monoton wachsend.

iii) Die Folge $(x_n)_{n=2}^{\infty}$ mit $x_n = (1 + \frac{1}{n})^n$ ist streng monoton wachsend.

Beweis:

Nach der Ungleichung von Bernoulli (Beispiel 1.29 ii)) gilt für $n \geq 2$

$$\left(1 + \frac{1}{n}\right)^n \cdot \left(1 - \frac{1}{n}\right)^n = \left(1 - \frac{1}{n^2}\right)^n \overset{1.29}{>} 1 - n \cdot \frac{1}{n^2} = 1 - \frac{1}{n}$$

oder äquivalent $\quad x_n = \left(1 + \frac{1}{n}\right)^n > \left(1 - \frac{1}{n}\right)^{1-n}$

Aus $\quad 1 - \frac{1}{n} = \frac{n-1}{n} = \left(\frac{n}{n-1}\right)^{-1} = \left(1 + \frac{1}{n-1}\right)^{-1}$ folgt dann

$$x_n > \left(1 - \frac{1}{n}\right)^{1-n} = \left(1 + \frac{1}{n-1}\right)^{n-1} = x_{n-1} .$$

■

Häufig stellt man bei ökonomischen Prozessen fest, dass die „Stärke" der Monotonie zu- oder abnimmt, etwa „zunehmende Grenzkosten" (wachsende Steigung der Kostenfunktion) oder „abnehmende Grenzerträge" (fallende Steigung der Ertragsfunktion). Mathematisch führt dies auf den Begriff der Konvexität (bzw. Konkavität).

Definition 4.35

Sei V ein reeller Vektorraum.

a) Eine Teilmenge K von V heißt *konvex*, wenn gilt

$$\forall \vec{x}, \vec{y} \in K \, \forall \lambda \in [0,1] : \lambda \cdot \vec{x} + (1 - \lambda) \cdot \vec{y} \in K .$$

b) Sei K eine konvexe Teilmenge von V und $f : K \to \mathbb{R}$ eine Funktion. f heißt *konvex*, wenn für alle $\vec{x}, \vec{y}$ in K mit $\vec{x} \neq \vec{y}$ gilt

$$\forall \lambda \in]0,1[: f(\lambda \cdot \vec{x} + (1 - \lambda) \cdot \vec{y}) \leq \lambda f(\vec{x}) + (1 - \lambda) f(\vec{y})$$

Gilt sogar die „strenge" Ungleichung „<", nennt man f *streng konvex*. f heißt *(streng) konkav*, wenn $-f$ (streng) konvex ist.

Bemerkung 4.36

i) Ist $V = \mathbb{R}^N$, so bedeutet die Konvexität einer Menge K, dass die Verbindungsstrecke zwischen je zwei Punkten aus K vollständig in K verläuft (siehe Abbildung 4.3).

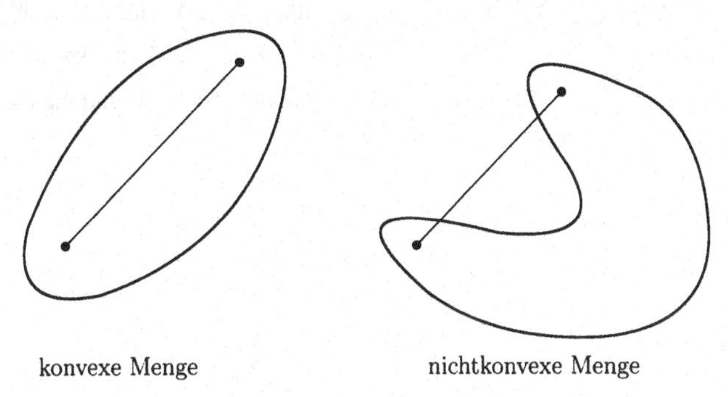

Abbildung 4.3: *Konvexe und nichtkonvexe Menge*

ii) Die Konvexität einer Funktion $f : K \to \mathbb{R}$ bedeutet, dass die Menge der Punkte „oberhalb" des Graphen von f, also die Menge $\{(x, y) \mid x \in K, y \geq f(x)\}$ konvex ist, bzw. dass die Verbindungsgerade von je zwei Punkten des Graphen von f „oberhalb" des Graphen verläuft. Entsprechend ist f konkav, wenn die Menge der Punkte „unterhalb" des Graphen von f konvex ist. Dies bedeutet, dass die Verbindungsgerade von je zwei Punkten des Graphen „unterhalb" des Graphen verläuft (siehe Abbildung 4.4).

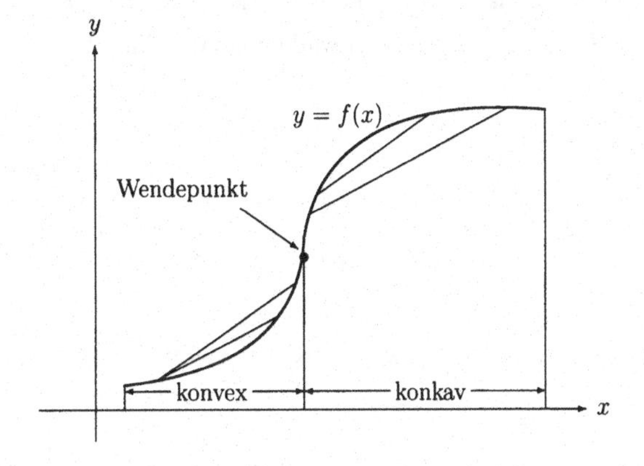

Abbildung 4.4: *Konvexität und Konkavität von Funktionen*

Beispiel 4.37

i) Intervalle sind die einzigen konvexen Mengen in $\mathbb{R}$.

ii) Betrachtet man die Vektoren $\vec{x}_1, \dots, \vec{x}_n$ eines reellen Vektorraumes V, so ist die Menge $P = \left\{ \sum_{j=1}^{n} \lambda_j \vec{x}_j \,\middle|\, \sum_{j=1}^{n} \lambda_j = 1, \lambda_j \geq 0 \text{ für } j = 1, \dots, n \right\}$ eine konvexe Menge. P heißt das von $\vec{x}_1, \dots, \vec{x}_n$ erzeugte konvexe *Polyeder* (siehe Abbildung 4.5).

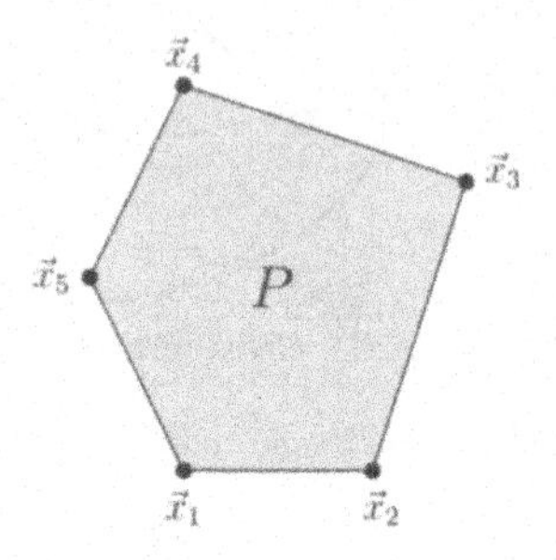

Abbildung 4.5: *Konvexes Polyeder*

Im Fall $n = 2$ ist $P = \{\lambda_1 \vec{x}_1 + \lambda_2 \vec{x}_2 \mid \lambda_1 + \lambda_2 = 1, \lambda_j \geq 0 \text{ für } j = 1, 2\}$ die Strecke von $\vec{x}_1$ nach $\vec{x}_2$, und man schreibt $[\vec{x}_1, \vec{x}_2]$.

Der n-dimensionale Quader $Q = \prod_{j=1}^{n} [a_j, b_j] = [a_1, b_1] \times \ldots \times [a_n, b_n]$ ist ein konvexes Polyeder des $\mathbb{R}^n$, das von den 2^n Eckpunkten der Form $\vec{x} = (x_1, \dots, x_n)$ mit $x_j = a_j$ oder $x_j = b_j$ $(j = 1, \dots, n)$ erzeugt wird (siehe Abbildung 4.6).

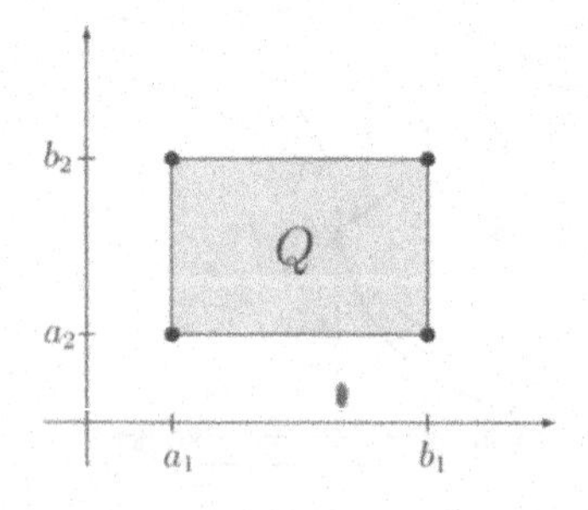

Abbildung 4.6: 2-*dimensionales Intervall (Quader)* $[a_1, b_1] \times [a_2, b_2]$

iii) Die Funktion $f : \mathbb{R} \to \mathbb{R}$ mit $f(x) = x^2$ ist streng konvex. Dies ergibt sich aus folgender Rechnung für $\lambda \in]0,1[$ und $x \neq y$:

$$\begin{aligned} f(\lambda \cdot x + (1-\lambda) \cdot y) &= \big(\lambda \cdot x + (1-\lambda) \cdot y\big)^2 \\ &= \lambda^2 x^2 + 2\lambda(1-\lambda)xy + (1-\lambda)^2 y^2 \\ &= \lambda x^2 + (1-\lambda)y^2 - \lambda(1-\lambda)(x-y)^2 \\ &= \lambda f(x) + (1-\lambda)f(y) - \lambda(1-\lambda)(x-y)^2 \\ &< \lambda f(x) + (1-\lambda)f(y) \end{aligned}$$

In fast allen sozialwissenschaftlichen Theorien spielen Annahmen und Behauptungen über Beziehungen zwischen verschiedenen Größen eine zentrale Rolle. Die Wirtschaftstheorie analysiert die Zusammenhänge zwischen den fundamentalen wirtschaftlichen Größen: Mengen, Preise, Einkommen etc. Im Folgenden wollen wir daher einige Beispiele ökonomischer Funktionen anführen und jeweils kurz beschreiben, wozu die entsprechende Funktion verwendet wird, ohne jedoch die wirtschaftliche Zuverlässigkeit dieser Funktionen zu überprüfen. Dies ist die Aufgabe der Wirtschaftswissenschaften.
Zu beachten ist, dass bei Funktionen in mehreren Veränderlichen die Variablen als Faktoren bezeichnet werden. Entsprechend findet man daher auch Begriffe wie „Inputfaktor“, „Elastizität eines Faktors“, „Grenzrate der Faktorsubstitution“ o.ä.[11].

Beispiel 4.38

i) *Nachfragefunktionen*

Am Anfang der Wirtschaftstheorie steht die Analyse des Konsums und die daraus entstehende Nachfrage. Die Menge eines Gutes, die von den Konsumenten nachgefragt (benötigt) wird, hängt von sehr vielen Faktoren ab, von denen einige quantifizierbar sind, zum Beispiel die Bevölkerungszahl, das Einkommen, das Vermögen, der Preis des Gutes, der Preis anderer Güter, die Länge der Zeitperiode, die Jahreszeit u.s.w. Hält man nun die genannten Variablen bis auf den Preis des Gutes selbst konstant (ceteris paribus), dann lässt sich die nachgefragte Gütermenge x als Funktion des Preises auffassen, d.h. es gilt

$$x = f(p).$$

[11] Dies und die Verwendung verschiedener Funktionsnamen führen leider häufig zu einer unnötigen Komplizierung vieler ökonomischer Sachverhalte, die sich bei genauem Hinsehen als trivial erweisen.

Diese *Nachfragefunktion* x gibt also diejenige Menge eines Gutes an, die bei einem gegebenen Preis gekauft wird. Den Graphen einer Nachfragefunktion nennt man *Nachfragekurve.*

Bei *vollkommener Konkurrenz* unter den Nachfragern, d.h. wenn die Nachfrager keinen individuellen Einfluss auf die Preise ausüben können und sich als Mengenanpasser verhalten müssen, ist die Nachfragefunktion x bei normalen nicht inferioren Gütern (siehe Kapitel 9 streng monoton fallend, so dass die Umkehrfunktion x^{-1} existiert, wenn x auf den Wertebereich eingeschränkt wird. x^{-1} heißt die *inverse Nachfragefunktion.* Da x^{-1} zu jeder Menge den höchsten Preis angibt, zu dem diese Gütermenge verkauft werden kann, schreibt man auch

$$p = p(x) .$$

Dabei wird üblicherweise der Preis p auf der vertikalen, die Menge x auf der horizontalen Achse abgetragen.

ii) *Erlösfunktionen (Umsatzfunktionen)*

Sie beschreibt den funktionalen Zusammenhang zwischen abgesetzter Gütermenge x (in ME) bzw. Verkaufspreis p (in $\frac{\text{GE}}{\text{ME}}$) und dem wertmäßigen Umsatz (Erlös) E. Es ist $E = p \cdot x$. Dabei kann dann E entweder als Funktion von p oder von x dargestellt werden

$$E(p) = p \cdot x(p) \quad \text{bzw.} \quad E(x) = p(x) \cdot x .$$

iii) *Produktionsfunktionen*

Sie beschreiben für einen Produktionsprozess den Zusammenhang zwischen den eingesetzten Produktionsfaktoren (Inputs) $v_1, \ldots, v_N$ und den Produktionsergebnissen (Outputs) $x_1, \ldots, x_M$. In Vektorschreibweise

$$\vec{x} = f(\vec{v}) \quad \text{mit} \quad f(\vec{v}) = \big(f_1(\vec{v}), \ldots, f_N(\vec{v})\big) .$$

Es gilt demnach für den i-ten Output

$$x_i = f_i(v_1, \ldots, v_N) .$$

Wir bezeichnen eine Produktionsfunktion der Form

$$x = f(v_1, \ldots, v_N) = c \cdot v_1^{\alpha_1} \cdot v_2^{\alpha_2} \cdot \ldots \cdot v_N^{\alpha_N} \ , c \in \mathbb{R}_+ \ , \ \alpha_k \in \mathbb{R}_+, \ k = 1, \ldots, N$$

als *Cobb-Douglas Produktionsfunktion.* In makroökonomischen Modellen beschreibt man oft den gesamtwirtschaftlichen Output Y mit Hilfe der Produktionsfunktion

$$Y = f(A, K) = A^\alpha \cdot K^{1-\alpha} \ , \alpha \in]0,1[\ .$$

Dabei bezeichnet A die Zahl der geleisteten Arbeitsstunden und K den Kapitalbestand (z.B. gemessen in Maschinenstunden).

iv) *Kostenfunktionen*

Sie beschreiben den Zusammenhang zwischen der produzierten Menge x und den für den „Output x" erforderlichen Kosten K der betrachteten Produktion, d.h.

$$K = K(x) \ .$$

v) *Gewinnfunktionen*

Sie beschreiben den Zusammenhang zwischen produzierter Menge x (in ME) und dem zugehörigen Gewinn G (in ME). Für den Gewinn als Differenz von Erlös und Kosten gilt

$$G(x) = E(x) - K(x) \ .$$

vi) *Konsumfunktionen*

Die makroökonomische Konsumfunktion $C(Y)$ gibt den volkswirtschaftlichen Verbrauch (d.h. den „Verzehr" von Gütern und Dienstleistungen durch den Haushaltssektor) in Abhängigkeit vom Volkseinkommen Y an. Dabei kann je nach dem Zweck der angestellten Untersuchung $C(Y)$ den gesamten volkswirtschaftlichen Konsum, den öffentlichen Konsum, den privaten Konsum oder eine verwandte Größe bezeichnen.

Zur genaueren Erläuterung der Funktionen aus Beispiel 4.38 und für weitere ökonomische Begriffe und deren Anwendungen sei auf Kapitel 9 verwiesen.

5

Bankiers leihen einem nur dann Geld, wenn man beweisen kann, dass man es gar nicht braucht.

M. Twain

Finanzmathematik

Ziel der Finanzmathematik ist es, für die mathematischen Fragestellungen, die sich aus der Veränderung von Kapitalien im Zeitablauf ergeben, Lösungen bereitzustellen.

Grundbegriffe 5.1

Die traditionellen Grundbegriffe der Finanzmathematik sind *Kapital, Zeit* und *Zins*. Neben dem Begriff des Kapitals (mit der Dimension Geld- bzw. Währungseinheit) erweist sich vor allem die Zeit als wesentliche Größe. Der Zusammenhang zwischen *Kapital* und *Zeit* wird durch Zahlenpaare $(t \mid K)$ aus $\mathbb{R} \times \mathbb{R}$ ausgedrückt. Will man mehr den funktionalen Charakter betonen, schreibt man hierfür auch $K(t)$ oder verwendet - vor allem, wenn t ganzzahlig ist - die Folgenschreibweise K_t. In allen Fällen steht dies für die Aussage: „Kapital K, verfügbar (bzw. fällig, falls $K < 0$) zum Zeitpunkt t".

Obwohl der Begriff des Zinses auf die Begriffe Kapital und Zeit zurückführbar ist, zählt er mit zu den Grundbegriffen, da erst durch den Zins eine Verknüpfung zwischen den Begriffen Kapital und Zeit entsteht. Für die Zwecke der Finanzmathematik genügt es, den *Zins* zu definieren als Entgelt für die zeitweilige Überlassung einer Wertsumme[1]. Betrachtet man ein gegebenes Kapital zu zwei Zeitpunkten (Anfangs- und Endzeitpunkt), so gilt folgender Zusammenhang zwischen Zinsen, „Anfangskapital" und „Endkapital":

$$\textit{Zinsen} = \textit{Endkapital} - \textit{Anfangskapital}\,. \tag{5.1}$$

Ist die Berechnung der Zinsen bekannt und betrachtet man die Zeitpunkte s und t mit $s \leq t$, so führt dies zu zwei prinzipiellen finanzmathematischen Fragestellungen.

[1] Diese Wertsumme muss nicht zwingend Geldform haben. Man betrachte als Beispiel etwa den Mietzins.

1. Bei gegebenem Endkapital K_t bestimme man das Anfangskapital K_s. Diesen Vorgang bezeichnet man als *abzinsen* oder *diskontieren*. Bei dieser Fragestellung verwendet man die Zinsdefinitionsgleichung (5.1) in der Form

   $$K_s = K_t - Z \ .$$

2. Bei gegebenem Anfangskapital K_s bestimme man das Endkapital K_t. Diesen Vorgang bezeichnet man als *aufzinsen*. Hier verwendet man Gleichung (5.1) in der Form

   $$K_t = K_s + Z \ .$$

Durch die Vorgabe der Berechnung des Zinses Z wird daher sowohl der Auf- als auch der Abzinsvorgang festgelegt. Mathematisch bedeutet dies, dass durch die Wahl der Zinsrechnung[2] das Kapital K als Funktion der Zeit t festgelegt wird. Zu betonen ist jedoch, dass die Art der verwendeten Zinsrechnung eine Konvention darstellt. Es gibt in diesem Sinne keine „richtige" oder „falsche" Zinsrechnung.
Anhand dreier Beispiele soll erläutert werden, welche Angaben zur Lösung eines finanzmathematischen Problems benötigt werden. Sie zeigen gleichzeitig die Fallstricke, die beim intuitiven Betreiben der Zinsrechnung auftreten.

Beispiel 5.2

i) Welchen Wert hat ein Kapital von 1000 € in 12 Monaten, bei einem monatlichen Zinssatz von 1%?

   Antwort: Berechnet man die Zinsen proportional zur Laufzeit (*einfache Zinsen*), beträgt das Endkapital

   $$1000\,€ + 12 \cdot 1\% \cdot 1000\,€ = 1120\,€.$$

   Kommentar: Das gegebene Problem ist nicht eindeutig lösbar, da nicht vereinbart worden ist, in welchen zeitlichen Abständen (*Zinsperiode*) die Zinsen dem Kapital zugeschlagen werden sollen. Die Angabe eines Monatszinses suggeriert einen monatlichen Zinszuschlag. Dieser würde folgendes Endkapital liefern:

   $$(1 + 1\%)^{12} \cdot 1000\,€ = 1126{,}83\,€$$

   Diese Problematik führt später zur Unterscheidung zwischen *einfacher Zinsrechnung* und *Zinszinsrechnung* bzw. *nominellem* und *effektivem Zinssatz*.

[2] Dies sind z.B. vorschüssige, nachschüssige oder stetige Zinsrechnung.

ii) Ein Kapital hat am 1.7.2010 einen Wert von 1000 €. Wie hoch ist sein Wert am 1.7.2011 bei 12% Zinsen pro Jahr und einer Zinsperiode von 1 Jahr?
Antwort: Hält man sich an die Konvention, die Zinsen jeweils am 31.12. eines jeden Jahres dem Kapital zuzuschlagen, ergibt sich ein Endkapital von

$$(1+6\%)^2 \cdot 1000\,€ = 1123{,}60\,€.$$

Kommentar: In diesem Beispiel wurde zwar die Länge der Zinsperiode vereinbart, nicht jedoch die genauen Zeitpunkte, zu denen die Zinszuschläge erfolgen, die sog. *Zinszuschlagstermine (ZZT)*. Wählt man - wie die Aufgabe suggeriert - jeweils den 1.7. eines Jahres als ZZT, ergibt sich ein Endkapital von 1120 €, was bei einem Jahr Laufzeit auch als „richtig" empfunden wird. Man beachte, dass die Angabe der ZZT automatisch die Zinsperiode mitliefert. Den Grenzfall, dass jeder Zeitpunkt ein ZZT und damit die Länge der Zinsperiode 0 ist, bezeichnet man als *stetige Zinsrechnung*.

iii) Ein Kapital hat am 31.12.2011 einen Wert von 1000 €. Wie hoch ist sein Wert am 31.12.2010 bei 12% Zinsen pro Jahr und Zinszuschlag jeweils am 31.12.?
Antwort: Bei diesem Diskontierungsvorgang sind 12% Zinsen vom Endkapital zu subtrahieren. Es ergibt sich das Anfangskapital

$$1000\,€ - 12\% \cdot 1000\,€ = 880\,€\ .$$

Kommentar: Trotz Angabe der ZZT liegt eine weitere Unklarheit vor, da nicht festgelegt ist, auf welche Größe (End- oder Anfangskapital) sich die Prozentangabe beim Zinssatz bezieht. Dies gilt auch für die zwei vorigen Beispiele, in denen wir uns - bedingt durch die Fragestellung - automatisch das vorgegebene Anfangskapital als Bezugsgröße für den Zinssatz ausgewählt haben. Da beim Diskontieren das Endkapital vorgegeben ist, wird man dieses auch als natürliche Bezugsgröße wählen (*vorschüssige Zinsen*). Die Wahl des Anfangskapitals als Bezugsgröße (*nachschüssige Zinsen*) erscheint hier jedoch unnatürlich, macht die Rechnung etwas aufwendiger (Dreisatz!) und würde das Anfangskapital $\frac{1000}{1+12\%}\,€ = 892{,}857\,€$ liefern.

Aus Beispiel 5.2 lässt sich folgende Vorgehensweise bei finanzmathematischen Problemen ablesen. Zu Beginn bestimme man den *Nullpunkt der Zeitskala*, da es erst dadurch möglich ist, Zeitpunkte (wie z.B. den 1.1.1997) mit Zahlen der reellen Zahlenachse zu identifizieren. Diese Wahl sollte problemadäquat erfolgen[3].

[3]Häufig wählt man z.B. den Zeitpunkt der ersten Zahlung als Nullpunkt der Zeitachse.

Als nächstes sind dann die *Zinszuschlagstermine* (ZZT) zu bestimmen[4], also die Zeitpunkte, zu denen die *Zinsen* Z dem Kapital zugeschlagen werden **und von diesem Zeitpunkt an** mit ihm zusammen das zu verzinsende Kapital bilden[5]. Implizit ist damit auch die Zinsperiode als Differenz zweier aufeinanderfolgender ZZT gegeben.
Wir wollen im Folgenden grundsätzlich eine *zinsperiodenkonforme Zeitachse* wählen. Dies bedeutet, dass die ZZT auf der Zeitachse den ganzen Zahlen entsprechen. Insbesondere wird die Zeit t in Zinsperioden gemessen, d.h. $\Delta t = 1$ entspricht einer Zinsperiode.

Bemerkung 5.3

Es sei nochmals darauf hingewiesen, dass der Wert eines Kapitals zeitabhängig ist. Zahlungen zu unterschiedlichen Zeitpunkten, dürfen daher nicht addiert werden. Dies ist erst möglich, wenn alle Zahlungen auf den gleichen Zeitpunkt auf- oder abzinst wurden. Der so bestimmte „Gesamtwert“ ist damit keine absolute Größe, sondern ebenfalls zeitabhängig. Wir werden auf diese Fragestellungen im Rahmen der Rentenrechnung (siehe Satz 5.23) näher eingehen.

Nach Klärung dieser technischen Details ist als nächstes die Art der verwendeten Zinsrechnung festzulegen. Hierdurch wird - wie vorher schon betont - der funktionale Zusammenhang zwischen Zeit und Kapital bestimmt. Der Aufbau der Zinsrechnung erfolgt dabei so, dass sich nach Festlegung der einfachen Zinsrechnung als Standard die gesamte übrige Zinsrechnung (Zinseszinsrechnung, gemischte Zinsrechnung) als logische Konsequenz ergibt. Als Entgelt für die zeitweilige Überlassung eines Kapitals, ist es naheliegend (siehe Beispiel 5.2 i)), für die Zinsen sowohl eine Proportionalität zum betrachteten Zeitraum $\Delta t = t - s$, als auch eine Proportionalität zum überlassenen Kapital zu fordern, d.h., dass ein Vielfaches an Kapital bzw. Zeit ein entsprechendes Vielfaches an Zinsen liefert.

Weil - wie beim Diskontieren in Beispiel 5.2 iii) - auch ein zukünftiges Kapital vorgegeben sein kann, dessen Anfangswert wir bestimmen müssen, ist bei der Angabe des Zinssatzes außerdem zu unterscheiden, ob wir diese Prozentangabe auf das Anfangs- oder Endkapital beziehen. Dementsprechend werden wir folgende Zinsarten unterscheiden.

[4]Liegt keine explizite Angabe über ZZT vor, wählt man diese möglichst natürlich. Ist z.B. nur ein Jahreszinssatz und die Laufzeit gegeben, könnte man eine Zinsperiode von einem Jahr wählen und den Zeitpunkt der ersten Zahlung als ZZT betrachten.

[5]Dieses Verfahren ist nach §248 Absatz 2 BGB für Kreditinstitute ausdrücklich zugelassen und besitzt Grundlagencharakter für Planungen und Bewertungen in den Bereichen Finanzierung, Investition, Risikoversicherung sowie für kapitalmarkttheoretische Ansätze der Volkswirtschaftslehre.

Definition 5.4

a) Sind die Zinsen proportional zur Laufzeit, spricht man von *einfachen Zinsen.*

b) Sind die Zinsen proportional zum Anfangskapital, spricht man von *nachschüssigen (dekursiven) Zinsen*

c) Sind die Zinsen proportional zum Endkapital, spricht man von *vorschüssigen (antizipativen) Zinsen* .

Bemerkung 5.5

i) Ist $t \geq s$ liefert Definition 5.4 bei einfachen nachschüssigen Zinsen die Zinsformel

$$Z = K_s \cdot (t - s) \cdot i_{\text{nach}} \,.$$

Bei einfacher vorschüssiger Zinsrechnung lautet die Zinsformel dagegen

$$Z = K_t \cdot (t - s) \cdot i_{\text{vor}} \,.$$

Die Proportionalitätsfaktoren i_{nach} und i_{vor} haben die Dimension „1 durch Zeiteinheit“ und heißen *nachschüssiger* bzw. *vorschüssiger Periodenzinssatz.* Wegen $K_t = Z + K_s$ ergibt sich bei einfacher nachschüssiger Zinsrechnung

$$K_t = K_s\big[1 + (t - s) \cdot i_{\text{nach}}\big].$$

Bei vorschüssiger Zinsrechnung dagegen gilt

$$K_t = \frac{K_s}{1 - (t - s) \cdot i_{\text{vor}}} \,.$$

ii) Die nachschüssige Verzinsung hat ihren Ursprung in dem „traditionellen“ Sparvorgang, bei dem zu einem festen Zeitpunkt ein bestimmtes Kapital K_s angelegt und zu einem späteren Zeitpunkt inklusive Zinsen wieder abgehoben wird (Aufzinsen). Hier erscheint es natürlich, die Zinsen proportional zu dem ursprünglich angelegten Betrag K_s zu wählen, da K_t noch unbekannt, d.h. noch zu berechnen ist (siehe Beispiel 5.2 i) und ii)).

Die vorschüssige Verzinsung hat ihren Ursprung in der Diskontierung von Wechseln, wo ein zu einem künftigen Zeitpunkt fälliger Betrag K_t zu einem früheren Zeitpunkt zur Auszahlung eingereicht wird (Abzinsen). Da in diesem Fall K_s unbekannt ist, erscheint es natürlich, die Zinsen proportional zu K_t zu wählen. Die vorschüssige Verzinsung wird auch heute noch bei der Diskontierung von Wechseln und bei der Skontoberechnung angewendet (siehe Beispiel 5.2 iii)).

iii) Vor- und nachschüssige Zinsrechnung können zum Auf- und Abzinsen verwendet werden, da Anfangs- und Endkapital völlig gleichberechtigt sind und es daher nur eine Frage des Standpunktes ist, was man als gegeben betrachtet. Aufgrund des in i) beschriebenen Hintergrundes wird man jedoch das vorschüssige Aufzinsen und das nachschüssige Abzinsen als unnatürlich empfinden. Betrachtet man für $t \geq s$ die nachschüssige Zinsformel in der Form

$$K_s = K_t - K_s \cdot i_{\text{nach}} \cdot (t-s) \ ,$$

zeigt sich die Ähnlichkeit zur vorschüssigen Verzinsung, für die

$$K_s = K_t - K_t \cdot i_{\text{vor}} \cdot (t-s)$$

gilt. Hier erkennt man auch, warum die in der Literatur häufig anzutreffende Formulierung „vorschüssige Zinsen fallen zu Beginn der Laufzeit, nachschüssige Zinsen fallen am Ende der Laufzeit an“ falsch ist[6]. Richtig ist vielmehr, dass beim Abzinsen sowohl bei vorschüssiger als auch bei nachschüssiger Zinsrechnung die Zinsen zu Beginn der Laufzeit vom Endkapital subtrahiert werden (Punkt 1. auf Seite 76), während beim Aufzinsen die Zinsen am Ende der Laufzeit zum Anfangskapital addiert werden (Punkt 2. auf Seite 76). Der einzige Unterschied zwischen vor- und nachschüssiger Verzinsung besteht darin, dass man K_t bzw. K_s als Bezugsgröße für die Zinsberechnung wählt. Lässt man die Bedingung $s \leq t$ fallen, ergibt sich

- bei nachschüssigen Zinsen:

$$K_t = \begin{cases} K_s \cdot [1+(t-s)i_{\text{nach}}] & \text{falls} \quad s \leq t \\ K_s \cdot \dfrac{1}{1+(s-t)i_{\text{nach}}} & \text{falls} \quad s \geq t \end{cases}$$

- bei vorschüssigen Zinsen:

$$K_t = \begin{cases} K_s \cdot \dfrac{1}{1-(t-s)i_{\text{vor}}} & \text{falls} \quad s \leq t \\ K_s \cdot [1-(s-t)i_{\text{vor}}] & \text{falls} \quad s \geq t \end{cases}$$

iv) Die Bezeichnungen vor- und nachschüssig werden auch für Zahlungen verwendet, die zu Beginn bzw. am Ende einer Zinsperiode anfallen. Dies ist jedoch vollkommen

[6]Die Begriffe „vorschüssig“ und „nachschüssig“ sind allerdings nur aus dieser falschen Formulierung heraus zu verstehen. Siehe hierzu Punkt iv) dieser Bemerkung.

unnötig, da dies durch die Wahl des Nullpunktes der Zeitachse beeinflusst wird. Hierdurch werden nur überflüssige Unterscheidungen und eine größere Zahl von Formeln erzeugt. Man beachte hierzu auch Bemerkung 5.24.

v) Vor- und nachschüssige Zinsrechnung sind bei gleichem Zinssatz nicht äquivalent. Diskontiert man z.B. einen in einem Jahr fälligen Wechsel im Nominalbetrag von 100 € zu einem vorschüssigem Zinssatz von 10% p.a. und legt die erhaltenen 90 € zum nachschüssigen Zinssatz von 10% p.a. an, erhält man nicht die vielleicht erwarteten 100 €, sondern nur noch 99 €.
Die beiden Formeln $K_t = K_s\left[1+(t-s)i_{\text{nach}}\right]$ und $K_t = \frac{K_s}{1-(t-s)i_{\text{vor}}}$ gestatten jedoch eine einfache Umrechnung zwischen vor- und nachschüssigem Zinssatz. Gleichsetzen, Kürzen von K_s und Auflösen nach i_{nach} bzw. i_{vor} liefert im Fall $t \geq s$

$$i_{\text{nach}} = \frac{i_{\text{vor}}}{1-(t-s)i_{\text{vor}}} \quad \text{bzw.} \quad i_{\text{vor}} = \frac{i_{\text{nach}}}{1+(t-s)i_{\text{nach}}} \ .$$

Bei dieser Umrechnung ist die Abhängigkeit von der Laufzeit $\Delta t = t-s$ unangenehm. Ist $i_{\text{vor}} = 10\%$ p.a., so ist der äquivalente nachschüssige Jahreszinssatz i_{nach}, der in Δt die gleiche Verzinsung wie i_{vor} liefert, für $\Delta t = 1$ Jahr gleich 11,11% p.a., für $\Delta t = \frac{1}{2}$ Jahr jedoch gleich 10,53% p.a. .

Nach Festlegung der ZZT erfolgt die Verzinsung eines vorgegebenen Kapitals, indem man sukzessive über alle - während der betrachteten Laufzeit auftretenden ZZT - verzinst. Zur vollständigen Festlegung der Zinsrechnung ist daher nur noch zu klären, mit welcher Methode ein Kapital zwischen den ZZT zu verzinsen ist. Mit Hilfe der folgenden - im Kreditgewerbe üblichen - Vereinbarung ist daher die gesamte Zinsrechnung festgelegt und wir sind in der Lage, den Zusammenhang zwischen K_s und K_t für beliebige Zeitpunkte s und t anzugeben (Satz 5.8).

Wenn im Inneren des betrachteten Zeitintervalls kein Zinszuschlagstermin liegt, wird mit einfachen, nachschüssigen Zinsen gerechnet.

Bei dieser Konvention hätte man gleichermaßen vorschüssige Zinsen vereinbaren können. Da diese in der Praxis kaum anzutreffen sind und wegen der in Bemerkung 5.5 v) beschriebenen Umrechnungsmöglichkeiten wurden jedoch nachschüssige Zinsen vereinbart.

Bevor wir den allgemeinen Fall betrachten, wollen wir uns der besonders einfachen Situation zuwenden, dass beide betrachteten Zeitpunkte s und t ZZT sind. i bezeichne im Folgenden einen fest vorgegebenen, nachschüssigen Periodenzinssatz.

Satz 5.6 (Reine Zinseszinsrechnung)

Sind t und s ZZT (d.h. $t, s \in \mathbb{Z}$), so gilt

$$K_t = K_s \cdot (1+i)^{t-s}.$$

Beweis:

Der Beweis erfolgt bei festem s mittels vollständiger Induktion nach t. Es genügt den Fall $t \geq s$ zu betrachten, da für $t \leq s$ die Rollen von K_s und K_t nur vertauscht sind.

- Für $t = s$ ist die Aussage offenbar richtig.
- Es gelte die Behauptung $K_t = K_s \cdot (1+i)^{t-s}$ nun für eine ganze Zahl $t \geq s$.
- Da das Intervall $[t, t+1]$ im Innern keinen ZZT enthält, gilt nach der einfachen Zinsrechnung

  $$K_{t+1} = [1 + (t+1-t)i] \cdot K_t = (1+i) \cdot K_t.$$

  Setzt man die Induktionsvoraussetzung $K_t = K_s \cdot (1+i)^{t-s}$ ein, ergibt sich

  $$K_{t+1} = K_t \cdot (1+i) = K_s \cdot (1+i)^{t-s}(1+i) = K_s \cdot (1+i)^{t+1-s}.$$

■

Bemerkung 5.7

i) Während bei der einfachen Zinsrechnung der Auf- und Abzinsungsvorgang durch analytisch verschiedene Prozesse beschrieben wird (siehe Bemerkung 5.5 iii)), ergibt sich bei der reinen Zinseszinsrechnung für den Auf- und Abzinsungsvorgang der gleiche analytische Ausdruck (siehe auch Bemerkung 5.10).

ii) Im Gegensatz zum linearen Wachstum bei einfachen Zinsen (daher auch die Bezeichnung „einfach“) ergibt sich bei der Zinseszinsrechnung ein exponentielles Wachstum, da die Laufzeit im Exponenten steht. Um diesen oft unterschätzten exponentiellen Effekt zu demonstrieren, betrachte man ein Anfangskapital $K_0 = K(0) = 10$€ bei jährlichem Zinszuschlag und einem Zinssatz von $i = 8\%$ pro Jahr. Nach 1000 Jahren ergibt sich ein Kapital in Höhe von $K_{1000} = (1,08)^{1000} \cdot 10$ € $= 2,653 \cdot 10^{34}$ €. Bei einem Goldpreis von 10.000 € pro Kilogramm Gold entspricht dies ziemlich genau der in Gold aufgewogenen Sonnenmasse.

iii) Der häufig auftretende *Zinsfaktor* $(1+i)$ wird im folgenden immer mit q bezeichnet.

Satz 5.8

Seien s und t beliebige Zeitpunkte mit $s \leq t$. Es sei dann $\lfloor t \rfloor$ die größte ganze Zahl kleiner gleich t und $\lceil s \rceil$ die kleinste ganze Zahl größer gleich s (siehe Beispiel 4.3 iv)). Dann gilt

$$K_t = K_s \cdot \Big(1 + (\lceil s \rceil - s) \cdot i\Big) \cdot \Big(1 + i\Big)^{\lfloor t \rfloor - \lceil s \rceil} \cdot \Big(1 + (t - \lfloor t \rfloor) \cdot i\Big) .$$

K_s und K_t bezeichnen wir in diesem Fall als *äquivalente* Zahlungen.

Beweis:

Nach Wahl von $\lceil s \rceil$ liegt im Innern des Intervalls $\Big[s, \lceil s \rceil\Big]$ kein ZZT, und es gilt daher nach Definition der einfachen Zinsrechnung

$$K_{\lceil s \rceil} = K_s \cdot \Big(1 + (\lceil s \rceil - s) \cdot i\Big) .$$

Da $\lceil s \rceil$ und $\lfloor t \rfloor$ ZZT sind, gilt nach Satz 5.6

$$K_{\lfloor t \rfloor} = K_{\lceil s \rceil} \cdot (1 + i)^{\lfloor t \rfloor - \lceil s \rceil} ,$$

und daher

$$K_{\lfloor t \rfloor} = K_s \cdot \Big(1 + (\lceil s \rceil - s) \cdot i\Big) \cdot (1 + i)^{\lfloor t \rfloor - \lceil s \rceil} .$$

Da außerdem im Innern des Intervalls $\Big[\lfloor t \rfloor, t\Big]$ kein ZZT liegt, ergibt sich nach Definition der einfachen Zinsrechnung

$$K_t = K_{\lfloor t \rfloor} \cdot \Big(1 + (t - \lfloor t \rfloor) \cdot i\Big) .$$

Ersetzt man nun $K_{\lfloor t \rfloor}$ durch den vorherigen Ausdruck, folgt die Behauptung.

■

Beispiel 5.9

Am 1.7.2012 werde ein Kapital in Höhe von 1.000€ zu einem (nachschüssigen) Zinssatz von $i = 8\%$ pro Jahr angelegt, wobei die ZZT jeweils am 31.12. eines Jahres vereinbart seien. Welchen Wert hat das Kapital am 31.3.2015?

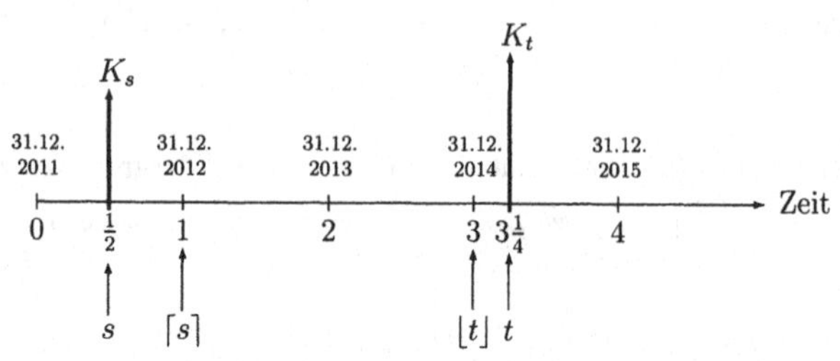

Abbildung 5.1: *gemischte Zinsrechnung, Zeitstrahl*

Wir wählen eine zinsperiodenkonforme Zeitachse mit Nullpunkt 31.12.2011. Es ist ein Kapital von 1.000€ zum Zeitpunkt $s = 0,5$ gegeben, dessen Wert zum Zeitpunkt $t = 3,25$ gesucht wird. Nach Satz 5.8 gilt mit $\lceil 0,5 \rceil = 1$ und $\lfloor 3,25 \rfloor = 3$

$$K_t = K_{3,25} = K_{0,5} \cdot (1 + \frac{1}{2}i)(1+i)^{3-1}(1 + \frac{1}{4}i) = 1.237{,}317 € \,.$$

Bemerkung 5.10

In Beispiel 5.9 muss darauf geachtet werden, dass man sich streng an die Vorgehensweise des Satzes 5.8 hält, d.h. das Auf- bzw. Abzinsen der Kapitalien muss immer direkt erfolgen. Dies liegt an der schon früher erwähnten unterschiedlichen analytischen Struktur des Auf- und Abzinsvorganges bei einfachen Zinsen. Wenn man nämlich das Kapital K_1 dadurch berechnet, dass man $K_{0,5}$ zunächst ein halbes Jahr ab- und anschließend 1 Jahr aufzinst, erhält man ein anderes Ergebnis, als wenn man $K_{0,5}$ direkt ein halbes Jahr aufzinst[7]. Wer 1.000€ unter den Bedingungen von Beispiel 5.9 zum Zeitpunkt $s = 0,5$ anspart, erhält nach einem Jahr (Zeitpunkt $t = 1,5$) nicht $1.000 \cdot (1 + 0,08) = 1.080$€, sondern $1.000(1 + \frac{1}{2}i)(1 + \frac{1}{2}i) = 1.081{,}60$€, weil am 31.12.2002 die Zinsen für das erste halbe Jahr dem Kapital zugeschlagen werden.

Dies liegt daran, dass durch den in Satz 5.8 beschriebenen Äquivalenzbegriff *keine* mathematische Äquivalenz*relation* definiert wird, da i.A. die Eigenschaft der Transitivität nicht erfüllt ist. Betrachtet man nämlich bei einem Periodenzinssatz von 8% die Kapitalien $K_0 = 1.000$€, $K_{0,5} = 1.040$€ und $K_1 = 1.081{,}60$€, so gilt

[7]Man erhält die Werte $K_{0,5} \cdot \frac{1}{1+\frac{1}{2}i} \cdot (1+i)$ bzw. $K_{0,5} \cdot (1 + \frac{1}{2}i)$. Diese sind für $i \neq 0$ offensichtlich verschieden.

$$K_0 \cdot (1 + \frac{1}{2} \cdot 8\%) = K_{0,5}, \qquad K_{0,5} \cdot (1 + \frac{1}{2} \cdot 8\%) = K_1 \,,$$

aber

$$K_0 \cdot (1 + 8\%) \neq K_1.$$

Damit sind K_0 und $K_{0,5}$ sowie $K_{0,5}$ und K_1 zueinander äquivalent im Sinne von Satz 5.8, *nicht* jedoch K_0 und K_1. Der Verlust der Transitivität wird dadurch verursacht, dass nicht alle Zahlungen zu ZZT auftreten. Um eine eindeutige Lösung zu gewährleisten, schreiben wir daher vor, dass immer auf den „nächstgrößeren" ZZT aufgezinst wird.
Liegen jedoch nur Zahlungen zu ZZT vor, wird durch den Äquivalenzbegriff in Satz 5.8 eine „mathematische" Äquivalenzrelation im Sinne von Definition 2.25 definiert. Dies ist z.B. im Fall *stetiger Zinsen*, wo jeder Zeitpunkt ein ZZT ist, automatisch erfüllt (siehe Bemerkung 5.14).

Da häufig Zinsperioden auftreten, die kleiner als ein Jahr sind, werden die auftretenden Periodenzinssätze aus Vergleichsgründen auf Jahreszinssätze umgerechnet.

Definition 5.11

a) Ist $m \in \mathbb{N}$ die Anzahl der Zinsperioden pro Jahr und i_p ein gegebener Periodenzinssatz, so heißt $i_{nom} := m \cdot i_p$ der zu i_p gehörende *nominelle Jahreszinssatz.*

b) Der fiktive nachschüssige Jahreszinssatz i_{eff} mit jährlichem Zinszuschlag, für den bei einem Geldgeschäft die Leistungen der beteiligten Parteien im Sinne von Satz 5.8 äquivalent sind, heißt der dem Geschäft zu Grunde liegende *effektive Jahreszinssatz.*

Beispiel 5.12

i) Ein Kredit über 100.000 € soll für zwei Jahre aufgenommen und durch 24 jeweils am Monatsende zahlbare Raten in Höhe von 4575 € getilgt werden. Wie groß ist der effektive Zinssatz?
Wir zinsen die Leistung des Gläubigers (100.000 €) und die Leistung des Schuldners (24 Raten in Höhe $R = 4.575$ €) mit dem noch zu bestimmenden effektiven Jahreszins i_{eff} zwei Jahre auf. Der effektive Zinssatz bestimmt sich dann durch die Forderung, dass beide Leistungen äquivalent sind. Man erhält die Gleichung

$$100.000 \cdot (1 + i_{eff})^2 = (1 + i_{eff}) \cdot \sum_{k=0}^{11} R \cdot (1 + \frac{k}{12} i_{eff}) + \sum_{k=0}^{11} R \cdot (1 + \frac{k}{12} i_{eff}) \,.$$

Berechnet man die arithmetische Reihe auf der rechten Seite mit Satz 4.22 a), folgt

$$100.000(1+i_{\text{eff}})^2 \overset{4.22a)}{=} (2+i_{\text{eff}})\cdot 6\cdot R\cdot\left(2+\frac{11}{12}i_{\text{eff}}\right).$$

Dies ist eine quadratische Gleichung für i_{eff}. Die positive Lösung lautet

$$i_{\text{eff}} = \frac{200.000-23R-\sqrt{R\cdot(2.600.000+R)}}{11R-200.000} = 9{,}61\%\text{ p.a.}.$$

ii) Eine Bank gewährt bei halbjährlichem Zinszuschlag am 01.01. und 01.07. einen nominellen Jahreszinssatz $i_{\text{nom}} = 10\%$. Berechnen Sie für folgende vier Zahlungsreihen jeweils den Wert am 31.12.2010 und den zugehörigen effektiven Jahreszinssatz.

1.) Jeweils eine Zahlung in Höhe von 1000 € am 01.01.2010 und 01.07.2010,

2.) Jeweils eine Zahlung in Höhe von 1000 € am 01.01.2010 und 01.04.2010,

3.) Eine Zahlung in Höhe 2000 € am 01.01.2010,

4.) Eine Zahlung in Höhe 2000 € am 01.07.2010.

Die Leistung der Bank ergibt sich, indem man jede Zahlungsreihe mit dem Periodenzinssatz $i_p = \frac{i_{\text{nom}}}{2}$ gemäß Satz 5.8 auf den 31.12.2010 aufzinst. Man erhält:

1. Zahlungsreihe: $1000\left(1+\frac{i_{\text{nom}}}{2}\right)^2 + 1000\left(1+\frac{i_{\text{nom}}}{2}\right)$

2. Zahlungsreihe: $1000\left(1+\frac{i_{\text{nom}}}{2}\right)^2 + 1000\left(1+\frac{i_{\text{nom}}}{4}\right)\left(1+\frac{i_{\text{nom}}}{2}\right)$

3. Zahlungsreihe: $2000\left(1+\frac{i_{\text{nom}}}{2}\right)^2$

4. Zahlungsreihe: $2000\left(1+\frac{i_{\text{nom}}}{2}\right)$

Der theoretische effektive Jahreszinssatz (jährlicher Zinszuschlag!) i_{eff} liefert für die Zahlungsreihen am 31.12.2010 die Werte (Gegenleistung):

1. Zahlungsreihe: $1000(1+i_{\text{eff}}) + 1000\left(1+\frac{i_{\text{eff}}}{2}\right)$

2. Zahlungsreihe: $1000\left(1+i_{\text{eff}}\right) + 1000\left(1+\frac{3}{4}i_{\text{eff}}\right)$

3. Zahlungsreihe: $2000(1+i_{\text{eff}})$

4. Zahlungsreihe: $2000\left(1+\frac{i_{\text{eff}}}{2}\right)$

Die Äquivalenz von Leistung und Gegenleistung ergibt eine Gleichung für i_{eff} und man erhält:

1. Zahlungsreihe: $i_{\text{eff}} = i_{\text{nom}}\left(1 + \frac{i_{\text{nom}}}{6}\right) = 10,1\bar{6}\%$

2. Zahlungsreihe: $i_{\text{eff}} = i_{\text{nom}}\left(1 + \frac{3}{14}i_{\text{nom}}\right) = 10,2142\ldots\%$

3. Zahlungsreihe: $i_{\text{eff}} = \left(1 + \frac{i_{\text{nom}}}{2}\right)^2 - 1 = 10,25\%$

4. Zahlungsreihe: $i_{\text{eff}} = i_{\text{nom}} = 10\%$

Bemerkung 5.13

i) Die hier gegebene Definition des effektiven Zinssatzes beruht auf §4, Absatz 2 der Verordnung zur Regelung der Preisangaben (PAngV).

ii) Wichtig zum Verständnis des effektiven Zinssatzes ist, dass dieser sehr stark von der Struktur der gegebenen Zahlungsreihen abhängt. Beispiel 5.12 zeigt nämlich, dass bei fest vorgegebenen ZZT und nominellem Zinssatz i_{nom} unterschiedliche Zahlungsreihen unterschiedliche effektive Zinssätze liefern. Bankintern wird dagegen oft mit der nur von i_{nom} und der Zahl m der ZZT pro Jahr abhängigen effektiven Zinsformel

$$i_{\text{eff}} = \left(1 + \frac{i_{\text{nom}}}{m}\right)^m - 1 \tag{5.2}$$

gerechnet. Beispiel 5.12 ii) weist nach, dass diese Formel schon im Fall $m = 2$ falsch ist, da nur die dritte Zahlungsreihe diesen effektiven Zinssatz besitzt. Formel (5.2) gilt i.A. nur, wenn *ein Kapital* eine ganze Zahl von Jahren verzinst wird.

Bemerkung 5.14

Formel (5.2) gestattet es, die *stetige Verzinsung* als Grenzfall von unterjährigen Zinszuschlägen einführen. Gegeben sei hierzu bei einem fest vorgegebenen Kapital ein nomineller Jahreszinssatz i. Wir zerlegen nun ein Jahr in m Zinsperioden. Mit wachsendem m verringert sich der Abstand aufeinanderfolgender ZZT (= Zinsperiode) immer mehr, so dass im Grenzübergang $m \to \infty$ (siehe Beispiel 6.8, Seite 120) jeder Punkt der Zeitachse ein Zinszuschlagstermin ist. Nach Formel (5.2) gilt für den effektiven Jahreszinssatz $i_{\text{eff}}^{(m)}$ bei m Zinsperioden

$$i_{\text{eff}}^{(m)} = \left(1 + \frac{i}{m}\right)^m - 1 .$$

Die *stetige* oder *kontinuierliche Zinsrechnung* entsteht durch den Grenzübergang $m \to \infty$. Nach Beispiel 6.11 ii) erhält man den effektiven Zinssatz

$$i_{\text{eff}}^{\text{stetig}} = \lim_{m\to\infty} i_{\text{eff}}^{(m)} = \lim_{m\to\infty} \left(1 + \frac{i}{m}\right)^m - 1 \overset{6.11\,\text{ii)}}{=} \mathrm{e}^i - 1$$

und daher den Zinsfaktor $q = 1 + i_{\text{eff}} = \mathrm{e}^i$, wobei e die Eulersche Zahl ist. Man bezeichnet i als den zugehörigen *stetigen Zinssatz*. In diesem Fall lautet der funktionale Zusammenhang zwischen Zeit und Kapital

$$K_t = K_s \cdot q^{t-s} = K_s \cdot (1 + i_{\text{eff}})^{t-s} = K_s \cdot \mathrm{e}^{i(t-s)} \quad \text{für alle} \quad s, t \in \mathbb{R} .$$

Trotz der enormen rechnerischen Vorteile[8] wird die stetige Verzinsung wegen des Zinsfaktors e^i als unnatürlich empfunden. Hier wird jedoch übersehen, dass die als „natürlich“ empfundene Zinsformel $K_t = K_s \cdot q^{t-s}$ nur dann für beliebige t und s gilt, wenn stetige Zinsen vorliegen. Charakteristisch für die stetige Verzinsung ist also die Verwendung von *nichtganzzahligen Laufzeiten im Exponenten* des Zinsfaktors.

Eine sehr prägnante Herleitung der stetigen Zinsrechnung ist mit Hilfe der Differential- und Integralrechnung möglich, wenn man beachtet, dass die Zinsen Z für ein Kapital K gerade die Kapitaländerung in dem betrachteten Zeitraum sind. Für den (infinitesimalen) Zeitraum dx ergibt sich wegen $Z = i \cdot K \cdot dx$ (einfache Zinsrechnung!!) die Kapitaländerung

$$dK = Z = i \cdot K \cdot dx .$$

Dividiert man diese Gleichung auf beiden Seiten durch K und integriert von s bis t folgt

$$\int_s^t \frac{dK}{K} = \Big[\ln(K)\Big]_s^t = \ln(K_t) - \ln(K_s) = \int_s^t i \cdot dx = i \cdot (t - s) .$$

Potenzieren zur Basis e und Multiplikation mit K_s liefert $K_t = K_s \cdot \mathrm{e}^{i(t-s)}$.

[8] Da jeder Zeitpunkt ein ZZT ist, entfällt der Unterschied zwischen gemischter Zinsrechnung und Zinseszinsrechnung, so dass unabhängig von t und s die natürliche Zinsformel $K_t = K_s \cdot q^{t-s}$ gilt. Außerdem lassen sich stetige Zinssätze ohne Probleme umrechnen. Ist z.B. i ein stetiger Halbjahreszinssatz, so ist wegen $\mathrm{e}^i \cdot \mathrm{e}^i = \mathrm{e}^{2i}$ der stetige Jahreszinssatz gleich $2i$.

Wie wir bisher gesehen haben, werden in der Finanzmathematik Zahlungen zu verschiedenen Zeitpunkten wertmäßig miteinander verglichen. Bei Zugrundelegung eines Zeit-Kapital-Koordinatensystems läuft dies auf den Wertvergleich von Zahlenpaaren hinaus. Es muss also ein (zinsabhängiges) Bewertungskriterium gefunden werden, anhand dessen entschieden werden kann, welches von zwei Zahlenpaaren höher zu bewerten ist oder ob eine Gleichwertigkeit (Äquivalenz) vorliegt.
Dieses *Äquivalenzprinzip der Finanzmathematik* haben wir bereits in der Form „Kapitalleistung gleich Kapitalgegenleistung" bei der Definition des effektiven Zinssatzes benutzt. Eine allgemeinere Form des Äquivalenzprinzips findet man z.B. in der Versicherungsmathematik. Bei ökonomischer Betrachtung liegt dem Äquivalenzprinzip die Annahme zu Grunde, dass Geld in beliebiger Höhe und mit beliebigen Fristen zu dem angegebenen Zinssatz sowohl geliehen als auch ausgeliehen werden kann. Es wird also unterstellt, dass

- der Zinssatz nicht davon abhängt, ob Geld angelegt wird oder auf dem Kreditweg beschafft wird (Gleichheit von Sollzins und Habenzins);

- der Zinssatz unabhängig von der Laufzeit ist (d.h. es besteht kein Unterschied im Zins zwischen kurz-, mittel- und langfristigen Geldanlagen und Krediten);

- der Zinssatz nicht von der Höhe der Geldanlage abhängt.

Wie schon früher erwähnt, besteht der wesentliche Vorteil der reinen Zinseszinsrechnung im Vergleich zur gemischten Zinsrechnung darin, dass die mit der Zinseszinsformel aus Satz 5.6 ermittelten Zeitwerte K_t eines Kapitals unabhängig davon sind, auf welchem Weg oder Umweg sie berechnet worden sind (Man beachte hierzu nochmals Bemerkung 5.10). Das in Satz 5.8 definierte Äquivalenzprinzip der Finanzmathematik liefert in diesem Fall eine mathematische Äquivalenzrelation auf $\mathbb{Z} \times \mathbb{R}$ (bzw. $\mathbb{R} \times \mathbb{R}$ bei stetigen Zinsen), da die Kapitalentwicklung für Vergangenheit und Zukunft durch den gleichen analytischen Ausdruck beschrieben wird.

Neben dem Vorliegen einer zinsperiodenkonformen Zeitachse wollen wir daher im Folgenden immer voraussetzen, dass die betrachteten Zeitpunkte, zu denen wir Kapitalien betrachten, ZZT sind. Dabei bezeichne $i > 0$ den Periodenzinssatz und $q = 1 + i$ den Zinsfaktor.

Definition 5.15

Sind $(t|K)$ und $(s|L)$ äquivalent gemäß Satz 5.6, schreiben wir $(t|K) \sim (s|L)$, d.h.

$$(t \mid K) \sim (s \mid L) \;:\Longleftrightarrow\; K \cdot q^{-t} = L \cdot q^{-s} .$$

$\sim$ ist eine Äquivalenzrelation auf $\mathbb{Z} \times \mathbb{R}$ im Sinne von Definition 2.25 b). Für $(t \mid K)$ aus $\mathbb{Z} \times \mathbb{R}$ bezeichne $[t \mid K]$ die zugehörige Äquivalenzklasse (siehe Bemerkung 2.27 ii)), d.h.

$$[t \mid K] := \left\{ (s \mid L) \in \mathbb{Z} \times \mathbb{R} \;\middle|\; (t \mid K) \sim (s \mid L) \right\} .$$

Wir nennen $[t \mid K]$ die zu $(t \mid K)$ gehörende *Wertklasse*. $\mathcal{W}$ sei die Menge aller Wertklassen.

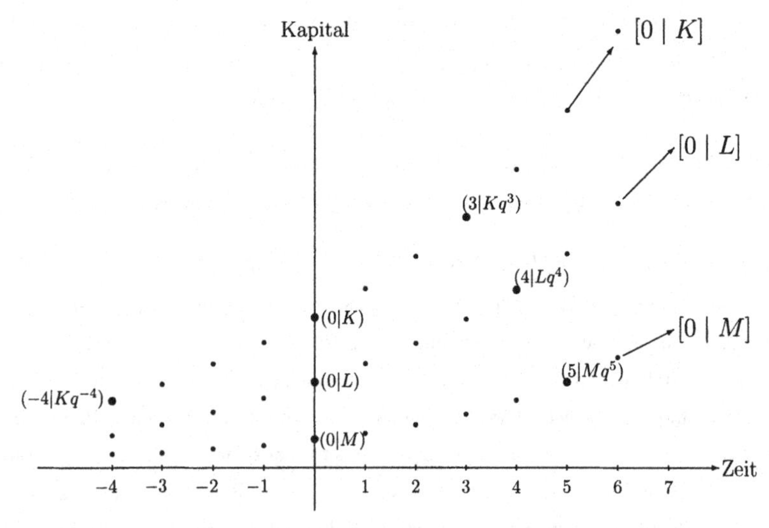

Abbildung 5.2: *Wertklassen der Zahlungen* $(0|K)$, $(0|L)$, $(0|M)$ *bei nichtstetigen Zinsen (positive Zinsperiode)*

Beispiel 5.16

Bei einem Periodenzinssatz von $i = 20\%$ sind die Zahlungen $(-2|83,\overline{3})$, $(-1|100)$, $(0|120)$, $(1|144)$ und $(2|172,8)$ alle äquivalent, da $83,\overline{3} \cdot q^{-(-2)} = 100 \cdot q^{-(-1)} = 120 \cdot q^0 = 144 \cdot q^{-1} = 172,8 \cdot q^{-2}$ gilt. Die zugehörigen Äquivalenzklassen sind dann alle gleich, d.h. es gilt $[-2|83,\overline{3}] = [-1|100] = [0|120] = [1|144] = [2|172,8] = \{\ldots,(-2|83,\overline{3}),(-1|100),(0|120),(1|144),(2|172,8),\ldots\}$.

Bemerkung 5.17

i) Liegt ein stetiger Zinssatz i vor, wird die Äquivalenzrelation in $\mathbb{R} \times \mathbb{R}$ analog definiert, d.h. $(t \mid K) \sim (s \mid L) \; :\Longleftrightarrow \; K\mathrm{e}^{-ti} = L\mathrm{e}^{-si}$.

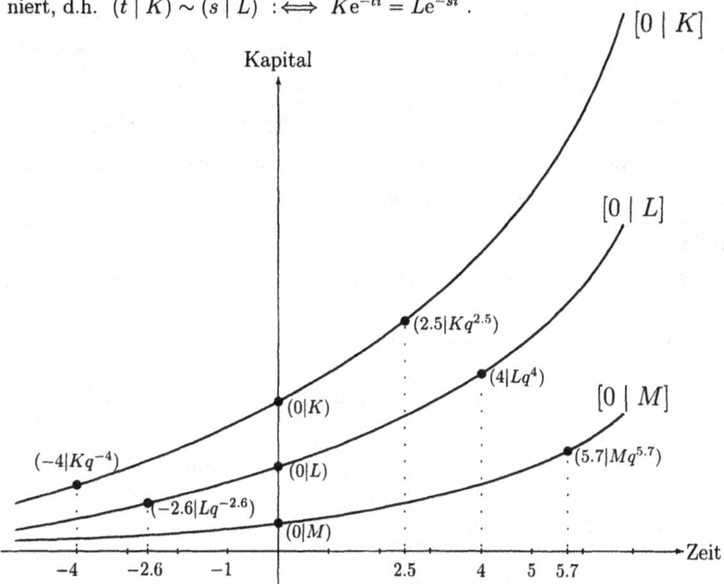

Abbildung 5.3: *Wertklassen der Zahlungen* (0|K), (0|L), (0|M) *bei stetiger Zinsrechnung (Zinsperiode 0)*

ii) Zwei Zahlungen $(t \mid K)$ und $(s \mid L)$ sind bei gegebenem Zinssatz genau dann äquivalent, wenn ihre Werte, bezogen auf einen gemeinsamen Zeitpunkt, gleich sind. Der Wert eines Kapitals zum Zeitpunkt 0, wird auch als *Barwert* bezeichnet[9].

Zwei Äquivalenzklassen $[t \mid K]$ und $[s \mid L]$ sind genau dann gleich, wenn $(t \mid K)$ und $(s \mid L)$ äquivalent sind. Zur Darstellung einer Äquivalenzklasse können daher verschiedene, äquivalente Repräsentanten verwendet werden (siehe auch Bemerkung 2.27 iv)). Die Angabe der Äquivalenzklasse löst damit das Problem, *den* „Wert einer Zahlung“ zu bestimmen. Genau so, wie $\frac{1}{2}$ und $\frac{2}{4}$ dieselbe Äquivalenzklasse (Zahl!) repräsentieren, wird der „Wert einer Zahlung“ $(t \mid K)$ definiert als die zugehörige vom jeweiligen Repräsentanten (Zeitpunkt!) unabhängige Äquivalenzklasse $[t \mid K]$.

[9]Da die Wahl der Zeitachse willkürlich ist, sollte der Begriff des Barwertes allerdings mit Vorsicht verwendet werden. Meist versteht man darunter den Wert eines Kapitals zum heutigen Zeitpunkt, der dann gleich dem Nullpunkt der Zeitachse ist. Alternative Bezeichnungen sind *Gegenwartswert* oder *Kapitalwert*.

Eine wesentliche Schwierigkeit im Bereich der Finanzmathematik besteht darin, dass Zahlungen zu verschiedenen Zeitpunkten nicht ohne weiteres addiert werden dürfen. Die auftretenden Zahlungen müssen vielmehr zuerst auf einen gemeinsamen Zeitpunkt auf- bzw. abgezinst werden, bevor mathematische Umformungen möglich sind. Dies macht komplexere Probleme in diesem Bereich sehr schwer handhabbar und ist die Ursache vieler Fehlerquellen. Hier bieten Äquivalenzklassen die Möglichkeit, ein vorliegendes Problem direkt zu übertragen, wenn auf der Menge $\mathcal{W}$ der Äquivalenzklassen eine geeignete algebraische Struktur - z.B. eine Addition - definiert wird.

Definition 5.18

Sind $[t \mid K]$, $[s \mid L]$ zwei Wertklassen aus $\mathcal{W}$ und ist α eine reelle Zahl, so definieren wir

a) die *Addition von Wertklassen* durch

$$[t \mid K] + [s \mid L] := [0 \mid Kq^{-t} + Lq^{-s}] ,$$

b) die *Multiplikation von Wertklassen* mit reellen Zahlen durch

$$\alpha \cdot [t \mid K] := [t \mid \alpha \cdot K] ,$$

c) eine *Totalordnung* „$\geq$" auf $\mathcal{W}$ durch

$$[t \mid K] \geq [s \mid L] \;:\Longleftrightarrow\; Kq^{-t} \geq Lq^{-s} .$$

Bemerkung 5.19

i) Alle Definitionen sind unabhängig von den die Äquivalenzklasse darstellenden Repräsentanten. Ist z.B. $[t \mid K] = [\tilde{t} \mid \tilde{K}]$, so gilt $[t \mid \alpha K] = [\tilde{t} \mid \alpha\tilde{K}]$.
Ist zusätzlich $[s \mid L] = [\tilde{s} \mid \tilde{L}]$, so folgt $[t \mid K]+[s \mid L] = [\tilde{t} \mid \tilde{K}]+[\tilde{s} \mid \tilde{L}]$. Insbesondere kann jeder Zeitpunkt als Bezugspunkt für die Addition der Wertklassen verwendet werden. Wegen $[\ell \mid K] = [0 \mid K \cdot q^{-\ell}] = [s \mid K \cdot q^{s-\ell}]$ folgt daher

$$\sum_{\ell=m}^{n} [\ell \mid K_\ell] = \left[0 \,\middle|\, \sum_{\ell=m}^{n} K_\ell \cdot q^{-\ell}\right] = \left[s \,\middle|\, \sum_{\ell=m}^{n} K_\ell \cdot q^{s-\ell}\right]$$

ii) $[t \mid K] \geq [s \mid L]$ bedeutet, dass $(t \mid K)$ einen „größeren Wert" als $(s \mid L)$ besitzt.

iii) Obwohl das Rechnen mit Wertklassen ungewöhnlich erscheint, ist der Unterschied zum Rechnen mit Zahlen nur gering. Besonders deutlich wird die Analogie beim Bruchrechnen. Brüche werden wie Wertklassen durch die Angabe zweier Größen -

Nenner und Zähler - dargestellt und sind ebenfalls Äquivalenzklassen. Z.B. steht $\frac{1}{2}$ für die Menge[10] $\{\ldots \frac{1}{2}, \frac{2}{4}, \frac{3}{6}, \frac{4}{8}, \frac{5}{10}, \ldots\}$. Der Unterschied zwischen $\frac{1}{2}$ und $\frac{2}{4}$ ist der gleiche wie zwischen den Zahlungen $(0|100)$ und $(1|100 \cdot q)$. Es sind unterschiedliche Repräsentanten derselben Zahl bzw. desselben Zahlungswertes (Wertklasse). Die Wahl der Stellvertreter aus einer Äquivalenzklasse ist frei und wird der jeweiligen Situation angepasst. Zwei Brüche werden addiert, indem man Vertreter vom gleichen Typ, d.h. mit gleichem Nenner auswählt.

$$\begin{array}{ccccccc} \left[\frac{1}{15}\right] & + & \left[\frac{1}{10}\right] & = & \left[\frac{5}{30}\right] & = & \left[\frac{1}{6}\right] \\ \downarrow & & \downarrow & & \uparrow & & \\ \frac{2}{30} & + & \frac{3}{30} & = & \frac{5}{30} & & \end{array}$$

Zwei Wertklassen werden addiert, indem man Vertreter vom gleichen Typ, d.h. mit gleicher Zeitkomponente auswählt. Die folgende Skizze beschreibt diese Vorgehensweise für $i = 10\%$.

$$\begin{array}{ccccccc} [1 \mid 110] & + & [2 \mid 242] & = & [0 \mid 300] & = & [2 \mid 363] \\ \downarrow & & \downarrow & & \uparrow & & \\ (0 \mid 100) & + & (0 \mid 200) & = & (0 \mid 300) & & \end{array}$$

Beispiel 5.20

Betrachten wir einen Periodenzinssatz $i = 20\%$ und die Kapitalien $(-2|83,\overline{3})$ und $(2|67,2)$. Dann gilt wie in Beispiel 5.16 gesehen $[-2 \mid 83,\overline{3}] = [2 \mid 172,8]$. Die Summe der zugehörigen Wertklassen ist daher $[-2 \mid 83,\overline{3}] + [2 \mid 67,2] = [2 \mid 172,8] + [2 \mid 67,2] = [2 \mid 240]$. Wegen $[2 \mid 240] = \left\{\ldots, (-1|138,\overline{8}), (0|166,\overline{6}), (1|200), (2|240), \ldots\right\}$ entsprechen beide Kapitalien zusammengenommen einem Kapital in Höhe von 240 zum Zeitpunkt 2 oder einem Kapital in Höhe von 200 zum Zeitpunkt 1 usw..

Satz 5.21

$(\mathcal{W}, +, \cdot, \geq)$ ist ein totalgeordneter reeller Vektorraum. Neben den Vektorraumeigenschaften gelten also auch die von den reellen Zahlen gewohnten Regeln für Ungleichungen.

[10] Streng genommen sollte man daher zwischen der Äquivalenzklasse $[\frac{1}{2}]$ und dem „2-Tupel“ $\frac{1}{2}$ unterscheiden. Aus Bequemlichkeit unterlässt man dies, was zum Teil auch die Probleme beim Bruchrechnen erklärt.

Beweis:

Die Aussagen lassen sich direkt aus den Eigenschaften reeller Zahlen ableiten.

■

Der folgende Satz liefert wichtige Rechenregeln für den Umgang mit Wertklassen. Außerdem zeigt er, wie man zwischen Wertklassen und den eigentlich interessierenden Zahlungen „hin- und her schalten" kann.

Satz 5.22

Sind $s, t \in \mathbb{Z}$, $K, L \in \mathbb{R}$ und ist i ein Periodenzinssatz, so gelten folgende Aussagen:

a) $[t \mid K] = [t \mid L] \iff K = L$

b) $[t \mid K] = [s \mid K] \iff (s = t) \vee (K = 0) \vee (i = 0)$

c) $[t \mid K] = [s \mid L] \iff \forall z \in \mathbb{Z} : [t + z \mid K] = [s + z \mid L]$

d) $[t \mid K] = [t + s \mid Kq^s] = [t - s \mid Kq^{-s}]$

Beweis:

a) $[t \mid K] = [t \mid L] \iff Kq^{-t} = Lq^{-t} \iff K = L$

b)
$$\begin{aligned}
[t \mid K] = [s \mid K] &\iff Kq^{-t} = Kq^{-s} \\
&\iff K = Kq^{t-s} \\
&\iff (q^{t-s} = 1) \vee (K = 0) \\
&\iff (q = 1) \vee (t - s = 0) \vee (K = 0)
\end{aligned}$$

c)
$$\begin{aligned}
[t \mid K] = [s \mid L] &\iff Kq^{-t} = Lq^{-s} \\
&\iff Kq^{-(t+z)} = Lq^{-(s+z)} \\
&\iff [t + z \mid K] = [s + z \mid L]
\end{aligned}$$

d) $Kq^{-t} = (Kq^s)q^{-(t+s)} \iff [t \mid K] = [t + s \mid Kq^s]$

■

Als erste finanzmathematische Anwendung betrachten wir die *Rentenrechnung*. Wir geben hier die Beschränkung auf nur einen Kapitalbetrag auf und betrachten stattdessen eine Folge von Kapitalbeträgen $R_m, \ldots, R_n$ (*Rentenraten*) zu den Zeitpunkten $m, \ldots, n$ (*Zahlungstermine*). Die Frage ist nun, wie der „Gesamtwert" dieser *Rente (Zahlungsreihe, Cashflow)* aussieht. Da der Wert *eines* Kapitals zeitabhängig ist, gilt dies auch für den Gesamtwert einer Folge von Zahlungen. Die Wertbestimmung erfolgt daher, indem man alle Kapitalbeträge auf einen gemeinsamen Zeitpunkt auf- bzw. abzinst und dann addiert. Insofern lassen sich die Aufgaben der Rentenrechnung auf die bisherigen Probleme zurückführen. Deswegen unterstellen wir der Folge $(R_k)_{k=m}^{n}$ mathematische Gesetzmäßigkeiten, die eine formelmäßige Zusammenfassung gestatten. Der folgende Satz betrachtet die Fälle, dass eine *geometrische* bzw. *arithmetische Rente* vorliegt, d.h. dass die Zahlungsfolge $(R_k)_{k=m}^{n}$ eine geometrische bzw. arithmetische Folge ist. Er stellt eine direkte Anwendung der Summenformeln aus Satz 4.22 dar.

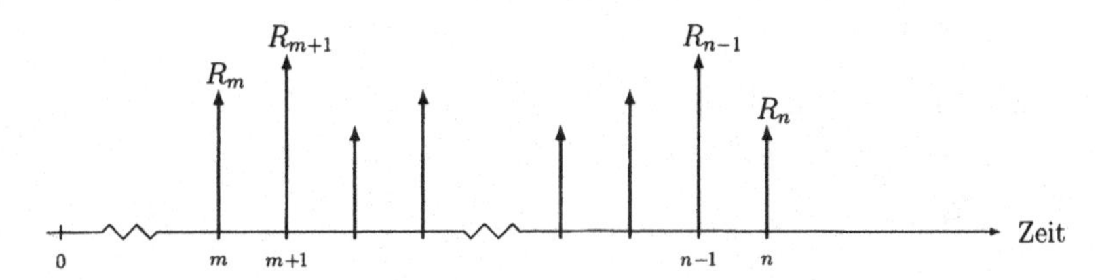

Abbildung 5.4: *Zeitstrahl mit Zahlungsfolge (Rente)*

Satz 5.23

Sei $(k \mid R_k)_{k=m}^{n}$ eine vorgegebene Zahlungsfolge ($m, n \in \mathbb{Z}$).

a) Ist $R_k = R$ konstant, so gilt

$$\sum_{k=m}^{n} [k \mid R_k] = [n \mid R \cdot s_{n+1-m}(q)], \text{ mit } s_\ell(q) := \frac{q^\ell - 1}{q-1} .$$

b) Ist $(R_k)_{k=m}^{n}$ eine geometrische Rente, so gilt:

$$\sum_{k=m}^{n} [k \mid R_k] = \begin{cases} \left[n \mid R_n \cdot s_{n+1-m}(\frac{q \cdot R_m}{R_{m+1}})\right] & \text{falls } R_{m+1} \neq q \cdot R_m \\ [n \mid R_n \cdot (n+1-m)] & \text{falls } R_{m+1} = q \cdot R_m \end{cases}$$

c) Ist $(R_k)_{k=m}^{n}$ eine arithmetische Rente, so gilt

$$\sum_{k=m}^{n} [k \mid R_k] = \left[n \,\middle|\, R_m \cdot s_{n+1-m}(q) + \frac{R_{m+1} - R_m}{q-1}\big(s_{n+1-m}(q) - (n+1-m)\big)\right] .$$

Beweis:

Unabhängig vom speziellen Aussehen der Zahlungsfolge gilt zunächst

$$\sum_{k=m}^{n} [k \mid R_k] = \sum_{k=m}^{n} [n \mid R_k \cdot q^{n-k}] = \left[n \,\middle|\, \sum_{k=m}^{n} R_k \cdot q^{n-k}\right].$$

a) Dies ist ein Spezialfall von Teil c).

b) Mit $(R_k)_{k=m}^n$ ist auch $(R_k \cdot q^{n-k})_{k=m}^n$ eine geometrische Folge. Wendet man nun die Summenformel (4.1) aus Bemerkung 4.23 mit $b_k := R_k \cdot q^{n-k}$ an, ergibt sich wegen $\frac{b_m}{b_{m+1}} = q \cdot \frac{R_m}{R_{m+1}}$ im Fall $R_{m+1} \neq q \cdot R_m$:

$$\left[n \,\middle|\, \sum_{k=m}^{n} R_k \cdot q^{n-k}\right] \overset{4.23}{=} \left[n \mid R_n \cdot s_{n+1-m}\left(\tfrac{q \cdot R_m}{R_{m+1}}\right)\right]$$

Im Fall $R_{m+1} = q \cdot R_m$ folgt

$$R_k \cdot q^{n-k} = R_n$$

Dies liefert

$$\begin{aligned}\left[n \,\middle|\, \sum_{k=m}^{n} R_k \cdot q^{n-k}\right] &= \left[n \,\middle|\, \sum_{k=m}^{n} R_n\right] \\ &= [n \mid (n+1-m) \cdot R_n]\end{aligned}$$

c) Ist $(R_k)_{k=m}^n$ eine arithmetische Rente, kann die Summenformel (4.3) aus Bemerkung 4.23 angewendet werden, indem man $a_k = R_k$ und $b_k = q^{n-k}$ wählt. Wegen $\frac{b_m}{b_{m+1}} = q$ liefert dies:

$$\begin{aligned}\left[n \,\middle|\, \sum_{k=m}^{n} R_k \cdot q^{n-k}\right] &= \left[n \,\middle|\, R_m s_{n+1-m}(q) + \frac{R_{m+1} - R_m}{1-q}\Big((n+1-m) - s_{n+1-m}(q)\Big)\right. \\ &= \left[n \,\middle|\, R_m s_{n+1-m}(q) + \frac{R_{m+1} - R_m}{q-1}\Big(s_{n+1-m}(q) - (n+1-m)\Big)\right.\end{aligned}$$

■

Bemerkung 5.24

Um die Abhängigkeit vom Zinssatz i stärker zu betonen wird statt $s_\ell(q)$ meistens die Bezeichnung $s_\ell(i)$ verwendet. $s_\ell(i)$ heißt *Rentenendwertfaktor*, da diese Größe bei konstanter Rente eine einfache Berechnung des *Rentenendwertes* (= Rentengesamtwert bezogen auf den Endzeitpunkt der Rente) gestattet. Entsprechend heißt die Größe $a_\ell(i) := q^{-\ell} \cdot s_\ell(i)$ *Rentenbarwertfaktor*, damit dieser Größe der *Rentenbarwert* (= Rentengesamtwert bezogen auf den relativen zeitlichen Nullpunkt $m-1$) möglich ist.
Die häufig verwirrende und Fehler verursachende Unterscheidung zwischen vorschüssigen und nachschüssigen Zahlungen bzw. vorschüssigen und nachschüssigen Rentenendwert- bzw. Rentenbarwertfaktoren ist bei der hier gewählten Vorgehensweise überflüssig.

Wie das folgende Beispiel zeigt, liegt der Vorteil der Wertklassen darin, dass die Zahlungszeitpunkte mitgeführt werden, und dass bei vorgegebener Zahlungsreihe die formale Summe sofort gebildet werden kann[11].

Beispiel 5.25

i) Jemand will am Ende der Jahre 2019 bis 2028 (einschließlich) jeweils 1.000 € von einem Sparkonto abheben können. Zu diesem Zweck zahlt er am 31.12. der Jahre 2011 bis 2016 gleich hohe Beträge R auf das Sparkonto ein.

   Wie ist R zu wählen, wenn die Bank $i = 6\%$ Zinsen pro Jahr vergütet (ZZT ist jeweils der 31.12.) und wenn nach der letzten Auszahlung der Kontostand 0 sein soll?

   Wir wählen als Nullpunkt der zinsperiodenkonformen Zeitachse den 31.12.2010. Die Leistung des Sparers ist die Summe der Wertklassen der Einzahlungen, also

$$\sum_{\ell=1}^{6}[\ell \mid R] \overset{5.23\text{ a)}}{=} [6 \mid R \cdot s_6(i)] \,.$$

   Die Leistung der Bank ist die Summe der Wertklassen der Auszahlungen, d.h.

$$\sum_{\ell=9}^{18}[\ell \mid 1.000] \overset{5.23\text{ a)}}{=} [18 \mid 1.000 \cdot s_{10}(i)] \,.$$

[11] Das Mitführen der Zahlungszeitpunkte stellt keinen Mehraufwand dar, da die Zahlungszeitpunkte beim „klassischen Rechnen“ in versteckter Form ebenfalls mitgeführt werden. So tritt z.B. beim Barwert $K \cdot q^{-t}$ der Zahlung $(t|K)$ der Zahlungszeitpunkt im Exponenten auf.

Die Äquivalenz von Leistung und Gegenleistung ist hergestellt, wenn gilt:

$$[6 \mid R \cdot s_6(i)] = [18 \mid 1.000 \cdot s_{10}(i)] = [6 \mid 1.000 \cdot s_{10}(i) \cdot q^{-12}]$$

Nach 5.22 a) ist dies äquivalent zu $R \cdot s_6(i) = 1.000 \cdot s_{10}(i) \cdot q^{-12}$, d.h.

$$R = \frac{1.000 \cdot s_{10}(i) \cdot q^{-12}}{s_6(i)} = 1.000 \cdot \frac{q^{10}-1}{q^6-1} \cdot q^{-12} = 939,09$$

ii) Eine alle zwei Jahre anfallende geometrische Zahlungsreihe $(2k|R_k)_{k=1}^{11}$, mit der Eigenschaft $R_k = R \cdot z^{k-1}$, soll in eine alle drei Jahre anfallende arithmetische Folge $(3k|A_k)_{k=1}^{6}$, mit $A_k = A + (k-1) \cdot d$ umgewandelt werden. Berechnen Sie d, wenn:

$$R = 300\,€,\ z = 1,15,\ A = 500\,€,\ i = 8\%\ \text{p.a.}$$

Beide Zahlungsreihen sind gleichwertig, wenn ihre Gesamtwerte gleich sind. Da die Folge $Rz^{k-1}q^{-2k}$ geometrisch ist, liefert Bemerkung 4.23 für die geometrische Rente:

$$\begin{aligned}\sum_{k=1}^{11}[2k \mid Rz^{k-1}] &= \left[0 \,\Big|\, \sum_{k=1}^{11} Rz^{k-1}q^{-2k}\right] \\ &\overset{4.22\ b)}{=} \left[0 \,\Big|\, Rq^{-2} \cdot \frac{Rz^{11}q^{-24} - Rq^{-2}}{Rzq^{-4} - Rq^{-2}}\right] \\ &= \left[0 \,\Big|\, Rq^{-22}\frac{z^{11}-q^{22}}{z-q^2}\right].\end{aligned}$$

Verwendung von Satz 4.22 c) liefert für den Wert der arithmetischen Rente

$$\begin{aligned}\sum_{k=1}^{6}[3k \mid A_k] &= \left[0 \,\Big|\, \sum_{k=1}^{6}\big(A+(k-1)d\big)(q^{-3})^k\right] \\ &\overset{4.22\ c)}{=} \left[0 \,\Big|\, \frac{q^{-3}\cdot\big((A+5d)q^{-21} - Aq^{-3}\big)}{q^{-6}-q^{-3}} - \frac{d \cdot q^{-6}\cdot(q^{-21}-q^{-6})}{(q^{-6}-q^{-3})^2}\right] \\ &= \left[0 \,\Big|\, q^{-18}\cdot A \cdot \frac{1-q^{18}}{1-q^3} + q^{-6}\cdot d \cdot \frac{5q^{-18} - 6q^{-15} + 1}{(q^{-3}-1)^2}\right].\end{aligned}$$

Es muss also gelten:

$$R \cdot \frac{z^{11}-q^{22}}{z-q^2} = A \cdot q^4 \cdot \frac{1-q^{18}}{1-q^3} + q^{16} \cdot d \cdot \frac{5q^{-18}-6q^{-15}+1}{(q^{-3}-1)^2}\,.$$

Löst man diese Gleichung nach d auf, ergibt sich:

$$d = \frac{(1-q^3)^2}{5q^4 - 6q^7 + q^{22}} \cdot \left(R \cdot \frac{z^{11}-q^{22}}{z-q^2} - A \cdot q^4 \cdot \frac{1-q^{18}}{1-q^3}\right) = 224,03\,.$$

Das Äquivalenzprinzip kann grundsätzlich bei allen Aufgaben der Finanzmathematik angewandt werden. Beispielhaft soll dies für die *Investitionsrechnung* geschehen.

Die Analyse von Investitionsobjekten vereinfachen wir dadurch, dass wir die Ein- und Auszahlungen, die für den Investor mit dem Investitionsprojekt verbunden sind, als gegebene Größen behandeln und somit von Prognoseschwierigkeiten abstrahieren.

Wir unterscheiden zwischen Ein- und Auszahlungen des Investors, d.h. zwischen Zahlungen, die der Investor von der Umwelt empfängt bzw. an die Umwelt leistet. Wir unterstellen außerdem, dass Zahlungen nur zu ZZT erfolgen. Nach Wahl einer zinsperiodenkonformen Zeitachse ist dann ein Investitionsprojekt gekennzeichnet durch zwei Zahlungsfolgen

- Auszahlungsfolge: $(\alpha_1 \mid A_1), (\alpha_2 \mid A_2), \ldots, (\alpha_m \mid A_m) \in \mathbb{Z} \times \mathbb{R}_+$
- Einzahlungsfolge: $(\epsilon_1 \mid E_1), (\epsilon_2 \mid E_2), \ldots, (\epsilon_n \mid E_n) \in \mathbb{Z} \times \mathbb{R}_+$

mit den positiven Größen $A_1, \ldots, A_m$ und $E_1, \ldots, E_n$. Die Aus- bzw. Einzahlungstermine seien hierbei geordnet, d.h. es gelte

$$\alpha_1 < \alpha_2 < \ldots < \alpha_m \quad \text{und} \quad \epsilon_1 < \epsilon_2 < \ldots < \epsilon_n \,.$$

Legt der Investor seinen Entscheidungen einen bestimmten Periodenzinssatz i zu Grunde, können Wertklassen gebildet und die beiden Zahlungsfolgen miteinander verglichen werden. i heißt *Kalkulationszinssatz* und kann sich aus Überlegungen zu Alternativinvestitionen ergeben. Diesen Kalkulationszinssatz will der Investor mindestens erwirtschaften. Das *Entscheidungskriterium* lautet:

- $\sum_{\ell=1}^{n}[\epsilon_\ell \mid E_\ell] > \sum_{k=1}^{m}[\alpha_k \mid A_k] \rightarrow$ Investition erfolgt
- $\sum_{\ell=1}^{n}[\epsilon_\ell \mid E_\ell] < \sum_{k=1}^{m}[\alpha_k \mid A_k] \rightarrow$ Investition erfolgt nicht
- $\sum_{\ell=1}^{n}[\epsilon_\ell \mid E_\ell] = \sum_{k=1}^{m}[\alpha_k \mid A_k] \rightarrow$ Investitionsentscheidungsindifferenz

Beispiel 5.26

i) *Sachinvestitionen:*

Ein Spediteur kauft Anfang des Jahres 2010 einen LKW für 100.000 €. Diese Investition führt zu Beginn der Jahre 2011 bis 2015 zu Frachterlösen von jeweils 25.000 €. Am Anfang der Jahre 2011 bis 2014 seien Reparaturzahlungen von jeweils 2.000 € fällig. Zu Beginn des Jahres 2015 werde der LKW für 20.000 € veräußert.

Falls die Zinsperiode 1 Jahr beträgt und als Nullpunkt der zinsperiodenkonformen Zeitachse der 1.1.2010 gewählt wird, ergeben sich die Zahlungsfolgen:

- Auszahlungen: $(0 \mid 100.000), (1 \mid 2.000), (2 \mid 2.000), (3 \mid 2.000), (4 \mid 2.000)$
- Einzahlungen: $(1 \mid 25.000), (2 \mid 25.000), (3 \mid 25.000), (4 \mid 25.000), (5 \mid 45.000)$

Bei einem Kalkulationszinssatz $i = 0,08$ p.a. gilt:

$$\begin{aligned} \sum_{\ell=1}^{n}[\epsilon_\ell \mid E_\ell] &= \sum_{\ell=1}^{5}[\ell \mid 25.000] + [5 \mid 20.000] = [0 \mid 113.429,41] \\ \sum_{k=1}^{m}[\alpha_k \mid A_k] &= [0 \mid 100.000] + \sum_{k=1}^{4}[k \mid 2.000] = [0 \mid 106.624,25] \end{aligned}$$

Es ist somit sinnvoll, den Lastwagen zu kaufen.

ii) *Finanzinvestitionen:*

Ein Investor kauft am 1.7.2010 ein festverzinsliches Wertpapier für 101 €. Am 1.7. der Jahre 2011, 2012 und 2013 erhält er jeweils 8 € Zinsen. Am 1.7.2013 wird die Anleihe zu einem Rückzahlungskurs von 100 € fällig. Der Investor muss 1 € Depotgebühr jeweils am 1.7. der Jahre 2011, 2012 und 2013 zahlen. Außerdem entfallen auf die Zinsen 35% Kapitalertragssteuer.

Werden als ZZT die 1.7. eines jeden Jahres angesetzt und als Nullpunkt der zinsperiodenkonformen Zeitachse der 1.7.2010 gewählt, ergeben sich die Zahlungsfolgen:

- Auszahlungsfolge: $(0 \mid 101), (1 \mid 1), (2 \mid 1), (3 \mid 1)$
- Einzahlungsfolge: $(1 \mid 5,20), (2 \mid 5,20), (3 \mid 105,20)$

Bei einem Kalkulationszinssatz $i = 0,04$ p.a. gilt

$$\sum_{\ell=1}^{3}[\epsilon_\ell \mid E_\ell] = [0 \mid 103,3] \quad < \quad \sum_{k=0}^{3}[\alpha_k \mid A_k] = [0 \mid 103,78]\,.$$

Es ist nicht sinnvoll, das Wertpapier zu kaufen.

Bemerkung 5.27

Die bei der Analyse von Investitionsprojekten unter Umständen unrealistische Annahme, dass die prognostizierten Einnahmen sicher sind, lässt sich dadurch beheben, dass die Zahlungen mit ihren Eintrittswahrscheinlichkeiten p $(0 \leq p \leq 1)$ gewichtet werden, wobei $p = 1$ eine sichere Zahlung bedeutet. Statt Zahlenpaaren $(t \mid K)$ liegen dann Zahlentripel $(t \mid K \mid p)$ vor, mit denen ein analoger Äquivalenzbegriff definiert werden kann. Diese Methoden finden vor allem im Bereich der stochastischen Investitionsrechnung, der Versicherungsmathematik und der Finanzmarkttheorie sehr starke Anwendung.

Der Kalkulationszinssatz i ist das mindestens zu erfüllende Anspruchsniveau der Verzinsung. i wird nicht intern aus den Zahlungsfolgen bestimmt, sondern ist extern - etwa durch die Betrachtung von Alternativinvestitionen - gegeben. Beim sogenannten internen Periodenzinssatz sind nur die Ein- und Auszahlungsfolgen gegeben, und man bestimmt aus ihnen den Periodenzinssatz, für den die Einzahlungen den gleichen Wert wie die Auszahlungen besitzen, also äquivalent sind. Mathematisch gesehen stimmt er mit dem effektiven Zinssatz überein (siehe etwa Beispiel 5.12 i)), d.h. es ist der fiktive Zinssatz, für den Ein- und Auszahlungsfolge den gleichen Wert haben.

Definition 5.28

Gegeben sei die Auszahlungsfolge $(\alpha_k \mid A_k)_{k=1}^{m}$ und die Einzahlungsfolge $(\epsilon_\ell \mid E_\ell)_{\ell=1}^{n}$ eines Investors mit $\alpha_1 < \alpha_2 < \ldots < \alpha_m$ und $\epsilon_1 < \epsilon_2 < \ldots < \epsilon_n$ und $A_k, E_\ell > 0$. Existiert ein reeller positiver Periodenzinssatz i, so dass

$$\sum_{\ell=1}^{n}[\epsilon_\ell \mid E_\ell] = \sum_{k=1}^{m}[\alpha_k \mid A_k]$$

gilt, so heißt i ein *interner Periodenzinssatz* der gegebenen Zahlungsreihen.

Existiert genau ein reeller, positiver Zinssatz mit den geforderten Eigenschaften, spricht man von *dem* internen Periodenzinssatz *(Rendite)* der durch die Ein- und Auszahlungsfolge beschriebenen Investition.

Beispiel 5.29

i) Es seien folgende Zahlungsfolgen gegeben:

- Auszahlungsfolge: $(0 \mid 100)$
- Einzahlungsfolge: $(1 \mid 8), (2 \mid 8), (3 \mid 108)$

Für einen internen Periodenzinssatz i muss

$$[3 \mid 100q^3] = [0 \mid 100] \stackrel{!}{=} [1 \mid 8] + [2 \mid 8] + [3 \mid 108] = [3 \mid 8q^2 + 8q + 108]$$

gelten und daher

$$0 = 100q^3 - 8q^2 - 8q - 108 = 100 \cdot (q^2 + q + 1) \cdot (q - 1,08) .$$

Da $(q^2 + q + 1) > 0$ für alle $q \in \mathbb{R}$ gilt, ist $q = 1,08$ die einzige Lösung. $i = 8\%$ ist daher der interne Periodenzinssatz dieser Investition.

ii)
- Auszahlungsfolge: $(0 \mid 1.000), (2 \mid 1.092)$
- Einzahlungsfolge: $(1 \mid 2.090)$

Wie man leicht nachrechnet, gilt für die beiden Periodenzinssätze $i = 4\%$ und $i = 5\%$ die Äquivalenz der beiden Zahlungsfolgen, d.h.

$$[0 \mid 1.000] + [2 \mid 1.092] = [1 \mid 2.090] .$$

Daher existieren zwei interne Periodenzinssätze.

iii)
- Auszahlungsfolge: $(1 \mid 2)$
- Einzahlungsfolge: $(0 \mid 1), (2 \mid 2)$

Für einen internen Periodenzinssatz muss die Äquivalenz

$$[0 \mid 1] + [2 \mid 2] = [1 \mid 2]$$

gelten. Dies liefert

$$[2 \mid q^2 + 2 - 2q] = [2 \mid (q - 1)^2 + 1] = [0 \mid 0] .$$

Die für q resultierende Gleichung $(q - 1)^2 = -1$ besitzt jedoch keine reelle Lösung.

Unter bestimmten, in der Praxis häufig auftretenden Umständen ist es möglich, einen internen Zinssatz zu bestimmen.

Satz 5.30

Bei vorgegebener Auszahlungsfolge $(\alpha_k \mid A_k)_{k=1}^m$ und Einzahlungsfolge $(\epsilon_\ell \mid E_\ell)_{\ell=1}^n$ gelte:

1) Die erste Auszahlung erfolgt vor der ersten Einzahlung

$$\alpha_1 < \epsilon_1 .$$

2) Die Summe der Einzahlungen ist größer als die Summe der Auszahlungen

$$\sum_{\ell=1}^n E_\ell > \sum_{k=1}^m A_k .$$

Dann existiert ein positiver interner Zinssatz.

Beweis:

Die Äquivalenz der beiden Zahlungsfolgen liefert die Gleichung

$$\sum_{k=1}^m A_k q^{-\alpha_k} - \sum_{\ell=1}^n E_\ell q^{-\epsilon_\ell} = 0$$

Multiplikation mit q^{α_1} liefert

$$f(q) := \sum_{k=1}^m A_k q^{\alpha_1-\alpha_k} - \sum_{\ell=1}^n E_\ell q^{\alpha_1-\epsilon_\ell} = 0 .$$

Beachtet man, dass

$$f(1) = \sum_{k=1}^m A_k - \sum_{\ell=1}^n E_\ell < 0$$

und wegen $\alpha_1 - \epsilon_\ell < 0$ für $\ell = 1, \ldots, n$ und $\alpha_1 - \alpha_k < 0$ für $k = 2, \ldots, m$ auch

$$\lim_{q\to\infty} f(q) = A_1 > 0$$

gilt, muss nach dem Zwischenwertsatz 6.24 mindestens eine Nullstelle $q > 1$ existieren.

■

Beispiel 5.31 (Gesamtfällige Anleihe)

Gegeben sei ein festverzinsliches Wertpapier mit dem *Kurs* K, dem *Rückzahlungskurs* R, jährlich fälligen Zinszahlungen in Höhe C und n Jahren Laufzeit. Es liegen also vor:

- Auszahlungsfolge: $(0 \mid K)$
- Einzahlungsfolge: $(1 \mid C), \ldots, (n-1 \mid C), (n \mid C+R)$

Gilt $n \cdot C + R > K$, sind die Voraussetzungen des letzten Satzes erfüllt, und es existiert ein interner Zinssatz. Da die im Beweis des Satzes 5.30 verwendete Funktion

$$f(q) = K - \sum_{\ell=1}^{n} C \cdot q^{-\ell} - R \cdot q^{-n}$$

streng monoton wachsend ist, ergibt sich in diesem Fall nach dem Zwischenwertsatz 6.24 ein eindeutig bestimmter interner Zinssatz. Dieser wird als *Rendite* des festverzinslichen Wertpapiers bezeichnet.

Bemerkung 5.32

i) Bei gegebenem „Marktzins“ lässt sich in Beispiel 5.31 umgekehrt auch K berechnen. K ist dann der Kurs, bei dem die Rendite der Anleihe (Schuld) gleich dem Marktzins ist. In diesem Fall spricht man von *Kursrechnung.* Beispiel 5.31 zeigt, dass der Anleihekurs K gerade die Summe aller diskontierten zukünftigen Zahlungen ist.

ii) Bankintern wird in Beispiel 5.31 häufig folgende Renditeformel angewendet:

$$\textit{Rendite} := \frac{C}{100} + \frac{(R-K)}{n \cdot 100}$$

Diese Formel ist u.a. deswegen falsch, weil die Differenz der Zahlungen R und K gebildet wird, obwohl diese zu verschiedenen Zeitpunkten, nämlich 0 und n anfallen. Dass dennoch mit der obigen Näherungsformel gerechnet wird, ist darauf zurückzuführen, dass der finanzmathematisch exakte Wert i.A. nur mit numerischen Methoden (z.B. dem Newtonverfahren nach Beispiel 7.38) bestimmt werden kann.

Ein weiteres wichtiges Kapitel der Finanzmathematik ist die *Tilgungsrechnung.* Hier geht es um die Rückzahlung von Darlehen, Krediten, Hypotheken o.ä. Der Gläubiger erwartet dabei, dass der Schuldner seine Anfangsschuld S_0 verzinst und sie vereinbarungsgemäß tilgt. Insoweit kann die Tilgungsrechnung mit Hilfe des Äquivalenzprinzips gelöst werden. Neu im Bereich der Tilgungsrechnung ist die Aufspaltung der einzelnen Zahlungen in Zins- und Tilgungsanteil. Ein wichtiger ökonomischer Grund für diese Aufteilung besteht in der steuerlich relevanten Tatsache, dass Zinsen aufwands- und ertragswirksam sind, reine Tilgungsleistungen dagegen nicht.

Um Trivialitäten zu vermeiden, wollen wir eine *Zinsschuld,* bei der nur die jährlichen Zinsen und am Ende der Laufzeit die Gesamtschuld fällig sind, ausschließen. Außerdem wollen wir von dem Fall absehen, dass der Kreditgeber den Kreditbetrag in Raten an den Kreditnehmer auszahlt (wie z.B. bei einem Baukredit), und annehmen, dass der gesamte Kreditbetrag S_0 zu einem Zeitpunkt ausgezahlt wird.

Neben dem zum Zeitpunkt t_0 gezahlten Kredit in Höhe von S_0 sollen die Zahlungstermine $t_1, t_2, \ldots, t_n$ und die zu diesem Zeitpunkt fälligen *Annuitäten* $A_1, A_2, \ldots, A_n$, durch die der Kredit getilgt wird, festliegen. Wie bisher üblich sollen $t_0, t_1, \ldots, t_n$ aufeinanderfolgende ZZT sein so dass wir eine zinsperiodenkonforme Zeitachse mit dem Nullpunkt $t_0 = 0$ und $t_j = j$ für $j = 1, \ldots, n$ wählen können. Für den Kreditnehmer liegt dann folgendes Investitionsproblem vor:

- Einzahlungsfolge: $(0 \mid S_0)$
- Auszahlungsfolge: $(1 \mid A_1), (2 \mid A_2), \ldots, (n \mid A_n)$

Im Folgenden sei der effektive, dem Kredit zu Grunde liegende Periodenzinssatz i und damit der Zinsfaktor q gegeben. Die *Annuitäten* A_k setzen sich aus einem *Tilgungsanteil* T_k und einem *Zinsanteil* Z_k zusammen, d.h. es ist $A_k = T_k + Z_k$. Bezeichnen wir mit S_k die ***Restschuld*** nachdem (!) k Annuitäten $A_1, A_2, \ldots, A_k$ gezahlt sind, so gilt wegen $S_0 = \sum_{j=1}^{n} T_j$:

$$S_k = S_0 - \sum_{j=1}^{k} T_j = \sum_{j=k+1}^{n} T_j$$

Der Zusammenhang zwischen der Restschuld und den Annuitäten ist gegeben durch

$$[k \mid S_k] = [0 \mid S_0] - \sum_{j=1}^{k} [j \mid A_j] .$$

Für den Zinsanteil Z_k gilt außerdem

$$Z_k = i \cdot S_{k-1} .$$

Abbildung 5.5 verdeutlicht den Zusammenhang der einzelnen Größen nochmals.

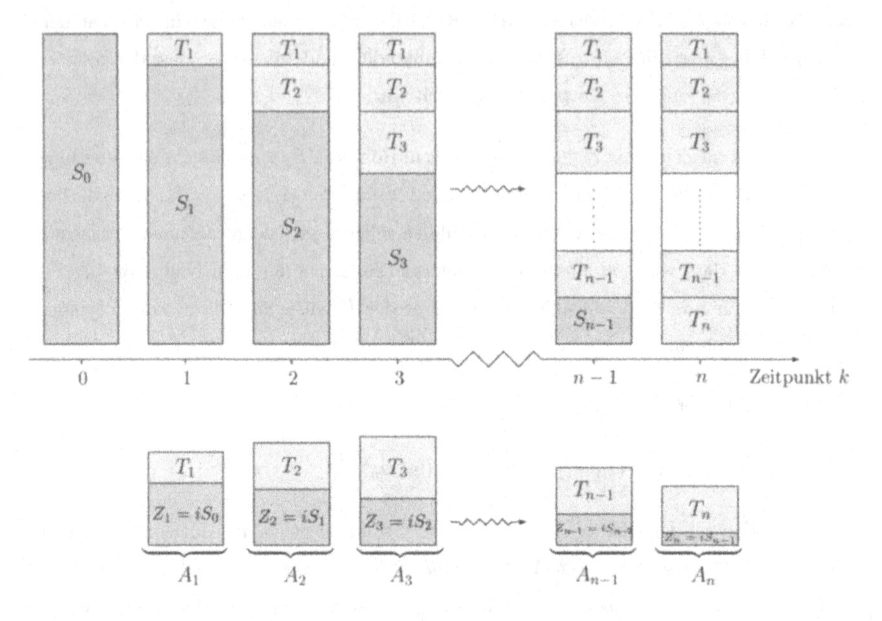

Abbildung 5.5: *Restschuld, Annuitäten, Zins- und Tilgungsanteil*

Während für die Verzinsung der jeweiligen Restschuld der vereinbarte (bzw. effektive) Zinssatz maßgeblich ist, kann die genaue Rückzahlungsstruktur den persönlichen Wünschen des Schuldners angepasst werden. Dies geschieht dadurch, dass man das Aussehen der Tilgungsfolge oder das Aussehen der Annuitätenfolge und damit implizit auch die noch fehlenden Größen festlegt. Legt man die Tilgungsfolge fest, sprechen wir von einer *allgemeinen Ratentilgung*, gibt man die Folge der Annuitäten vor, sprechen wir von einer *allgemeinen Annuitätentilgung.*

Der nächste Satz gibt zunächst die Tilgungsfolge vor und beschreibt das Aussehen der resultierenden Annuitäten- und Restschuldfolge.

Satz 5.33 (Allgemeine Ratentilgung)

Ein Kredit in Höhe S_0 werde durch n Annuitäten getilgt. Die Tilgungsfolge $(T_j)_{j=1}^n$ sei die Summe einer arithmetischen und einer geometrischen Folge, d.h. es ist

$$T_j = a_j + b_j, \text{ für } j = 1, \ldots, n$$

mit der arithmetischen Folge $(a_j)_{j=1}^n$ und $b_{j+1} = t \cdot b_j$ $(t > 0,\ t \neq 1)$.

a) Die Restschuldfolge genügt für $k = 0, \ldots, n$ der Bedingung:

$$S_k = \frac{n-k}{2} \cdot (a_{k+1} + a_n) + b_{k+1} \cdot s_{n-k}(t)$$

b) Die Annuitätenfolge genügt für $k = 0, \ldots, n-1$ der Bedingung:

$$A_{k+1} = i \cdot \frac{n-k}{2} \cdot (a_{k+1} + a_n) + a_{k+1} + b_{k+1} \cdot \Big(1 + i \cdot s_{n-k}(t)\Big)$$

Beweis:

a) Es gilt nach Definition der Restschuld

$$S_k = \sum_{j=k+1}^{n} T_j = \sum_{j=k+1}^{n} a_j + \sum_{j=k+1}^{n} b_j.$$

Einsetzen in die arithmetische bzw. geometrische Summenformel (siehe Satz 4.22 bzw. Bemerkung 4.23) ergibt nun

$$S_k = \frac{n-k}{2} \cdot (a_{k+1} + a_n) + b_{k+1} \cdot s_{n-k}(\tfrac{b_{k+1}}{b_k}) .$$

Wegen $\frac{b_{k+1}}{b_k} = t$ folgt damit Teil a).

b) Wegen $Z_k = i \cdot S_{k-1}$ folgt

$$A_{k+1} = Z_{k+1} + T_{k+1} = i \cdot S_k + a_{k+1} + b_{k+1}.$$

Mit Teil a) folgt damit die Behauptung.

■

Bemerkung 5.34

Wählt man speziell $a_j = 0$ und $b_j = T \cdot q^{j-1}$, sind alle Annuitäten gleichgroß, nämlich $A_j = A = T \cdot q^n$ für $j = 1, \ldots, n$. Dies ist eine spezielle Form der Tilgung, die wir in Folgerung 5.38 als einfache *Annuitätentilgung* bezeichnen werden.

Ist die Tilgungsfolge konstant, d.h. wählt man im letzten Satz $b_j = 0$ und $a_j = T$ konstant für alle j, spricht man von einer (einfachen) *Ratentilgung*. Diese Art der Tilgung findet vor allem bei Kleinkrediten Anwendung, hat jedoch den Nachteil, dass der Mittelabfluss (die Annuitäten) in der Anlaufphase des Kredits größer ist, als gegen Kreditende. Satz 5.33 hat in diesem Spezialfall folgendes Aussehen.

Folgerung 5.35

Bei einer einfachen Ratentilgung sind die Zinsfolge $(Z_k)_{k=1}^{n}$, die Restschuldfolge $(S_k)_{k=0}^{n}$ und die Annuitätenfolge $(A_k)_{k=1}^{n}$ jeweils arithmetische Zahlenfolgen. Es gilt:

a) $T_k = T = \frac{S_0}{n}$, für $k = 1, 2, \ldots, n$

b) $S_k = T \cdot (n - k)$, für $k = 1, 2, \ldots, n$

c) $Z_{k+1} = T \cdot (n - k) \cdot i$, für $k = 0, 1, 2, \ldots, n - 1$

d) $A_{k+1} = T \cdot \Big[(n - k) \cdot i + 1\Big]$, für $k = 0, 1, 2, \ldots, n - 1$

Beweis:

Teil a) ergibt sich direkt aus der Beziehung

$$S_0 = \sum_{j=1}^{n} T_j = \sum_{j=1}^{n} T = n \cdot T \,.$$

Die übrigen Aussagen ergeben sich durch Einsetzen in Satz 5.33.

■

Beispiel 5.36

Ein Kredit über 100.000 €, der am 1.1.2009 aufgenommen wird, soll durch die Zahlung von 5 Annuitäten am Ende der Jahre 2009 bis 2013 verzinst und getilgt werden. Bei einem Zinssatz von 6% p.a. (Zinszuschlag 31.12.) stelle man den *Tilgungsplan* für eine einfache *Ratentilgung* auf.

Setzt man in die Formeln von Folgerung 5.35 ein, erhält man folgenden Tilgungsplan:

k	S_{k-1}	Z_k	T_k	A_k	S_k
1	100.000	6.000	20.000	26.000	80.000
2	80.000	4.800	20.000	24.800	60.000
3	60.000	3.600	20.000	23.600	40.000
4	40.000	2.400	20.000	22.400	20.000
5	20.000	1.200	20.000	21.200	0

Der nächste Satz gibt die Annuitätenfolge vor und beschreibt, welches Aussehen daraus für die Restschuldfolge und die Tilgungsfolge resultiert.

Satz 5.37 (Allgemeine Annuitätentilgung)

Ein Kredit in Höhe S_0 werde durch n Annuitäten getilgt. Die Annuitätenfolge $(A_j)_{j=1}^n$ sei die Summe einer arithmetischen und einer geometrischen Folge, d.h. es ist

$$A_j = a_j + b_j, \text{ für } j = 1, \ldots, n$$

mit der arithmetischen Folge $(a_j)_{j=1}^n$ und $b_{j+1} = z \cdot b_j$ $(z > 0,\ z \neq q)$.

a) Die Restschuldfolge genügt für $k = 0, \ldots, n$ der Bedingung:

$$S_k = S_0 \cdot q^k - a_1 \cdot s_k(q) - \frac{a_2 - a_1}{q-1}\Big[s_k(q) - k\Big] - b_k \cdot s_k(\tfrac{q}{z})\ .$$

b) Die Tilgungsfolge genügt für $k = 0, \ldots, n-1$ der Bedingung:

$$T_{k+1} = a_1 \cdot q^k + (a_2 - a_1) \cdot s_k(q) - S_0 \cdot (q-1) \cdot q^k + b_k \cdot \Big[z + (q-1) \cdot s_k(\tfrac{q}{z})\Big].$$

Beweis:

a) Anwendung von Satz 5.23 b) bzw. c) mit $m = 1$, $n = k$ und $R_j = a_j$ bzw. $R_j = b_j$ liefert wegen $q \cdot s_\ell(q) = s_{\ell+1}(q) - 1$:

$$\begin{aligned}
[k \mid S_k] &= [0 \mid S_0] - \sum_{j=1}^{k} [j \mid A_j] \\
&= [0 \mid S_0] - \sum_{j=1}^{k} [j \mid a_j] - \sum_{j=1}^{k} [j \mid b_j] \\
&\overset{5.23}{=} [k \mid S_0 q^k] - \Big[k \;\Big|\; a_1 s_k(q) - \frac{a_2 - a_1}{q-1}\Big(s_k(q) - k\Big)\Big] - [1 \mid b_1 \cdot s_k(\tfrac{b_2}{q \cdot b_1})]
\end{aligned}$$

Wegen $\frac{b_2}{b_1} = z$, $b_k = b_1 \cdot z^{k-1}$ und der Beziehung $x^{\ell-1} \cdot s_\ell(\frac{1}{x})$ gilt jedoch

$$\begin{aligned}
[1 \mid b_1 \cdot s_k(\tfrac{b_2}{q \cdot b_1})] &= [k \mid b_1 \cdot q^{k-1} \cdot s_k(\tfrac{z}{q})] \\
&= \Big[k \mid b_1 \cdot z^{k-1} \cdot \Big(\frac{q}{z}\Big)^{k-1} \cdot s_k(\tfrac{z}{q})\Big] \\
&= [k \mid b_k \cdot s_k(\tfrac{q}{z})]
\end{aligned}$$

womit Teil a) bewiesen ist.

b) Wegen

$$T_{k+1} = A_{k+1} - Z_{k+1} = A_{k+1} - i \cdot S_k$$

ergibt die Verwendung von Teil a):

$$T_{k+1} = a_{k+1} + b_{k+1} - i \cdot \left(S_0 \cdot q^k - a_1 \cdot s_k(q) - \frac{a_2 - a_1}{q-1}\left[s_k(q) - k\right] - b_k \cdot s_k(\tfrac{q}{z})\right)$$

Wegen $i = q-1$ und $a_{k+1} = a_1 + k \cdot (a_2 - a_1)$ folgt dann nach kleineren Umformungen

$$T_{k+1} = b_{k+1} - i \cdot S_0 \cdot q^k + a_1 \cdot q^k + (a_2 - a_1) \cdot s_k(q) + (q-1) \cdot b_k \cdot s_k(\tfrac{q}{z}).$$

Verwendet man nun noch, dass $b_{k+1} = z \cdot b_k$ gilt, ergibt sich die Behauptung.

■

Ist die Annuitätenfolge konstant, d.h. wählt man im letzten Satz $b_j = 0$ und $a_j = A$ konstant für alle j, spricht man von einer (einfachen) *Annuitätentilgung*. Diese Art der Tilgung findet vor allem bei Hypothekenkrediten Anwendung. Satz 5.37 hat in diesem Spezialfall folgendes Aussehen.

Folgerung 5.38

Bei einer einfachen Annuitätentilgung mit $A_j = A$ für $j = 1, \ldots, n$ gilt

a) $A_k = A = \dfrac{S_0}{a_n(q)}$, für $k = 1, \ldots, n$

b) $T_{k+1} = A \cdot q^{k-n}$, für $k = 0, \ldots, n-1$

c) $S_k = -A \cdot s_{k-n}(q)$, für $k = 1, \ldots, n$

d) $Z_{k+1} = A \cdot (1 - q^{k-n})$, für $k = 0, \ldots, n-1$.

Beweis:

Mit Satz 5.23 a) ergibt sich Teil a) aus der Beziehung

$$[0 \mid S_0] \;=\; \sum_{j=1}^{k}[j \mid A] \;\overset{5.23}{=}\; [0 \mid A \cdot s_n(q) \cdot q^{-n}]\,.$$

Wählt man $b_j = 0$, $a_j = A$ $(j = 1, \ldots, n)$ in Satz 5.37, ergeben sich die übrigen Aussagen.

■

Beispiel 5.39

Ein Kredit über 100.000 €, der am 1.1.2009 aufgenommen wird, soll durch die Zahlung von 5 Annuitäten am Ende der Jahre 2009 bis 2013 verzinst und getilgt werden. Bei einem Zinssatz von 6% p.a. (Zinszuschlag 31.12.) stelle man den *Tilgungsplan* für eine einfache *Annuitätentilgung* auf.

Setzt man in die Formeln von Folgerung 5.38 ein, erhält man folgenden Tilgungsplan:

k	S_{k-1}	Z_k	T_k	A_k	S_k
1	100.000,00	6.000,00	17.739,64	23.739,64	82.260,36
2	82.260,36	4.935,62	18.804,02	23.739,64	63.456,34
3	63.456,34	3.807,38	19.932,26	23.739,64	43.524,08
4	43.524,08	2.611,44	21.128,20	23.739,64	22.395,88
5	22.395,88	1.343,76	22.395,88	23.739,64	0

Bemerkung 5.40

i) Häufig wird eine einfache Annuitätentilgung dadurch festgelegt, dass nicht die Tilgungsdauer n, sondern der Tilgungssatz t im ersten Jahr als Prozentsatz der Gesamtschuld, d.h. $t = \frac{T_1}{S_0}$, angegeben wird. Man spricht dann von einer *Prozentannuität*. Hierdurch sind die Größen T_1, A und die Laufzeit n indirekt vorgegeben, denn:

$$A = A_1 = Z_1 + T_1 = i \cdot S_0 + t \cdot S_0 = (i + t) \cdot S_0 \,.$$

Setzt man $k = 0$ in Folgerung 5.38 b), ergibt sich $T_1 = A \cdot q^{-n}$. Löst man diese Gleichung nach der Laufzeit n des Kredits auf und beachtet $T_1 = t \cdot S_0$, so erhält man formal:

$$n = \frac{\ln(A) - \ln(T_1)}{\ln(q)} = \frac{\ln[(i+t)S_0] - \ln(tS_0)}{\ln(q)} = \frac{\ln(1 + \frac{i}{t})}{\ln(q)} \,.$$

Diese Formel liefert i.A. keine natürliche Zahl n. Das Kreditgeschäft wird daher am Ende durch eine gesondert zu berechnende Restzahlung zum Zeitpunkt $\lceil n \rceil$ abgeschlossen.

Wählt man in Beispiel 5.39 eine Prozentannuität mit $t = 15\%$, ergibt sich $n \approx 5,77$. Daher wird der Kredit durch 5 volle Zahlungen in Höhe $A = (t+i) \cdot S_0 = 21.000$ € und eine Restzahlung zum Zeitpunkt 6 getilgt[12]. Der Tilgungsplan hat dann folgendes Aussehen:

k	S_{k-1}	Z_k	T_k	A_k	S_k
1	100.000,00	6.000,00	15.000,00	21.000,00	85.000,00
2	85.000,00	5.100,00	15.900,00	21.000,00	69.100,00
3	69.100,00	4.146,00	16.854,00	21.000,00	52.246,00
4	52.246,00	3.134,76	17.865,24	21.000,00	34.380,76
5	34.380,76	2.062,85	18.937,15	21.000,00	15.443,61
6	15.443,61	926,62	15.443,61	16.370,23	0

ii) Aus steuerlichen Gründen wird bei Krediten gern ein *Abgeld (Disagio)*, das sich als Bearbeitungsgebühr o.ä. interpretieren lässt, verwendet. Dadurch vermindert sich der ausgezahlte Betrag, während die zu verzinsende und zu tilgende Kreditsumme gleich bleibt. Bei einem Disagio von 7% werden also von 100.000 € nur 93.000 € ausgezahlt, wohingegen 100.000 € zu verzinsen und zu tilgen sind. Der Nachteil der geringeren Auszahlung wird dadurch ausgeglichen, dass der zu Grunde liegende nominelle Zinssatz soweit gesenkt wird, bis der effektive Zinssatz gleich dem effektiven Zinssatz des Kredits ohne Disagio ist.

iii) Man beachte, dass die Formeln der Tilgungsrechnung nicht ohne weiteres angewendet werden können, wenn bei jährlichem Zinszuschlag unterjährige Zahlungen (etwa monatliche) auftreten oder - wie bei vielen Kreditgeschäften üblich - keine direkte, sondern viertel- oder halbjährliche Tilgungsverrechnung verwendet wird. In diesen Fällen sind die Zahlungen zunächst mittels einfacher Zinsrechnung auf die nächstgelegenen ZZT aufzuzinsen. Dies gilt in gleicher Weise für die in der Rentenrechnung hergeleiteten Formeln.

iv) Der in Folgerung 5.38 a) zur Berechnung der Annuität auftretende Quotient $\frac{1}{a_n(q)}$ wird als *Wiedergewinnungsfaktor* bezeichnet.

[12]Gemäß den Vereinbarungen zu Beginn des Abschnitts über Tilgungsrechnung sollen die Zahlungen nur zu ZZT anfallen.

6

Insofern sich die Sätze der Mathematik auf die Wirklichkeit beziehen, sind sie nicht sicher, und insofern sie sicher sind, beziehen sie sich nicht auf die Wirklichkeit.

A. Einstein

Stetigkeit

Bei vielen funktional darstellbaren ökonomischen Prozessen (z.B. Kostenentwicklung, Nachfrage- und Angebotsabhängigkeiten) kommt es nicht nur auf die Funktionswerte an, sondern auch auf deren Änderungen bei Veränderung der zu Grunde liegenden Variablen. Dies führt mehr oder minder zwangsläufig zu den Begriffen der Stetigkeit und Differenzierbarkeit von Funktionen. Wie fast überall im Bereich der Analysis spielt hierbei der Grenzwertbegriff die entscheidende Rolle. Zu bemerken ist, dass wir von Anfang an vektorwertige Abbildungen betrachten, da die Einschränkung auf reellwertige Funktionen die auftretenden Begriffe und Definitionen in keiner Weise vereinfacht.
Bei Grenzwerten treten die algebraischen Eigenschaften in den Hintergrund. Um von Konvergenz reden zu können, ist vielmehr ein Abstandsbegriff zwischen den Elementen der betrachteten Menge erforderlich (Topologie). Beachtet man, dass der Abstand zweier reeller Zahlen durch den Betrag ihrer Differenz gegeben ist, bietet die in Beispiel 4.3 ii) eingeführte euklidische Norm $|\cdot|$ die geeignete Möglichkeit, den Abstandsbegriff auf den $\mathbb{R}^k$ zu übertragen. Für $\vec{x} = (x_1, \ldots, x_k) \in \mathbb{R}^k$ ist $|\vec{x}|$ definiert durch

$$|\vec{x}| = \Big(\sum_{i=1}^{k} x_i^2\Big)^{\frac{1}{2}} = \sqrt{\vec{x} * \vec{x}}\ .$$

Dabei bezeichnet „$*$“ das in Bemerkung 3.20 ii) eingeführte Skalarprodukt, definiert durch

$$\vec{x} * \vec{y} := \sum_{i=1}^{k} x_i y_i \quad \text{für} \quad \vec{x} = (x_1, \ldots, x_k) \quad \text{und} \quad \vec{y} = (y_1, \ldots, y_k)\ .$$

Der folgende Satz zeigt, dass die euklidische Norm die gleichen Eigenschaften wie der Betrag für reelle Zahlen besitzt.

Satz 6.1

Seien $\vec{x}$, $\vec{y}$, $\vec{z} \in \mathbb{R}^k$ und $\alpha \in \mathbb{R}$. Dann besitzt die euklidische Norm folgende Eigenschaften:

a) $|\vec{x}| \geq 0$

b) $|\vec{x}| = 0 \iff \vec{x} = \vec{0}$

c) $|\alpha \cdot \vec{x}| = |\alpha| \cdot |\vec{x}|$

d) $|\vec{x} + \vec{y}| \leq |\vec{x}| + |\vec{y}|$ *(Dreiecksungleichung)*

e) $|\vec{x} * \vec{y}| \leq |\vec{x}| \cdot |\vec{y}|$ *(Cauchy-Schwarzsche Ungleichung)*

f) $|\vec{x} - \vec{z}| \leq |\vec{x} - \vec{y}| + |\vec{y} - \vec{z}|$

g) $\big||\vec{x}| - |\vec{y}|\big| \leq |\vec{x} - \vec{y}|$

Beweis:

Die Aussagen a), b) und c) folgen direkt aus der Definition der euklidischen Norm.
Wir beweisen zunächst Aussage e). Hierzu können wir o.B.d.A. annehmen, dass $\vec{y} \neq \vec{0}$ gilt, da ansonsten die Aussage trivial ist. Für beliebiges $\alpha \in \mathbb{R}$ gilt dann:

$$0 \leq (\vec{x} - \alpha\vec{y}) * (\vec{x} - \alpha\vec{y}) = |\vec{x}|^2 - 2\alpha(\vec{x} * \vec{y}) + \alpha^2|\vec{y}|^2 .$$

Insbesondere ergibt sich für $\alpha = \frac{\vec{x} * \vec{y}}{|\vec{y}|^2}$ die Ungleichung:

$$0 \leq |\vec{x}|^2 - \frac{(\vec{x} * \vec{y})^2}{|\vec{y}|^2} .$$

Diese Ungleichung ist offensichtlich äquivalent zur Aussage e).
Zum Beweis von Teil d) beachte man:

$$|\vec{x} + \vec{y}| = \sqrt{(\vec{x} + \vec{y}) * (\vec{x} + \vec{y})} = \sqrt{|\vec{x}|^2 + 2(\vec{x} * \vec{y}) + |\vec{y}|^2} \leq \sqrt{|\vec{x}|^2 + 2|\vec{x} * \vec{y}| + |\vec{y}|^2} .$$

Die Verwendung der Cauchy-Schwarzschen Ungleichung aus Teil e) liefert daher:

$$|\vec{x} + \vec{y}| \leq \sqrt{|\vec{x}|^2 + 2|\vec{x}||\vec{y}| + |\vec{y}|^2} = \sqrt{(|\vec{x}| + |\vec{y}|)^2} = |\vec{x}| + |\vec{y}| .$$

Teil f) ergibt sich direkt aus der Dreiecksungleichung

$$|\vec{x}-\vec{z}| = |(\vec{x}-\vec{y})+(\vec{y}-\vec{z})| \le |\vec{x}-\vec{y}| + |\vec{y}-\vec{z}| .$$

Teil g) der Aussage wird ebenfalls mit Hilfe der Dreiecksungleichung bewiesen. Es gilt:

$$|\vec{x}| = |\vec{x}-\vec{y}+\vec{y}| \le |\vec{x}-\vec{y}| + |\vec{y}| \iff |\vec{x}| - |\vec{y}| \le |\vec{x}-\vec{y}| .$$

Vertauscht man die Rollen von $\vec{x}$ und $\vec{y}$, erhält man

$$|\vec{y}| - |\vec{x}| \le |\vec{y}-\vec{x}| = |\vec{x}-\vec{y}| .$$

Zusammen ergibt sich:

$$\big||\vec{x}| - |\vec{y}|\big| = \max\{|\vec{x}| - |\vec{y}|, |\vec{y}| - |\vec{x}|\} \le |\vec{x}-\vec{y}| .$$

■

Bemerkung 6.2

i) Funktionen mit den Eigenschaften a) bis d) des letzten Satzes werden allgemein als *Norm* bezeichnet. Im $\mathbb{R}^k$ gibt $|\vec{x}-\vec{y}|$ die Länge der Verbindungsstrecke von $\vec{x}$ nach $\vec{y}$ an. Insbesondere gibt $|\vec{x}|$ die Länge des zugehörigen Ortsvektors von $\vec{x}$ nach $\vec{0}$ an.

ii) Die Menge $U_\varepsilon(\vec{g}) := \{\vec{x} \in \mathbb{R}^k \mid |\vec{x}-\vec{g}| < \varepsilon\}$ wird als *ε-Umgebung von $\vec{g}$* bezeichnet. Im Fall $k=1$ ist $U_\varepsilon(g)$ ein Intervall der Länge 2ε mit Mittelpunkt g. In den Fällen $k=2$ bzw. $k=3$ ist $U_\varepsilon(\vec{g})$ ein Kreis bzw. eine Kugel mit Durchmesser 2ε und Mittelpunkt $\vec{g}$ (siehe Abbildung 6.1). Allgemein wird eine Menge U, die eine ε-Umgebung von $\vec{g}$ enthält, als *Umgebung von $\vec{g}$* bezeichnet.

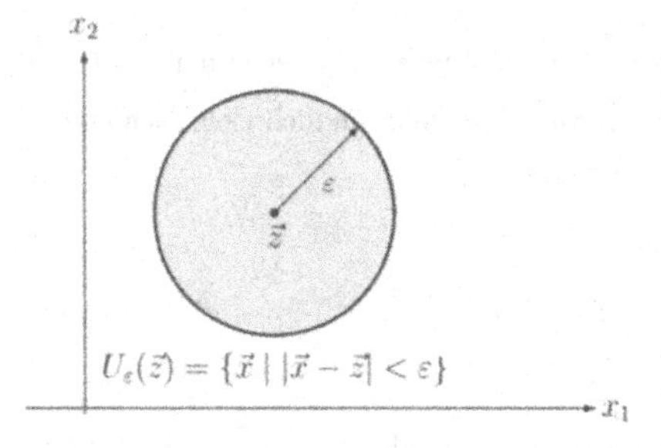

Abbildung 6.1: Die ε-Umgebung des Punktes $\vec{z}$ im Fall $k=2$

iii) Auf dem Vektorraum $\mathbb{R}^k$ lässt sich für jedes $p \in [1, \infty]$ eine Norm, die sog. *p-Norm*, definieren, die im Fall $k = 1$ alle mit dem Betrag übereinstimmen. Hierbei ist die p-Norm $|\vec{x}|_p$ des Elements $\vec{x} = (x_1, \ldots, x_k) \in \mathbb{R}^k$ definiert durch:

$$|\vec{x}|_p := \begin{cases} \left(\sum_{i=1}^{k} |x_i|^p\right)^{\frac{1}{p}} & \text{falls } 1 \leq p < \infty \\ \max\{|x_1|, \ldots, |x_k|\} & \text{falls } \quad p = \infty \end{cases}$$

Jede dieser Normen ist äquivalent zur euklidischen Norm (2-Norm), d.h. jeder der im Folgenden definierten Begriffe ist unabhängig von der zu Grunde gelegten Norm. So ist z.B. f stetig bzgl. der ∞-Norm genau dann, wenn f stetig bzgl. der euklidischen Norm ist. Diese Äquivalenz ergibt sich aus $|\vec{x}|_\infty \leq |\vec{x}|_p \leq \sqrt[p]{k} \cdot |\vec{x}|_\infty$ für alle $\vec{x} \in \mathbb{R}^k$. Wir werden daher im Folgenden nur noch die euklidische Norm verwenden und der Einfachheit halber von *der* Norm reden.

iv) Normen werden in der Literatur meist mit zwei Doppelstrichen (also $\|\vec{x}\|$) gekennzeichnet. Um die Analogie zum Betrag reeller Zahlen deutlich zu machen, wird jedoch bewusst (trotz möglicher Fehlerquellen) auf diese Schreibweise verzichtet. Aus dem gleichen Grund werden auch die euklidischen Normen auf den Vektorräumen $\mathbb{R}^N$ und $\mathbb{R}^M$ $(N \neq M)$ mit dem gleichen Symbol, nämlich $|\vec{x}|$ bzw. $|\vec{y}|$ für $\vec{x} \in \mathbb{R}^N$ und $\vec{y} \in \mathbb{R}^M$, bezeichnet.

v) In der Cauchy-Schwarzschen Ungleichung gilt genau dann die Gleichheit, wenn $\vec{x}$ und $\vec{y}$ die gleiche Richtung haben (also linear abhängig sind), d.h. wenn $\vec{x} = \alpha\vec{y}$ gilt. Dies ergibt sich sofort aus dem Beweis.

Definition 6.3

Eine Folge $(\vec{x}_n)_{n=1}^{\infty}$ von Vektoren des $\mathbb{R}^k$ *konvergiert* gegen den *Grenzwert* $\vec{g} \in \mathbb{R}^k$, wenn außerhalb einer jeden Umgebung von $\vec{g}$ höchstens endlich viele Elemente der Folge $(\vec{x}_n)_{n=1}^{\infty}$ liegen, d.h. wenn gilt:

$$\forall \varepsilon > 0 \, \exists N \in \mathbb{N} \, \forall n > N : |\vec{x}_n - \vec{g}| < \varepsilon$$

Wir schreiben in diesem Fall $\lim_{n\to\infty} \vec{x}_n = \vec{g}$ oder $\vec{x}_n \overset{n\to\infty}{\longrightarrow} \vec{g}$. Hierdurch ist $\vec{g}$ eindeutig bestimmt. Eine nicht konvergente Folge heißt *divergent*.

Bemerkung 6.4

i) Konstante Folgen sind automatisch konvergent.

ii) Die Eindeutigkeit des Grenzwertes ergibt sich aus folgender Überlegung:
Sind $\vec{g}_1$ und $\vec{g}_2$ zwei Grenzwerte der Folge $(\vec{x}_n)_{n=1}^{\infty}$, so gilt nach Satz 6.1 f)

$$|\vec{g}_1 - \vec{g}_2| \leq |\vec{g}_1 - \vec{x}_n| + |\vec{x}_n - \vec{g}_2| \,.$$

Da die rechte Seite dieser Ungleichung beliebig klein ist, wenn n hinreichend groß gewählt wird, muss $|\vec{g}_1 - \vec{g}_2| = 0$ und wegen Satz 6.1 b) daher $\vec{g}_1 = \vec{g}_2$ gelten.

iii) Eine Änderung von endlich vielen Elementen beeinflusst das Konvergenzverhalten einer Folge nicht, da fast alle Folgenelemente innerhalb jeder Umgebung liegen. Anders formuliert bedeutet dies, dass zwei Folgen, die bis auf endlich viele Elemente übereinstimmen, das gleiche Konvergenzverhalten haben.

iv) Aus technischen Gründen ist es vorteilhaft, bei reellen Folgen die Größen $+\infty$ bzw. $-\infty$ als formalen Grenzwert zuzulassen. Man spricht dann von *bestimmt divergenten* oder *uneigentlich konvergenten Folgen.* Für reelle Folgen definieren wir daher noch

$$\lim_{n\to\infty} x_n = +\infty \quad \overset{\text{Def}}{\Longleftrightarrow} \quad \forall K \in \mathbb{R}\ \exists N \in \mathbb{N}\ \forall n > N : x_n \geq K$$

$$\lim_{n\to\infty} x_n = -\infty \quad \overset{\text{Def}}{\Longleftrightarrow} \quad \lim_{n\to\infty}(-x_n) = +\infty$$

$(x_n)_{n=1}^{\infty}$ konvergiert also gegen $+\infty$ (bzw. $-\infty$), wenn unabhängig von der Größe von K höchstens endlich viele Elemente der Folge $(x_n)_{n=1}^{\infty}$ unterhalb (bzw. oberhalb) von K liegen. Offensichtlich ist $\lim\limits_{n\to\infty} x_n = \pm\infty$ äquivalent zu $\lim\limits_{n\to\infty} \frac{1}{x_n} = 0$.

v) Definiert man für eine vorgegebene Folge $(\vec{x}_n)_{n=1}^{\infty}$ in $\mathbb{R}^k$ die Folge $(\vec{s}_n)_{n=1}^{\infty}$ der *Partialsummen* durch $\vec{s}_n := \sum\limits_{j=1}^{n} \vec{x}_j$, so wird der Grenzwert der Folge $(\vec{s}_n)_{n=1}^{\infty}$ mit $\sum\limits_{j=1}^{\infty} \vec{x}_j$ bezeichnet. Die Ausgangsfolge $(\vec{x}_n)_{n=1}^{\infty}$ wird dann als (*unendliche*) *Reihe* bezeichnet.

Beispiel 6.5

Seien $p > 0$ und $K \in \mathbb{R}$ konstant. Dann gilt $\lim\limits_{n\to\infty} \frac{K}{n^p} = 0$.

Beweis:

Ist $\varepsilon > 0$, so existiert nach Satz 3.9 (Archimedisches Axiom) ein $N \in \mathbb{N}$ mit $N > \left(\frac{|K|}{\varepsilon}\right)^{\frac{1}{p}}$. Ist nun $n > N$, so gilt $n > \left(\frac{|K|}{\varepsilon}\right)^{\frac{1}{p}}$ oder äquivalent $\left|\frac{K}{n^p} - 0\right| = \left|\frac{K}{n^p}\right| < \varepsilon$.

■

Satz 6.6

a) Sei $(\vec{x}_n)_{n=1}^{\infty}$ eine gegen $\vec{g}$ konvergente Folge in $\mathbb{R}^k$ mit $\vec{g} = (g^{(1)}, \ldots, g^{(k)})$ und sei $\vec{x}_n = (x_n^{(1)}, \ldots, x_n^{(k)})$ $(n = 1, 2, \ldots)$. Folgende vier Aussagen sind äquivalent:

1) $\lim\limits_{n\to\infty} \vec{x}_n = \vec{g}$

2) $\lim\limits_{n\to\infty} (\vec{x}_n - \vec{g}) = \vec{0}$

3) $\lim\limits_{n\to\infty} |\vec{x}_n - \vec{g}| = 0$

4) $(\vec{x}_n)_{n=1}^{\infty}$ konvergiert komponentenweise gegen $\vec{g}$, d.h. für $j = 1, 2, \ldots, k$ gilt

$$\lim_{n\to\infty} x_n^{(j)} = g^{(j)} .$$

Insbesondere konvergiert $(\vec{x}_n)_{n=1}^{\infty}$ genau dann gegen $\vec{0}$, wenn $|\vec{x}_n|$ gegen 0 konvergiert.

b) Jede konvergente Folge $(\vec{x}_n)_{n=1}^{\infty}$ in $\mathbb{R}^k$ ist beschränkt, d.h.

$$\exists K \in \mathbb{R} \forall n \in \mathbb{N} : |\vec{x}_n| < K .$$

c) Jede beschränkte und monoton wachsende (fallende) Folge in $\mathbb{R}$ ist konvergent. Der Grenzwert ist gleich dem Supremum (Infimum) der Folgenelemente.

d) Sind $(\vec{x}_n)_{n=1}^{\infty}$, $(\vec{y}_n)_{n=1}^{\infty}$ und $(\vec{z}_n)_{n=1}^{\infty}$ drei Folgen in $\mathbb{R}^k$ mit $\vec{x}_n \leq \vec{y}_n \leq \vec{z}_n$ für fast alle $n \in \mathbb{N}$ und ist $\lim\limits_{n\to\infty} \vec{x}_n = \lim\limits_{n\to\infty} \vec{z}_n$, so konvergiert auch $(\vec{y}_n)_{n=1}^{\infty}$, und es gilt

$$\lim_{n\to\infty} \vec{x}_n = \lim_{n\to\infty} \vec{y}_n = \lim_{n\to\infty} \vec{z}_n \quad (\textit{Dominanzprinzip}) .$$

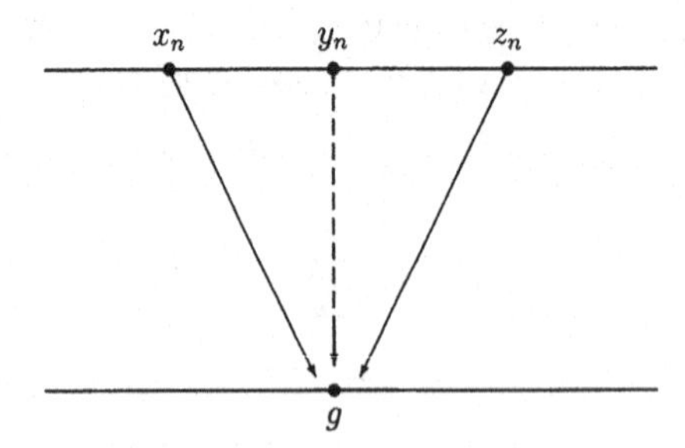

Abbildung 6.2: *Dominanzprinzip*

Beweis:

a) Die Äquivalenz der Aussagen 1), 2) und 3) folgt direkt aus der Grenzwertdefinition. Die Äquivalenz zur Aussage 4) ergibt sich aus der Beziehung

$$\left|x_n^{(j)} - g^{(j)}\right| \leq \Big(\sum_{\ell=1}^{k} |x_n^{(\ell)} - g^{(\ell)}|^2\Big)^{\frac{1}{2}} = |\vec{x}_n - \vec{g}| \qquad (j = 1, \ldots, k) .$$

b) Sei $(\vec{x}_n)_{n=1}^{\infty}$ eine Folge in $\mathbb{R}^k$ mit $\lim\limits_{n\to\infty} \vec{x}_n = \vec{g}$. Zu $\varepsilon = 1$ existiert dann ein N mit $|\vec{x}_n - \vec{g}| < 1$ für alle $n > N$. Nach Satz 6.1 g) gilt $\left||\vec{x}_n| - |\vec{g}|\right| \leq |\vec{x}_n - \vec{g}|$ und daher $|\vec{x}_n| < 1 + |\vec{g}|$ für alle $n > N$. Daraus folgt für alle $\ell \in \mathbb{N}$

$$K := \max\{|\vec{x}_1|, \ldots, |\vec{x}_N|, 1 + |\vec{g}|\} \geq |x_\ell| .$$

c) O.B.d.A. können wir voraussetzen, dass $(x_n)_{n=1}^{\infty}$ eine monoton wachsende Folge ist. Sei $S := \sup\{x_n \mid n \in \mathbb{N}\}$. Für $\varepsilon > 0$ beliebig ist nach Definition des Supremums $S - \varepsilon$ *keine* obere Schranke der Menge $\{x_n \mid n \in \mathbb{N}\}$. Daher existiert ein $N \in \mathbb{N}$ mit $S - \varepsilon < x_N$. Wegen der Monotonie gilt daher auch $S - \varepsilon < x_n$ für alle $n \geq N$. Da S eine obere Schranke der Folgenelemente ist, gilt außerdem $x_n \leq S < S + \varepsilon$. Zusammen ergibt sich für $n \geq N$ die Beziehung $S - \varepsilon < x_n < S + \varepsilon$ oder $|x_n - S| < \varepsilon$, was nach Definition 6.3 $\lim\limits_{n\to\infty} x_n = S$ bedeutet.

d) Wegen der komponentenweisen Konvergenz genügt es, reelle Zahlenfolgen mit $\lim\limits_{n\to\infty} x_n = \lim\limits_{n\to\infty} z_n = g$ und $x_n \leq y_n \leq z_n$ zu betrachten. Insbesondere gilt dann

$$(*) \quad x_n - g \leq y_n - g \leq z_n - g.$$

Ist nun $\varepsilon > 0$ beliebig, so existieren N_x und N_z mit $|x_n - g| < \varepsilon$ für alle $n > N_x$ und $|z_n - g| < \varepsilon$ für alle $n > N_z$. Aus $-\varepsilon < -|x_n - g| \leq x_n - g$ und $z_n - g \leq |z_n - g| < \varepsilon$ folgt dann für $n > N := \max\{N_x, N_z\}$ aus $(*)$ die Aussage

$$-\varepsilon < y_n - g < \varepsilon \iff |y_n - g| < \varepsilon .$$

■

Bemerkung 6.7

i) Die Aussagen 6.6 c) und d) werden häufig bei der *Intervallschachtelung* verwendet. Darunter versteht man zwei reelle Folgen $(x_n)_{n=1}^{\infty}$ und $(y_n)_{n=1}^{\infty}$, so dass $(x_n)_{n=1}^{\infty}$ monoton wachsend, $(y_n)_{n=1}^{\infty}$ monoton fallend und $\lim\limits_{n\to\infty}(y_n - x_n) = 0$ gilt. Wegen des Dominanzprinzips müssen dann beide Folgen gegen den gleichen Grenzwert konvergieren. Hierzu beachte man, dass $x_n \leq y_m$ für alle $n, m \in \mathbb{N}$ gelten muss.

Wäre nämlich $x_{n_0} > y_{m_0}$ für ein Paar $(n_0, m_0) \in \mathbb{N} \times \mathbb{N}$, so würde wegen der vorausgesetzten Monotonie $y_n - x_n < y_{m_0} - x_{n_0} < 0$ für alle $n \geq \max\{n_0, m_0\}$ gelten, was ein Widerspruch dazu ist, dass $y_n - x_n$ gegen 0 konvergiert. Daher sind $(x_n)_{n=1}^{\infty}$ und $(y_n)_{n=1}^{\infty}$ beschränkt, also nach Satz 6.6 c) konvergent und wegen $\lim\limits_{n\to\infty}(y_n - x_n) = 0$ muss $\lim\limits_{n\to\infty} x_n = \lim\limits_{n\to\infty} y_n =: g$ gelten. g ist die eindeutig bestimmte Zahl, die in allen Intervallen $[x_n, y_n]$ liegt.

ii) Das Dominanzprinzip gilt auch für die uneigentlichen Grenzwerte $\pm\infty$.

Das folgende Beispiel zeigt wichtige Anwendungen von Satz 6.6 c) und d).

Beispiel 6.8

i) Ist $a > 0$, so gilt $\lim\limits_{n\to\infty} \sqrt[n]{a} = 1$.

Beweis:

Wir betrachten zunächst den Fall $a > 1$. Setzt man $x := \sqrt[n]{a} - 1$ in der Bernoulli-Ungleichung aus Beispiel 1.29 ii)

$$(1 + x)^n \geq 1 + nx ,$$

so folgt

$$a = \left(\sqrt[n]{a}\right)^n = \left(1 + \sqrt[n]{a} - 1\right)^n \geq 1 + n \cdot \left(\sqrt[n]{a} - 1\right)$$

und daher

$$\frac{a-1}{n} + 1 \geq \sqrt[n]{a} \geq 1 .$$

Da die linke Seite nach Beispiel 6.5 gegen 1 konvergiert, folgt die Behauptung aus dem Dominanzprinzip 6.6 d).

Im Fall $a < 1$ gilt $\frac{1}{a} > 1$, so dass $\sqrt[n]{\frac{1}{a}} = \frac{1}{\sqrt[n]{a}}$ gegen 1 konvergiert. Die Behauptung folgt daher wegen $\sqrt[n]{a} < 1$ mit Hilfe des Dominanzprinzips aus

$$1 \geq \sqrt[n]{a} = 1 + \sqrt[n]{a} - 1 > 1 + \frac{\sqrt[n]{a} - 1}{\sqrt[n]{a}} = 2 - \frac{1}{\sqrt[n]{a}} ,$$

da $2 - \frac{1}{\sqrt[n]{a}}$ gegen 1 konvergiert.

■

ii) Für $n \in \mathbb{N}$ gilt $\lim\limits_{n\to\infty} \sqrt[n]{n} = 1$.

Beweis:

Für $x_n := \sqrt[n]{n} - 1$ ist $\lim\limits_{n\to\infty} x_n = 0$ zu zeigen. Der binomische Lehrsatz 4.24 liefert

$$n = (1+x_n)^n \overset{4.24}{=} \sum_{k=0}^{n} \binom{n}{k} x_n^k \geq \binom{n}{2} \cdot x_n^2 = \frac{n(n-1)}{2} \cdot x_n^2 .$$

Für $n \geq 2$ liefert dies die Ungleichung

$$0 \leq x_{n+1} \leq \frac{\sqrt{2}}{n^{\frac{1}{2}}} .$$

Da die rechte Seite gemäß Beispiel 6.5 gegen 0 konvergiert, folgt die Behauptung wiederum aus dem Dominanzprinzip 6.6 d).

■

iii) Sei q eine reelle Zahl. Dann gilt:

$$\lim_{n\to\infty} q^n = \begin{cases} +\infty & \text{für } q > 1 \\ 1 & \text{für } q = 1 \\ 0 & \text{für } |q| < 1 \\ \text{„divergent"} & \text{für } q \leq -1 \end{cases}$$

Beweis:

- Die Fälle $q = 0$ und $q = 1$ sind trivial.
- Ist $q > 1$, so existiert ein $x > 0$ mit $q = 1 + x$. Mit Hilfe der Bernoulli-Ungleichung aus Beispiel 1.29 ii) folgt dann

  $$q^n = (1+x)^n \overset{1.29}{\geq} 1 + nx \geq nx .$$

  Da die rechte Seite gegen $+\infty$ konvergiert, muss nach dem Dominanzprinzip 6.6 d) der Term q^n ebenfalls gegen $+\infty$ konvergieren.
- Ist $0 < |q| < 1$, so folgt $\frac{1}{|q|} > 1$, so dass wie vorher gesehen $\lim\limits_{n\to\infty} \frac{1}{|q|^n} = +\infty$, d.h. $\lim\limits_{n\to\infty} |q|^n = 0$ gilt. Nach Satz 6.6 a) bedeutet dies gerade $\lim\limits_{n\to\infty} q^n = 0$.
- Im Fall $q \leq -1$ gilt $q^{2n} \geq 1$ und $q^{2n+1} \leq -1$. Daher ist die Folge in diesem Fall nicht konvergent.

■

iv) Die Folge $(x_n)_{n=1}^{\infty}$ mit $x_n = (1+\frac{1}{n})^n$ ist konvergent. Der Grenzwert wird als *Eulersche Zahl* e bezeichnet[1].

Beweis:

Wegen der Monotonie der Folge $(x_n)_{n=1}^{\infty}$ (siehe Beispiel 4.34 iii)) genügt es, die Beschränktheit der Folge nachzuweisen. Nach Definition der Binomialkoeffizienten (siehe Satz 4.24) folgt für $k \geq 1$:

$$\begin{aligned}\binom{n}{k}\cdot\frac{1}{n^k} &= \frac{n(n-1)(n-2)\cdot\dots\cdot(n-k+1)}{k!n^k} \\ &= \frac{1\cdot(1-\frac{1}{n})(1-\frac{2}{n})\cdots(1-\frac{k-1}{n})}{k!} \\ &\leq \frac{1}{k!} = \frac{1}{1\cdot 2\cdot 3\cdot\dots\cdot k} \leq \frac{1}{2^{k-1}}\end{aligned}$$

Der binomische Lehrsatz 4.24 und der Satz über geometrische Reihen 4.22 b) liefern:

$$\begin{aligned}x_n = (1+\frac{1}{n})^n &= \sum_{k=0}^{n}\binom{n}{k}\frac{1}{n^k} = 1+\sum_{k=1}^{n}\binom{n}{k}\frac{1}{n^k} \leq 1+\sum_{k=1}^{n}\left(\frac{1}{2}\right)^{k-1} \\ &= 1+\frac{1-(\frac{1}{2})^n}{1-\frac{1}{2}} < 1+\frac{1}{1-\frac{1}{2}} = 3\end{aligned}$$

Also ist die Folge $(x_n)_{n=1}^{\infty}$ monoton wachsend, nach oben beschränkt und daher nach Satz 6.6 c) konvergent.

■

v) Ist $(x_n)_{n=1}^{\infty}$ eine Folge reeller Zahlen, so wird durch $a_m := \sup\{x_m, x_{m+1}, x_{m+2}, \dots\}$ eine monoton fallende Folge und durch $b_m := \inf\{x_m, x_{m+1}, x_{m+2}, \dots\}$ eine monoton wachsende Folge definiert. Beide Folgen sind daher konvergent und besitzen die Grenzwerte $\inf_m a_m$ bzw. $\sup_m b_m$, die als *Limes superior* bzw. *Limes inferior* der Folge $(x_n)_{n=1}^{\infty}$ bezeichnet werden[2]. Man schreibt $\limsup_{n\to\infty} x_n = \inf_m \left(\sup_{n\geq m} x_n\right)$ bzw. $\liminf_{n\to\infty} x_n = \sup_m \left(\inf_{n\geq m} x_n\right)$. Wegen $b_n \leq x_n \leq a_n$ ist die Folge $(x_n)_{n=1}^{\infty}$ genau dann konvergent, wenn $\liminf_{n\to\infty} x_n = \limsup_{n\to\infty} x_n$ gilt.

[1] Beispiel 6.11 ii) verallgemeinert dies auf Folgen $x_n = (1+y_n)^{\frac{1}{y_n}}$, wobei y_n eine beliebige Nullfolge ist.

[2] Der Limes superior (bzw. inferior) ist der größte (bzw. der kleinste) Häufungspunkt der Folge. Zum Begriff des Häufungspunktes einer Folge siehe Bemerkung 6.17 viii).

Der folgende Satz gibt die wichtigsten Rechenregeln für Grenzwerte an.

Satz 6.9

Sind $(\vec{x}_n)_{n=1}^{\infty}$ und $(\vec{y}_n)_{n=1}^{\infty}$ konvergente Folgen in $\mathbb{R}^k$, und ist $(\alpha_n)_{n=1}^{\infty}$ eine konvergente reelle Zahlenfolge, so gelten folgende Aussagen:

a) $\lim\limits_{n\to\infty}(\lambda \cdot \vec{x}_n + \mu \cdot \vec{y}_n) = \lambda \cdot \lim\limits_{n\to\infty} \vec{x}_n + \mu \cdot \lim\limits_{n\to\infty} \vec{y}_n \quad$ für alle $\lambda, \mu \in \mathbb{R}$

b) $\lim\limits_{n\to\infty} |\vec{x}_n| = |\lim\limits_{n\to\infty} \vec{x}_n|$

c) $\lim\limits_{n\to\infty} (\vec{x}_n * \vec{y}_n) = \lim\limits_{n\to\infty} \vec{x}_n * \lim\limits_{n\to\infty} \vec{y}_n$

d) $\lim\limits_{n\to\infty} \sqrt[p]{\alpha_n} = \sqrt[p]{\lim\limits_{n\to\infty} \alpha_n} \quad$ für $\alpha_n \geq 0$ und $p \in \mathbb{N}$.

Beweis:

Zur Abkürzung definieren wir $\vec{x} := \lim\limits_{n\to\infty} \vec{x}_n$, $\vec{y} := \lim\limits_{n\to\infty} \vec{y}_n$ und $\alpha := \lim\limits_{n\to\infty} \alpha_n$.

Teil a) folgt direkt aus der Dreiecksungleichung 6.1 d). Teil b) folgt aus Satz 6.1 g). Aussage c) ergibt sich aus folgender Überlegung:

$$\begin{aligned} |\vec{x}_n * \vec{y}_n - \vec{x} * \vec{y}| &= |(\vec{x}_n - \vec{x}) * \vec{y} + \vec{x}_n * (\vec{y}_n - \vec{y})| \\ &\overset{6.1\ d)e)}{\leq} |\vec{x}_n - \vec{x}| \cdot |\vec{y}| + |\vec{x}_n| \cdot |\vec{y}_n - \vec{y}| \end{aligned}$$

Da nach Satz 6.6 b) die Folge $(\vec{x}_n)_{n=1}^{\infty}$ beschränkt ist, konvergiert der letzte Ausdruck für $n \to \infty$ gegen $\vec{0}$, so dass nach Satz 6.6 d) $|\vec{x}_n * \vec{y}_n - \vec{x} * \vec{y}|$ ebenfalls gegen 0 konvergiert. Nach Satz 6.6 a) konvergiert dann $\vec{x}_n * \vec{y}_n - \vec{x} * \vec{y}$ gegen 0.

Zum Beweis von d) beachte man, dass mittels Polynomdivision

$$\frac{\alpha_n - \alpha}{\sqrt[p]{\alpha_n} - \sqrt[p]{\alpha}} = \sum_{j=0}^{p-1} \sqrt[p]{\alpha_n^{p-1-j} \alpha^j}$$

folgt. Dies liefert

$$0 \leq \left|\sqrt[p]{\alpha_n} - \sqrt[p]{\alpha}\right| = \frac{|\alpha_n - \alpha|}{\sum\limits_{j=0}^{p-1} \sqrt[p]{\alpha_n^{p-1-j} \alpha^j}} \leq \frac{|\alpha_n - \alpha|}{\sqrt[p]{\alpha^{p-1}}} .$$

Da die rechte Seite gegen 0 konvergiert, folgt Teil d) mit dem Dominanzprinzip 6.6 d).

■

Bemerkung 6.10

i) Die Aussagen aus Satz 6.9 gelten bei reellen Zahlenfolgen auch, falls x oder y uneigentliche Grenzwerte sind, sofern keine unbestimmten Ausdrücke auftreten, wie etwa $\infty - \infty$, $\infty \cdot 0$ oder $\frac{\infty}{\infty}$. Der Umgang mit unbestimmten Ausdrücken erfolgt mit der Regel von L'Hospital in Satz 7.34.

ii) Ist p ungerade, gilt Satz 6.9 d) auch noch für negative Folgen $(\alpha_n)_{n=1}^{\infty}$.

Beispiel 6.11

i)
$$\lim_{n\to\infty} \frac{5n^4 + 3n^2 + 7}{10n^4 + 2n^3 + 8} = \lim_{n\to\infty} \frac{5 + 3 \cdot \frac{1}{n^2} + 7 \cdot \frac{1}{n^4}}{10 + 2 \cdot \frac{1}{n} + 8 \cdot \frac{1}{n^4}}$$
$$\overset{6.9\text{ a)d)}}{=} \frac{5 + 3 \cdot \lim\limits_{n\to\infty} \frac{1}{n^2} + 7 \cdot \lim\limits_{n\to\infty} \frac{1}{n^4}}{10 + 2 \cdot \lim\limits_{n\to\infty} \frac{1}{n} + 8 \cdot \lim\limits_{n\to\infty} \frac{1}{n^4}} = \frac{5}{10} = \frac{1}{2}$$

ii) Ist $(x_n)_{n=1}^{\infty}$ eine gegen 0 konvergente Folge *(Nullfolge)* mit $x_n > -1$ und $x_n \neq 0$ für alle $n \in \mathbb{N}$, so gilt[3]

$$\lim_{n\to\infty} (1 + x_n)^{\frac{1}{x_n}} = \mathrm{e}\,.$$

Speziell gilt: $\lim\limits_{n\to\infty} (1 + \frac{i}{n})^n = \lim\limits_{n\to\infty} \left[(1 + \frac{i}{n})^{\frac{n}{i}}\right]^i = \mathrm{e}^i$ (siehe Bemerkung 5.14).

Beweis:

Wir nehmen zunächst an, dass $(x_n)_{n=1}^{\infty}$ eine positive Nullfolge ist. Dann gilt für den ganzzahligen Anteil $m_k := \left\lfloor \frac{1}{x_k} \right\rfloor$ von $\frac{1}{x_k}$ nach Definition 4.3 iv)

$$m_k \leq \frac{1}{x_k} < m_k + 1\,.$$

Dies liefert

$$\left(1 + \frac{1}{m_k + 1}\right)^{m_k} < (1 + x_k)^{\frac{1}{x_k}} < \left(1 + \frac{1}{m_k}\right)^{m_k + 1}.$$

Wegen $\lim\limits_{k\to\infty} \frac{1}{x_k} = +\infty$ gilt $\lim\limits_{k\to\infty} m_k = +\infty$. Mit Beispiel 6.8 iv) und der Produktregel für Grenzwerte 6.9 c) folgt dann

$$\lim_{k\to\infty} \left(1 + \frac{1}{m_k + 1}\right)^{m_k} = \lim_{k\to\infty} \left(1 + \frac{1}{m_k + 1}\right)^{m_k + 1} \cdot \lim_{k\to\infty} \left(1 + \frac{1}{m_k + 1}\right)^{-1} = \mathrm{e} \cdot 1 = \mathrm{e}\,.$$

---

[3] Dies ist eine Verallgemeinerung von Beispiel 6.8 iv), wo speziell $x_n = \frac{1}{n}$ betrachtet wurde.

Analog folgt

$$\lim_{k\to\infty}\left(1+\frac{1}{m_k}\right)^{m_k+1} = \mathrm{e}\ .$$

Mit dem Dominanzprinzip aus Satz 6.6 d) ergibt sich dann auch

$$\lim_{k\to\infty}(1+x_k)^{\frac{1}{x_k}} = \mathrm{e}\ .$$

Ist $(x_n)_{n=1}^{\infty}$ eine Nullfolge mit $-1 < x_n < 0$, so ist $y_k = \dfrac{-1}{1+\frac{1}{x_k}}$ eine positive Nullfolge, und nach dem vorher Bewiesenen gilt

$$\lim_{k\to\infty}(1+y_k)^{\frac{1}{y_k}} = \mathrm{e}\ .$$

Eine einfache Rechnung zeigt nun, dass

$$(1+x_k)^{\frac{1}{x_k}} = \left(1+\frac{-1}{1+\frac{1}{x_k}}\right)^{-\frac{1}{x_k}-1}\left(1+\frac{-1}{1+\frac{1}{x_k}}\right) = (1+y_k)^{\frac{1}{y_k}}(1+y_k)$$

gilt, woraus wiederum $\lim\limits_{k\to\infty}(1+x_k)^{\frac{1}{x_k}} = \mathrm{e}$ folgt.
Zerlegt man im allgemeinen Fall die vorgegebene Folge (x_n) in einen positiven und einen negativen Anteil, folgt die Behauptung $\lim\limits_{n\to\infty}(1+x_n)^{\frac{1}{x_n}} = \mathrm{e}$.

■

Satz 6.12 (Bolzano-Weierstraß)

Jede beschränkte Folge in $\mathbb{R}^k$ besitzt eine konvergente Teilfolge.

Beweis:

Wegen der komponentenweisen Konvergenz genügt es, reelle Zahlenfolgen zu betrachten. Sei $(x_n)_{n=1}^{\infty}$ die beschränkte reelle Folge und gelte $U_1 \le x_n \le O_1$ für alle $n \in \mathbb{N}$. Durch fortgesetzte Halbierung konstruieren wir nun eine Intervallschachtelung $(U_j)_{j=1}^{\infty}$, $(O_j)_{j=1}^{\infty}$, so dass in jedem Intervall $[U_j, O_j]$ unendlich viele Elemente der Folge $(x_n)_{n=1}^{\infty}$ liegen. Nach Bemerkung 6.7 i) gilt dann $\lim\limits_{j\to\infty} U_j = \lim\limits_{j\to\infty} O_j = g$. Wir wählen nun in jedem Intervall $[U_j, O_j]$ ein Element x_{n_j}, wobei die Wahl so getroffen wird, dass $n_j < n_{j+1}$. Dann gilt $U_j \le x_{n_j} \le O_j$ für $j = 1, 2, \ldots$, also $\lim\limits_{j\to\infty} x_{n_j} = g$ nach Satz 6.6 d).

■

Neben dem Monotoniekriterium (Satz 6.6 c)) bietet der folgende Satz eine zweite Möglichkeit, Folgen - ohne genauere Kenntnis des Grenzwertes - auf Konvergenz zu untersuchen.

Satz 6.13 (Cauchy-Kriterium)

Eine Folge $(\vec{x}_n)_{n=1}^{\infty}$ in $\mathbb{R}^k$ konvergiert genau dann, wenn sie eine *Cauchy-Folge* ist, d.h. wenn gilt

$$\forall \varepsilon > 0 \ \exists N \in \mathbb{N} \ \forall n, m > N : |\vec{x}_n - \vec{x}_m| < \varepsilon \, .$$

Beweis:

Dass jede konvergente Folge eine Cauchy-Folge ist, folgt aus der Dreiecksungleichung

$$|\vec{x}_n - \vec{x}_m| \leq |\vec{x}_n - \vec{g}| + |\vec{g} - \vec{x}_m| \, .$$

Sei nun $(\vec{x}_n)_{n=1}^{\infty}$ eine Cauchy-Folge. Wie bei einer konvergenten Folge lässt sich zeigen, dass $(\vec{x}_n)_{n=1}^{\infty}$ beschränkt ist (siehe hierzu den Beweis von Satz 6.6 b)).
Daher existiert nach Satz 6.12 eine konvergente Teilfolge $(\vec{x}_{n_k})_{k=1}^{\infty}$ mit Grenzwert $\vec{g}$. Ist $\varepsilon > 0$, so existiert nach Definition der Cauchy-Folge ein $N \in \mathbb{N}$, so dass gilt

$$|\vec{x}_n - \vec{x}_m| < \frac{\varepsilon}{2} \quad \text{für alle } n, m > N \quad \text{und} \quad |\vec{x}_{n_k} - \vec{g}| < \frac{\varepsilon}{2} \quad \text{für alle } k > N \, .$$

Damit ergibt sich für $n, n_k > N$

$$|\vec{x}_n - \vec{g}| \leq |\vec{x}_n - \vec{x}_{n_k}| + |\vec{x}_{n_k} - \vec{g}| < \frac{\varepsilon}{2} + \frac{\varepsilon}{2} = \varepsilon \, .$$

■

Beispiel 6.14

Wir definieren die Folge $(a_n)_{n=0}^{\infty}$ rekursiv durch $a_0 := 0$, $a_1 := 1$ und $a_n := \frac{1}{2}(a_{n-2} + a_{n-1})$ für $n = 2, 3, 4, \ldots$. Wie man sieht, gilt $a_n - a_{n-1} = -\frac{1}{2}(a_{n-1} - a_{n-2})$. Hieraus ergibt sich $a_{n+1} - a_n = \left(-\frac{1}{2}\right)^n$. Wir zeigen nun, dass $(a_n)_{n=1}^{\infty}$ eine Cauchy-Folge ist.
Zu $\varepsilon > 0$ bestimmen wir zunächst ein $N \in \mathbb{N}$ mit $\left(\frac{1}{2}\right)^N < \varepsilon$. Für $n > m > N$ gilt dann:

$$\begin{aligned} |a_n - a_m| &= \left|\sum_{k=m+1}^{n} (a_k - a_{k-1})\right| \leq \sum_{k=m+1}^{n} |a_k - a_{k-1}| = \sum_{k=m+1}^{n} \left(\frac{1}{2}\right)^{k-1} \\ &= \frac{(\frac{1}{2})^m - (\frac{1}{2})^n}{1 - \frac{1}{2}} < \frac{(\frac{1}{2})^m}{\frac{1}{2}} = \left(\frac{1}{2}\right)^{m-1} \leq \left(\frac{1}{2}\right)^N < \varepsilon \end{aligned}$$

Daher ist die Folge $(a_n)_{n=1}^{\infty}$ konvergent.

Bemerkung 6.15

Die *harmonische Reihe* $(s_n)_{n=1}^{\infty}$ mit $s_n := \sum_{k=1}^{n} \frac{1}{k}$ zeigt, dass es für die Überprüfung der Cauchy-Eigenschaft nicht genügt nachzuweisen, dass der Abstand $|s_{n+1} - s_n|$ zweier aufeinanderfolgender Elemente gegen Null konvergiert. Es gilt $s_{n+1} - s_n = \frac{1}{n+1}$, aber $(s_n)_{n=1}^{\infty}$ ist *keine* Cauchy-Folge und damit auch nicht konvergent, denn es ist:

$$s_{2n} - s_n = \sum_{j=n+1}^{2n} \frac{1}{j} \geq \sum_{j=n+1}^{2n} \frac{1}{2n} = n \cdot \frac{1}{2n} = \frac{1}{2} .$$

Im Folgenden definieren wir die Begriffe Beschränktheit[4], Offenheit und Abgeschlossenheit für Teilmengen des $\mathbb{R}^k$, da diese bei dem Begriff der Stetigkeit eine wichtige Rolle spielen[5].

Definition 6.16

Sei M eine Teilmenge des $\mathbb{R}^k$ $(k \in \mathbb{N})$.

a) Eine Menge M heißt *beschränkt*, wenn sie in einer Umgebung $U_r(\vec{0})$ liegt, d.h. wenn

$$\exists r \in \mathbb{R}\, \forall \vec{m} \in M : |\vec{m}| \leq r .$$

b) Ein Element $\vec{p} \in \mathbb{R}^k$ heißt *Häufungspunkt der Menge M*, wenn in jeder Umgebung von $\vec{p}$ unendlich viele Elemente aus M liegen, d.h., wenn eine Folge $(\vec{x}_n)_{n=1}^{\infty}$ von Elementen aus $M \setminus \{\vec{p}\}$ existiert mit $\lim_{n\to\infty} \vec{x}_n = \vec{p}$.

c) Die Menge M heißt *abgeschlossen*, wenn M bzgl. der Grenzwertbildung abgeschlossen ist, d.h. ist $(x_n)_{n=1}^{\infty}$ eine Folge in M und existiert $\lim_{n\to\infty} \vec{x}_n$, so liegt auch der Grenzwert in M. Die Menge M heißt *offen*, wenn $\mathbb{R}^k \setminus M$ abgeschlossen ist.

Die Menge $\overline{M} := M \cup \{\text{Häufungspunkte von } M\}$ heißt der *Abschluss der Menge M*.

Bemerkung 6.17

i) Ein Häufungspunkt von M muss nicht in M liegen (siehe Beispiel 6.18 i)). Umgekehrt ist nicht jeder Punkt in M ein Häufungspunkt.

ii) Ein Punkt aus M, der kein Häufungspunkt ist, heißt *isolierter Punkt von M*.

[4] Das Problem ist, dass auf dem $\mathbb{R}^k$ keine Totalordnung wie in $\mathbb{R}$ zur Verfügung steht und wir daher die Beschränktheit nicht über eine Ordnung definieren können.

[5] So sind z. B. stetige Funktionen auf dem abgeschlossenen Intervall $[0,1]$ beschränkt. Für das offene Intervall $]0,1[$ ist diese Aussage i.A. falsch.

iii) Der früher in Definition 2.28 b) mittels Ordnung eingeführte Beschränktheitsbegriff stimmt in den reellen Zahlen mit der in 6.16 definierten Beschränktheit überein.

iv) Sei $f : \mathbb{D} \to \mathbb{R}^k$ eine Abbildung. Ist für $B \subset \mathbb{D}$ die Bildmenge $f(B)$ in $\mathbb{R}^k$ beschränkt, so heißt die *Abbildung f beschränkt* auf der Menge B.

v) Die offenen Mengen sind eine Topologie im Sinne von Beispiel 2.18.

vi) Eine Menge ist genau dann offen, wenn sie Umgebung für jedes ihrer Elemente ist.

vii) $\vec{p}$ ist genau dann ein Häufungspunkt von M, wenn für jede Umgebung U von $\vec{p}$ gilt, dass $U \cap M$ einen von $\vec{p}$ verschiedenen Punkt enthält.

viii) $\vec{p}$ ist Häufungspunkt einer Folge $(\vec{x_n})_{k=1}^{\infty}$, wenn eine Teilfolge $(\vec{x}_{n_k})_{k=1}^{\infty}$ mit der Eigenschaft $\lim\limits_{n\to\infty} \vec{x}_{n_k} = \vec{p}$ existiert.

Beispiel 6.18

i) Sei $M = \left\{\frac{1}{n} \mid n \in \mathbb{N}\right\}$. M ist beschränkt. 0 ist der einzige Häufungspunkt von M, der jedoch nicht in M liegt. Daher ist M nicht abgeschlossen, und alle Punkte von M sind isolierte Punkte. M ist nicht offen, da $\mathbb{R} \setminus M$ *nicht* abgeschlossen ist. Z.B. ist 1 ein Häufungspunkt, der nicht in $\mathbb{R} \setminus M$ liegt.

ii) Sei $M_1 =]0,1[\cap \mathbb{Q}$, $M_2 =]0,1[$ und $M_3 = [0,1]$. Die Menge der Häufungspunkte ist bei allen drei Intervallen gleich, nämlich $[0,1]$. Daher ist M_3 als einzige der drei Mengen abgeschlossen. M_2 ist offen, da $\mathbb{R} \setminus M_2 =]-\infty, 0] \cup [1, \infty[$ als Vereinigung zweier abgeschlossener Intervalle abgeschlossen ist.

iii) Sind $I_1, I_2, \ldots, I_k$ abgeschlossene Intervalle in den reellen Zahlen, so ist das *k-dimensionale Intervall (Quader)* $I = \prod\limits_{j=1}^{k} I_j$ eine abgeschlossene Menge des $\mathbb{R}^k$.

Ist nämlich $\vec{p}$ ein Häufungspunkt von I, so existiert eine Folge $(\vec{x}_n)_{n=1}^{\infty}$ in $I \setminus \{\vec{p}\}$, die gegen $\vec{p}$ konvergiert. Da nach Satz 6.6 a) die Koordinaten $x_j^{(n)}$ dieser Folge gegen die Koordinaten p_j von $\vec{p}$ konvergieren, sind die p_j Häufungspunkte von I_j und daher Elemente von I_j $(j = 1, \ldots, n)$. $\vec{p} = (p_1, \ldots, p_k)$ liegt daher in $I = \prod\limits_{j=1}^{k} I_j$.

iv) Für $r > 0$ und feste $\vec{z} \in \mathbb{R}^k$ ist die Menge $B_r(\vec{z}) := \{\vec{x} \in \mathbb{R}^k \mid |\vec{x} - \vec{z}| \leq r\}$ abgeschlossen. Ist nämlich $(\vec{x}_n)_{n=1}^{\infty}$ eine Folge in $B_r(\vec{z})$ mit $\lim\limits_{n\to\infty} \vec{x}_n = \vec{x}$, so gilt auch

$\lim_{n\to\infty}(\vec{x}_n - \vec{z}) = \vec{x} - \vec{z}$. Nach Satz 6.9 b) folgt dann

$$\lim_{n\to\infty} |\vec{x}_n - \vec{z}| = |\vec{x} - \vec{z}| \ .$$

Wegen $|\vec{x}_n - \vec{z}| \le r$ gilt dann auch $|\vec{x} - \vec{z}| \le r$, d.h. es ist $\vec{x} \in B_r(\vec{z})$. Entsprechend zeigt man, dass $U_r(\vec{z}) = \{\vec{x} \in \mathbb{R}^k \mid |\vec{x} - \vec{z}| < r\}$ eine offene Menge des $\mathbb{R}^k$ ist.

Wir sind nun in der Lage, Grenzwerte und Stetigkeit bei Funktionen zu definieren.

Definition 6.19

Sei $f : \mathbb{D} \to \mathbb{R}^M$ eine Abbildung und $\vec{x}_0$ ein Häufungspunkt von $\mathbb{D} \subset \mathbb{R}^N$ $(N, M \in \mathbb{N})$.

a) Wir sagen, dass f bei Annäherung an $\vec{x}_0$ gegen $\vec{y} \in \mathbb{R}^M$ *konvergiert* und schreiben $\lim_{\vec{x}\to\vec{x}_0} f(\vec{x}) = \vec{y}$, wenn gilt:

   Für jede Folge $(\vec{x}_n)_{n=1}^{\infty}$ in $\mathbb{D}$ mit $\lim_{n\to\infty} \vec{x}_n = \vec{x}_0$ konvergiert die Bildfolge $\big(f(\vec{x}_n)\big)_{n=1}^{\infty}$ gegen $\vec{y}$.

b) f heißt in $\vec{x}_0$ *stetig*, wenn gilt

   1) $\vec{x}_0 \in \mathbb{D}$ 2) $\lim_{\vec{x}\to\vec{x}_0} f(\vec{x}) = f(\vec{x}_0)$.

   f heißt *stetig* auf $\mathbb{D}$, wenn f in jedem Punkt von $\mathbb{D}$ stetig ist.

Bemerkung 6.20

i) Man beachte, dass beim Funktionsgrenzwert $\lim_{\vec{x}\to\vec{x}_0} f(\vec{x})$ im Gegensatz zur Stetigkeit *nicht* vorausgesetzt wird, dass $\vec{x}_0$ im Definitionsbereich liegt.

ii) Ist $\mathbb{D} \subset \mathbb{R}$ nach oben bzw. nach unten unbeschränkt, so können $+\infty$ bzw. $-\infty$ formal als Häufungspunkte von $\mathbb{D}$ aufgefasst werden, da dann Folgen in $\mathbb{D}$ existieren, die den uneigentlichen Grenzwert $+\infty$ bzw. $-\infty$ besitzen. In diesem Fall können die Grenzwerte $\lim_{x\to+\infty} f(x)$ bzw. $\lim_{x\to-\infty} f(x)$ gebildet werden. Beachtet man, dass Intervalle der Form $[K, +\infty]$ bzw. $[-\infty, K]$ Umgebungen von $+\infty$ bzw. $-\infty$ darstellen, lautet die Grenzwertdefinition in diesem Fall:

$$\lim_{x\to+\infty} f(x) = y \quad :\Longleftrightarrow \quad \forall \varepsilon > 0\ \exists K \in \mathbb{R}\ \forall x \ge K : |f(x) - y| < \varepsilon$$
$$\lim_{x\to-\infty} f(x) = y \quad :\Longleftrightarrow \quad \forall \varepsilon > 0\ \exists K \in \mathbb{R}\ \forall x \le K : |f(x) - y| < \varepsilon$$

Ist speziell $\mathbb{D} = \mathbb{N}$, d.h. ist f eine Folge, ergibt sich in diesem Fall die Definition des Folgengrenzwertes.

iii) Betrachtet man beim Grenzwert die Annäherung an $\vec{x}_0$ nur aus einer bestimmten Richtung, beschrieben durch den Richtungsvektor $\vec{v}$ mit $|\vec{v}| = 1$, entsteht der sog. *Richtungsgrenzwert* bei Annäherung an $\vec{x}_0$ in Richtung $\vec{v}$. Man definiert

$$\lim_{\vec{x} \xrightarrow[\vec{v}]{} \vec{x}_0} f(\vec{x}) := \lim_{t \to 0} f(\vec{x}_0 + t\vec{v}) \ .$$

Im Fall $\mathbb{D} \subset \mathbb{R}$ kann so zwischen dem *rechts-* und dem *linksseitigen Grenzwert*

$$\lim_{x \downarrow x_0} f(x) = \lim_{x \to x_0^+} f(x) = \lim_{\substack{x \to x_0 \\ x > x_0}} f(x)$$

und

$$\lim_{x \uparrow x_0} f(x) = \lim_{x \to x_0^-} f(x) = \lim_{\substack{x \to x_0 \\ x < x_0}} f(x)$$

unterschieden werden. Es gilt dann

$$\lim_{x \to x_0} f(x) = y \iff \left[\lim_{x \to x_0^+} f(x) = y \wedge \lim_{x \to x_0^-} f(x) = y \right] .$$

Offensichtlich ist $\lim_{x \to \pm\infty} f(x) = \lim_{x \to 0^\pm} f(\frac{1}{x})$ (siehe auch Bemerkung 6.4 iii)).

Satz 6.21

Sei $f : \mathbb{D} \to \mathbb{R}^M$ eine Abbildung mit $\mathbb{D} \subset \mathbb{R}^N$.

a) Ist $\vec{x}_0$ ein Häufungspunkt von $\mathbb{D}$, so sind folgende Aussagen äquivalent:

1) $\lim_{\vec{x} \to \vec{x}_0} f(\vec{x}) = \vec{y}$.

2) Für jede Folge $(\vec{x}_n)_{n=1}^{\infty}$ in $\mathbb{D} \setminus \{\vec{x}_0\}$ mit $\lim_{n \to \infty} \vec{x}_n = \vec{x}_0$ gilt $\lim_{n \to \infty} f(\vec{x}_n) = \vec{y}$.

3) $\forall \varepsilon > 0 \, \exists \delta > 0 \, \forall \vec{x} \in \mathbb{D} \setminus \{\vec{x}_0\} : |\vec{x} - \vec{x}_0| < \delta \implies |f(\vec{x}) - \vec{y}| < \varepsilon$.

4) Zu jeder Umgebung U von $\vec{y}$ existiert eine Umgebung V von $\vec{x}_0$ mit der Eigenschaft $f(V \cap \mathbb{D}) \subset U$.

b) f ist genau dann stetig auf ganz $\mathbb{D}$, wenn die Urbilder offener Mengen wieder offene Mengen (in $\mathbb{D}$) sind.

c) f ist genau dann stetig auf ganz $\mathbb{D}$, wenn die Urbilder abgeschlossener Mengen wieder abgeschlossene Mengen (in $\mathbb{D}$) sind.

Beweis:

a) Aussagen 1) und 2) sind gemäß Definition 6.19 a) äquivalent.

Die Äquivalenz der Aussagen 3) und 4) ergibt sich daraus, dass U genau dann eine Umgebung von $\vec{y}$ ist, wenn ein $\varepsilon > 0$ existiert mit $U_\varepsilon(\vec{y}) \subset U$.

Es bleibt die Äquivalenz der Aussagen 2) und 3) zu beweisen.

Gelte zunächst Aussage 3), und sei $(\vec{x}_n)_{n=1}^\infty$ eine Folge in $\mathbb{D} \setminus \{\vec{x}_0\}$ mit $\lim\limits_{n\to\infty} \vec{x}_n = \vec{x}_0$. Ist $\varepsilon > 0$ beliebig, so existiert ein $\delta > 0$ mit der Eigenschaft

$$\vec{x} \in \mathbb{D} \setminus \{\vec{x}_0\} \wedge |\vec{x} - \vec{x}_0| < \delta \implies |f(\vec{x}) - \vec{y}| < \varepsilon .$$

Zu $\delta > 0$ existiert ein $N \in \mathbb{N}$, so dass $\forall n > N : |\vec{x}_n - \vec{x}_0| < \delta$. Insbesondere gilt dann $|f(\vec{x}_n) - \vec{y}| < \varepsilon$ für alle $n > N$, d.h. $\lim\limits_{n\to\infty} f(\vec{x}_n) = \vec{y}$.

Gelte umgekehrt die Aussage 2), und nehmen wir an, dass Aussage 3) falsch ist, d.h.

$$\exists \varepsilon > 0 \forall \delta > 0 \exists \vec{x} \in \mathbb{D} \setminus \{\vec{x}_0\} : \big(|\vec{x} - \vec{x}_0| < \delta \wedge |f(\vec{x}) - \vec{y}| \geq \varepsilon\big) .$$

Wählt man speziell $\delta = \frac{1}{n}$, so lässt sich zu jeder natürlichen Zahl n ein $\vec{x}_n \in \mathbb{D} \setminus \{\vec{x}_0\}$ finden mit $|\vec{x}_n - \vec{x}_0| < \frac{1}{n} = \delta$ und $|f(\vec{x}_n) - \vec{y}| \geq \varepsilon$. Wegen $0 \leq |\vec{x}_n - \vec{x}_0| < \frac{1}{n}$ konvergiert die Folge $(\vec{x}_n)_{n=1}^\infty$ gegen $\vec{x}_0$. Die Folge $\big(f(\vec{x}_n)\big)_{n=1}^\infty$ konvergiert dann jedoch wegen $|f(\vec{x}_n) - \vec{y}| \geq \varepsilon$ nicht gegen $\vec{y}$, was Voraussetzung 2) widerspricht.

b) Die Aussage ergibt sich direkt aus Aussage 3) in Teil a) und dem Umgebungsbegriff.

c) Diese Aussage folgt aus b) unter Berücksichtigung von $f^{-1}(A \setminus B) = f^{-1}(A) \setminus f^{-1}(B)$.

■

Der folgende Satz liefert die wichtigsten Rechenregeln für stetige Abbildungen.

Satz 6.22

Seien $f, g : \mathbb{D} \to \mathbb{R}^M$ stetige Abbildungen, wobei $\mathbb{D} \subset \mathbb{R}^N$ (N, M fest).

a) Bezeichnen wir mit $f_1, \ldots, f_M$ die Komponentenfunktionen der Abbildung f, d.h. gilt $f(\vec{x}) = (f_1(\vec{x}), f_2(\vec{x}), \ldots, f_M(\vec{x}))$, so ist f genau dann stetig, wenn alle reellwertigen Komponentenfunktionen f_j ($j = 1, \ldots, M$) stetig sind.

b) Die Hintereinanderausführung stetiger Abbildungen liefert eine stetige Abbildung.

c) Die Abbildungen $\alpha f + \beta g$, $f * g$ und, falls g reellwertig ist mit $g \neq 0$, $\frac{f}{g}$ sind stetig. Hierbei wird definiert:

$$\begin{aligned}(\alpha f + \beta g)(\vec{x}) &:= \alpha f(\vec{x}) + \beta g(\vec{x}) \\ (f * g)(\vec{x}) &:= f(\vec{x}) * g(\vec{x}) \\ \frac{f}{g}(\vec{x}) &:= \frac{f(\vec{x})}{g(\vec{x})}\end{aligned}$$

Beweis:

Die Aussagen ergeben sich aus den Grenzwertrechenregeln von Satz 6.9 und der Definition der Stetigkeit. Beispielhaft wird Teil b) des Satzes bewiesen.
Seien hierzu g und f stetige Abbildungen, für die die Komposition $g \circ f$ gebildet werden kann. $(\vec{x}_n)_{n=1}^{\infty}$ sei eine konvergente Folge deren Elemente wie auch der Grenzwert $\vec{x}_0$ im Definitionsbereich von f liegen. Aufgrund der Stetigkeit von g und f gilt dann:

$$\lim_{n\to\infty}(g \circ f)(\vec{x}_n) = \lim_{n\to\infty} g\big(f(\vec{x}_n)\big) \overset{g \text{ stetig}}{=} g\big(\lim_{n\to\infty} f(\vec{x}_n)\big) \overset{f \text{ stetig}}{=} g\big(f(\lim_{n\to\infty}\vec{x}_n)\big) = (g \circ f)(\vec{x}_0)$$

■

Beispiel 6.23

i) Die Betragsfunktion $|\cdot| : \mathbb{R}^N \to \mathbb{R}$ mit $\vec{x} \mapsto |\vec{x}|$ ist stetig. Dies folgt aus Satz 6.9 b).

ii) Ist $f : \mathbb{D} \to \mathbb{R}^M$ ($\mathbb{D} \subset \mathbb{R}^N$) stetig, so ist die Funktion $|f|$ mit $|f|(\vec{x}) := |f(\vec{x})|$, als Komposition zweier stetiger Funktionen stetig.

iii) Die (Projektionen) Koordinatenfunktionen $\Phi_j : \mathbb{R}^N \to \mathbb{R}$ mit $\Phi_j(x_1, \dots, x_N) := x_j$ ($j = 1, \dots, N$) sind stetig. Dies folgt aus

$$|\Phi_j(\vec{x}) - \Phi_j(\vec{y})| = |x_j - y_j| \leq |\vec{x} - \vec{y}| \,.$$

Elementarpolynome (Monome) $(x_1, \dots, x_N) \mapsto x_1^{\ell_1} \cdot x_2^{\ell_2} \cdots x_N^{\ell_N}$ ($\ell_1, \dots, \ell_N \in \mathbb{N}_0$) sind daher nach Satz 6.22 c) als Produkt stetiger Funktionen stetig.
Als Linearkombination von Elementarpolynomen sind folglich *Polynome* P in N Veränderlichen mit $P(x_1, \dots, x_N) = \sum a_{\ell_1,\dots,\ell_N} x_1^{\ell_1} \cdot x_2^{\ell_2} \cdots x_N^{\ell_N}$ ebenfalls stetig.

iv) Sind $P, Q : \mathbb{R}^N \to \mathbb{R}$ Polynome, und ist $\mathcal{N} = \{\vec{x} \in \mathbb{R}^N \mid Q(\vec{x}) = 0\}$ die Nullstellenmenge von Q, so ist die *rationale Funktion* $\frac{P}{Q}$ stetig auf $\mathbb{R}^N \setminus \mathcal{N}$.

v) Ist $a > 0$, so ist die Exponentialfunktion $x \mapsto a^x$ auf $\mathbb{R}$ stetig.

Beweis:

Sei $x_0 \in \mathbb{R}$ beliebig. Wegen $a^x - a^{x_0} = a^{x_0}(a^{x-x_0} - 1)$ genügt es, $\lim\limits_{u \to 0} a^u = 1$ zu zeigen. Sei hierzu $(u_n)_{n=1}^{\infty}$ eine *Nullfolge*, d.h. gelte $\lim\limits_{n\to\infty} u_n = 0$, und sei außerdem $\varepsilon > 0$ beliebig. Da nach Beispiel 6.8 i) $\lim\limits_{k\to\infty} \sqrt[k]{a} = \lim\limits_{k\to\infty} a^{\frac{1}{k}} = 1 = \lim\limits_{k\to\infty} a^{-\frac{1}{k}}$ gilt, kann k so groß gewählt werden, dass folgende Ungleichungen gelten:

$$\left|a^{-\frac{1}{k}} - 1\right| < \varepsilon \quad \text{und} \quad \left|a^{\frac{1}{k}} - 1\right| < \varepsilon$$

Wegen $\lim\limits_{n\to\infty} u_n = 0$ existiert ein $N \in \mathbb{N}$ mit $-\frac{1}{k} < u_n < \frac{1}{k}$ für alle $n > N$. Nach der Potenzdefinition 3.12 b) gilt dann auch $a^{-\frac{1}{k}} < a^{u_n} < a^{\frac{1}{k}}$ und daher

$$-\varepsilon < a^{-\frac{1}{k}} - 1 < a^{u_n} - 1 < a^{\frac{1}{k}} - 1 < \varepsilon\,.$$

Also gilt $|a^{u_n} - 1| < \varepsilon$ und demnach $\lim\limits_{n\to\infty} a^{u_n} = 1$.

■

vi) Die Funktion $f : \mathbb{R}^2 \to \mathbb{R}$ definiert durch

$$f(x,y) := \begin{cases} \dfrac{x^2 - y^2}{x^2 + y^2} & \text{für} \quad (x,y) \neq (0,0) \\ 0 & \text{für} \quad (x,y) = (0,0) \end{cases}$$

ist im Punkt $(0,0)$ unstetig.

Beweis:

Zum Nachweis der Unstetigkeit ist eine Folge $(\vec{z}_n)_{n=1}^{\infty}$ in $\mathbb{R}^2$ anzugeben mit

$$\lim_{n\to\infty} \vec{z}_n = (0,0) \quad \text{und} \quad \lim_{n\to\infty} f(\vec{z}_n) \neq f(0,0) = 0\,.$$

Wählt man $\vec{z}_n = (\frac{2}{n}, \frac{1}{n})$, so gilt

$$\lim_{n\to\infty} \vec{z}_n = (0,0) \quad \text{und} \quad \lim_{n\to\infty} f(\vec{z}_n) = \frac{3}{5} \neq 0\,.$$

■

vii) Sei $f : \mathbb{R}^N \to \mathbb{R}^M$ mit $f(\vec{x}) := A \cdot \vec{x}$ eine lineare Abbildung ($A = (a_{ij}) \in \mathbb{R}^{M\times N}$). Dann existiert eine Konstante K mit $|f(\vec{x})| \leq K \cdot |\vec{x}|$. Insbesondere ist f stetig[6].

[6]Die Stetigkeit kann auch direkt mittels Satz 6.22 a) und Teil iii) dieses Beispiels gefolgert werden.

Beweis:

Für die Zeilenvektoren $\vec{z}_k = (a_{k1}, a_{k2}, \ldots, a_{kN})$ $(k = 1, \ldots, M)$, der Matrix A gilt $f(\vec{x}) = A \cdot \vec{x} = (\vec{z}_1 \cdot \vec{x})\vec{e}_1 + (\vec{z}_2 \cdot \vec{x})\vec{e}_2 + \ldots + (\vec{z}_M \cdot \vec{x})\vec{e}_M$. Damit ergibt sich:

$$|f(\vec{x})| = \Big|\sum_{j=1}^{M} (\vec{z}_j \cdot \vec{x})\vec{e}_j\Big| \overset{6.1\ d)}{\leq} \sum_{j=1}^{M} |(\vec{z}_j \cdot \vec{x})| \underbrace{|\vec{e}_j|}_{=1} \overset{6.1\ e)}{\leq} \sum_{j=1}^{M} |\vec{z}_j| \cdot |\vec{x}| = \Big(\sum_{j=1}^{M} |\vec{z}_j|\Big) \cdot |\vec{x}|$$

Mit $K = \sum_{j=1}^{M} |\vec{z}_j|$ folgt die Behauptung. ■

Wir wollen nun noch etwas näher stetige Funktionen in einer Veränderlichen untersuchen. Der folgende Satz stellt eine zentrale Anwendung des Stetigkeitsbegriffes dar. Der Beweis dieses Satzes ist konstruktiv, und liefert einen Algorithmus zur numerischen Berechnung von Nullstellen.

Satz 6.24 (Zwischenwertsatz)

Ist $a < b$ und $f : [a, b] \to \mathbb{R}$ eine stetige Funktion, so gibt es zu jeder Zahl A mit $f(a) < A < f(b)$ ein $\xi \in]a, b[$ mit $f(\xi) = A$.

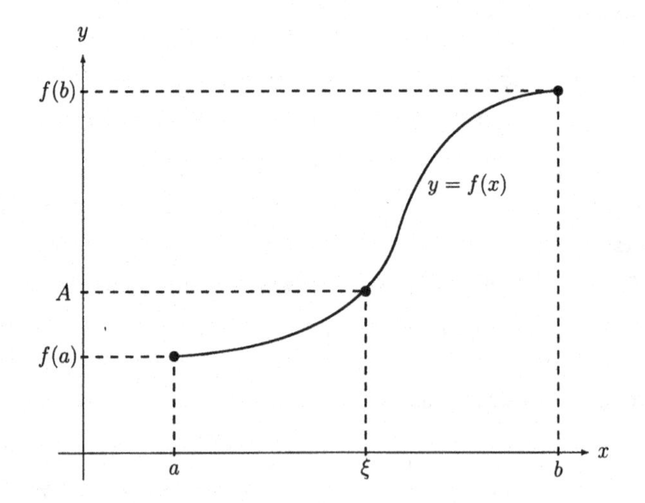

Abbildung 6.3: *Zwischenwertsatz*

Beweis:

Da die Aussage dieses Satzes von der Anschauung her sofort einzusehen ist, soll hier nur eine Beweisskizze angeführt werden.

Wir definieren rekursiv die Folgen $(x_n)_{n=0}^{\infty}$ und $(y_n)_{n=0}^{\infty}$ durch $x_0 := a$ bzw. $y_0 := b$ und

$$x_{n+1} := \begin{cases} \frac{x_n + y_n}{2} & \text{falls } f(\frac{x_n+y_n}{2}) \leq A \\ x_n & \text{falls } f(\frac{x_n+y_n}{2}) > A \end{cases}$$

bzw.

$$y_{n+1} := \begin{cases} y_n & \text{falls } f(\frac{x_n+y_n}{2}) \leq A \\ \frac{x_n + y_n}{2} & \text{falls } f(\frac{x_n+y_n}{2}) > A \end{cases}$$

Mit vollständiger Induktion kann man nun zeigen, dass $(x_n)_{n=0}^{\infty}$ eine monoton wachsende und $(y_n)_{n=0}^{\infty}$ eine monoton fallende Folge ist mit der Eigenschaft $|y_n - x_n| \leq \frac{b-a}{2^n}$. Daher liegt eine Intervallschachtelung vor (siehe Bemerkung 6.7) und es gilt

$$\lim_{n\to\infty} x_n = \lim_{n\to\infty} y_n =: \xi \, .$$

Nach Konstruktion der beiden Folgen ist $f(x_n) \leq A \leq f(y_n)$. Dies liefert wegen der Stetigkeit von f die Ungleichungen

$$f(\xi) = \lim_{n\to\infty} f(x_n) \;\leq\; A \;\leq\; \lim_{n\to\infty} f(y_n) = f(\xi) \, .$$

Daher gilt $f(\xi) = A$.

■

Bemerkung 6.25

i) Gilt sogar $f(a) < 0 < f(b)$ oder $f(b) < 0 < f(a)$, so liefert der letzte Satz die Existenz einer Nullstelle im Intervall $]a, b[$. Gleichzeitig liefert der Beweis eine gegen die Nullstelle konvergente Folge (*Intervallschachtelung*).

ii) Der Zwischenwertsatz gilt entsprechend für Funktionen $f : \mathbb{D} \to \mathbb{R}$, wobei $\mathbb{D}$ eine konvexe Teilmenge des $\mathbb{R}^N$ ist. Sind $\vec{a}, \vec{b} \in \mathbb{D}$ mit $f(\vec{a}) \neq f(\vec{b})$, und ist A ein Wert zwischen $f(\vec{a})$ und $f(\vec{b})$, so existiert ein $\vec{\xi}$ auf der Verbindungsstrecke von $\vec{a}$ nach $\vec{b}$ mit $f(\vec{\xi}) = A$. Zum Beweis wende man den Zwischenwertsatz auf die Funktion $g : [0, 1] \to \mathbb{R}$ mit $g(t) := f(t\vec{a} + (1-t)\vec{b})$ an.

Der folgende Satz ergibt sich aus dem Zwischenwertsatz. In ihm wird unter anderem gezeigt, dass im Fall reellwertiger Funktionen in einer Veränderlichen die Stetigkeit der Umkehrabbildung im letzten Satz auch ohne Kompaktheitsvoraussetzung gilt.

Folgerung 6.26

Für eine stetige Funktion $f : I \to \mathbb{R}$ auf dem (eventuell unbeschränkten) Intervall I gilt:

a) $f(I)$ ist ebenfalls ein Intervall.

b) f ist genau dann injektiv, wenn f streng monoton ist.

c) Ist f invertierbar, so ist auch f^{-1} stetig und besitzt das gleiche Monotonieverhalten wie f.

Beweis:

a) Sind $y_1, y_2 \in f(I)$, so liegen nach dem Zwischenwertsatz auch alle Zahlen zwischen y_1 und y_2 in $f(I)$, d.h. $f(I)$ ist konvex und daher ein Intervall.

b) Wegen Satz 4.32 genügt es aus der Injektivität die strenge Monotonie zu folgern. Sei daher f injektiv, und seien $x_1, x_2 \in I$ mit $x_1 \neq x_2$. Dann gilt für alle x zwischen x_1 und x_2

$$f(x_1) < f(x) < f(x_2) \text{ bzw. } f(x_2) < f(x) < f(x_1)$$

oder äquivalent hierzu

$$[f(x) - f(x_1)] \cdot [f(x) - f(x_2)] > 0 \,.$$

Andernfalls ergibt sich aus dem Zwischenwertsatz ein Widerspruch zur Injektivität. Wäre nun f nicht streng monoton, so würden $y_1 < y_2$ und $y_3 < y_4$ mit $f(y_1) < f(y_2)$ und $f(y_3) > f(y_4)$ existieren. Da wir wegen der Stetigkeit von f annehmen können, dass kein y_i ein Randpunkt von I ist, findet man $a, b \in I$ mit $a < y_i < b$ für $i = 1, 2, 3, 4$. Wie vorher gesehen gelten dann die beiden Ungleichungen

$$\begin{aligned} [f(y_1) - f(a)] \cdot [f(y_1) - f(y_2)] &< 0 \\ [f(y_2) - f(y_1)] \cdot [f(y_2) - f(b)] &< 0 \,. \end{aligned}$$

Die Addition dieser Ungleichungen liefert

$$[f(y_1) - f(y_2)]^2 - [f(a) - f(b)] \cdot [f(y_1) - f(y_2)] < 0 \,.$$

Daraus folgt unmittelbar

$$[f(y_1) - f(y_2)] > 0 \,.$$

Ebenso ergibt sich

$$[f(a) - f(b)] \cdot [f(y_3) - f(y_4)] > 0 \; .$$

Division der beiden letzten Ungleichungen liefert

$$\frac{f(y_1) - f(y_2)}{f(y_3) - f(y_4)} > 0 \; .$$

Somit haben der Zähler und Nenner dieses Bruches das gleiche Vorzeichen, was im Widerspruch zu $f(y_1) < f(y_2)$ und $f(y_3) > f(y_4)$ steht.

c) Sei f invertierbar, insbesondere injektiv. Nach Aussage b) kann daher o.B.d.A. angenommen werden, dass f streng monoton wachsend ist. Sind $y_1, y_2 \in f(\mathbb{D})$ mit $y_1 < y_2$, so gilt $y_1 = f(x_1)$ und $y_2 = f(x_2)$ mit $x_1, x_2 \in \mathbb{D}$. Da wegen der Monotonie von f aus $x_1 \geq x_2$ schon $y_1 = f(x_1) \geq f(x_2) = y_2$ folgt, muss dann aber $f^{-1}(y_1) = x_1 < x_2 = f^{-1}(y_2)$ gelten.

Es bleibt die Stetigkeit von f^{-1} zu zeigen. Diese ergibt sich wie im Beweis von 6.28 c), wenn man beachtet, dass wegen der Monotonie von f^{-1} konvergente (und daher beschränkte) Folgen auf beschränkte Folgen abgebildet werden.

■

Beispiel 6.27

Da die Exponentialfunktion $x \mapsto a^x$ $(a > 0)$ auf $\mathbb{R}$ stetig ist, ist die Umkehrfunktion $\log_a : \mathbb{R}_+ \to \mathbb{R}$ ebenfalls stetig. Durch Logarithmieren der Gleichung 6.11 ii) ergibt sich daher wegen der Stetigkeit der ln-Funktion

$$1 = \ln(e) \overset{6.11\text{ ii)}}{=} \ln\Big[\lim_{n\to\infty}(1+x_n)^{\frac{1}{x_n}}\Big] \overset{\text{Stetigkeit}}{=} \lim_{n\to\infty} \frac{\ln(1+x_n)}{x_n}$$

für jede Nullfolge $(x_n)_{n=1}^{\infty}$ mit der Eigenschaft $x_n > -1$ für $n = 1, 2, \ldots$.

Nach Satz 6.22 c) konvergiert der Kehrwert dann ebenfalls gegen 1, d.h. es gilt[7]

$$\lim_{n\to\infty} \frac{x_n}{\ln(1+x_n)} = 1.$$

[7] Wir benötigen diesen Grenzwert zum Beweis der Differenzierbarkeit der Exponentialfunktion (siehe Beispiel 7.2 iii)).

Satz 6.28

Sei $\mathbb{D} \subset \mathbb{R}^N$ abgeschlossen und beschränkt (*kompakt*) und $f : \mathbb{D} \to \mathbb{R}^M$ stetig. Dann gilt:

a) $f(\mathbb{D})$ ist kompakt.

b) Ist f reellwertig, so nimmt f auf $\mathbb{D}$ Maximum und Minimum an, d.h. es existieren $\vec{x}_1, \vec{x}_2 \in \mathbb{D}$ mit $f(\vec{x}_1) = \max\{f(\vec{x}) \mid \vec{x} \in \mathbb{D}\}$ und $f(\vec{x}_2) = \min\{f(\vec{x}) \mid \vec{x} \in \mathbb{D}\}$.

c) Ist $f : \mathbb{D} \to f(\mathbb{D})$ bijektiv, so ist die Umkehrabbildung $f^{-1} : f(\mathbb{D}) \to \mathbb{D}$ stetig.

d) f ist *gleichmäßig stetig*, d.h.

$$\forall \varepsilon > 0\, \exists \delta > 0\, \forall \vec{x}_1, \vec{x}_2 \in \mathbb{D} : \Big(|\vec{x}_1 - \vec{x}_2| < \delta \implies |f(\vec{x}_1) - f(\vec{x}_2)| < \varepsilon \Big) .$$

Beweis:

a) Wir zeigen zunächst die Abgeschlossenheit von $f(\mathbb{D})$. Sei hierzu $(y_n)_{n=1}^{\infty}$ eine Folge in $f(\mathbb{D})$ mit $\vec{y} = \lim\limits_{n\to\infty} \vec{y}_n$. Zu zeigen ist, dass $\vec{y} \in f(\mathbb{D})$ gilt.
Zu $\vec{y}_n \in f(\mathbb{D})$ existieren $\vec{x}_n \in \mathbb{D}$ mit $f(\vec{x}_n) = \vec{y}_n$ $(n = 1, 2, \ldots)$. Da $\mathbb{D}$ beschränkt ist, ist die Folge $(\vec{x}_n)_{n=1}^{\infty}$ beschränkt. Also existiert nach Satz 6.12 eine konvergente Teilfolge $(\vec{x}_{n_j})_{j=1}^{\infty}$. Wegen der Abgeschlossenheit von $\mathbb{D}$ liegt $\vec{x} := \lim\limits_{j\to\infty} \vec{x}_{n_j}$ in $\mathbb{D}$. Die Stetigkeit von f liefert $\lim\limits_{j\to\infty} f(\vec{x}_{n_j}) = f(\vec{x})$. Wegen $f(\vec{x}_{n_j}) = \vec{y}_{n_j}$ gilt aber $\lim\limits_{j\to\infty} f(\vec{x}_{n_j}) = \vec{y}$, also $\vec{y} = f(\vec{x}) \in f(\mathbb{D})$.
Mit der gleichen Methode (jedoch indirekt) zeigen wir die Beschränktheit von $f(\mathbb{D})$. Wäre $f(\mathbb{D})$ unbeschränkt, würde eine Folge $(\vec{y}_n)_{n=1}^{\infty}$ in $f(\mathbb{D})$ mit $\lim\limits_{n\to\infty} |\vec{y}_n| = +\infty$ existieren. Wählt man wieder eine Folge $(\vec{x}_n)_{n=1}^{\infty} \in \mathbb{D}$ mit $f(\vec{x}_n) = \vec{y}_n$ und eine konvergente Teilfolge $(\vec{x}_{n_j})_{j=1}^{\infty}$ mit $\lim\limits_{j\to\infty} \vec{x}_{n_j} = \vec{x}$, so wäre auch die Bildfolge von $(\vec{x}_{n_j})_{j=1}^{\infty}$, d.h. die Folge $(\vec{y}_{n_j})_{j=1}^{\infty} = \Big(f(\vec{x}_{n_j})\Big)_{j=1}^{\infty}$ konvergent mit Grenzwert $f(\vec{x})$. Insbesondere wäre $(\vec{y}_{n_j})_{j=1}^{\infty}$ als konvergente Folge nach Satz 6.6 b) beschränkt, im Widerspruch zur vorausgesetzten Unbeschränktheit der Folge $(\vec{y}_n)_{n=1}^{\infty}$.

b) Ist f reellwertig, so existieren wegen der Beschränktheit von $f(\mathbb{D})$ die Werte $\sup f(\mathbb{D})$ und $\inf f(\mathbb{D})$ in $\mathbb{R}$. Wegen der Abgeschlossenheit von $f(\mathbb{D})$ liegen diese beiden Werte jedoch in $f(\mathbb{D})$, d.h. es gilt $\sup f(\mathbb{D}) = \max f(\mathbb{D})$ und $\inf f(\mathbb{D}) = \min f(\mathbb{D})$.

c) Sei $(\vec{y}_n)_{n=1}^{\infty}$ eine Folge mit Grenzwert $\vec{y}$. Wir müssen zeigen, dass $\vec{x}_n := f^{-1}(\vec{y}_n)$ gegen $\vec{x} := f^{-1}(\vec{y})$ konvergiert. Wir führen den Beweis indirekt, indem wir annehmen, dass die Folge $(\vec{x}_n)_{n=1}^{\infty}$ *nicht* gegen $\vec{x}$ konvergiert. Dann existiert ein $\varepsilon > 0$, so dass außerhalb von $U_\varepsilon(\vec{x})$ unendlich viele Elemente der Folge $(\vec{x}_n)_{n=1}^{\infty}$ liegen, aus denen wir eine konvergente Teilfolge $(\vec{x}_{n_j})_{j=1}^{\infty}$ auswählen können. Sei $\vec{z} = \lim\limits_{j\to\infty} \vec{x}_{n_j}$. Da die Folge $(\vec{x}_{n_j})_{j=1}^{\infty}$ außerhalb von $U_\varepsilon(\vec{x})$ liegt, muss $\vec{z} \neq \vec{x}$ gelten. Wegen der Stetigkeit von f ergibt sich dann aber

$$f(\vec{z}) = f\Big(\lim_{j\to\infty} \vec{x}_{n_j}\Big) = \lim_{j\to\infty} f(\vec{x}_{n_j}) = \lim_{j\to\infty} \vec{y}_{n_j} = \vec{y} = f(\vec{x}) \ .$$

Daraus folgt wegen der Injektivität von f schon $\vec{x} = \vec{z}$ im Widerspruch zu $\vec{z} \neq \vec{x}$.

d) Wäre f nicht gleichmäßig stetig, so müsste ein $\varepsilon_0 > 0$ existieren, so dass für jedes $\delta > 0$ zwei Punkte $\vec{u}, \vec{v} \in \mathbb{D}$ existieren mit $|\vec{u} - \vec{v}| < \delta$ aber $|f(\vec{u}) - f(\vec{v})| > \varepsilon_0$. Wählt man $\delta = \frac{1}{n}$ $(n = 1, 2, \ldots)$ erhält man zwei Folgen $(\vec{u}_n)_{n=1}^{\infty}$ und $(\vec{v}_n)_{n=1}^{\infty}$ in $\mathbb{D}$ mit $|\vec{u}_n - \vec{v}_n| < \frac{1}{n}$ und $|f(\vec{u}_n) - f(\vec{v}_n)| > \varepsilon_0$.

Da $\mathbb{D}$ beschränkt ist, existiert eine konvergente Teilfolge $(\vec{u}_{n_k})_{k=1}^{\infty}$ von $(\vec{u}_n)_{n=1}^{\infty}$, deren Grenzwert $\vec{x}$ in $\mathbb{D}$ liegt, da $\mathbb{D}$ abgeschlossen ist. Wegen der Ungleichung

$$|\vec{v}_{n_k} - \vec{x}| \leq |\vec{v}_{n_k} - \vec{u}_{n_k}| + |\vec{u}_{n_k} - \vec{x}|$$

konvergiert die Teilfolge $(\vec{v}_{n_k})_{k=1}^{\infty}$ ebenfalls gegen $\vec{x}$. Aus der Stetigkeit von f folgt dann jedoch

$$\lim_{k\to\infty} |f(\vec{u}_{n_k}) - f(\vec{v}_{n_k})| = |f(\vec{x}) - f(\vec{x})| = 0 \quad ,$$

so dass für genügend großes k die Ungleichung $|f(\vec{u}_{n_k}) - f(\vec{v}_{n_k})| < \varepsilon_0$ erfüllt sein muss, im Widerspruch zur Konstruktion der Folgen $(\vec{u}_n)_{n=1}^{\infty}$ und $(\vec{v}_n)_{n=1}^{\infty}$.

■

Bemerkung 6.29

Der gleichmäßige Stetigkeitsbegriff entspricht der heuristischen Vorstellung der Stetigkeit, dass kleine Änderungen im Definitionsbereich kleine Änderungen im Funktionswert hervorrufen und sich daher der Graph der Funktion ohne abzusetzen zeichnen lässt.

Ist der Definitionsbereich der Funktion nicht kompakt, ist eine stetige Funktion i.A. nicht gleichmäßig stetig. So ist $f :]0,1] \to \mathbb{R}$ mit $f(x) = \frac{1}{x}$ zwar stetig, aber nicht gleichmäßig stetig, weil bei einer Annäherung an Null der Abstand zweier x-Werte zwar immer kleiner, der Abstand der zugehörigen Funktionswerte jedoch immer größer wird.

7

... if you don't do the best you can with what you happen to have got, you'll never do the best you might have done with what you should have had.

R. Aris

Differenzierbarkeit

Um sich einen genaueren Überblick über den Verlauf einer gegebenen Funktion, insbesondere über Art und Lage von Extremalpunkten zu verschaffen (*Kurvendiskussion*), reicht der Begriff der Stetigkeit im allgemeinen nicht aus. Hier erweist sich die Differentialrechnung als entscheidendes Hilfsmittel. Dies beschreibt jedoch nur unzureichend die Bedeutung der Differentialrechnung.
Generell interessiert bei Problemen in Naturwissenschaft und Ökonomie nicht nur der funktionale Zusammenhang der Problemvariablen (Input-Output), sondern auch deren wechselseitig verursachte Änderungen. Stellvertretend für solche Probleme, deren Aufzählung sich beliebig fortsetzen lässt, seien die folgenden Fragestellungen angegeben:

- Wie ändert sich auf der Flugbahn eines Objektes die Position, Geschwindigkeit und die Beschleunigung im Laufe der Zeit?

- Wie ändert sich die Nachfrage eines Gutes (und damit der Gewinn des Anbieters), wenn man den Verkaufspreis um einen bestimmten Betrag oder Prozentsatz ändert?

- Um wieviel Prozent verändert sich der Wert einer Aktienoption, wenn der Aktienkurs um einen bestimmten Prozentsatz steigt oder fällt?

Wir wollen zunächst die allgemeine Definition der Differenzierbarkeit anhand von Funktionen in einer Veränderlichen motivieren. Ausgangspunkt sei die Frage nach dem Steigungsverhalten einer vorgegebenen Abbildung $f : \mathbb{R} \to \mathbb{R}^M$ im Punkt x_0.

Da sich das Wachstumsverhalten nichtlinearer Funktionen von Punkt zu Punkt ändert, wird man sinnvollerweise die *Steigung* der *Tangente* im Punkt $(x_0, f(x_0))$ als Steigung der

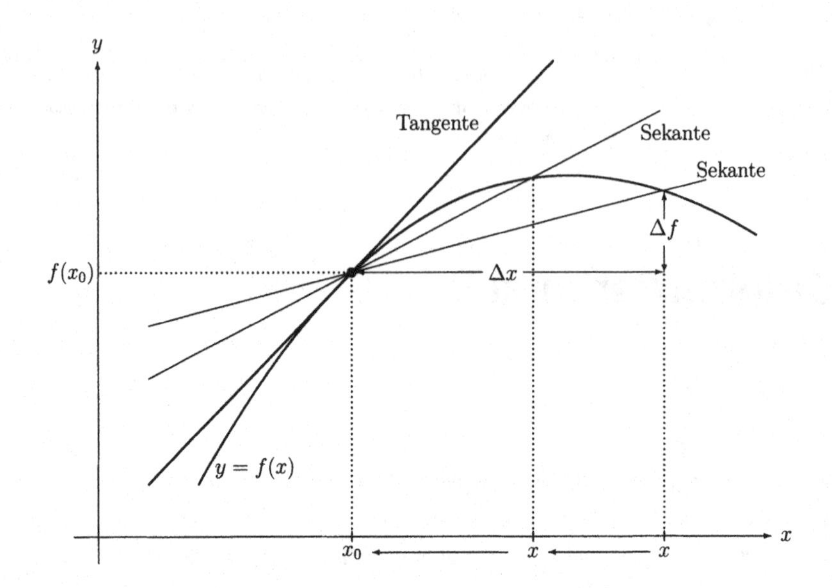

Abbildung 7.1: *Tangente als Grenzwert von Sekanten*

Funktion f im Punkt x_0 definieren. Die Tangente T und damit die Tangentensteigung ℓ wird nun dadurch berechnet, dass man T durch Geraden mit bekannter Steigung annähert. Hierzu wählen wir einen zweiten Punkt x und bestimmen die *Sekante* S durch die beiden Punkte $(x, f(x))$ und $(x_0, f(x_0))$. Die Steigung der Sekante S ergibt sich als Quotient $\frac{\Delta f}{\Delta x}$ der Vertikaländerung $\Delta f = f(x) - f(x_0)$ und der Horizontaländerung $\Delta x = x - x_0$. Man bezeichnet $\frac{\Delta f}{\Delta x}$ auch als *Differenzenquotienten*. Da beim Grenzübergang $x \to x_0$ die Sekante S gegen die Tangente T konvergiert, muss die Steigung der Sekante, d.h. der Differenzenquotient, gegen die Tangentensteigung $\vec{\ell}$ konvergieren[1], d.h. es gilt:

$$\vec{\ell} = \lim_{x \to x_0} \frac{f(x) - f(x_0)}{x - x_0} = \lim_{\Delta x \to 0} \frac{\Delta f}{\Delta x}$$

Diese Überlegungen führen zu folgender Definition.

[1]Daher auch die Bezeichnung *Differentialquotient* für den Grenzwert ℓ.

Definition 7.1

Eine Funktion $f : \mathbb{R} \to \mathbb{R}^M$ heißt *differenzierbar* im Punkt x_0, wenn der Grenzwert

$$\vec{\ell} := \lim_{x \to x_0} \frac{f(x) - f(x_0)}{x - x_0}$$

existiert. $\vec{\ell}$ wird das *Differential* oder die *Ableitung* von f an der Stelle x_0 genannt und man schreibt

$$df(x_0), \quad \frac{df}{dx}(x_0) \quad \text{oder } f'(x_0).$$

Die Abbildung $x \mapsto df(x) = f'(x)$ heißt Differential oder Ableitung von f und man schreibt:

$$df \quad \text{oder } f' .$$

Die Wirkung dieser eindimensionalen Ableitungsdefinition soll mit folgendem Beispiel demonstriert werden.

Beispiel 7.2

i) Das Elementarpolynom $P : \mathbb{R} \to \mathbb{R}$ mit $P(x) = x^n$ ($n \in \mathbb{N}$ fest) ist differenzierbar, und es gilt

$$P'(x) = n \cdot x^{n-1} .$$

Beweis:

Da es sich um eine Funktion in einer Veränderlichen handelt, kann man die Ableitung als Grenzwert des Differenzenquotienten berechnen. Ist $x_0 \in \mathbb{R}$ fest, so folgt mittels Polynomdivision $\frac{x^n - x_0^n}{x - x_0} = \sum_{j=0}^{n-1} x^{n-j-1} \cdot x_0^j$ für alle $x \neq x_0$. Da Polynome stetig sind, d.h. weil Grenzwert- und Funktionsbildung vertauscht werden dürfen, ergibt sich:

$$\begin{aligned} P'(x_0) &= \lim_{x \to x_0} \frac{x^n - x_0^n}{x - x_0} \\ &= \lim_{x \to x_0} \sum_{j=0}^{n-1} x^{n-j-1} \cdot x_0^j \\ &\overset{\text{Stetigkeit}}{=} \sum_{j=0}^{n-1} x_0^{n-j-1} \cdot x_0^j \\ &= n x_0^{n-1}. \end{aligned}$$

■

ii) Ist $p \geq 2$ eine natürliche Zahl, so ist die Wurzelfunktion $f : x \mapsto \sqrt[p]{x} = x^{\frac{1}{p}}$ auf $\mathbb{R}_+$ (für ungerade p auf $\mathbb{R} \setminus \{0\}$) differenzierbar, und es gilt

$$\frac{d}{dx}\left(x^{\frac{1}{p}}\right) = \frac{1}{p} \cdot x^{\frac{1}{p}-1} = \frac{1}{p\sqrt[p]{x^{p-1}}} .$$

Beweis:

Ist $x_0 \in \mathbb{R}$ fest, so gilt für alle x die schon in Satz 6.9 e) verwendete Relation

$$\frac{x - x_0}{\sqrt[p]{x} - \sqrt[p]{x_0}} = \sum_{j=0}^{p-1} \sqrt[p]{x^{p-1-j} x_0^j} .$$

Wegen der Stetigkeit der Wurzelfunktion folgt daraus

$$\begin{aligned}
\lim_{x \to x_0} \frac{\sqrt[p]{x} - \sqrt[p]{x_0}}{x - x_0} &= \lim_{x \to x_0} \frac{1}{\sum\limits_{j=0}^{p-1} \sqrt[p]{x^{p-1-j} x_0^j}} \\
&\overset{\text{Stetigkeit}}{=} \frac{1}{\sum\limits_{j=0}^{p-1} \sqrt[p]{x_0^{p-1-j} x_0^j}} \\
&= \frac{1}{p\sqrt[p]{x_0^{p-1}}} = \frac{1}{p} \cdot x^{\frac{1}{p}-1} .
\end{aligned}$$

■

iii) $f : \mathbb{R} \to \mathbb{R}$ mit $x \mapsto \mathrm{e}^x$ ist differenzierbar, und es gilt:

$$f'(x) = \mathrm{e}^x .$$

Beweis:

Wir müssen $\lim\limits_{x \to x_0} \frac{\mathrm{e}^x - \mathrm{e}^{x_0}}{x - x_0} = \mathrm{e}^{x_0}$ zeigen oder nach Satz 6.21 äquivalent hierzu, dass für jede gegen x_0 konvergente Folge $(x_n)_{n=1}^{\infty}$ die Aussage

$$\lim_{n \to \infty} \frac{\mathrm{e}^{x_n} - \mathrm{e}^{x_0}}{x_n - x_0} = \mathrm{e}^{x_0}$$

gilt. Sei daher $(x_n)_{n=1}^{\infty}$ eine gegen x_0 konvergente Zahlenfolge. Dann erfüllt die Folge $(z_n)_{n=1}^{\infty}$, mit $z_n := \mathrm{e}^{x_n - x_0} - 1$, die Voraussetzungen von Beispiel 6.27, und es gilt:

$$\lim_{n \to \infty} \frac{\mathrm{e}^{x_n} - \mathrm{e}^{x_0}}{x_n - x_0} = \mathrm{e}^{x_0} \cdot \lim_{n \to \infty} \frac{\mathrm{e}^{x_n - x_0} - 1}{x_n - x_0} = \mathrm{e}^{x_0} \cdot \lim_{n \to \infty} \frac{z_n}{\ln(1 + z_n)} \overset{6.27}{=} \mathrm{e}^{x_0} \cdot 1$$

■

Bemerkung 7.3

Analog zum links- und rechtsseitigen Grenzwert können auch eine *links-* und eine *rechtsseitige* Ableitung f'_- bzw. f'_+ definiert werden[2]. Man erhält

$$f'_{\pm}(x_0) := \lim_{x \to x_0^{\pm}} \frac{f(x) - f(x_0)}{x - x_0}$$

f ist genau dann in x_0 differenzierbar, wenn $f'_-(x_0) = f'_+(x_0)$ gilt.

Nachteilig an Definition 7.1 ist, dass sie nicht auf Abbildungen in mehreren Veränderlichen übertragen werden kann. In diesem Fall kann nämlich der formal analoge Differenzenquotient $\frac{f(\vec{x}) - f(\vec{x}_0)}{\vec{x} - \vec{x}_0}$ nicht gebildet werden, da der Nenner ein Vektor ist. Der folgende Satz bietet jedoch die Möglichkeit, Definition 7.1 auch auf diesen Fall zu übertragen. Eine kleine Umformung zeigt, dass $\vec{\ell} = f'(x_0)$ äquivalent bestimmt ist durch die Forderung

$$\lim_{x \to x_0} \frac{|f(x) - [f(x_0) + \vec{\ell} \cdot (x - x_0)]|}{|x - x_0|} = 0\,.$$

Man erhält damit folgende alternative Ableitungsdefinition.

Satz 7.4

Eine Funktion $f : \mathbb{R} \to \mathbb{R}^M$ ist im Punkt x_0 genau dann differenzierbar, wenn ein Vektor $\vec{\ell}$ existiert, mit

$$\lim_{x \to x_0} \frac{\left|f(x) - \left[f(x_0) + \vec{\ell} \cdot (x - x_0)\right]\right|}{|x - x_0|} = 0\,. \tag{7.1}$$

Es ist $\vec{\ell} = f'(x_0)$.

Bemerkung 7.5

Man beachte, dass die in Formel (7.1) von Satz 7.4 auftauchende Funktion

$$x \mapsto f(x_0) + f'(x_0) \cdot (x - x_0)$$

die Tangentengleichung darstellt.

Diese Charakterisierung der Ableitung lässt sich im Gegensatz zur ursprünglichen Definition auch auf Funktionen in mehreren Veränderlichen übertragen.

---

[2] Im Mehrdimensionalen spricht man von *Richtungsableitungen*. Siehe hierzu Definition 7.12.

Definition 7.6

Sei $\mathbb{D}$ eine Teilmenge des $\mathbb{R}^N$ und sei $f : \mathbb{D} \to \mathbb{R}^M$ eine Abbildung. f heißt in einem Punkt $\vec{x}_0$ des Definitionsbereiches *(total) differenzierbar*, wenn eine $(M \times N)$-Matrix L existiert mit der Eigenschaft

$$\lim_{\vec{x} \to \vec{x}_0} \frac{\left|f(\vec{x}) - [f(\vec{x}_0) + L \cdot (\vec{x} - \vec{x}_0)]\right|}{|\vec{x} - \vec{x}_0|} = 0 .$$

L ist dadurch eindeutig bestimmt und heißt das *Differential* oder die *Ableitung von f an der Stelle $\vec{x}_0$*. Wegen der Abhängigkeit von $\vec{x}_0$ sind folgende Schreibweisen für L üblich:

$$f'(\vec{x}_0)\ ,\ Df(\vec{x}_0)\ ,\ df(\vec{x}_0)\ ,\ \frac{df}{d\vec{x}}(\vec{x}_0)$$

Die Abbildungsvorschrift $\vec{x} \mapsto f'(\vec{x})$ heißt *Ableitung* oder *totales Differential von f* und wird mit f', Df oder df bezeichnet. Ist f' stetig, so heißt f *stetig differenzierbar*.

Bemerkung 7.7

i) $Df(\vec{x}_0)$ wird auch als *Ableitungsmatrix* (*Jacobi*- oder *Funktionalmatrix*) von f im Punkt $\vec{x}_0$ bezeichnet. Wie schon in Beispiel 4.29 gesehen, können wir die $(M \times N)$-Matrix $L = f'(\vec{x}_0) = Df(\vec{x}_0)$ als lineare Abbildung von $\mathbb{R}^N$ nach $\mathbb{R}^M$ auffassen, die wir ebenfalls mit L bezeichnen. Je nach Bedarf werden wir in diesem Kapitel die Matrixdarstellung $L \cdot \vec{x}$ oder die Abbildungsschreibweise $L(\vec{x})$ verwenden.

   Nachteilig an Definition 7.6 ist, dass die Ableitungsmatrix nur implizit gegeben ist und sich nicht wie in der klassischen Definition 7.1 direkt als Grenzwert berechnen lässt. Eine der im Folgenden zu klärenden Fragen ist daher, wie die insgesamt $M \cdot N$ Elemente der Ableitungsmatrix $L = f'(\vec{x}_0)$ berechnet werden können.

ii) In den Spezialfällen $M = 1$ bzw. $N = 1$ liefert f' als Werte $(1 \times N)$ bzw. $(M \times 1)$-Matrizen, d.h. Werte im $\mathbb{R}^N$ (Zeilenvektoren) bzw. Werte im $\mathbb{R}^M$ (Spaltenvektoren). Ist $M = N = 1$ liefert f' als Werte (1×1)-Matrizen, also reelle Zahlen. Man erhält in diesem Fall die eindimensionale Ableitung, aus Definition 7.1.

iii) Setzt man $R(\vec{x}) := \dfrac{f(\vec{x}) - [f(\vec{x}_0) + f'(\vec{x}_0) \cdot (\vec{x} - \vec{x}_0)]}{|\vec{x} - \vec{x}_0|}$, so ergibt Definition 7.6

$$f(\vec{x}) = f(\vec{x}_0) + f'(\vec{x}_0) \cdot (\vec{x} - \vec{x}_0) + |\vec{x} - \vec{x}_0| \cdot R(\vec{x})\ , \tag{7.2}$$

   wobei der Restterm $R(\vec{x})$ die Eigenschaft $\lim\limits_{\vec{x} \to \vec{x}_0} R(\vec{x}) = \vec{0}$ hat. Daraus lässt sich sofort ablesen, dass aus der Differenzierbarkeit von f im Punkt $\vec{x}_0$ die Stetigkeit von f in $\vec{x}_0$ folgt. Außerdem zeigt Gleichung 7.2, dass die Tangentialebene T im Punkt

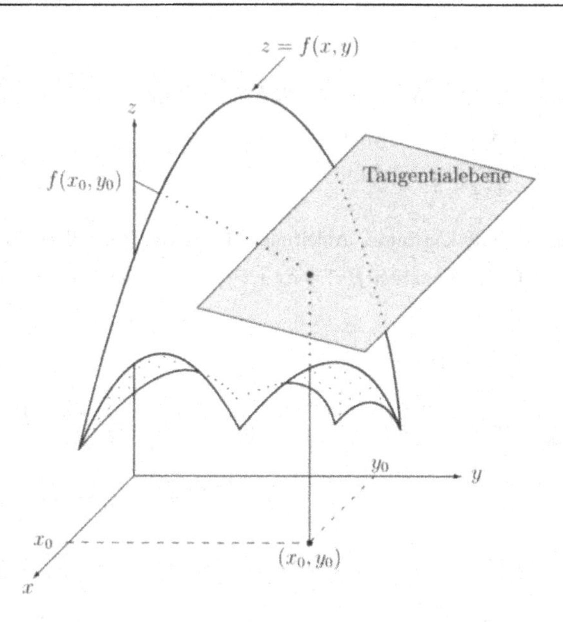

Abbildung 7.2: *Tangentialebene im Punkt* $(x_0, y_0, f(x_0, y_0))$ *des Graphen einer Funktion* $f : \mathbb{R}^2 \to \mathbb{R}$

$(\vec{x}_0, f(\vec{x}_0))$ des Graphen von f, d.h. die Funktion

$$T : \vec{x} \mapsto f(\vec{x}_0) + f'(\vec{x}_0) \cdot (\vec{x} - \vec{x}_0)$$

in kleinen Umgebungen des Punktes $\vec{x}_0$ eine Approximation für die Abbildung f ist, da dann $|\vec{x} - \vec{x}_0| \cdot R(\vec{x})$ betragsmäßig sehr klein ist (siehe Abbildung 7.2). Die Komponenten des Vektors $f'(\vec{x}_0) \in \mathbb{R}^N$ geben im Fall $M = 1$ die zur vollständigen Darstellung von T noch fehlenden N Steigungsgrößen an (siehe Abbildung 7.3).

iv) Wegen $f'(x_0) = \lim\limits_{\Delta x \to 0} \frac{\Delta f}{\Delta x}$ beschreibt im Fall einer Veränderlichen ($N = 1$) die Ableitung $f'(x_0)$ in erster Näherung das Änderungsverhalten der Funktion f. D.h., ändert man x um eine infinitesimale (marginale) Einheit ($\Delta x = 1$), ergibt sich für f eine Änderung von $\Delta f = f'(x_0) \cdot \Delta x = f'(x_0)$ infinitesimalen Einheiten (Man beachte hierzu auch den folgenden Abschnitt über Elastizität.).

Das folgende Beispiel lässt schon vermuten, dass die mehrdimensionale Ableitung dieselben Eigenschaften wie die (aus der Schule bekannte) eindimensionale Ableitung besitzt.

Beispiel 7.8

i) Seien A eine $(M \times N)$-Matrix und $\vec{b} \in \mathbb{R}^M$ fest vorgegeben. Dann ist die affin-lineare Abbildung $f : \mathbb{R}^N \to \mathbb{R}^M$, definiert durch

$$f(\vec{x}) := A \cdot \vec{x} + \vec{b}$$

differenzierbar mit konstanter Ableitung $f'(\vec{x}) = A$. Speziell ergibt sich im Fall $M = N = 1$ für die Funktion $f(x) = ax + b$ $(a, b \in \mathbb{R})$ die Ableitung $f'(x) = a$.

Beweis:

Ist $\vec{x}_0 \in \mathbb{R}^N$ fest, so gilt:

$$\lim_{\vec{x} \to \vec{x}_0} \frac{|f(\vec{x}) - f(\vec{x}_0) - A(\vec{x} - \vec{x}_0)|}{|\vec{x} - \vec{x}_0|} = \lim_{\vec{x} \to \vec{x}_0} \frac{|A \cdot \vec{x} + \vec{b} - [A \cdot \vec{x}_0 + \vec{b}] - A(\vec{x} - \vec{x}_0)|}{|\vec{x} - \vec{x}_0|}$$

$$= \lim_{\vec{x} \to \vec{x}_0} \frac{|A \cdot \vec{x} - A \cdot \vec{x}_0 - A(\vec{x} - \vec{x}_0)|}{|\vec{x} - \vec{x}_0|} = 0$$

■

ii) Sei $f : \mathbb{R}^N \to \mathbb{R}^M$ eine differenzierbare Abbildung. Sind $\vec{a}, \vec{b} \in \mathbb{R}^N$ fest vorgegeben, so ist die Abbildung $g : \mathbb{R} \to \mathbb{R}^M$ mit $t \mapsto f(t\vec{a} + (1-t)\vec{b}\,)$ differenzierbar mit[3]

$$g'(t) = f'(t\vec{a} + (1-t)\vec{b}\,) \cdot (\vec{a} - \vec{b}\,) .$$

Beweis:

Für $t_0 \in \mathbb{R}$ definieren wir $\vec{x} := t\vec{a} + (1-t)\vec{b}$ und $\vec{x}_0 := t_0\vec{a} + (1-t_0)\vec{b}$. Dann gilt

$$(\vec{a} - \vec{b}\,) \cdot (t - t_0) = \vec{x} - \vec{x}_0 \quad \text{bzw.} \quad |t - t_0| = \frac{|\vec{x} - \vec{x}_0|}{|\vec{a} - \vec{b}|} .$$

Dies liefert:

$$\lim_{t \to t_0} \frac{|g(t) - g(t_0) - f'(t_0\vec{a} + (1-t_0)\vec{b})(\vec{a} - \vec{b}\,)(t - t_0)|}{|t - t_0|}$$

$$= \lim_{t \to t_0} \frac{|f(\vec{x}) - f(\vec{x}_0) - f'(\vec{x}_0)(\vec{x} - \vec{x}_0)|}{|t - t_0|}$$

$$= |\vec{a} - \vec{b}| \cdot \lim_{\vec{x} \to \vec{x}_0} \frac{|f(\vec{x}) - f(\vec{x}_0) - f'(\vec{x}_0)(\vec{x} - \vec{x}_0)|}{|\vec{x} - \vec{x}_0|}$$

Nach Definition von $f'(\vec{x}_0)$ ist der letzte Grenzwert gleich 0.

■

[3]Diese Aussage wird in den Sätzen 7.15 und 7.31 benötigt und ist ein Spezialfall der Kettenregel 7.22.

Als Anwendung der Differentialrechnung führen wir den Begriff der *Elastizität* ein. Wir verfolgen dabei die Frage, wie eine Funktion $f : \mathbb{R} \to \mathbb{R}$ auf eine Veränderung des Inputs reagiert, d.h. welcher Änderung Δf unterliegt die Funktion f, wenn der betrachtete Eingangswert x_0 um Δx geändert wird. Fasst man Δx als Ungenauigkeit beim Messen der Größe x_0 auf, gibt Δf den Ausgabefehler der Funktion f an, der durch den Eingangsfehler Δx hervorgerufen wird. Interpretiert man Δx (im Sinne einer Steuerung) als gezielte Änderung, stellt Δf die „Reaktion" dar, mit der f auf die Änderung von x_0 „antwortet".
Bei dieser Fragestellung müssen wir zunächst zwischen den absoluten und den relativen Änderungen unterscheiden. Ist x ein Näherungswert für x_0, wird $\Delta x = x - x_0$ als ***absolute*** und $\frac{\Delta x}{x}$ als *relative* oder *prozentuale Änderung (Fehler)* von x bezeichnet. Entsprechend ist $\Delta f = f(x) - f(x_0)$ die ***absolute*** und $\frac{\Delta f}{f(x)}$ die *relative Änderung (Fehler)* von f.
Ist Δx klein stimmen Differenzenquotient und Ableitung (als Grenzwert $\Delta x \to 0$!) nahezu überein, so dass näherungsweise gilt

$$\frac{\Delta f}{\Delta x} = f'(x_0) \quad \text{bzw.} \quad \Delta f = f'(x_0) \cdot \Delta x \,. \tag{7.3}$$

Daher ist $f'(x_0)$ ein Maß für die Änderungsrate der Funktion. Sie gibt an, welche Outputänderung Δf die Inputänderung Δx hervor ruft. Um zu betonen, dass Gleichung (7.3) nur für infinitesimal kleine Δx gilt, verwendet man oft die Differentialschreibweise

$$df = f'(x_0) \cdot dx \tag{7.4}$$

f' ist als dimensionsabhängige Größe nur bedingt als Änderungsmaß geeignet. Betrachtet man z.B. die Nachfragefunktion $N(p) = 10 - p$, wobei p den Preis in Euro und N die nachgefragte Menge in Kilogramm angibt, so ist $N'(p) = -1$. Gibt man die nachgefragte Menge in Gramm an, erhält man -1000 als Ableitung. Um eine einheitenunabhängige Maßzahl für das Änderungsverhalten zu haben, ist daher nicht der Quotient der absoluten Änderungen $\frac{\Delta f}{\Delta x}$, sondern der Quotient der relativen Änderungen $\frac{\Delta f / f(x)}{\Delta x / x}$ zu wählen[4].

Definition 7.9

Sei f eine in $x \in \mathbb{R}$ differenzierbare Funktion mit $f(x) \neq 0$. Dann heißt

$$\epsilon_f(x) := \lim_{\Delta x \to 0} \frac{\Delta f / f(x)}{\Delta x / x} = x \cdot \frac{f'(x)}{f(x)}$$

die *Elastizität* der Funktion f in x. $\epsilon_f(x)$ ist einheitenunabhängig und gibt in erster Näherung an, um wieviel Prozent sich f ändert, wenn x um 1% geändert wird[5].

[4] In diesem Sinn wird hierdurch eine dimensionsunabhängige Ableitung definiert.

[5] In der Fehlerrechnung spricht man von *Konditionszahl* statt von Elastizität.

Bemerkung 7.10

i) In ökonomischen Anwendungen heißt f im Punkt x

- *elastisch*, wenn $|\epsilon_f(x)| > 1$ gilt,
- 1-*elastisch*, wenn $|\epsilon_f(x)| = 1$ gilt,
- *unelastisch*, wenn $|\epsilon_f(x)| < 1$ gilt.

Elastizität bedeutet, dass Preisänderungen verstärkte Nachfragereaktionen hervorrufen (z.B. bei nicht lebensnotwendigen substituierbaren Gütern[6], wie Genussmitteln), während unelastische Funktionen abgeschwächte Nachfragereaktionen auslösen (z.B. bei wenig entbehrlichen, kaum substituierbaren Gütern, wie Brot).

ii) Aus den später noch hergeleiteten Ableitungsregeln (Produktregel, Kettenregel u.s.w.) ergeben sich folgende Rechenregeln für die Elastizität (f und g seien hierbei differenzierbare Funktionen in einer Veränderlichen mit $f(x) \neq 0$, $g(x) \neq 0$)

- $\epsilon_{\lambda f}(x) = \epsilon_f(x)$, wobei $\lambda \in \mathbb{R}$ konstant
- $\epsilon_{f+g}(x) = \dfrac{f(x)\epsilon_f(x) + g(x)\epsilon_g(x)}{f(x) + g(x)}$
- $\epsilon_{f \cdot g}(x) = \epsilon_f(x) + \epsilon_g(x)$
- $\epsilon_{\frac{f}{g}}(x) = \epsilon_f(x) - \epsilon_g(x)$
- $\epsilon_{g \circ f}(x) = \epsilon_g[f(x)] \cdot \epsilon_f(x)$
- $\epsilon_{f^{-1}}(y) = \dfrac{1}{\epsilon_f(x)}$, wobei $y = f(x)$.

iii) Mit den Rechenregeln aus Teil ii) lässt sich die sog. *Amoroso-Robinson-Relation* beweisen, die einen Zusammenhang zwischen Elastizität ϵ_f, Durchschnittsfunktion $\overline{f}(x) := \frac{1}{x} \cdot f(x)$ und Grenzfunktion $f'(x)$ liefert, nämlich

$$f' = \overline{f} \cdot \epsilon_f = \overline{f} \cdot (1 + \epsilon_{\overline{f}}) \ .$$

Ist speziell $f(x) = E(x)$ eine Erlösfunktion, so gilt mit $p = p(x)$ bzw. $x = p^{-1}(p)$

$$E(x) = x \cdot p(x) \ , \ \overline{E} = \frac{1}{x} \cdot E(x) = p(x) \ , \ \epsilon_p(x) = \frac{1}{\epsilon_x(p)}$$

[6]Siehe hierzu Kapitel 9, Abschnitt 9.3.

und daher

$$E'(x) = p(x) \cdot \left(1 + \frac{1}{\epsilon_x(p)}\right) .$$

Der folgende Satz zeigt, dass es bei Differenzierbarkeitsuntersuchungen genügt, reellwertige Abbildungen zu betrachten.

Satz 7.11

Sei $f : \mathbb{D} \to \mathbb{R}^M$ eine Abbildung mit $\mathbb{D} \subset \mathbb{R}^N$ und $f(\vec{x}) = \big(f_1(\vec{x}), f_2(\vec{x}), \ldots, f_M(\vec{x})\big)$. f ist genau dann differenzierbar, wenn alle Komponentenfunktionen $f_1, \ldots, f_M$ differenzierbar sind, und es gilt

$$f'(\vec{x}) = \big(f_1'(\vec{x}), \ldots, f_M'(\vec{x})\big)^T \quad \text{für alle } \vec{x} \in \mathbb{D} .$$

Beweis:

Sind $L_1, \ldots, L_M$ die Zeilen der $(M \times N)$-Matrix L, so gilt für jeden Spaltenvektor $\vec{z} \in \mathbb{R}^N$ die Gleichung $L \cdot \vec{z} = \big(L_1 \cdot \vec{z}, \ldots, L_M \cdot \vec{z}\big)^T$. Setzt man $\vec{z} = \vec{x} - \vec{x}_0$ und beachtet, dass nach Satz 6.6 a) Grenzwerte komponentenweise berechnet werden, ergibt sich:

$$\lim_{\vec{x} \to \vec{x}_0} \frac{f(\vec{x}) - [f(\vec{x}_0) + L \cdot (\vec{x} - \vec{x}_0)]}{|\vec{x} - \vec{x}_0|} = \begin{pmatrix} \lim\limits_{\vec{x} \to \vec{x}_0} \frac{f_1(\vec{x}) - [f_1(\vec{x}_0) + L_1 \cdot (\vec{x} - \vec{x}_0)]}{|\vec{x} - \vec{x}_0|} \\ \vdots \\ \lim\limits_{\vec{x} \to \vec{x}_0} \frac{f_M(\vec{x}) - [f_M(\vec{x}_0) + L_M \cdot (\vec{x} - \vec{x}_0)]}{|\vec{x} - \vec{x}_0|} \end{pmatrix} .$$

Damit folgt die Behauptung aus der Ableitungsdefinition 7.6.

■

Nach wie vor bleibt zu klären, wie man in konkreten Fällen die Ableitungsmatrix berechnet. Bei dieser Frage erweist sich der Begriff der *partiellen Ableitung* als entscheidend. Man differenziert die vorgegebene Abbildung f nach nur einer Variablen, indem man alle anderen Größen als konstant betrachtet und so künstlich eine Funktion in einer Veränderlichen erzeugt[7]. Diese Ableitungswerte liefern das Steigungsverhalten von f in Richtung der Koordinatenachsen $x_1, \ldots, x_N$ (siehe Abbildung 7.3). Satz 7.17 zeigt dann, dass die gesuchte Ableitung f' gerade die Matrix aller partiellen Ableitungen ist.

Die partielle Ableitung ist eine spezielle Richtungsableitung, bei der man sich *im* Definitionsbereich ausschließlich auf einer Geraden bewegt. Schränkt man die vorgegebene Funktion f auf diese Gerade ein, entsteht eine Abbildung in einer Veränderlichen, da

[7] Ökonomen sprechen von *ceteris paribus* Betrachtungen.

der eingeschränkte Definitionsbereich (die Gerade!) 1-dimensional ist. Die Steigung dieser Funktion kann nun mit Hilfe des Differenzenquotienten berechnet werden.
Die Funktionsgleichung einer Gerade durch den Punkt $\vec{x}_0$ in Richtung $\vec{v}$ lautet

$$t \mapsto \vec{x}_0 + t \cdot \vec{v} \, .$$

Schränkt man f auf diese Gerade ein, ergibt sich die Funktion

$$t \mapsto f(\vec{x}_0 + t \cdot \vec{v}) \, ,$$

deren Ableitung die Steigung von f in Richtung $\vec{v}$ angibt. Es resultiert folgende Definition.

Definition 7.12

Sei $f : \mathbb{D} \to \mathbb{R}^M$ eine Abbildung in N Veränderlichen auf der offenen Menge $\mathbb{D} \subset \mathbb{R}^N$. Ist $\vec{v}$ ein Richtungsvektor im Definitionsbereich, d.h. gilt $\vec{v} \in \mathbb{R}^N$ mit $|\vec{v}| = 1$, so definieren wir die *Richtungsableitung* von f im Punkt $\vec{x}_0$ in Richtung $\vec{v}$ durch[8]

$$(D_{\vec{v}} f)(\vec{x}_0) := \lim_{t \to 0} \frac{f(\vec{x}_0 + t \cdot \vec{v}) - f(\vec{x}_0)}{t} .$$

$D_{\vec{v}} f$ ist ein M-dimensionaler Vektor, dessen Komponenten das Steigungsverhalten von f im Punkt $\vec{x}_0$ in Richtung $\vec{v}$ beschreiben (siehe Abbildung 7.3 für $N = 2$, $M = 1$.).
Zeigt $\vec{v}$ speziell in Richtung der Koordinatenachse x_j, d.h. ist $\vec{v}$ der j-te kanonische Basisvektor $\vec{e}_j$, spricht man von der *partiellen Ableitung nach der j-ten Variablen* und schreibt[9]

$$(D_j f)(\vec{x}_0) \, , \quad \frac{\partial f}{\partial x_j}(\vec{x}_0) \quad \text{oder} \quad f_{x_j}(\vec{x}_0) \, .$$

Die $(M \times N)$-Matrix aller partiellen Ableitungen $(D_j f)(\vec{x}_0)$ $(j = 1, \ldots, N)$

$$\left((D_1 f)^T(\vec{x}_0), \ldots, (D_N f)^T(\vec{x}_0)\right) = \begin{pmatrix} D_1 f_1(\vec{x}_0) & , D_2 f_1(\vec{x}_0) & , \ldots , & D_N f_1(\vec{x}_0) \\ D_1 f_2(\vec{x}_0) & , D_2 f_2(\vec{x}_0) & , \ldots , & D_N f_2(\vec{x}_0) \\ \vdots & \vdots & \ddots & \vdots \\ D_1 f_M(\vec{x}_0) & , D_2 f_M(\vec{x}_0) & , \ldots , & D_N f_M(\vec{x}_0) \end{pmatrix}$$

heißt der *Gradient von f im Punkt $\vec{x}_0$* und wird mit $\operatorname{grad} f(\vec{x}_0)$ oder $\nabla f(\vec{x}_0)$ bezeichnet[10].

---

[8] Für $|\vec{v}| \neq 1$ lautet der Differenzenquotient $\frac{f(\vec{x}_0 + t \cdot \vec{v}) - f(\vec{x}_0)}{t \cdot |\vec{v}|}$.

[9] Vorzuziehen ist die Notation $D_j f$, weil sie unabhängig von der Variablenbezeichnung ist und so unnötige Schwierigkeiten beim Differenzieren vermieden werden.

[10] Die Unterscheidung zwischen Gradient und Ableitung ist erforderlich, weil i.A. aus der partiellen Differenzierbarkeit *nicht* die totale Differenzierbarkeit folgt (siehe Satz 7.17).

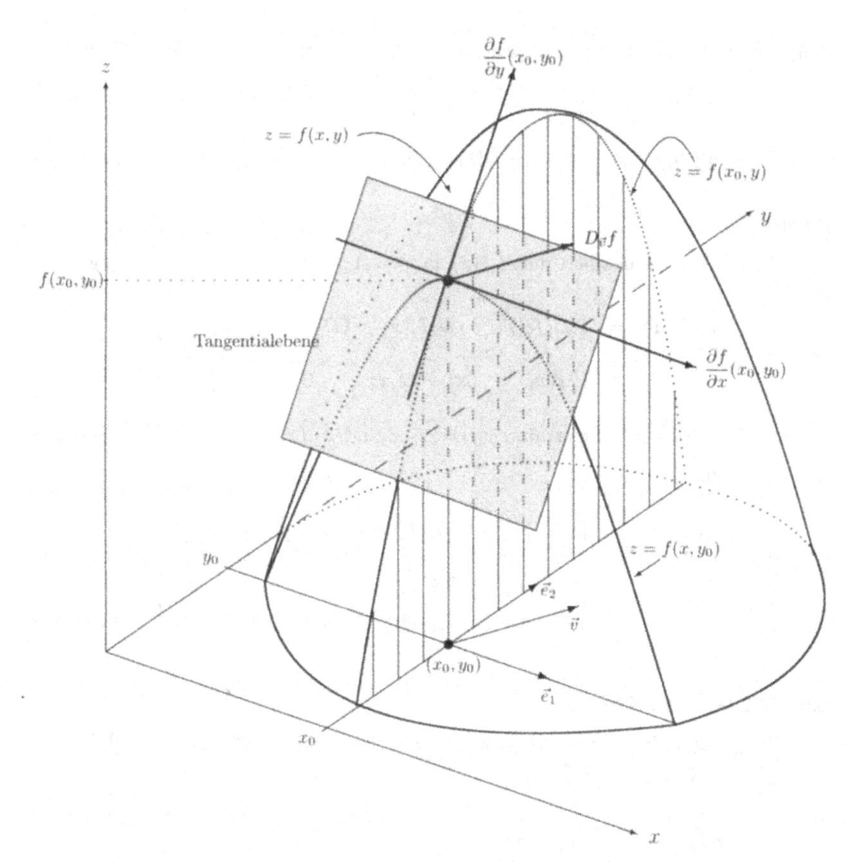

Abbildung 7.3: *Partielle Ableitungen einer Funktion in zwei Veränderlichen x, y.*

Bemerkung 7.13

i) Es sei nochmals darauf hingewiesen, dass die Richtungsableitung $D_{\vec{v}}f$ der Abbildung $f : \mathbb{R}^N \to \mathbb{R}^M$ ein M-dimensionaler Vektor ist. Die M Komponenten dieses Vektors beschreiben das Steigungsverhalten der M Komponentenfunktionen von f in Richtung $\vec{v}$. Der Gradient der Abbildung $f : \mathbb{R}^N \to \mathbb{R}^M$ ist eine $(M \times N)$-Matrix, deren Komponenten das Steigungsverhalten der M Komponentenfunktionen von f in Richtung der Basisvektoren $\vec{e}_1, \ldots, \vec{e}_N$ beschreiben. Im häufig anzutreffenden Spezialfall $M = 1$ ist die Richtungsableitung eine reelle Zahl und der Gradient ein N-dimensionaler Vektor. Man beachte hierzu Abbildung 7.3 und Beispiel 7.14.

ii) Sofern existent, lassen sich auch partielle Ableitungen höherer Ordnung bilden, z.B.:

$$\begin{aligned} D_i D_j f &= \frac{\partial^2 f}{\partial x_i \partial x_j} = D_i(D_j f) \\ D_i^2 D_j f &= \frac{\partial^3 f}{\partial x_i^2 \partial x_j} = D_i(D_i(D_j f)) \end{aligned}$$

Beispiel 7.14

i) $f : \mathbb{R}^4 \to \mathbb{R}$ sei definiert durch $f(x_1, x_2, x_3, x_4) := x_1^2 x_4 + x_2^3 + x_4 x_2^2$. Dann gilt

$$\begin{aligned} (\nabla f)(\vec{x}) &= \big((D_1 f)(\vec{x}) \,,\, (D_2 f)(\vec{x}) \,,\, (D_3 f)(\vec{x}) \,,\, (D_4 f)(\vec{x})\big) \\ &= \big(2x_1 x_4 \,,\, 3x_2^2 + 2x_2 x_4 \,,\, 0 \,,\, x_1^2 + x_2^2\big) \end{aligned}$$

ii) $f : \mathbb{R}^4 \to \mathbb{R}^2$ sei definiert durch $f(x_1, x_2, x_3, x_4) := (x_1^2 x_4 + x_2^3 + x_4 x_2^2 \,,\, x_1 x_2 x_3 e^{x_4})$. Dann gilt

$$\begin{aligned} (\nabla f)(\vec{x}) &= \Big((D_1 f)^T(\vec{x}) \,,\, (D_2 f)^T(\vec{x}) \,,\, (D_3 f)^T(\vec{x}) \,,\, (D_4 f)^T(\vec{x}) \Big) \\ &= \begin{pmatrix} 2x_1 x_4 \,, & 3x_2^2 + 2x_2 x_4 \,, & 0 \,, & x_1^2 + x_2^2 \\ x_2 x_3 e^{x_4} \,, & x_1 x_3 e^{x_4} \,, & x_1 x_2 e^{x_4} \,, & x_1 x_2 x_3 e^{x_4} \end{pmatrix} \end{aligned}$$

Satz 7.15 (Mittelwertsatz)

a) Sei $f : \mathbb{D} \to \mathbb{R}$ differenzierbar, wobei $\mathbb{D} \subset \mathbb{R}^N$ offen und konvex ist. Sind $\vec{a}, \vec{b} \in \mathbb{D}$, so existiert ein $\vec{\xi} \in [\vec{a}, \vec{b}]$ mit

$$f(\vec{b}) - f(\vec{a}) = f'(\vec{\xi}) \cdot (\vec{b} - \vec{a}) \,.$$

b) Sei $f : \mathbb{D} \to \mathbb{R}^M$ differenzierbar, wobei $\mathbb{D} \subset \mathbb{R}^N$ offen und konvex ist. Sind $\vec{a}, \vec{b} \in \mathbb{D}$, so existiert ein $\vec{\xi} \in [\vec{a}, \vec{b}]$ mit

$$\left| f(\vec{b}) - f(\vec{a}) \right| \le \left| f'(\vec{\xi}) \cdot (\vec{b} - \vec{a}) \right| \,.$$

Beweis:

a) Wir beweisen diesen Teil zunächst unter der Voraussetzung $\mathbb{D} \subset \mathbb{R}$ und führen alle anderen Aussagen darauf zurück.
Gelte zunächst $a, b \in \mathbb{D} \subset \mathbb{R}$. Wir definieren die Funktion $h : [a, b] \to \mathbb{R}$, durch

$$h(t) := [f(b) - f(a)] \cdot t - (b - a) \cdot f(t) \quad .$$

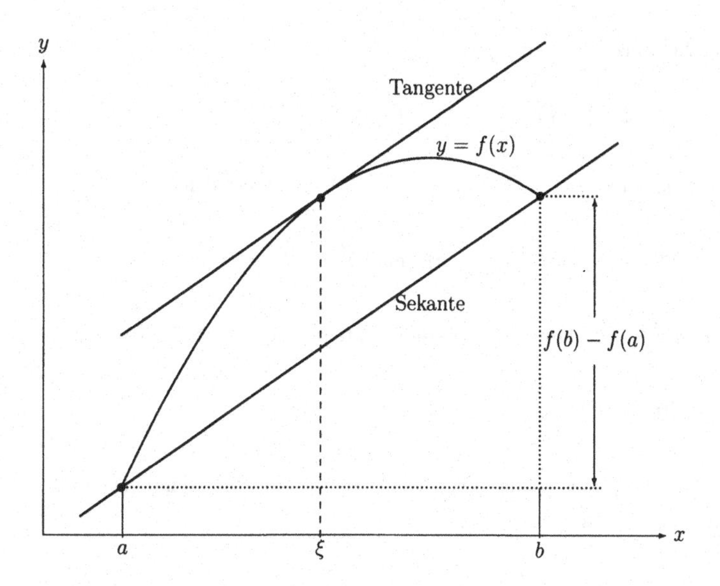

Abbildung 7.4: *Mittelwertsatz der Differentialrechnung*

h ist differenzierbar auf $[a, b]$, und es gilt

$$h(a) = a \cdot f(b) - b \cdot f(a) = h(b) .$$

Wir zeigen nun, dass $h'(\xi) = 0$ für ein $\xi \in [a, b]$ gilt.

Ist h konstant, gilt dies für alle $\xi \in [a, b]$. Andernfalls nimmt h nach Satz 6.28 als stetige Funktion wegen $h(a) = h(b)$ in einem Punkt $\xi \in]a, b[$ sein Maximum an. Da der Differenzenquotient $\frac{h(t) - h(\xi)}{t - \xi}$ an dieser Stelle sein Vorzeichen ändert, folgt

$$h'(\xi) = 0 .$$

Ist nun $\mathbb{D} \subset \mathbb{R}^N$ und sind $\vec{a}, \vec{b} \in \mathbb{D}$, so betrachte man die Abbildung $g : [0, 1] \to \mathbb{R}$, definiert durch

$$g(t) := f(t \cdot \vec{b} + (1 - t) \cdot \vec{a}) .$$

g erfüllt die Voraussetzungen des gerade bewiesenen eindimensionalen Mittelwertsatzes. Also existiert ein $s \in [0, 1]$ mit

$$g(1) - g(0) = g'(s) .$$

Nach Beispiel 7.8 v) gilt

$$g'(s) = f'(s \cdot \vec{b} + (1-s) \cdot \vec{a}) \cdot (\vec{b} - \vec{a}) .$$

Zusammen mit $g(1) = f(\vec{b})$ und $g(0) = f(\vec{a})$, ergibt sich daher

$$f(\vec{b}) - f(\vec{a}) = f'(\vec{\xi}) \cdot (\vec{b} - \vec{a}) \quad \text{mit} \quad \vec{\xi} = s \cdot \vec{b} + (1-s) \cdot \vec{a} .$$

b) Sind $\vec{a}, \vec{b} \in \mathbb{D}$, so betrachten wir die Funktion $g : [0,1] \to \mathbb{R}$ definiert durch

$$g(t) := [f(\vec{b}) - f(\vec{a})] * f(t \cdot \vec{b} + (1-t) \cdot \vec{a}) .$$

g erfüllt die Voraussetzungen von Teil a), so dass ein $s \in [0,1]$ mit $g(1) - g(0) = g'(s)$ existiert. Nun ist

$$g(1) - g(0) = \left[f(\vec{b}) - f(\vec{a})\right] * \left[f(\vec{b}) - f(\vec{a})\right] = \left|f(\vec{b}) - f(\vec{a})\right|^2$$

und nach Beispiel 7.8 v) gilt

$$g'(s) = \left[f(\vec{b}) - f(\vec{a})\right] \cdot \left[f'(s \cdot \vec{b} + (1-s) \cdot \vec{a}) \cdot (\vec{b} - \vec{a})\right] .$$

Also ergibt sich mit $\vec{\xi} = s \cdot \vec{b} + (1-s) \cdot \vec{a}$

$$|f(b) - f(a)|^2 = \left[f(\vec{b}) - f(\vec{a})\right] \cdot \left[f'(\vec{\xi}) \cdot (\vec{b} - \vec{a})\right] .$$

Nach der Cauchy-Schwarzschen Ungleichung 6.1 e) gilt jedoch

$$|[f(\vec{b}) - f(\vec{a})] \cdot [f'(\vec{\xi})(\vec{b} - \vec{a})]| \leq |f(\vec{b}) - f(\vec{a})| \cdot |f'(\vec{\xi}) \cdot (\vec{b} - \vec{a})| .$$

Kürzen von $|f(\vec{b}) - f(\vec{a})|$ liefert daher die gewünschte Ungleichung.

■

Folgerung 7.16

Gilt unter den Voraussetzungen des letzten Satzes $f'(\vec{x}) = \vec{0}$ (bzw. gleich der Nullmatrix) für alle $\vec{x} \in \mathbb{D}$, so ist f konstant.

Der folgende Satz löst das mehrdimensionale Ableitungsproblem und führt es auf den eindimensionalen Fall zurück. Grob gesprochen besagt er, dass sich die Ableitungsmatrix aus den partiellen Ableitungen der Komponentenfunktionen zusammensetzt.

Satz 7.17

Sei $f : \mathbb{D} \to \mathbb{R}^M$ eine Abbildung mit $\mathbb{D} \subset \mathbb{R}^N$ offen. f bestehe aus den Komponentenfunktionen $f_1, \ldots, f_M$, d.h. es ist $f(\vec{x}) = \big(f_1(\vec{x}), \ldots, f_M(\vec{x})\big)$. Dann gilt:

a) Ist f in $\vec{x}_0$ differenzierbar, so existieren alle partiellen Ableitungen $D_j f_i(\vec{x}_0)$ von allen Komponentenfunktionen und die Ableitungsmatrix $f'(\vec{x}_0)$ ist gleich dem Gradienten von f, d.h.

$$f'(\vec{x}_0) = (\nabla f)(\vec{x}_0) .$$

Ist $\vec{v}$ ein Richtungsvektor mit $|\vec{v}| = 1$, so gilt

$$(D_{\vec{v}} f)(\vec{x}) = f'(\vec{x}) \cdot \vec{v} .$$

b) Existieren alle partiellen Ableitungen $D_j f_i$ $(i = 1, \ldots, M; j = 1, \ldots, N)$ und sind stetig, so ist f *stetig differenzierbar* (d.h. f' existiert und ist stetig) und umgekehrt.

Beweis:

a) Wegen Satz 7.11 genügt es, den Fall $M = 1$ zu betrachten. Es ist dann zu zeigen, dass $f'(\vec{x}_0) = \operatorname{grad} f(\vec{x}_0)$ gilt, d.h., dass für $j = 1, \ldots, N$ die j-te Komponente $f'(\vec{x}_0) \cdot \vec{e}_j$ der $(1 \times N)$–Matrix $f'(\vec{x}_0)$ gleich $(D_j f)(\vec{x}_0)$ ist.

Da f in $\vec{x}_0$ differenzierbar ist, existiert eine Funktion $R(\vec{x})$ mit

$$f(\vec{x}) = f(\vec{x}_0) + f'(\vec{x}_0) \cdot (\vec{x} - \vec{x}_0) + |\vec{x} - \vec{x}_0| \cdot R(\vec{x}) \quad \text{und} \quad \lim_{\vec{x} \to \vec{x}_0} R(\vec{x}) = 0 .$$

Wählt man nun speziell $\vec{x} = \vec{x}_0 + t \cdot \vec{v}$ mit $|\vec{v}| = 1$ und beachtet die Gleichung $f'(\vec{x}_0) \cdot (t \cdot \vec{v}) = t \cdot f'(\vec{x}_0) \cdot \vec{v}$, so gilt

$$\frac{f(\vec{x}_0 + t \cdot \vec{v}) - f(\vec{x}_0)}{t} = f'(\vec{x}_0) \cdot \vec{v} + R(\vec{x}_0 + t \cdot \vec{v}) .$$

Wegen $\lim_{t \to 0} R(\vec{x}_0 + t\vec{v}) = \lim_{\vec{x} \to \vec{x}_0} R(\vec{x}) = 0$ folgt dann $(D_{\vec{v}} f)(\vec{x}_0) = f'(\vec{x}_0) \cdot \vec{v}$. Wählt man speziell $\vec{v} = \vec{e}_j$, ergibt sich

$$f'(\vec{x}_0) \cdot \vec{e}_j = (D_j f)(\vec{x}_0) .$$

b) Sei zunächst $f : \mathbb{D} \to \mathbb{R}^M$ stetig differenzierbar.

Nach Satz 7.11 genügt es, den Fall $M = 1$ zu betrachten. Wie vorher gesehen gilt $(D_j f)(\vec{x}) = f'(\vec{x}) \cdot \vec{e}_j$ und daher nach der Cauchy-Schwarzschen Ungleichung 6.1 e)

$$|(D_j f)(\vec{x}) - (D_j f)(\vec{x}_0)| \le |f'(\vec{x}) - f'(\vec{x}_0)| \cdot |\vec{e}_j| = |f'(\vec{x}) - f'(\vec{x}_0)| \,.$$

Die Stetigkeit von f' liefert dann die Stetigkeit der partiellen Ableitungen

$$\lim_{\vec{x} \to \vec{x}_0} (D_j f)(\vec{x}) = (D_j f)(\vec{x}_0) \,.$$

Seien umgekehrt für $j = 1, \ldots, N$ die partiellen Ableitungen $D_j f$ stetig.
Ist $\vec{x}_0 \in \mathbb{D}$ und $\vec{h} = (h_1, \ldots, h_n)^T \in \mathbb{R}^N$ so klein, dass $\vec{x}_0 + \vec{h} \in \mathbb{D}$ gilt, folgt

$$f(\vec{x}_0 + \vec{h}) - f(\vec{x}_0) = \sum_{j=1}^{N} [f(\vec{x}_0 + \vec{v}_j) - f(\vec{x}_0 + \vec{v}_{j-1})] \,.$$

Dabei sei $\vec{v}_0 = \vec{0}$ und $\vec{v}_j = h_1\vec{e}_1 + h_2\vec{e}_2 + \ldots + h_j\vec{e}_j$. Die Anwendung des eindimensionalen Mittelwertsatzes 7.15 liefert (man beachte, dass f in jeder Variablen differenzierbar ist) Punkte $\vec{\xi}_j \in [\vec{x}_0 + \vec{v}_{j-1}, \vec{x}_0 + \vec{v}_j]$ mit

$$f(\vec{x}_0 + \vec{v}_j) - f(\vec{x}_0 + \vec{v}_{j-1}) = h_j \cdot D_j f(\vec{\xi}_j) \,.$$

Wegen der Stetigkeit der partiellen Ableitungen $D_j f$ und $\lim\limits_{\vec{h} \to \vec{0}} \vec{\xi}_j = \vec{x}_0$ ergibt dies:

$$\lim_{\vec{h} \to \vec{0}} \frac{|f(\vec{x}_0 + \vec{h}) - f(\vec{x}_0) - \nabla f(\vec{x}_0) * \vec{h}|}{|\vec{h}|} = \lim_{\vec{h} \to \vec{0}} \frac{\left|\sum_{j=1}^{N} h_j \left[D_j f(\vec{\xi}_j) - D_j f(\vec{x}_0)\right]\right|}{|\vec{h}|}$$

$$\le \lim_{\vec{h} \to \vec{0}} \frac{|\vec{h}| \sum_{j=1}^{N} |D_j f(\vec{\xi}_j) - D_j f(\vec{x}_0)|}{|\vec{h}|} = \sum_{j=1}^{N} \lim_{\vec{h} \to \vec{0}} |D_j f(\vec{\xi}_j) - D_j f(\vec{x}_0)| = 0$$

■

Bemerkung 7.18

i) Zu beachten ist, dass aus der partiellen Differenzierbarkeit nicht die totale Differenzierbarkeit von f, ja noch nicht einmal die Stetigkeit von f folgt. Dies ist auch der Grund, warum oft mit dem Gradienten gearbeitet wird. Er benötigt „nur“ die partiellen Ableitungen und stimmt im Falle der totalen Differenzierbarkeit, wie gerade in Satz 7.17 gesehen, mit der Ableitungsmatrix überein.

ii) Die Richtungsableitung $D_{\vec{v}}f(\vec{x}^*) = f'(\vec{x}^*) \cdot \vec{v}$ beschreibt die *momentane Änderungsrate, die f im Punkt $\vec{x}^*$ in Richtung $\vec{v}$* besitzt. Wegen $|\vec{v}| = 1$ gilt nach der Cauchy-Schwarzschen Ungleichung $|f'(\vec{x}^*) \cdot \vec{v}| \leq |f'(\vec{x}^*)|$. Da hierbei die Gleichheit nach Bemerkung 6.2 iv) nur gilt, wenn $\vec{v}$ und $f'(\vec{x}^*)$ die gleiche Richtung haben, zeigt der Ableitungsvektor $f'(\vec{x}^*)$ *im* Definitionsbereich in die Richtung, in der die Funktionswerte von $|f|$ den stärksten Anstieg besitzen (*Richtung des steilsten Anstieges*).

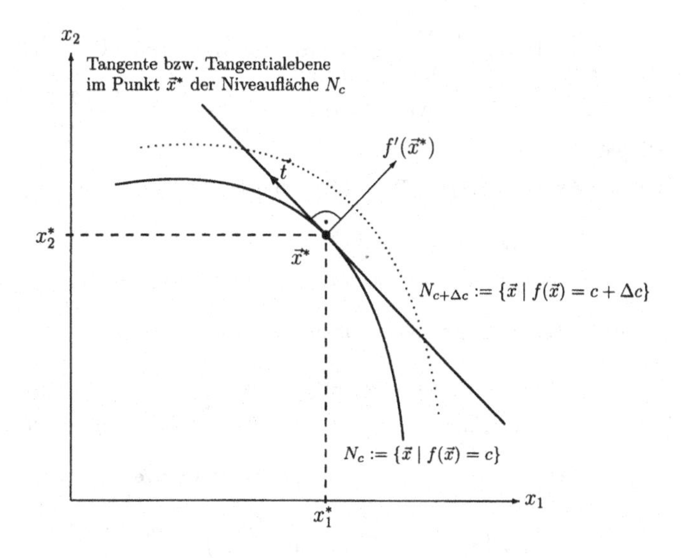

Abbildung 7.5: *Der Gradient einer Funktion $f : \mathbb{R}^2 \to \mathbb{R}$ im Punkt $(\vec{x}^*, f(\vec{x}^*))$*

Betrachtet man die *Niveaufläche (Niveaumenge)* N_c im Punkt $\vec{x}^*$, d.h. die Menge der Punkte im Definitionsbereich, die den gleichen Funktionswert $c := f(\vec{x}^*)$ liefern, so steht $f'(\vec{x}^*)$ senkrecht auf N_c. Ist nämlich $\vec{t}$ ein Richtungsvektor im Definitionsbereich in Richtung der Niveaufläche (d.h. parallel zur Tangente bzw. Tangentialebene), so gilt $D_{\vec{t}}f(\vec{x}^*) = 0$, weil f in Richtung N_c konstant ist, also kein Änderungsverhalten aufweist. Wegen $D_{\vec{t}}f(\vec{x}^*) = f'(\vec{x}^*) \cdot \vec{t}$ muss also $f'(\vec{x}^*)$ senkrecht auf $\vec{t}$, d.h. senkrecht auf der Niveaumenge N_c stehen (siehe Abbildung 7.5).

iii) Ist $\Phi_j : \mathbb{R}^N \to \mathbb{R}$ mit $\Phi_j(\vec{x}) := x_j$ die j-te Koordinatenfunktion, so gilt

$$d\Phi_j(\vec{x}) = dx_j = (0, 0, \ldots, 1, 0, \ldots, 0) = \vec{e}_j \, .$$

Beachtet man, dass die Ableitung einer Funktion $f : \mathbb{R}^N \to \mathbb{R}$ ein Vektor mit den Komponenten $\frac{\partial f}{\partial x_i}$ ist, so gestattet dies eine sehr einprägsame Darstellung des Differentials von f. Man erhält nämlich:

$$\begin{aligned} df(\vec{x}) = f'(\vec{x}) &= \frac{\partial f}{\partial x_1} \cdot \vec{e}_1 + \frac{\partial f}{\partial x_2} \cdot \vec{e}_2 + \ldots + \frac{\partial f}{\partial x_N} \cdot \vec{e}_N \\ &= \frac{\partial f}{\partial x_1} \cdot dx_1 + \frac{\partial f}{\partial x_2} \cdot dx_2 + \ldots + \frac{\partial f}{\partial x_N} \cdot dx_N \end{aligned}$$

Die durch $\Delta\vec{x} = \begin{pmatrix} \Delta x_1 \\ \vdots \\ \Delta x_N \end{pmatrix}$ hervorgerufene Änderung im Funktionswert ist daher

$$\Delta f = f'(\vec{x}) \cdot \Delta\vec{x} = \frac{\partial f}{\partial x_1} \cdot \Delta x_1 + \frac{\partial f}{\partial x_2} \cdot \Delta x_2 + \ldots + \frac{\partial f}{\partial x_N} \cdot \Delta x_N$$

Beispiel 7.19

i) Die Abbildungen $f, g : \mathbb{R}^3 \to \mathbb{R}^2$ seien definiert durch

$$\begin{aligned} f(x_1, x_2, x_3) &:= (x_1 x_2 + x_3^2, x_1 + x_2 \cdot e^{x_3}) \\ g(x_1, x_2, x_3) &:= (x_1 + x_2 + x_3, \ln(1 + x_2^2)) . \end{aligned}$$

Dann lauten die Komponentenfunktionen von f bzw. g

$$\begin{aligned} f_1(x_1, x_2, x_3) &= x_1 x_2 + x_3^2 \quad \text{und} \quad f_2(x_1, x_2, x_3) = x_1 + x_2 \cdot e^{x_3} \\ g_1(x_1, x_2, x_3) &= x_1 + x_2 + x_3 \quad \text{und} \quad g_2(x_1, x_2, x_3) = \ln(1 + x_2^2) . \end{aligned}$$

Die Ableitungen $f'(x)$ und $g'(x)$ sind (2×3)-Matrizen und lauten daher

$$f'(\vec{x}) = \begin{pmatrix} x_2 & x_1 & 2x_3 \\ 1 & e^{x_3} & x_2 e^{x_3} \end{pmatrix} \quad \text{und} \quad g'(\vec{x}) = \begin{pmatrix} 1 & 1 & 1 \\ 0 & \frac{2x_2}{1+x_2^2} & 0 \end{pmatrix} .$$

Im Punkt $\vec{x}_0 = (1, -1, 0)$ gilt insbesondere

$$f'(\vec{x}_0) = \begin{pmatrix} -1 & 1 & 0 \\ 1 & 1 & -1 \end{pmatrix} \quad \text{und} \quad g'(\vec{x}_0) = \begin{pmatrix} 1 & 1 & 1 \\ 0 & -1 & 0 \end{pmatrix} .$$

ii) Die Abbildung $h : \mathbb{R}^2 \to \mathbb{R}^4$ sei definiert durch $h(y_1, y_2) := \big(y_1, y_2, y_1 + y_2, y_1 \cdot e^{y_2}\big)$. Die Komponentenfunktionen von h lauten

$$h_1(y_1, y_2) = y_1, \; h_2(y_1, y_2) = y_2, \; h_3(y_1, y_2) = y_1 + y_2 , \; h_4(y_1, y_2) = y_1 \cdot e^{y_2} .$$

Die Ableitungsmatrix ist daher

$$h'(\vec{y}) = \begin{pmatrix} 1 & 0 \\ 0 & 1 \\ 1 & 1 \\ e^{y_2} & y_1 e^{y_2} \end{pmatrix} .$$

Wir wollen nun die wichtigsten Rechenregeln für differenzierbare Funktionen angeben.

Satz 7.20

Es seien $f, g : \mathbb{D} \to \mathbb{R}^M$ zwei differenzierbare Abbildungen, wobei $\mathbb{D}$ eine offene Teilmenge des $\mathbb{R}^N$ ist. Dann gilt:

a) Sind α, β reelle Zahlen, so ist auch die Abbildung $\alpha \cdot f + \beta \cdot g$ differenzierbar mit

$$(\alpha \cdot f + \beta \cdot g)'(\vec{x}) = \alpha \cdot f'(\vec{x}) + \beta \cdot g'(\vec{x}) .$$

b) $f * g$ mit $(f * g)(\vec{x}) := f(\vec{x}) * g(\vec{x})$ ist differenzierbar, und es gilt die *Produktregel* [11]

$$(f * g)'(\vec{x}) = f(\vec{x}) * g'(\vec{x}) + g(\vec{x}) * f'(\vec{x}) := f(\vec{x})^T \cdot g'(\vec{x}) + g(\vec{x})^T \cdot f'(\vec{x}) .$$

c) Ist g reellwertig mit $g \neq 0$, so ist auch die Abbildung $\frac{f}{g}$ differenzierbar, und es gilt die *Quotientenregel*

$$\left(\frac{f}{g}\right)'(\vec{x}) = \frac{f'(\vec{x}) \cdot g(\vec{x}) - f(\vec{x}) \cdot g'(\vec{x})}{g^2(\vec{x})} .$$

Insbesondere gilt $\left(\frac{1}{g}\right)'(\vec{x}) = -\frac{g'(\vec{x})}{g^2(\vec{x})}$.

Beweis:

Es genügt die Aussagen a),b) und c) in einem beliebigen Punkt $\vec{x}_0 \in \mathbb{D}$ zu beweisen. Aussage a) folgt aus der Dreiecksungleichung und den Grenzwertrechenregeln, denn

$$\begin{aligned}
&\lim_{\vec{x}\to\vec{x}_0} \frac{|(\alpha f + \beta g)(\vec{x}) - (\alpha f + \beta g)(\vec{x}_0) - [\alpha f'(\vec{x}_0) + \beta g'(\vec{x}_0)]\,(\vec{x} - \vec{x}_0)|}{|\vec{x} - \vec{x}_0|} \\
&= \lim_{\vec{x}\to\vec{x}_0} \frac{|(\alpha\,[f(\vec{x}) - f(\vec{x}_0) - f'(\vec{x}_0)(\vec{x} - \vec{x}_0)] + \beta\,[g(\vec{x}) - g(\vec{x}_0) - g'(\vec{x}_0)(\vec{x} - \vec{x}_0)]\,|}{|\vec{x} - \vec{x}_0|} \\
&\leq |\alpha| \lim_{\vec{x}\to\vec{x}_0} \frac{|f(\vec{x}) - f(\vec{x}_0) - f'(\vec{x}_0)(\vec{x} - \vec{x}_0)|}{|\vec{x} - \vec{x}_0|} + |\beta| \lim_{\vec{x}\to\vec{x}_0} \frac{|g(\vec{x}) - g(\vec{x}_0) - g'(\vec{x}_0)(\vec{x} - \vec{x}_0)|}{|\vec{x} - \vec{x}_0|}
\end{aligned}$$

Die rechte Seite dieser Gleichung ist gleich 0, weil die Grenzwerte wegen der Differenzierbarkeit von f und g gleich Null sind.

---

[11] Man beachte hierbei, dass wir nach Bemerkung 3.23 die Mengen $\mathbb{R}^M$ und $\mathbb{R}^{M\times 1}$ identifiziert haben. Da $f'(\vec{x})$ und $g'(\vec{x})$ jeweils $(M \times N)$-Matrizen sind, ergibt die Matrizenmultiplikation $g(\vec{x})^T \cdot f'(\vec{x}) + f(\vec{x})^T \cdot g'(\vec{x})$ wie erforderlich eine $(1 \times N)$-Matrix als Ableitung.

Der Beweis von Teil b) verläuft ähnlich, wobei wir noch ausnützen, dass gemäß Bemerkung 7.7 iv) wegen der Differenzierbarkeit von f und g im Punkt $\vec{x}_0$ Abbildungen $R_g : \mathbb{D} \to \mathbb{R}^M$ und $R_f : \mathbb{D} \to \mathbb{R}^M$ existieren, mit den Eigenschaften

$$g(\vec{x}) = g(\vec{x}_0) + g'(\vec{x}_0)(\vec{x} - \vec{x}_0) + |\vec{x} - \vec{x}_0| R_g(\vec{x}) \quad \text{und} \quad \lim_{\vec{x} \to \vec{x}_0} R_g(\vec{x}) = \vec{0}$$

bzw.

$$f(\vec{x}) = f(\vec{x}_0) + f'(\vec{x}_0)(\vec{x} - \vec{x}_0) + |\vec{x} - \vec{x}_0| R_f(\vec{x}) \quad \text{und} \quad \lim_{\vec{x} \to \vec{x}_0} R_f(\vec{x}) = \vec{0}\,.$$

Nun gilt:

$$\begin{aligned}
z(\vec{x}) &:= f(\vec{x}) * g(\vec{x}) - f(\vec{x}_0) * g(\vec{x}_0) - g(\vec{x}_0) * [f'(\vec{x}_0)(\vec{x} - \vec{x}_0)] \\
&\quad - f(\vec{x}_0) * [g'(\vec{x}_0)(\vec{x} - \vec{x}_0)] \\
&= f(\vec{x}_0) * [g(\vec{x}) - g(\vec{x}_0) - g'(\vec{x}_0)(\vec{x} - \vec{x}_0)] + g(\vec{x}) * [f(\vec{x}) - f(\vec{x}_0)] \\
&\quad - g(\vec{x}_0) * [f'(\vec{x}_0)(\vec{x} - \vec{x}_0)] \\
&= f(\vec{x}_0) * R_g(\vec{x})|\vec{x} - \vec{x}_0| + g(\vec{x}) * [f'(\vec{x}_0)(\vec{x} - \vec{x}_0) + R_f(\vec{x})|\vec{x} - \vec{x}_0|] \\
&\quad - g(\vec{x}_0) * [f'(\vec{x}_0)(\vec{x} - \vec{x}_0)] \\
&= f(\vec{x}_0) * R_g(\vec{x})|\vec{x} - \vec{x}_0| + [g(\vec{x}) - g(\vec{x}_0)] * [f'(\vec{x}_0)(\vec{x} - \vec{x}_0)] \\
&\quad + g(\vec{x}) * R_f(\vec{x})|\vec{x} - \vec{x}_0|
\end{aligned}$$

Dann folgt mit Hilfe der Dreiecksungleichung, der Cauchy-Schwarzschen Ungleichung und unter Berücksichtigung, dass nach Beispiel 6.23 vii) wegen der Linearität von $f'(\vec{x}_0)$ eine Konstante K mit $|f'(\vec{x}_0)(\vec{x} - \vec{x}_0)| \le K\,|\vec{x} - \vec{x}_0|$ existiert:

$$\begin{aligned}
\lim_{\vec{x} \to \vec{x}_0} \frac{|z(\vec{x})|}{|\vec{x} - \vec{x}_0|} &\le \lim_{\vec{x} \to \vec{x}_0} |f(\vec{x}_0) * R_g(\vec{x})| + \lim_{\vec{x} \to \vec{x}_0} \frac{|[g(\vec{x}) - g(\vec{x}_0)] * [f'(\vec{x}_0)(\vec{x} - \vec{x}_0)]|}{|\vec{x} - \vec{x}_0|} \\
&\quad + \lim_{\vec{x} \to \vec{x}_0} \frac{|g(\vec{x}) * R_f(\vec{x})| \cdot |\vec{x} - \vec{x}_0|}{|\vec{x} - \vec{x}_0|} \\
&\le |f(\vec{x}_0)| \lim_{\vec{x} \to \vec{x}_0} |R_g(\vec{x})| + \lim_{\vec{x} \to \vec{x}_0} \frac{|g(\vec{x}) - g(\vec{x}_0)| \cdot |f'(\vec{x}_0)(\vec{x} - \vec{x}_0)|}{|\vec{x} - \vec{x}_0|} \\
&\quad + \lim_{\vec{x} \to \vec{x}_0} \frac{|g(\vec{x})| \cdot |R_f(\vec{x})|\,|\vec{x} - \vec{x}_0|}{|\vec{x} - \vec{x}_0|} \\
&\le 0 + K \cdot \lim_{\vec{x} \to \vec{x}_0} |g(\vec{x}) - g(\vec{x}_0)| + \lim_{\vec{x} \to \vec{x}_0} |g(\vec{x})|\,|R_f(\vec{x})| = 0
\end{aligned}$$

Für die Quotientenregel genügt es, wegen $\frac{f}{g} = f \cdot \frac{1}{g}$ folgende Gleichung zu beweisen:

$$\left(\frac{1}{g}\right)'(\vec{x}_0) = -\frac{g'(\vec{x}_0)}{g^2(\vec{x}_0)} .$$

Verwendet man die Gleichung $g(\vec{x}) = g(\vec{x}_0) + g'(\vec{x}_0)(\vec{x}-\vec{x}_0) + |\vec{x}-\vec{x}_0| \cdot R_g(\vec{x})$, wobei $R_g(\vec{x})$ wie im Beweis von Teil b) gewählt wird, folgt dann:

$$\begin{aligned}
z(\vec{x}) &:= \frac{1}{g(\vec{x})} - \frac{1}{g(\vec{x}_0)} + \frac{g'(\vec{x}_0)(\vec{x}-\vec{x}_0)}{g^2(\vec{x}_0)} \\
&= -\frac{g(\vec{x}) - g(\vec{x}_0)}{g(\vec{x})g(\vec{x}_0)} + \frac{g'(\vec{x}_0)(\vec{x}-\vec{x}_0)}{g^2(\vec{x}_0)} \\
&= -\frac{g'(\vec{x}_0)(\vec{x}-\vec{x}_0) + R_g(\vec{x})|\vec{x}-\vec{x}_0|}{g(\vec{x})g(\vec{x}_0)} + \frac{g'(\vec{x}_0)(\vec{x}-\vec{x}_0)}{g^2(\vec{x}_0)} \\
&= \left[\frac{1}{g(\vec{x}_0)} - \frac{1}{g(\vec{x})}\right] \frac{g'(\vec{x}_0)(\vec{x}-\vec{x}_0)}{g(\vec{x}_0)} - \frac{R_g(\vec{x})|\vec{x}-\vec{x}_0|}{g(\vec{x})g(\vec{x}_0)}
\end{aligned}$$

Dies liefert mit Hilfe der Dreiecks- und der Cauchy-Schwarzschen Ungleichung

$$\lim_{\vec{x}\to\vec{x}_0} \frac{|z(\vec{x})|}{|\vec{x}-\vec{x}_0|} \leq \frac{|g'(\vec{x}_0)|}{|g(\vec{x}_0)|} \cdot \lim_{\vec{x}\to\vec{x}_0} \left|\frac{1}{g(\vec{x}_0)} - \frac{1}{g(\vec{x})}\right| + \frac{1}{|g(\vec{x}_0)|} \cdot \lim_{\vec{x}\to\vec{x}_0} \frac{|R_g(\vec{x})|}{|g(\vec{x})|} .$$

Wegen der Stetigkeit von g (g ist differenzierbar) und wegen $\lim\limits_{\vec{x}\to\vec{x}_0} R(\vec{x}) = 0$ ist die rechte Seite der Ungleichung Null, so dass $\lim\limits_{\vec{x}\to\vec{x}_0} \frac{|z(\vec{x})|}{|\vec{x}-\vec{x}_0|} = 0$ folgt.

■

Beispiel 7.21

i) Jedes Polynom $P : \mathbb{R} \to \mathbb{R}$ mit $P(x) = \sum\limits_{j=0}^{n} a_j x^j$ $(n \in \mathbb{N},\ a_1, \ldots, a_n \in \mathbb{R}$ fest) ist differenzierbar. Die Ableitung lautet

$$P'(x) = \sum_{j=1}^{n} j \cdot a_j \cdot x^{j-1} .$$

Nach Satz 7.20 a) gilt nämlich

$$\frac{d}{dx}\left(\sum_{j=0}^{n} a_j \cdot x^j\right) = \sum_{j=0}^{n} a_j \cdot \frac{d}{dx}(x^j) .$$

Da in Beispiel 7.8 ii) $\frac{d}{dx}(x^j) = j \cdot x^{j-1}$ gezeigt wurde, folgt die Behauptung aus der Summenregel für die Ableitung in Satz 7.20 a).

ii) Seien $f, g : \mathbb{R}^2 \to \mathbb{R}^2$ definiert durch

$$f(x_1, x_2) := (x_1^2 - x_2^2\,,\; x_1 x_2) \quad \text{bzw.} \quad g(x_1, x_2) := (x_1^2\,,\; x_2^2)$$

Es ist $f'(\vec{x}) = \begin{pmatrix} 2x_1 & -2x_2 \\ x_2 & x_1 \end{pmatrix}$ und $g'(\vec{x}) = \begin{pmatrix} 2x_1 & 0 \\ 0 & 2x_2 \end{pmatrix}$. Die Produktregel liefert:

$$\begin{aligned}(g * f)'(\vec{x}) &= (x_1^2, x_2^2) \cdot \begin{pmatrix} 2x_1 & -2x_2 \\ x_2 & x_1 \end{pmatrix} + (x_1^2 - x_2^2\,,\; x_1 x_2) \cdot \begin{pmatrix} 2x_1 & 0 \\ 0 & 2x_2 \end{pmatrix} \\ &= (4x_1^3 + x_2^3 - 2x_1 x_2^2\,,\; 3x_1 x_2^2 - 2x_1^2 x_2)\end{aligned}$$

Dieses Ergebnis erhält man auch dann, wenn man zunächst $g * f$ bestimmt und anschließend diese Funktion differenziert.

iii) Der letzte Satz besagt unter anderem, dass sich die Ableitung(-smatrix) von $\alpha f + \beta g$ im Punkt $\vec{x}_0$ als entsprechende Linearkombination $\alpha A + \beta B$ der Ableitungsmatrizen $A = f'(\vec{x}_0)$ und $B = g'(\vec{x}_0)$ ergibt.

Betrachtet man die Abbildungen $g, f : \mathbb{R}^3 \to \mathbb{R}^2$ aus Beispiel 7.19 definiert durch

$$f(x_1, x_2, x_3) = (x_1 x_2 + x_3^2, x_1 + x_2 \cdot e^{x_3})$$

bzw.

$$g(x_1, x_2, x_3) = (x_1 + x_2 + x_3, \ln(1 + x_2^2))\ .$$

so gilt im Punkt $\vec{x}_0 = (1, -1, 0)$:

$$f'(1, -1, 0) = \begin{pmatrix} -1 & 1 & 0 \\ 1 & 1 & -1 \end{pmatrix} \quad \text{und} \quad g'(1, -1, 0) = \begin{pmatrix} 1 & 1 & 1 \\ 0 & -1 & 0 \end{pmatrix}$$

Es folgt damit:

$$(f + g)'(1, -1, 0) = f'(1, -1, 0) + g'(1, -1, 0) = \begin{pmatrix} 0 & 2 & 1 \\ 1 & 0 & -1 \end{pmatrix}$$

Auch bei der Komposition zweier differenzierbarer Abbildungen bleibt die Differenzierbarkeit erhalten, was der Inhalt des folgenden Satzes ist. Er beschreibt außerdem, wie sich die Ableitung der Komposition aus den Teilableitungen zusammensetzt.

Satz 7.22 (Kettenregel)

Seien $f : \mathbb{D}_f \to \mathbb{R}^M$ und $g : \mathbb{D}_g \to \mathbb{R}^K$ differenzierbare Abbildungen auf den offenen Mengen $\mathbb{D}_f \subset \mathbb{R}^N$ und $\mathbb{D}_g \subset \mathbb{R}^M$. Außerdem gelte $f(\mathbb{D}_f) \subset \mathbb{D}_g$. Dann ist die Hintereinanderausführung der beiden Abbildungen $F = g \circ f$ differenzierbar, und es gilt:

$$F'(\vec{x}) = g'\big(f(\vec{x})\big) \cdot f'(\vec{x})$$

Beweis:

Sei $\vec{x}_0 \in \mathbb{D}_f$ beliebig und sei $\vec{y}_0 = f(\vec{x}_0)$ bzw. $\vec{y} = f(\vec{x})$. Wir definieren außerdem

$$A := f'(\vec{x}_0) \quad \text{und} \quad B := g'(\vec{y}_0)\,.$$

Da f und g in $\vec{x}_0$ bzw. $\vec{y}_0$ differenzierbar sind, existieren Abbildungen R_f bzw. R_g mit

$$f(\vec{x}) - f(\vec{x}_0) = A(\vec{x} - \vec{x}_0) + |\vec{x} - \vec{x}_0| R_f(\vec{x}) \quad \text{und} \quad \lim_{\vec{x} \to \vec{x}_0} R_f(\vec{x}) = \vec{0}$$

bzw.

$$g(\vec{y}) - g(\vec{y}_0) = B(\vec{y} - \vec{y}_0) + |\vec{y} - \vec{y}_0| R_g(\vec{y}) \quad \text{und} \quad \lim_{\vec{y} \to \vec{y}_0} R_g(\vec{y}) = \vec{0}\,.$$

Dann gilt:

$$\begin{aligned} z(\vec{x}) &:= (g \circ f)(\vec{x}) - (g \circ f)(\vec{x}_0) - (B \circ A)(\vec{x} - \vec{x}_0) \\ &= g(\vec{y}) - g(\vec{y}_0) - B\,[f(\vec{x}) - f(\vec{x}_0) - |\vec{x} - \vec{x}_0| \cdot R_f(\vec{x})] \\ &= g(\vec{y}) - g(\vec{y}_0) - B\,[\vec{y} - \vec{y}_0 - |\vec{x} - \vec{x}_0| \cdot R_f(\vec{x})] \end{aligned}$$

Wegen der Linearität von $B = g'(\vec{y}_0)$ gilt:

$$\begin{aligned} z(\vec{x}) &= g(\vec{y}) - g(\vec{y}_0) - B \cdot (\vec{y} - \vec{y}_0) + |\vec{x} - \vec{x}_0| \cdot (B \cdot R_f(\vec{x})) \\ &= |\vec{y} - \vec{y}_0| \cdot R_g(\vec{y}) + |\vec{x} - \vec{x}_0| \cdot B \cdot R_f\,(\vec{x}) \\ &= |A(\vec{x} - \vec{x}_0) + |\vec{x} - \vec{x}_0| \cdot R_f(\vec{x})| \cdot R_g(\vec{y}) + |\vec{x} - \vec{x}_0| \cdot B \cdot R_f(\vec{x}) \end{aligned}$$

Dies liefert wegen der Dreiecksungleichung

$$\frac{|z(\vec{x})|}{|\vec{x} - \vec{x}_0|} \leq \frac{\big\{\,|A(\vec{x} - \vec{x}_0)| + |\vec{x} - \vec{x}_0|\,|\cdot R_f(\vec{x})|\,\big\} \cdot |R_g(\vec{y})| + |\vec{x} - \vec{x}_0| \cdot |B \cdot R_f(\vec{x})|}{|\vec{x} - \vec{x}_0|}\,.$$

Da A und B lineare Abbildungen sind, existieren zwei Konstanten K_1 und K_2, so dass

$|A(\vec{x}-\vec{x}_0)| \le K_1 \cdot |\vec{x}-\vec{x}_0|$ und $|B(R_f(\vec{x}))| \le K_2|(R_f(\vec{x}))|$ gilt. Dies liefert

$$\frac{|z(\vec{x})|}{|\vec{x}-\vec{x}_0|} \le \Big\{K_1 + |R_f(\vec{x})|\Big\} \cdot |R_g(f(\vec{x}))| + K_2|R_f(\vec{x})| \,.$$

Da $\lim\limits_{\vec{x}\to\vec{x}_0} R_f(\vec{x}) = \vec{0}$, $\lim\limits_{\vec{x}\to\vec{x}_0} f(\vec{x}) = f(\vec{x}_0) = \vec{y}_0$ und $\lim\limits_{\vec{y}\to\vec{y}_0} R_g(\vec{y}) = \vec{0}$ gilt, folgt

$$\lim_{\vec{x}\to\vec{x}_0} \frac{|z(\vec{x})|}{|\vec{x}-\vec{x}_0|} = 0$$

und daher

$$F'(\vec{y}_0) = B \cdot A = g'(\vec{y}_0) \cdot f'(\vec{x}_0) \,.$$

■

Beispiel 7.23

i) $f(x) = a^x$ mit $a > 0$ ist eine auf $\mathbb{R}$ differenzierbare Funktion mit

$$f'(x) = a^x \cdot \ln a \,.$$

Es gilt nämlich $f(x) = \mathrm{e}^{x\cdot\ln(a)}$, womit aus der Kettenregel und wegen $\frac{d}{dx}\mathrm{e}^x = \mathrm{e}^x$ (siehe Beispiel 7.8 iv)) die Behauptung folgt.

ii) Sei $\alpha \in \mathbb{R}$. Dann ist f mit $f(x) = x^\alpha$ auf $\mathbb{R}_+$ differenzierbar, und es ist

$$f'(x) = \alpha x^{\alpha-1} \,.$$

Dies ergibt sich aus $f(x) = \mathrm{e}^{\alpha\ln(x)}$ unter Anwendung der Kettenregel, wenn man beachtet, dass gemäß Beispiel 7.26 $\frac{d}{dx}\Big(\ln(x)\Big) = \frac{1}{x}$ ist.

iii) Die Ableitungsmatrix der Abbildung $g(f(\vec{x}))$ ergibt sich nach dem letzten Satz als Produkt $B \cdot A$ der beiden Ableitungsmatrizen $B := g'(f(\vec{x}))$ und $A := f'(\vec{x})$. Ist z.B. $f : \mathbb{R}^3 \to \mathbb{R}^2$ definiert durch (siehe Beispiel 7.19)

$$f(x_1, x_2, x_3) = (x_1x_2 + x_3^2 \;,\; x_1 + x_2\mathrm{e}^{x_3})$$

und $g : \mathbb{R}^2 \to \mathbb{R}^4$ definiert durch

$$g(y_1, y_2) := (y_1 \;,\; y_2 \;,\; y_1 + y_2 \;,\; y_1\mathrm{e}^{y_2}) \,,$$

so gilt im Punkt $\vec{x}_0 = (1, -1, 0)$

$$f(\vec{x}_0) = \begin{pmatrix} -1 \\ 0 \end{pmatrix}, \qquad f'(\vec{x}_0) = \begin{pmatrix} -1 & 1 & 0 \\ 1 & 1 & -1 \end{pmatrix}.$$

Im Punkt $\vec{y}_0 = f(\vec{x}_0) = (-1, 0)$ gilt daher

$$g'(\vec{y}_0) = g'(f(\vec{x}_0)) = \begin{pmatrix} 1 & 0 \\ 0 & 1 \\ 1 & 1 \\ 1 & -1 \end{pmatrix}.$$

Daraus ergibt sich:

$$\begin{aligned} (g \circ f)'(\vec{x}_0) &= g'(f(\vec{x}_0)) \cdot f'(\vec{x}_0) \\ &= \begin{pmatrix} 1 & 0 \\ 0 & 1 \\ 1 & 1 \\ 1 & -1 \end{pmatrix} \cdot \begin{pmatrix} -1 & 1 & 0 \\ 1 & 1 & -1 \end{pmatrix} = \begin{pmatrix} -1 & 1 & 0 \\ 1 & 1 & -1 \\ 0 & 2 & -1 \\ -2 & 0 & 1 \end{pmatrix} \end{aligned}$$

Der folgende Satz über die Ableitung der Umkehrfunktion ergibt sich mit Hilfe der Kettenregel aus der Beziehung $f^{-1}\big(f(x)\big) = x$

Satz 7.24

Seien $\mathbb{D}$ und $\mathbb{W}$ offene Teilmengen des $\mathbb{R}^N$ ($N \in \mathbb{N}$) und sei $f : \mathbb{D} \to \mathbb{W}$ eine stetige und bijektive Abbildung, deren Inverse f^{-1} ebenfalls stetig ist. Außerdem sei f im Punkt $\vec{x}_0 \in \mathbb{D}$ differenzierbar. Dann ist f^{-1} im Punkt $\vec{y}_0 = f(\vec{x}_0)$ genau dann differenzierbar, wenn die Ableitungsmatrix $f'(\vec{x}_0)$ invertierbar ist. In diesem Fall gilt

$$\left(f^{-1}\right)'(\vec{y}_0) = \left[f'(\vec{x}_0)\right]^{-1} = \left[f'\left(f^{-1}(\vec{y}_0)\right)\right]^{-1}.$$

Beweis:

Sei f^{-1} im Punkt $\vec{y}_0 = f(\vec{x}_0)$ differenzierbar. Wendet man die Kettenregel 7.22 im Punkt $\vec{x}_0$ auf die Gleichung $\vec{x} = (f^{-1} \circ f)(\vec{x})$ an, ergibt sich

$$E = \left(f^{-1}\right)'(f(\vec{x}_0)) \cdot f'(\vec{x}_0) = \left(f^{-1}\right)'(\vec{y}_0) \cdot f'(\vec{x}_0),$$

wobei E die $(N \times N)$-Einheitsmatrix ist. Daher ist $(f^{-1})'(\vec{y}_0)$ die zu $f'(\vec{x}_0)$ inverse Matrix.

Sei umgekehrt f im Punkt $\vec{x}_0$ differenzierbar und sei die Ableitungsmatrix $A := f'(\vec{x}_0)$ invertierbar. Zu zeigen ist, dass A^{-1} die Ableitung von f^{-1} im Punkt $\vec{y}_0 = f(\vec{x}_0)$ ist. Nach Definition der Differenzierbarkeit existiert zunächst eine Abbildung R mit

$$f(\vec{x}) = f(\vec{x}_0) + A \cdot (\vec{x} - \vec{x}_0) + |\vec{x} - \vec{x}_0| \cdot R(\vec{x}) \quad \text{und} \quad \lim_{\vec{x} \to \vec{x}_0} R(\vec{x}) = \vec{0}\,.$$

Mit $\vec{y} = f(\vec{x})$ liefert die letzte Gleichung nach Multiplikation mit A^{-1} die Aussage

$$(*) \quad A^{-1} \cdot (\vec{y} - \vec{y}_0) = (\vec{x} - \vec{x}_0) + |\vec{x} - \vec{x}_0| A^{-1} \cdot R(\vec{x})\,.$$

Wendet man auf beiden Seiten die Norm an und beachtet, dass nach Beispiel 6.23 vii) eine Konstante K mit $|A^{-1}(\vec{y} - \vec{y}_0)| \leq K \cdot |\vec{y} - \vec{y}_0|$ existiert, ergibt sich

$$K \cdot |\vec{y} - \vec{y}_0| \geq \left|(\vec{x} - \vec{x}_0) + |\vec{x} - \vec{x}_0| A^{-1} \cdot R(\vec{x})\right|\,.$$

Wendet man nun die in Satz 6.1 g) bewiesene Ungleichung $|\vec{u} + \vec{v}| \geq \left||\vec{u}| - |\vec{v}|\right|$ auf die rechte Seite an, ergibt sich

$$(**) \quad K \cdot |\vec{y} - \vec{y}_0| \geq |\vec{x} - \vec{x}_0| \cdot |1 - |A^{-1} \cdot R(\vec{x})||\,.$$

Unter Verwendung von $f^{-1}(\vec{y}) = \vec{x}$, $f^{-1}(\vec{y}_0) = \vec{x}_0$, Gleichung $(*)$ und Ungleichung $(**)$ folgt dann

$$\begin{aligned} \frac{|f^{-1}(\vec{y}) - f^{-1}(\vec{y}_0) - A^{-1}(\vec{y} - \vec{y}_0)|}{|\vec{y} - \vec{y}_0|} &= \frac{|\vec{x} - \vec{x}_0| \cdot |A^{-1}R(\vec{x})|}{|\vec{y} - \vec{y}_0|} \\ &\leq K \cdot \frac{|\vec{x} - \vec{x}_0| \cdot |A^{-1}R(\vec{x})|}{\left|1 - |A^{-1}R(\vec{x})|\right|} \end{aligned}$$

Ist nun $(\vec{y}_n)_{n=1}^{\infty}$ eine beliebige gegen $\vec{y}_0$ konvergente Folge, so wird wegen der Stetigkeit von f^{-1} durch $\vec{x}_n = f^{-1}(\vec{y}_n)$ eine gegen $\vec{x}_0 = f^{-1}(\vec{y}_0)$ konvergente Folge definiert. Wegen $\lim\limits_{\vec{x} \to \vec{x}_0} R(\vec{x}) = \vec{0}$, der Stetigkeit der Norm $|\cdot|$ und der linearen Abbildung A^{-1} folgt daher nach dem Dominanzprinzip 6.6 d)

$$\lim_{n \to \infty} \frac{|f^{-1}(\vec{y}_n) - f^{-1}(\vec{y}_0) - A^{-1}(\vec{y}_n - \vec{y}_0)|}{|\vec{y}_n - \vec{y}_0|} = 0\,.$$

Da die Folge $(\vec{y}_n)_{n=1}^{\infty}$ beliebig war, gilt daher nach Satz 6.21 a).

$$\lim_{\vec{y}\to\vec{y}_0} \frac{|f^{-1}(\vec{y}) - f^{-1}(\vec{y}_0) - A^{-1}(\vec{y} - \vec{y}_0)|}{|\vec{y} - \vec{y}_0|} = 0\,.$$

Nach Definition 7.6 bedeutet dies gerade $(f^{-1})'(\vec{y}_0) = A^{-1}$.

■

Bemerkung 7.25

i) Im Fall einer Veränderlichen muss die Stetigkeit von f^{-1} nicht gesondert gefordert werden, weil diese nach Satz 6.28 c) direkt aus der Stetigkeit von f folgt.

ii) Um die Ableitung von f^{-1} explizit mittels $\vec{y}_0$ auszudrücken, ist in der Gleichung $(f^{-1})'(\vec{y}_0) = \left[f'(\vec{x}_0)\right]^{-1}$ die Größe $\vec{x}_0$ durch $f^{-1}(\vec{y}_0)$ zu ersetzen. Damit ergibt sich

$$(f^{-1})'(\vec{y}_0) = \left[f'\left(f^{-1}(\vec{y}_0)\right)\right]^{-1}\,.$$

iii) Satz 7.24 ist im Prinzip ein Spezialfall des Satzes über implizite Funktionen, wenn man beachtet, dass die Aufgabe, die Abbildung $\vec{y} = f(\vec{x})$ zu invertieren, äquivalent dazu ist, die Gleichung $\vec{y} - f(\vec{x}) = \vec{0}$ nach $\vec{x}$ aufzulösen.

Beispiel 7.26

i) Betrachten wir für $a > 0$ und $a \neq 1$ die Exponentialfunktion $f : \mathbb{R} \to \mathbb{R}_+$ mit $f(x) := a^x$. f ist invertierbar mit $f^{-1} : \mathbb{R}_+ \to \mathbb{R}$ und $f^{-1}(y) = \log_a(y)$. Da f differenzierbar ist, gilt dies wegen $f > 0$ auch für f^{-1}, und für $y = f(x) = a^x$ ist

$$\left(f^{-1}\right)'(y) = \frac{1}{f'(x)} = \frac{1}{a^x \cdot \ln(a)} = \frac{1}{y \cdot \ln(a)}\,.$$

ii) Für eine natürliche Zahl p sei $f : \mathbb{R}_+ \to \mathbb{R}_+$ (bzw. $f : \mathbb{R} \to \mathbb{R}$ falls p ungerade) definiert durch $f(x) := x^p$. Dann gilt

$$f^{-1}(y) = \sqrt[p]{y} = y^{\frac{1}{p}}\,.$$

f^{-1} ist (mit Ausnahme von $y = 0$) differenzierbar, und mit $y = f(x) = x^p$ gilt

$$\left(f^{-1}\right)'(y) = \frac{1}{f'(x)} = \frac{1}{px^{p-1}} = \frac{1}{p \cdot y^{\frac{p-1}{p}}} = \frac{1}{p} \cdot y^{\frac{1}{p}-1}\,.$$

Dies wurde in Beispiel 7.8 iii) auch schon direkt mit der Definition der Differenzierbarkeit überprüft.

iii) $f : \mathbb{R}^2 \to \{(y_1, y_2) \in \mathbb{R}^2 \mid y_1 > y_2\}$ sei definiert durch $f(x_1, x_2) := (x_1 + e^{x_2}\ ,\ x_1)$.

f ist invertierbar mit $f^{-1}(y_1, y_2) = (y_2, \ln(y_1 - y_2))$ und stetig differenzierbar, weil alle partiellen Ableitungen stetig sind. Im Punkt $\vec{x}_0 = \vec{0}$ gilt

$$f'(\vec{x}_0) = \begin{pmatrix} 1 & 1 \\ 1 & 0 \end{pmatrix}.$$

Da f^{-1} stetig ist, ist f^{-1} im Punkt $\vec{y}_0 = (1,0) = f(\vec{x}_0)$ differenzierbar, und es gilt

$$\left(f^{-1}\right)'(\vec{y}_0) = \begin{pmatrix} 1 & 1 \\ 1 & 0 \end{pmatrix}^{-1} = \begin{pmatrix} 0 & 1 \\ 1 & -1 \end{pmatrix}.$$

Bezeichnung 7.27

In vielen Fällen ist die Ableitung f' einer Abbildung f selbst wieder differenzierbar. In diesem Fall heißt die Ableitung von f' die zweite Ableitung von f. Schreibweisen sind

$$f^{(2)}\ ,\ f''\ ,\ \frac{d^2 f}{d\vec{x}^2} \quad \text{oder} \quad D^2 f\ .$$

Allgemein lässt sich auf diese Art und Weise für jede natürliche Zahl n die n-te Ableitung $f^{(n)}$ (bzw. $\frac{d^n f}{d\vec{x}^n}$ oder $D^n f$) von f definieren. Aus technischen Gründen verwendet man noch die Schreibweise $f^{(0)} := f$.

Die Berechnung der Ableitungen höherer Ordnung ist vor allem für reellwertige Funktionen wichtig. Zum einen, weil nach Satz 7.17 damit auch der vektorwertige Fall erfasst ist, zum andern, weil bei Optimierungsproblemen gerade dieser Fall von Interesse ist.
Ist $f : \mathbb{R}^N \to \mathbb{R}$ eine Funktion in N Veränderlichen, so zeigt das folgende Beispiel, dass f' eine Abbildung von $\mathbb{R}^N$ nach $\mathbb{R}^N$ und f'' eine Abbildung von $\mathbb{R}^N$ nach $\mathbb{R}^{N\times N}$ ist.

Beispiel 7.28

Sei $f : \mathbb{D} \to \mathbb{R}$ mit $\mathbb{D} \subset \mathbb{R}^N$ eine zweimal differenzierbare Funktion in N Veränderlichen. Wie gesehen gilt

$$f'(\vec{x}) = \big(D_1 f(\vec{x}), D_2 f(\vec{x}), \ldots, D_N f(\vec{x})\big).$$

f' ist also eine Abbildung von $\mathbb{D}$ in $\mathbb{R}^N$, die die Komponentenfunktionen $D_j f$ besitzt (für $j = 1, \ldots, N$). Erneutes Differenzieren liefert daher

$$f''(\vec{x}) = \begin{pmatrix} D_1D_1f(\vec{x}) \,, D_2D_1f(\vec{x}) \,, \ldots \,, D_ND_1f(\vec{x}) \\ D_1D_2f(\vec{x}) \,, D_2D_2f(\vec{x}) \,, \ldots \,, D_ND_2f(\vec{x}) \\ \vdots \quad\quad \vdots \quad\quad \ddots \quad\quad \vdots \\ D_1D_Nf(\vec{x}) \,, D_2D_Nf(\vec{x}) \,, \ldots \,, D_ND_Nf(\vec{x}) \end{pmatrix} .$$

Diese Matrix wird die *Hesse-Matrix von f* genannt und oft mit $H_f(\vec{x})$ bezeichnet. Sie setzt sich aus den partiellen Ableitungen zweiter Ordnung zusammen. Betrachten wir hierzu noch ein konkretes Beispiel.

Ist $f : \mathbb{R}^3 \to \mathbb{R}$ definiert durch $f(x_1, x_2, x_3) := x_1^3 + x_2^2 + x_3^4 x_2 x_1$, so gilt:

$$\begin{aligned} f'(\vec{x}) &= (3x_1^2 + x_3^4 x_2 \,,\ 2x_2 + x_3^4 x_1 \,,\ 4x_3^3 x_2 x_1) \\ f''(\vec{x}) &= \begin{pmatrix} 6x_1 \,, & x_3^4 \,, & 4x_3^3 x_2 \\ x_3^4 \,, & 2 \,, & 4x_3^3 x_1 \\ 4x_3^3 x_2 \,, & 4x_3^3 x_1 \,, & 12x_3^2 x_2 x_1 \end{pmatrix} = H_f(\vec{x}) \end{aligned}$$

Das letzte Beispiel lässt vermuten, dass bei mehrmaligem partiellen Ableiten die Differentiationsreihenfolge keine Rolle spielt. Der folgende Satz zeigt, dass dies kein Zufall ist.

Satz 7.29

Sei $\mathbb{D} \subset \mathbb{R}^N$ eine offene Menge. Ist $f : \mathbb{D} \to \mathbb{R}$ zweimal stetig differenzierbar (d.h. f'' existiert und ist stetig), so gilt

$$\forall i, j : D_i D_j f = D_j D_i f$$

Beweis:

Es genügt, den Fall $N = 2$ zu betrachten. Sei hierzu (x, y) ein Punkt des Definitionsbereiches $\mathbb{D}$. Für genügend kleine reelle Zahlen h, k liegen dann $(x + h, y), (x + h, y + k)$ und $(x, y + k)$ wieder in $\mathbb{D}$. Wir definieren

$$H(x) := f(x, y + k) - f(x, y) \quad \text{bzw.} \quad G(y) := -f(x, y) + f(x + h, y) .$$

Nach dem Mittelwertsatz existieren $\xi_1 \in [x, x+h]$ und $\eta_1 \in [y, y+k]$ mit:

$$\begin{aligned} H(x+h) - H(x) &= h \cdot H'(\xi_1) &= h \cdot [D_1 f(\xi_1, y+k) - D_1 f(\xi_1, y)] \\ G(y+k) - G(y) &= k \cdot G'(\eta_1) &= k \cdot [D_2 f(x+h, \eta_1) - D_2 f(x, \eta_1)] \end{aligned}$$

Da $D_1 f$ und $D_2 f$ stetig und partiell differenzierbar sind, liefert die erneute Anwendung des Mittelwertsatzes $\eta_2 \in [y, y+k]$ und $\xi_2 \in [x, x+h]$ mit:

$$\begin{aligned} D_1 f(\xi_1, y+k) - D_1 f(\xi_1, y) &= k \cdot D_2 D_1 f(\xi_1, \eta_2) \\ D_2 f(x+h, \eta_1) - D_2 f(x, \eta_1) &= h \cdot D_1 D_2 f(\xi_2, \eta_1) \end{aligned}$$

Wegen $H(x+h) - H(x) = G(y+k) - G(y)$ ergibt sich

$$h \cdot k \cdot D_1 D_2 f(\xi_1, \eta_2) = h \cdot k \cdot D_1 D_2 f(\xi_2, \eta_1)\,.$$

Kürzt man $h \cdot k$ und bildet den Grenzübergang $(h, k) \to (0, 0)$, so konvergieren ξ_1 und ξ_2 gegen x sowie η_1 und η_2 gegen y. Aus der Stetigkeit von $D_1 D_2 f$ und $D_2 D_1 f$ folgt daher

$$D_1 D_2 f(x, y) = D_2 D_1 f(x, y).$$

■

Folgerung 7.30

Existieren alle zweiten partiellen Ableitungen und sind stetig, so gilt $D_i D_j f = D_j D_i f$ für $i, j = 1, \ldots, N$.

Beweis:

Da alle zweiten partiellen Ableitungen existieren und stetig sind, ist f nach Satz 7.17 b) zweimal stetig differenzierbar. Nach Satz 7.29 gilt daher $D_i D_j f = D_j D_i f$.

■

Wie wir bei der Definition der (ersten) Ableitung gesehen haben, stellt bei einer Funktion $f : \mathbb{D} \to \mathbb{R}$ mit $\mathbb{D} \subset \mathbb{R}^N$ die Tangentialebene in einem Punkt $\vec{x}_0$ eine gute Näherung für $f(\vec{x})$ dar, sofern der Abstand $|\vec{x} - \vec{x}_0|$ von $\vec{x}$ und $\vec{x}_0$ klein ist. Greift man zu den Ableitungen höherer Ordnung von f zurück, erhält man bessere Approximationen durch Polynome entsprechend hoher Ordnung. Es sind gerade die Polynome, die im Punkt x_0

bis zu einem bestimmten Grad die gleichen Ableitungen wie f besitzen. Das Aussehen der Taylorformel lässt sich heuristisch folgendermaßen erklären (Der Einfachheit wegen sei dabei $M = N = 1$). Gesucht ist ein Polynom P vom Grad n, so dass an der Stelle x_0 alle Ableitungen $f^{(k)}(x_0)$ der gegebenen Funktion f mit den Ableitungen $P^{(k)}(x_0)$ übereinstimmen. Mit dem Ansatz $P(x) = \sum\limits_{j=0}^{n} a_j \cdot (x - x_0)^j$ ergibt sich

$$P^{(k)}(x) = \sum_{j=k}^{n} a_j \cdot \frac{j!}{(j-k)!}(x - x_0)^{j-k}$$

und damit $P^{(k)}(x_0) = a_k \cdot k!$. Aus $f^{(k)}(x_0) = P^{(k)}(x_0)$ folgt daher $a_k = \frac{f^{(k)}(x_0)}{k!}$. Damit ergibt sich folgender Satz.

Satz 7.31 (Satz von Taylor)

a) Sei $f :]a, b[\to \mathbb{R}$ eine $(n+1)$-mal differenzierbare Funktion und sei $x_0 \in]a, b[$. Dann existiert zu jedem $x \in]a, b[$ ein ξ zwischen x und x_0, so dass gilt

$$f(x) = \sum_{k=0}^{n} \frac{f^{(k)}(x_0)}{k!}(x - x_0)^k + \frac{f^{(n+1)}(\xi)}{(n+1)!}(x - x_0)^{n+1}.$$

b) Sei $\mathbb{D} \subset \mathbb{R}^N$ offen und konvex. $f : \mathbb{D} \to \mathbb{R}$ sei eine $(n+1)$-mal differenzierbare Abbildung. Sind $\vec{x}$ und $\vec{x}_0$ Elemente aus $\mathbb{D}$, so existiert ein $\vec{\xi} \in]\vec{x}, \vec{x}_0[$ mit

$$f(\vec{x}) = \sum_{k=0}^{n} \frac{[(\vec{x} - \vec{x}_0) * \nabla]^{(k)} f(\vec{x}_0)}{k!} + \frac{[(\vec{x} - \vec{x}_0) * \nabla]^{(n+1)}}{(n+1)!} f(\vec{\xi}).$$

Hierbei verwenden wir für $\vec{z} = (z_1, \ldots, z_n)$ die Kurzschreibweise

$$[\vec{z} * \nabla]^{(k)} = \left[z_1 \cdot \frac{\partial}{\partial x_1} + \cdots + z_N \cdot \frac{\partial}{\partial x_N}\right]^k = \sum_{\substack{1 \le \ell_1, \ldots, \ell_N \le k \\ \ell_1 + \ldots + \ell_N = k}} \frac{z_1^{\ell_1} \ldots z_N^{\ell_N}}{k!} \cdot \frac{\partial^k}{\partial x_1^{\ell_1} \ldots \partial x_N^{\ell_N}}$$

Beweis:

a) Sei $x \in]a, b[$ fest vorgegeben. Wir definieren

$$G(z) := f(x) - \sum_{k=0}^{n} \frac{f^{(k)}(z)}{k!}(x - z)^k - \frac{K}{(n+1)!}(x - z)^{n+1}.$$

K sei hierbei so gewählt, dass $G(x_0) = 0$ gilt. Dann gilt $G(x) = 0$ unabhängig von K, so dass nach dem Mittelwertsatz ein $\xi \in]x, x_0[$ existiert mit $G'(\xi) = 0$. Nach der

Produktregel ergibt sich:

$$\begin{aligned} G'(z) &= -\sum_{k=0}^{n} \frac{f^{(k+1)}(z)}{k!}(x-z)^k + \sum_{k=1}^{n} \frac{f^{(k)}(z)}{(k-1)!}(x-z)^{k-1} + \frac{K}{n!}(x-z)^n \\ &= -\sum_{k=0}^{n} \frac{f^{(k+1)}(z)}{k!}(x-z)^k + \sum_{k=0}^{n-1} \frac{f^{(k+1)}(z)}{k!}(x-z)^k + \frac{K}{n!}(x-z)^n \\ &= \frac{(x-z)^n}{n!}\left[K - f^{(n+1)}(z)\right] \end{aligned}$$

Wegen $G'(\xi) = 0$ und $\xi \neq x$ folgt $K = f^{(n+1)}(\xi)$ und daher die Behauptung

$$G(x_0) = 0 = f(x) - f(x_0) - f'(x_0)(x-x_0) - \ldots - \frac{f^{(n+1)}(\xi)}{(n+1)!}(x-x_0)^{n+1}.$$

b) Entwickelt man die Funktion $g : [0,1] \to \mathbb{R}$ mit $g(t) = f(t \cdot \vec{x} + (1-t) \cdot \vec{x}_0)$ gemäß Teil a) im Punkt 0, so erhält man ein $s \in [0,t]$ mit

$$g(t) = \sum_{k=0}^{n} \frac{g^{(k)}(0)}{k!}t^k + \frac{g^{(n+1)}(s)}{(n+1)!}s^{n+1}$$

Berechnet man nun die Ableitungen $g^{(k)}$ mit Hilfe der Kettenregel (siehe auch Beispiel 7.8 v) für den Fall $k = 1$), so folgt die Behauptung.

■

Bemerkung 7.32

i) Im Spezialfall $n = 0$ liefert der Satz von Taylor gerade den Mittelwertsatz 7.15.

ii) Der mehrdimensionale Taylorsche Satz 7.31 b) lässt sich wie im eindimensionalen formulieren, wenn man beachtet, dass $f^{(j)}(\vec{x}_0)$ sich als j-multilineare Funktion (d.h. linear in jeder Variablen) von $\mathbb{R}^{N \cdot j} = \mathbb{R}^N \times \mathbb{R}^N \times \ldots \times \mathbb{R}^N$ nach $\mathbb{R}$ auffassen lässt. Ist $\vec{z} \in \mathbb{R}^N$, und bezeichnet $\vec{z}^j$ das Element $(\vec{z}, \vec{z}, \ldots, \vec{z})^T \in \mathbb{R}^{N \cdot j}$, so gilt

$$f(\vec{x}) = \sum_{k=0}^{n} \frac{f^{(k)}(\vec{x}_0)[(\vec{x}-\vec{x}_0)^k]}{k!} + \frac{f^{(n+1)}(\xi)}{(n+1)!}\left[(\vec{x}-\vec{x}_0)^{n+1}\right].$$

iii) $T_n(x) = \sum_{k=0}^{n} \frac{f^{(k)}(x_0)}{k!}(x-x_0)^k$ heißt *Taylorpolynom n-ter Ordnung von f im Punkt x_0*.

Beispiel 7.33

i) Sei $f : \mathbb{R} \to \mathbb{R}$ gegeben durch $f(x) = \mathrm{e}^x$. Dann gilt $f^{(k)}(x) = \mathrm{e}^x$ für alle $k \in \mathbb{N}_0$. Mit $x_0 = 0$ erhält man

$$f(x) = \sum_{k=0}^{n} \frac{1}{k!} x^k + \frac{\mathrm{e}^\xi}{(n+1)!} x^{n+1},$$

wobei ξ zwischen 0 und x liegt. Mit $x = 1$ ergibt sich

$$0 < \mathrm{e} - \sum_{k=0}^{n} \frac{1}{k!} = \frac{\mathrm{e}^\xi}{(n+1)!} < \frac{3}{(n+1)!} \tag{7.5}$$

Um etwa e mit einem Fehler, der kleiner als 10^{-9} ist, auszurechnen, genügt es, $n = 12$ zu wählen, da dann $\frac{3}{13!} < 5 \cdot 10^{-10}$ ist. Man erhält $\mathrm{e} \approx 2{,}718281828$.
Mit Ungleichung (7.5) kann man auch zeigen, dass e keine rationale Zahl ist. Wäre nämlich $\mathrm{e} = \frac{p}{q}$ mit $p, q \in \mathbb{N}$ und $q \geq 2$, erhält man mit $n = q$ in der obigen Ungleichung nach Multiplikation mit $q!$

$$0 < (q-1)!p - \sum_{k=0}^{q} \frac{q!}{k!} < \frac{3}{q+1} \leq 1 .$$

Damit wäre $(q-1)! \cdot p - \sum_{k=0}^{q} \frac{q!}{k!}$ eine natürliche Zahl zwischen 0 und 1.

ii) Für die Funktion $f :]0, \infty[\times]0, \infty[\to \mathbb{R}$ mit $f(x, y) := \ln(1 + x \cdot y)$ soll das Taylorpolynom $T_3(x, y)$ im Punkt $(x_0, y_0) = (1, 1)$ bestimmt werden. Aus

$$\begin{aligned}
&D_1 f(x,y) = \frac{y}{1+xy}, \quad D_1^2 f(x,y) = -\frac{y^2}{(1+xy)^2}, \quad D_1^3 f(x,y) = \frac{2y^3}{(1+xy)^3} \\
&D_2 f(x,y) = \frac{x}{1+xy}, \quad D_2^2 f(x,y) = -\frac{x^2}{(1+xy)^2}, \quad D_2^3 f(x,y) = \frac{2x^3}{(1+xy)^3} \\
&D_1 D_2 f(x,y) = D_2 D_1 f(x,y) = \frac{1}{(1+xy)^2} \\
&D_1^2 D_2 f(x,y) = -\frac{2y}{(1+xy)^3}, \quad D_1 D_2^2 f(x,y) = -\frac{2x}{(1+xy)^3}
\end{aligned}$$

ergibt sich:

$$\begin{aligned}
T_3(x) &= f(1,1) + \Big\{D_1 f(1,1)(x-1) + D_2 f(1,1) \cdot (y-1)\Big\} + \\
&\tfrac{1}{2}\Big\{D_1^2 f(1,1)(x-1)^2 + 2D_1D_2 f(1,1)(x-1)(y-1) + D_2^2 f(1,1)(y-1)^2\Big\} \\
&\quad + \tfrac{1}{6}\Big\{D_1^3 f(1,1)(x-1)^3 + 3D_1^2 D_2 f(1,1)(x-1)^2(y-1) \\
&\qquad + 3D_1 D_2^2 f(1,1)(x-1)(y-1)^2 + D_2^3 f(1,1)(y-1)^3\Big\} \\
&= 0 + \tfrac{1}{2}\{x+y-2\} - \tfrac{1}{8}\{x-y\}^2 + \tfrac{1}{24}\{x-y\}^3
\end{aligned}$$

Wie schon früher bemerkt (siehe Bemerkung 6.10) lassen sich die Grenzwertrechenregeln aus Satz 6.9 in vielen Fällen auch verwenden, wenn als Grenzwert die unbestimmten Größen $+\infty$ oder $-\infty$ auftreten, indem man die in $\mathbb{R}^*$ definierten Rechenregeln beachtet. Man erhält dann:

$$\begin{array}{rcccccl} a+\infty & = & \infty & \text{für} & a & \in & \mathbb{R}\cup\{\infty\} \\ a\cdot\infty & = & (\operatorname{sgn} a)\cdot\infty & \text{für} & a & \in & \mathbb{R}^*\setminus\{0\} \\ \frac{a}{\infty} & = & 0 & \text{für} & a & \in & \mathbb{R} \end{array}$$

Es ist jedoch darauf zu achten, dass diese Gleichungen nur symbolischen Charakter haben, d.h. sie stehen für gewisse Sätze über Grenzwerte. So steht z.B. die erste Gleichung für $f(x)\to a$ und $g(x)\to+\infty \Longrightarrow f(x)+g(x)\to+\infty$.

Wegen $f(x)^{g(x)}=\exp\{g(x)\ln f(x)\}$ ergeben sich außerdem noch folgende Rechenregeln:

$$0^a := \begin{cases} 0 & \text{für } a \in\ ]0,\infty] \\ \infty & \text{für } a \in [-\infty,0[\end{cases}$$

$$\infty^a = \begin{cases} \infty & \text{für } a \in\ ]0,\infty] \\ 0 & \text{für } a \in [-\infty,0[\end{cases}$$

$$a^\infty = \begin{cases} \infty & \text{für } a \in\ ]1,\infty] \\ 0 & \text{für } a \in\ ]0,1[\end{cases}$$

Man vermisst hier die Symbole $\frac{0}{0}$, $\frac{\infty}{\infty}$, $0\cdot\infty$, $\infty-\infty$, 0^0, ∞^0 und 1^∞. Tatsächlich kann diesen symbolischen Ausdrücken auch kein eindeutiger Wert zugeordnet werden. Z.B. kann der Grenzwert $\lim\limits_{x\to x_0}\frac{f(x)}{g(x)}$ für zwei Funktionen f und g mit $f(x)\overset{x\to x_0}{\longrightarrow}\infty$ und $g(x)\overset{x\to x_0}{\longrightarrow}\infty$, sofern dieser überhaupt existiert, ganz verschieden ausfallen. So ist $\lim\limits_{x\to\infty}\frac{f(x)}{g(x)}=0$, falls $f(x)=x$ und $g(x)=x^2$ gilt, und $\lim\limits_{x\to\infty}\frac{f(x)}{g(x)}=\infty$ falls $f(x)=x^2$ und $g(x)=x$ ist. Man nennt daher $\frac{0}{0}$, $\frac{\infty}{\infty}$ usw. *unbestimmte Ausdrücke*. Entscheidend bei solchen unbestimmten Ausdrücken ist, wie „schnell" die beteiligten Ausdrücke konvergieren. Es gilt $\lim\limits_{x\to\infty}\frac{x}{x^2}=0$, weil der Zähler deutlich „langsamer" als der Nenner gegen unendlich konvergiert. Die Konvergenzuntersuchung unbestimmter Ausdrücke erfolgt mit Hilfe des folgenden Satzes.

Satz 7.34 (Regel von L'Hospital)

Seien $a, b \in \mathbb{R}^*$ mit $a < b$ und $f, g :]a, b[\to \mathbb{R}$ differenzierbare Funktionen mit $g'(x) \neq 0$ und mit $\lim\limits_{x \to a^+} \frac{f'(x)}{g'(x)} = \gamma \in \mathbb{R}^*$. Ist $\lim\limits_{x \to a^+} f(x) = \lim\limits_{x \to a^+} g(x) = 0$ oder $\lim\limits_{x \to a^+} |g(x)| = +\infty$, so gilt

$$\lim_{x \to a^+} \frac{f(x)}{g(x)} = \lim_{x \to a^+} \frac{f'(x)}{g'(x)} = \gamma$$

Die entsprechende Aussage gilt für den Grenzwert $\lim\limits_{x \to b^-} \frac{f(x)}{g(x)}$.

Beweis:

Wir betrachten zuerst den Fall $-\infty \leq \gamma < +\infty$. Wählt man $q \in \mathbb{R}$ mit $\gamma < q$, so ist zu zeigen, dass $\frac{f(x)}{g(x)} < q$ für alle $x \in]a, c[$ mit einer geeigneten Zahl $c > a$ gilt.
Sei hierzu $r \in \mathbb{R}$ mit $\gamma < r < q$. Wegen $\lim\limits_{x \to a^+} \frac{f'(x)}{g'(x)} = \gamma$ existiert eine Zahl $c \in]a, b[$ mit $\frac{f'(x)}{g'(x)} < r$ für alle $x \in]a, c[$. Für $x, y \in \mathbb{R}$ mit $a < x < y < c$ definieren wir

$$h(t) := [f(y) - f(x)] \cdot g(t) - [g(y) - g(x)] \cdot f(t)\,.$$

Dann gilt $h(x) = h(y)$, so dass nach dem Mittelwertsatz 7.15 ein $\xi \in]x, y[$ existiert, mit $h'(\xi) = 0$ oder äquivalent

$$\frac{f(x) - f(y)}{g(x) - g(y)} = \frac{f'(\xi)}{g'(\xi)} < r\,.$$

Gilt $\lim\limits_{x \to a^+} f(x) = \lim\limits_{x \to a^+} g(x) = 0$, so folgt daraus durch den Grenzübergang $x \to a^+$

$$\frac{f(y)}{g(y)} \leq r < q \quad \text{für alle} \quad y \in]a, c[\,.$$

Ist jedoch $\lim\limits_{x \to a^+} g(x) = +\infty$, so wähle eine Zahl $d \in]a, y[$ mit $g(x) > 0$ und $g(x) > g(y)$ für alle $x \in]a, d[$ (wobei y fixiert bleibt). Multiplikation der Ungleichung $\frac{f(x) - f(y)}{g(x) - g(y)} < r$ mit $1 - \frac{g(y)}{g(x)} = \frac{g(x) - g(y)}{g(x)} > 0$ liefert

$$\frac{f(x)}{g(x)} < r - r \cdot \frac{g(y)}{g(x)} + \frac{f(y)}{g(x)} \quad \text{für alle} \quad x \in]a, d[\,.$$

Wegen $\lim\limits_{x \to a^+} \frac{1}{g(x)} = 0$ gilt daher $\frac{f(x)}{g(x)} \leq r < q$ für alle $x \in]a, c[$ für eine Zahl $c < d$.
Analog zeigt man im Fall $-\infty < \gamma \leq +\infty$, dass zu jedem $p < \gamma$ ein $c > a$ existiert , so

dass $p < \frac{f(x)}{g(x)}$ für alle $x \in]a,c[$ gilt. Zusammen mit $\frac{f(x)}{g(x)} < q$ liefert dies die Behauptung.

■

Bemerkung 7.35

i) Die Regel von L'Hospital wird häufig auch (sofern die Voraussetzungen erfüllt sind) mehrfach hintereinander angewendet. Es entsteht dann die Aussage

$$\lim_{x \to a} \frac{f(x)}{g(x)} = \lim_{x \to a} \frac{f'(x)}{g'(x)} = \ldots = \lim_{x \to a} \frac{f^{(n)}(x)}{g^{(n)}(x)}$$

ii) Alle anderen unbestimmten Ausdrücke lassen sich durch algebraische Umformungen auf die Fälle des letzten Satzes ($\frac{0}{0}$ bzw. $\frac{\infty}{\infty}$) zurückführen. Man betrachte hierzu etwa Teil v) des folgenden Beispiels, wo der unbestimmte Ausdruck $0 \cdot \infty$ auf die Form $\frac{\infty}{\infty}$ gebracht wird.

Beispiel 7.36

i) $\frac{e^x - e^{-x}}{x}$ hat beim Grenzübergang $x \to 0$ die Form $\frac{0}{0}$. Es ist

$$\frac{d}{dx}(e^x - e^{-x}) = e^x + e^{-x} \quad \text{und} \quad \frac{d}{dx}(x) = 1 .$$

Also gilt

$$\lim_{x \to 0} \frac{e^x - e^{-x}}{x} = \lim_{x \to 0} \frac{e^x + e^{-x}}{1} = 2 .$$

ii) Bei dem folgenden Beispiel ist die Regel von L'Hospital zweimal anzuwenden.

$$\lim_{x \to 0} \frac{e^x + e^{-x} - 2}{x - \ln(1+x)} = \lim_{x \to 0} \frac{e^x - e^{-x}}{1 - \frac{1}{1+x}} = \lim_{x \to 0} \frac{e^x + e^{-x}}{\frac{1}{(1+x)^2}} = 2$$

iii) $$\lim_{x \to 0-} \frac{\ln(1+x)}{x^2} = \lim_{x \to 0-} \frac{1}{2x(1+x)} = -\infty$$

iv) $$\lim_{x \to \infty} \frac{\frac{1}{x}}{1 - e^{\frac{1}{x}}} = \lim_{x \to \infty} \frac{-\frac{1}{x^2}}{\frac{1}{x^2} e^{\frac{1}{x}}} = \lim_{x \to \infty} -\frac{1}{e^{\frac{1}{x}}} = -1$$

v) Bei der Berechnung von $\lim_{x \to 0+} (x \cdot \ln(x))$ entsteht ein uneigentlicher Grenzwert der Form $0 \cdot \infty$. Schreibt man $x \cdot \ln(x)$ als $\frac{\ln(x)}{1/x}$ entsteht ein uneigentlicher Grenzwert der Form $\frac{\infty}{\infty}$, und man kann die Regel von L'Hospital anwenden. Es ergibt sich

$$\lim_{x \to 0+} (x \cdot \ln(x)) = \lim_{x \to 0+} \frac{\ln(x)}{\frac{1}{x}} = \lim_{x \to 0+} \frac{\frac{1}{x}}{-\frac{1}{x^2}} = \lim_{x \to 0+} (-x) = 0 .$$

Bei der Lösung praktischer Probleme - wie etwa bei der Bestimmung des internen Zinssatzes - trifft man häufig auf Gleichungen bzw. Gleichungssysteme der Form $g(x) = \alpha$ mit einer im allgemeinen nichtlinearen Funktion g, oder äquivalent hierzu auf Nullstellenprobleme $h(x) = 0$. Diese Nullstellenprobleme sind wiederum äquivalent zu Fixpunktproblemen, bei denen man für eine vorgegebene Funktion F ein x mit $F(x) = x$ sucht. So ist das Nullstellenproblem $h(x) = 0$ äquivalent zu dem Fixpunktproblem $F(x) := h(x) + x = x$. Der folgende Fixpunktsatz liefert ein einfaches Verfahren zur Berechnung solcher Fixpunkte. In dem anschließenden Beispiel wird daraus dann ein Verfahren zur numerischen Berechnung von Nullstellen abgeleitet.

Satz 7.37 (Banachscher Fixpunktsatz)

Sei $\mathbb{D} \subset \mathbb{R}^N$ eine abgeschlossene Menge und $\Phi : \mathbb{D} \to \mathbb{D}$ stetig. Es existiere eine Konstante K mit $0 < K < 1$, so dass $|\Phi(\vec{x}) - \Phi(\vec{y})| \leq K \cdot |\vec{x} - \vec{y}|$ gilt. Dann besitzt die Gleichung $\Phi(\vec{x}) = \vec{x}$ genau eine Lösung $\vec{z}$, und für jeden Startwert $\vec{x}_0 \in \mathbb{D}$ konvergiert die iterativ definierte Folge $(\vec{x}_k)_{k=0}^{\infty}$ mit $\vec{x}_{k+1} := \Phi(\vec{x}_k)$ gegen den *Fixpunkt* $\vec{z}$.

Beweis:

Wir zeigen zunächst die Eindeutigkeit. Seien hierzu $\vec{z}_1, \vec{z}_2 \in \mathbb{D}$ zwei Fixpunkte. Dann gilt nach Voraussetzung:

$$|\vec{z}_1 - \vec{z}_2| = |\Phi(\vec{z}_1) - \Phi(\vec{z}_2)| \leq K \cdot |\vec{z}_1 - \vec{z}_2|$$

Wegen $0 < K < 1$ muss daher $|\vec{z}_1 - \vec{z}_2| = 0$ und damit $\vec{z}_1 - \vec{z}_2 = \vec{0}$ gelten.

Wir zeigen nun, dass bei beliebig vorgegebenem $\vec{x}_0 \in \mathbb{D}$ die Folge $(\vec{x}_k)_{k=0}^{\infty}$ konvergiert und dass der Grenzwert ein Fixpunkt von Φ ist.

Um die Konvergenz der Folge $(\vec{x}_k)_{k=1}^{\infty}$ zu beweisen, genügt es nach Satz 6.13 zu zeigen, dass $(\vec{x}_k)_{k=0}^{\infty}$ eine Cauchy-Folge ist. Hierzu beachte man zunächst die Ungleichung

$$|\vec{x}_{j+1} - \vec{x}_j| = |\Phi(\vec{x}_j) - \Phi(\vec{x}_{j-1})| \leq K \cdot |\vec{x}_j - \vec{x}_{j-1}| .$$

Mehrfache Anwendung dieser Ungleichung liefert

$$|\vec{x}_j - \vec{x}_{j-1}| \leq K^{j-1} \cdot |\vec{x}_1 - \vec{x}_0| .$$

Sind nun $m, n \in \mathbb{N}$ zwei natürliche Zahlen mit $n > m$, so ergibt sich aus der Dreiecksungleichung und der Summenformel für geometrische Reihen aus Satz 4.22 b):

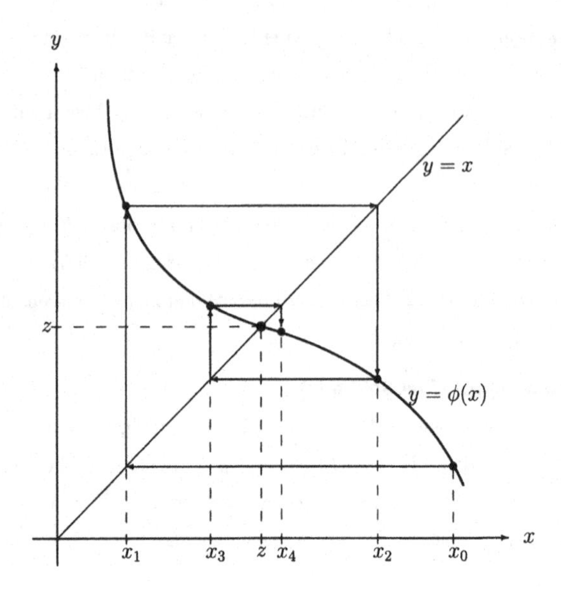

Abbildung 7.6: *Iteration zur Fixpunktbestimmung im Fall* $N = 1$

$$\begin{aligned}|\vec{x}_n - \vec{x}_m| &= \Big| \sum_{j=m+1}^{n} (\vec{x}_j - \vec{x}_{j-1}) \Big| \leq \sum_{j=m+1}^{n} |\vec{x}_j - \vec{x}_{j-1}| \leq |\vec{x}_1 - \vec{x}_0| \sum_{j=m+1}^{n} K^{j-1} \\ &= \frac{K^n - K^m}{K-1} |\vec{x}_1 - \vec{x}_0| \leq \frac{K^n}{K-1} |\vec{x}_1 - \vec{x}_0|\end{aligned}$$

Da der letzte Ausdruck mit $n \to \infty$ gegen 0 konvergiert, ist $(\vec{x}_k)_{k=0}^{\infty}$ eine Cauchy-Folge und damit konvergent. Wegen der Abgeschlossenheit von $\mathbb{D}$ liegt $\vec{z} := \lim_{k\to\infty} \vec{x}_k$ in $\mathbb{D}$. Aus der Stetigkeit von Φ folgt schließlich die Fixpunkteigenschaft von $\vec{z}$.

$$\vec{z} = \lim_{k\to\infty} \vec{x}_{k+1} = \lim_{k\to\infty} \Phi(\vec{x}_k) = \Phi(\lim_{k\to\infty} \vec{x}_k) = \Phi(\vec{z}).$$

■

Beispiel 7.38 (Newton-Verfahren zur numerischen Nullstellenbestimmung)

Wir betrachten eine zweimal stetig differenzierbare Funktion $f : \mathbb{D} \to \mathbb{R}$, wobei $\mathbb{D} \subset \mathbb{R}$ ein offenes Teilintervall der reellen Zahlen ist. f besitze in $\mathbb{D}$ eine einfache Nullstelle z, d.h. es sei $f(z) = 0$ und $f'(z) \neq 0$. Dann ist der Quotient $Q(x) := \frac{f(x) \cdot f''(x)}{[f'(x)]^2}$ im Punkt z

stetig, und es ist daher möglich, eine Umgebung $U = [z - \varepsilon, z + \varepsilon]$ von z zu wählen, in der $Q(x) < K < 1$ für alle x aus U gilt. Setzt man nun speziell $\Phi(x) := x - \frac{f(x)}{f'(x)}$, so erfüllt Φ auf U die Eigenschaften von Satz 7.37. Nach dem Mittelwertsatz 7.15 existiert nämlich für $x, y \in U$ ein $\xi \in]x, y[$ mit

$$\Phi(x) - \Phi(y) = \Phi'(\xi)(x - y) .$$

Aus

$$\Phi'(\xi) = 1 - \frac{[f'(\xi)]^2 - f(\xi) \cdot f''(\xi)}{[f'(\xi)]^2} = \frac{f(\xi) \cdot f''(\xi)}{[f'(\xi)]^2} < K < 1$$

folgt dann wie für Satz 7.37 erforderlich[12]

$$|\Phi(x) - \Phi(y)| < K \cdot |x - y| .$$

Ist nun $x_0 \in U$, so konvergiert die Folge $(x_k)_{k=0}^{\infty}$ mit $x_k := \Phi(x_{k-1})$ gegen den Fixpunkt y. Dieser Fixpunkt stimmt mit der Nullstelle von f überein, da $y = \Phi(y) = y - \frac{f(y)}{f'(y)}$ äquivalent zu $f(y) = 0$ ist.

Ist z.B. $f(x) = x^2 - 2$, so lassen sich durch das gerade beschriebene Newton-Verfahren die Nullstellen $\sqrt{2}$ und $-\sqrt{2}$ bestimmen. Im Intervall $U =]1, \infty[$ gilt

$$\left| \frac{f(x) \cdot f''(x)}{[f'(x)]^2} \right| = \left| \frac{1}{2} - \frac{1}{x^2} \right| < \frac{1}{2} ,$$

so dass für jeden Startwert $x_0 > 1$ die Folge $(x_k)_{k=0}^{\infty}$ mit

$$x_{k+1} = x_k - \frac{f(x_k)}{f'(x_k)} = x_k - \frac{x_k^2 - 2}{2x_k} = \frac{1}{2}\left(x_k + \frac{2}{x_k}\right)$$

gegen $\sqrt{2}$ konvergiert. So liefert $x_0 = 1.5$ die Folgenelemente

$$x_1 = 1.41\overline{6} , \ x_2 = 1.414215687 , \ x_3 = 1.414213563 ,$$

[12]Es gilt $\Phi(U) \subset U$ wegen $|z - \Phi(x)| = |\Phi(z) - \Phi(x)| < K|z - x| < K\varepsilon < \varepsilon$.

während $x_0 = 3$ die Folgenelemente

$$x_1 = 1.8\overline{3}\ ,\ x_2 = 1.462121213\ ,\ x_3 = 1.414998430\ ,\ x_4 = 1.414213780$$

liefert. Die Wahl von x_0 beeinflußt also nicht (wie schon bewiesen) den Grenzwert, sondern nur noch die „Schnelligkeit", mit der die Folge $(x_k)_{k=0}^{\infty}$ gegen $\sqrt{2}$ konvergiert.
Geometrisch gesehen ersetzt man beim Newton-Verfahren $f(x)$ durch die Tangente $T(x) = f(x_k)+f'(x_k)(x-x_k)$ im Punkt $(x_k, f(x_k))$, und man faßt den Schnittpunkt x_{k+1} von $T(x)$ mit der x-Achse als bessere Näherung für die gesuchte Nullstelle auf (siehe Abbildung 7.7). Es ergibt sich dann, die vorher hergeleitete Formel $x_{k+1} = x_k - \frac{f(x_k)}{f'(x_k)}$.

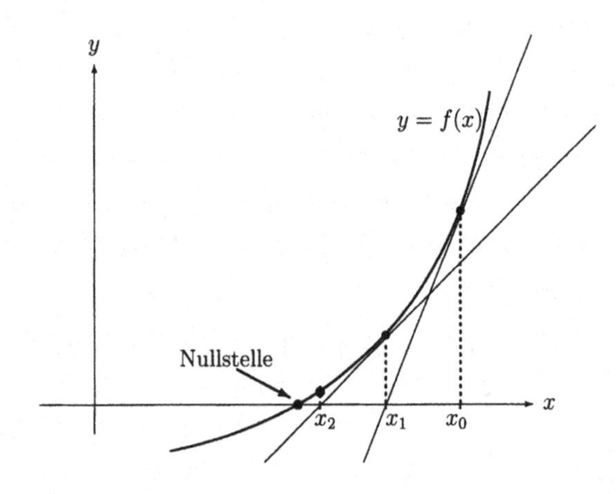

Abbildung 7.7: *Newtonverfahren*

Arbeitet man mit Sekanten anstelle von Tangenten, entsteht die Iterationsvorschrift

$$x_{k+1} = x_k - f(x_k) \cdot \frac{x_k - x_{k-1}}{f(x_k) - f(x_{k-1})}\ .$$

Hier ist die Angabe von zwei Startwerten x_0 und x_1 erforderlich, die so gewählt werden, dass $f(x_0) \cdot f(x_1) < 0$ gilt. Man spricht dann von *linearer Interpolation* (*Regula falsi*). Dieses Verfahren lässt sich auch bei stetigen, aber nicht differenzierbaren Funktionen verwenden.

Bemerkung 7.39

Ist die Abbildung Φ in Satz 7.37 differenzierbar und gilt $|\Phi'(\vec{x})| < K < 1$, so sind wegen des Mittelwertsatzes 7.15 die Voraussetzungen des Satzes 7.37 automatisch erfüllt. Gilt $|\Phi'(\vec{x})| > 1$, lässt sich durch Übergang zur inversen Abbildung Φ^{-1} die Bedingung $|\Phi'(\vec{x})| < K < 1$ erreichen. So lässt sich auf die Gleichung $x = \tan(x)$ die Fixpunktmethode nicht anwenden, wohl aber auf die äquivalente Gleichung $\arctan(x) = x$.

Liegt eine Gleichung oder ein Gleichungssystem mit zwei oder mehr Veränderlichen vor, wird die Lösungsmenge $\mathbb{L}$ der Gleichung (bzw. des Gleichungssystems) im allgemeinen wesentlich größer sein als im Fall einer Veränderlichen. Um die Lösungsmenge $\mathbb{L}$ möglichst einfach zu beschreiben, wird man versuchen, überflüssige Variablen zu eliminieren, indem man die Gleichung(en) nach einzelnen Variablen auflöst, d.h. als Funktion der übrigen Variablen darstellt. Hierdurch wird die Anzahl der $\mathbb{L}$ beschreibenden Größen auf ein Minimum (Dimension von $\mathbb{L}$) reduziert. Auf diese Weise ist es grob gesprochen möglich, die Lösungsmenge $\mathbb{L}$ als Graph einer Funktion darzustellen.

Wir betrachten daher im Folgenden für eine gegebene Abbildung[13] $g : \mathbb{R}^N \to \mathbb{R}^M$ mit $N > M$ [14] die Gleichung[15]

$$g(\vec{u}) = \vec{0}\,.$$

Betrachtet man beispielsweise die Gleichung $2u_1 + u_2 - 3 = 0$, so gilt $N = 2$, $M = 1$ und $g : \mathbb{R}^2 \to \mathbb{R}$ ist definiert durch $g(u_1, u_2) = 2u_1 + u_2 - 3$.

Die Abbildung $g : \mathbb{R}^3 \to \mathbb{R}^2$ mit $g(u_1, u_2, u_3) = (2u_1+u_2+u_3-3, 2u_1+3u_2-u_3+3)$ definiert entsprechend ein lineares Gleichungssystem mit zwei Gleichungen und drei Unbekannten ($N = 3$, $M = 2$).

Wir fragen uns nun, ob es möglich ist, das Gleichungssystem $g(\vec{u}) = \vec{0}$ aufzulösen, d.h. mit Hilfe der M gegebenen Gleichungen genau M Variablen, die wir (der besseren Unterscheidung wegen) mit $y_1, \ldots, y_M$ bezeichnen wollen, zu eliminieren. Der Variablenvektor

[13] Häufig ist g nur auf einer Teilmenge des $\mathbb{R}^N$ definiert.

[14] Die Voraussetzung $N > M$ bedeutet, dass die Anzahl der Variablen größer als die Anzahl der Gleichungen ist. Dies ist sinnvoll, da sich mit jeder Gleichung im Prinzip eine Variable eliminieren lässt.

[15] Im Fall $M \geq 2$ liegt ein Gleichungssystem vor.

$\vec{u}$ zerfällt dann in die zwei Komponenten[16] $\vec{x} = (x_1, \ldots, x_L)$ und $\vec{y} = (y_1, \ldots, y_M)$ mit $L = N - M$ bzw. $L + M = N$. Wir nennen dann das Gleichungssystem $g(\vec{x}, \vec{y}) = \vec{0}$ nach $\vec{y}$ auflösbar, wenn eine Abbildung $f : \mathbb{R}^L \to \mathbb{R}^M$ existiert[17], so dass $\vec{y} = f(\vec{x})$ und $g(\vec{x}, f(\vec{x})) = \vec{0}$ gilt. Die Lösungsmenge

$$\mathbb{L} = \left\{(\vec{x}, \vec{y}) \in \mathbb{R}^N \mid g(\vec{x}, \vec{y}) = \vec{0}\right\} = \left\{(\vec{x}, f(\vec{x})) \mid \vec{x} \in \mathbb{R}^L\right\}$$

ist in diesem Fall eine L-dimensionale „*Mannigfaltigkeit*", und man nennt f die durch die Gleichung $g(\vec{x}, \vec{y}) = \vec{0}$ *implizit* bestimmte Abbildung.

Ist $g : \mathbb{R}^N \to \mathbb{R}^M$ eine affin-lineare Abbildung, d.h. gilt $g(\vec{u}) = A \cdot \vec{u} + \vec{b}$ mit $A \in \mathbb{R}^{M \times N}$ und $\vec{b} \in \mathbb{R}^M$, so wird durch $g(\vec{u}) = \vec{0}$ ein lineares Gleichungssystem gegeben (wie in den zwei letzten Beispielen) und mit der Theorie linearer Gleichungssysteme lässt sich die Frage der Auflösbarkeit leicht beantworten. Es gilt nämlich:

> Ist der *Rang*[18] der Matrix A gleich k und ist $\mathbb{L} = \{\vec{u} \in \mathbb{R}^N \mid g(\vec{u}) = \vec{0}\}$ nicht leer[19], so lässt sich das Gleichungssystem $g(\vec{u}) = A \cdot \vec{u} + \vec{b} = \vec{0}$ nach k Variablen auflösen und $\mathbb{L}$ ist eine $(N - k)$-dimensionale lineare Fläche (Ebene) des $\mathbb{R}^N$.

Wir wollen diese Aussage (zumindest für den uns interessierenden Fall $k = M$) beweisen, da man hier schon die Vorgehensweise für nichtlineare Abbildungen g erkennen kann.

Ist der Rang von A gleich M, so existieren M linear unabhängige Spaltenvektoren von A, die wir zu der $(M \times M)$-Matrix A_y zusammenfassen. Die restlichen $L = N - M$ Spaltenvektoren fassen wir zur $(M \times L)$-Matrix A_x zusammen.

Entsprechend dieser Zerlegung unterscheiden wir zwischen den Variablen $\vec{x} = (x_1, \ldots, x_L)$ und $\vec{y} = (y_1, \ldots, y_M)$ von $\vec{u}$, so dass $\vec{u} = (\vec{x}, \vec{y})$ gilt. Das vorgegebene Gleichungssystem $\vec{0} = g(\vec{u}) = A \cdot \vec{u} + \vec{b}$ hat dann das Aussehen

$$A_x \cdot \vec{x} + A_y \cdot \vec{y} + \vec{b} = \vec{0}$$

[16] In der Theorie linearer (Un-)Gleichungssysteme spricht man von Nichtbasis- bzw. Basisvariablen.

[17] Im allgemeinen ist f nur auf einer Teilmenge des $\mathbb{R}^L$ definiert.

[18] Damit bezeichnet man die maximale Anzahl linear unabhängiger Spaltenvektoren von A.

[19] d.h. existiert ein $\vec{u}^* \in \mathbb{R}^N$ mit $g(\vec{u}^*) = \vec{0}$; im Fall $k = M$ ist diese Bedingung automatisch erfüllt, weil dann g surjektiv ist.

Da A_y wegen der linearen Unabhängigkeit der Spaltenvektoren invertierbar ist, liefert die Multiplikation dieser Gleichung von links mit A_y^{-1} und Auflösen nach $\vec{y}$

$$\vec{y} = f(\vec{x}) = -A_y^{-1}\left(A_x\vec{x} + \vec{b}\right).$$

Das Gleichungssystem ist also nach $\vec{y}$ auflösbar.

So lautet das zweite zu Beginn betrachtete Gleichungssystem (in Spaltenschreibweise)

$$\vec{0} = g(\vec{u}) = \begin{pmatrix} 2u_1 + u_2 + u_3 - 3 \\ 2u_1 + 3u_2 - u_3 + 3 \end{pmatrix} = \begin{pmatrix} 2 & 1 & 1 \\ 2 & 3 & -1 \end{pmatrix}\begin{pmatrix} u_1 \\ u_2 \\ u_3 \end{pmatrix} + \begin{pmatrix} -3 \\ 3 \end{pmatrix}.$$

$A = \begin{pmatrix} 2 & 1 & 1 \\ 2 & 3 & -1 \end{pmatrix}$ hat den Rang 2. Wir zerlegen A in $A_y = \begin{pmatrix} 1 & 1 \\ 3 & -1 \end{pmatrix}$ und $A_x = \begin{pmatrix} 2 \\ 2 \end{pmatrix}$.

Mit $x_1 = u_1$, $\vec{y} = \begin{pmatrix} y_1 \\ y_2 \end{pmatrix} = \begin{pmatrix} u_2 \\ u_3 \end{pmatrix}$, $\vec{b} = \begin{pmatrix} -3 \\ 3 \end{pmatrix}$ und $A_y^{-1} = \frac{1}{4}\begin{pmatrix} 1 & 1 \\ 3 & -1 \end{pmatrix}$ folgt dann

$$\vec{y} = -A_y^{-1}\left[A_x x_1 + \begin{pmatrix} -3 \\ 3 \end{pmatrix}\right] = \begin{pmatrix} -1 \\ -1 \end{pmatrix} u_1 - \begin{pmatrix} 0 \\ 3 \end{pmatrix} = \begin{pmatrix} -u_1 \\ -u_1 - 3 \end{pmatrix}.$$

Es ergibt sich daher als Lösungsmenge $\mathbb{L}$ die Gerade (1-dimensionale lineare Fläche)

$$\mathbb{L} = \left\{\begin{pmatrix} u_1 \\ -u_1 \\ -u_1 - 3 \end{pmatrix} \middle| u_1 \in \mathbb{R}\right\} = \left\{u_1\begin{pmatrix} 1 \\ -1 \\ -1 \end{pmatrix} + \begin{pmatrix} 0 \\ 0 \\ -3 \end{pmatrix} \middle| u_1 \in \mathbb{R}\right\}$$

Der *Satz über implizite Funktionen* ist eine Verallgemeinerung dieser Tatsache auf nichtlineare differenzierbare Abbildungen g, indem man ausnutzt, dass sich $g(\vec{x}, \vec{y})$ in jedem Punkt $\vec{u}^* = (\vec{x}^*, \vec{y}^*)$ lokal durch seine Tangentialebene $T(\vec{u}) = Dg(\vec{u}^*) \cdot (\vec{u} - \vec{u}^*) + g(\vec{u}^*)$ approximieren lässt und dann die Ableitungsmatrix wie im linearen Fall in die zwei Teilmatrizen $D_{\vec{x}}g(\vec{u}^*)$ und $D_{\vec{y}}g(\vec{u}^*)$ der partiellen Ableitungen nach $\vec{x}$ und $\vec{y}$ zerlegt.
Da sich diese Approximation mit dem Punkt $\vec{u}^*$ ändert, ist die implizit definierte Abbildung $\vec{y} = f(\vec{x})$ ebenfalls vom Approximationspunkt $\vec{u}^*$ abhängig und so - im Gegensatz

zum linearen Fall - nicht mehr global, sondern nur noch lokal (d.h. in einer Umgebung des Approximationspunktes) definiert. Die Lösungsmenge ist dann eine $(N-M)$-dimensionale „gekrümmte" Fläche[20], die sich lokal eben (d.h. wie der $\mathbb{R}^{N-M}$) verhält. Betrachtet man zum Beispiel die Gleichung $g(x,y) = x^2 + y^2 - 1 = 0$, so ist die Lösungsmenge $\mathbb{L}$ gleich der Kreislinie mit Radius 1 und Mittelpunkt $(0,0)$. Ist $(\vec{x}^*, \vec{y}^*)$ ein Punkt aus $\mathbb{L}$, so ist die Gleichung $g(x,y) = 0$ in einer Umgebung von $(\vec{x}^*, \vec{y}^*)$ auflösbar mit[21]

$$y = \begin{cases} \sqrt{1-x^2} & \text{falls } y^* > 0 \\ -\sqrt{1-x^2} & \text{falls } y^* < 0 \end{cases},$$

und $\mathbb{L}$ ist lokal (d.h. in einer Umgebung von $(\vec{x}^*, \vec{y}^*)$) gleich dem Graphen der Funktion $y = f(x) = \sqrt{1-x^2}$ bzw. $y = f(x) - \sqrt{1-x^2}$.

Zu beachten ist jedoch, dass es in den meisten Fällen nicht möglich ist, eine auflösende Abbildung $y = f(x)$ explizit anzugeben (daher auch die Bezeichnung impliziter Funktionensatz). So ist die Gleichung $g(x,y) = x + e^x + y + e^y - 2 = 0$ in allen Punkten von $\mathbb{L}$ sowohl nach der Variablen y, als auch nach x (numerisch) auflösbar, doch ist es nicht möglich, die auflösende Abbildung $y = f(x)$ explizit anzugeben. Die Bedeutung des impliziten Funktionensatzes liegt u.a. darin, dass man dennoch die Ableitung der implizit definierten Funktion $y = f(x)$ berechnen kann. Aus $g(x,y) = 0$ folgt nämlich $0 = dg = \frac{\partial g}{\partial x}dx + \frac{\partial g}{\partial y}dy$. Löst man diese Gleichung formal nach $\frac{dy}{dx}$ auf, ergibt sich

$$\frac{dy}{dx} = -\frac{\partial g}{\partial x} \Big/ \frac{\partial g}{\partial y}.$$

Satz 7.40 (Implizite Funktionen)

Sei $\mathbb{D}$ eine offene Teilmenge von $\mathbb{R}^L \times \mathbb{R}^M = \mathbb{R}^{L+M}$ und sei $g : \mathbb{D} \to \mathbb{R}^M$ eine stetig differenzierbare Abbildung mit $(\vec{x}, \vec{y}) \mapsto g(\vec{x}, \vec{y})$. Im Punkt $(\vec{x}^*, \vec{y}^*) \in \mathbb{D}$ sei die Matrix $\frac{dg}{d\vec{y}}(\vec{x}^*, \vec{y}^*) = D_{\vec{y}}g(\vec{x}^*, \vec{y}^*)$ der partiellen Ableitungen von g nach $\vec{y}$ invertierbar[22], und es gelte $g(\vec{x}^*, \vec{y}^*) = \vec{0}$.

[20] Man spricht auch von einer $(N-M)$-dimensionalen *Mannigfaltigkeit*, *Niveaufläche*, *Niveaumenge* oder *Höhenlinie*. In der Ökonomie spricht man bei Gewinnfunktionen von *Isogewinnlinien*, bei Produktionsfunktionen von *Isoquanten* und von *Indifferenzkurven* bei Nutzenfunktionen. Erinnert sei außerdem an die aus dem Wetterbericht bekannten Begriffe *Isobare* und *Isotherme* als Orte gleichen Luftdrucks bzw. gleicher Temperatur.

[21] Auf die Angabe des Definitionsbereiches von f wird hier verzichtet.

[22] Äquivalent hierzu sind die Forderung $\det(D_{\vec{y}}g(\vec{x}^*, \vec{y}^*)) \neq 0$ bzw. $D_{\vec{y}}g(\vec{x}^*, \vec{y}^*)$ hat den Rang M.

Dann gibt es Umgebungen $U \subset \mathbb{R}^L$ und $V \subset \mathbb{R}^M$ der Punkte $\vec{x}^*$ und $\vec{y}^*$, in der die Gleichung $g(\vec{x}^*, \vec{y}^*) = \vec{0}$ nach $\vec{y}$ auflösbar ist, d.h. dass genau eine Abbildung $f : U \to V$ existiert mit der Eigenschaft $g(\vec{x}, f(\vec{x})) = \vec{0}$ für alle Elemente $\vec{x}$ aus U[23]. f ist stetig differenzierbar, und es gilt:

$$f'(\vec{x}) = \frac{df}{d\vec{x}}(\vec{x}) = -[D_{\vec{y}}g(\vec{x}, f(\vec{x}))]^{-1} \cdot D_{\vec{x}}g(\vec{x}, f(\vec{x}))$$

Beweis:

Wir wollen nur den Fall $M = 1$ beweisen. Der allgemeine Fall $M \geq 1$ ergibt sich daraus mittels vollständiger Induktion.

Sei daher $g(\vec{x}, y)$ eine stetig differenzierbare (reellwertige) Funktion ($\vec{x} \in \mathbb{R}^L, y \in \mathbb{R}$). Für $(\vec{x}^*, y^*) \in \mathbb{D}$ gelte $g(\vec{x}^*, y^*) = 0$ und $\frac{\partial g}{\partial y}(\vec{x}^*, y^*) \neq 0$. Wegen der vorausgesetzten Stetigkeit der partiellen Ableitung $D_y g = \frac{\partial g}{\partial y}$ gilt $\frac{\partial g}{\partial y} \neq 0$ in einer ganzen Umgebung W von $(\vec{x}^*, y^*)$, so dass entweder $\frac{\partial g}{\partial y} < 0$ oder $\frac{\partial g}{\partial y} > 0$ auf ganz W gelten muss. Für festes $\vec{x}$ ist daher $g(\vec{x}, y)$ als Funktion von y streng monoton auf W. Da W eine Umgebung von $(\vec{x}^*, y^*)$ ist, existiert ein $\varepsilon > 0$, so dass $(\vec{x}^*, y)$ in W liegt für alle y mit $|y - y^*| \leq \varepsilon$.

Wegen $g(\vec{x}^*, y^*) = 0$ und der strengen Monotonie von g in y, besitzen die Werte $g(\vec{x}^*, y^* - \varepsilon)$ und $g(\vec{x}^*, y^* + \varepsilon)$ verschiedene Vorzeichen, o.E. gelte $g(\vec{x}^*, y^* - \varepsilon) < 0$ und $g(\vec{x}^*, y^* + \varepsilon) > 0$ (andernfalls betrachte man $-g$). Da g stetig ist, kann (in Abhängigkeit von ε) ein $\delta > 0$ gewählt werden mit $g(\vec{x}, y^* - \varepsilon) < 0$ und $g(\vec{x}, y^* + \varepsilon) > 0$ für alle $\vec{x}$ aus W mit $|\vec{x} - \vec{x}^*| < \delta$. Durch eventuelle Verkleinerung von δ kann außerdem erreicht werden, dass $(\vec{x}, y)$ in W liegt für alle $\vec{x} \in \mathbb{R}^L$ und $y \in \mathbb{R}$ mit $|\vec{x} - \vec{x}^*| < \delta$ und $|y - y^*| \leq \varepsilon$.

Wir zeigen nun, dass $U = \{\vec{x} \in \mathbb{R}^L \mid |\vec{x} - \vec{x}^*| < \delta\}$ und $V = \{y \in \mathbb{R} \mid |y - y^*| \leq \varepsilon\}$ die gewünschten Eigenschaften besitzen.

Ist $\vec{x} \in U$ fest, so existiert wegen $g(\vec{x}, y^* - \varepsilon) < 0$ und $g(\vec{x}, y^* + \varepsilon) > 0$ nach dem Zwischenwertsatz ein $y \in V$ mit $g(\vec{x}, y) = 0$. y ist von $\vec{x}$ abhängig und wegen der Injektivität der Abbildung $V \ni y \mapsto g(\vec{x}, y)$ eindeutig bestimmt. Daher wird durch $f(\vec{x}) := y$ eine Funktion $f : U \to V$ mit $g(\vec{x}, f(\vec{x})) = 0$ definiert. Um die Stetigkeit von f zu zeigen, wählen wir einen beliebigen Punkt $\vec{x}_0$ in U und eine Folge $(\vec{x}_n)_{n=1}^{\infty}$ in U mit $\lim_{n \to \infty} \vec{x}_n = \vec{x}_0$. Wir haben nachzuweisen, dass $\lim_{n \to \infty} f(\vec{x}_n) = f(\vec{x}_0)$ gilt. Da V ein beschränktes Intervall ist, besitzt $(f(x_n))_{n=1}^{\infty}$ eine konvergente Teilfolge, deren Grenzwert wegen der Abgeschlossenheit von V wieder in V liegt. Es genügt daher zu zeigen, dass jede konvergente Teilfolge von $(f(x_n))_{n=1}^{\infty}$ den Grenzwert $f(\vec{x}_0)$ besitzt.

[23] Aus $g(\vec{x}^*, \vec{y}^*) = \vec{0} = g(\vec{x}^*, f(\vec{x}^*))$ und der Eindeutigkeit von f folgt *insbesondere* auch $f(\vec{x}^*) = \vec{y}^*$.

Sei also $(f(x_{n_k}))_{k=1}^{\infty}$ eine konvergente Teilfolge mit $\lim_{k\to\infty} f(x_{n_k}) =: z \in V$. Aus der Stetigkeit von g und aus $g(\vec{x}, f(\vec{x})) = 0$ folgt dann

$$g(\vec{x}_0, z) = \lim_{k\to\infty} g(\vec{x}_{n_k}, f(\vec{x}_{n_k})) = 0 = g(\vec{x}_0, f(\vec{x}_0)) .$$

Aus der Injektivität der Abbildung $V \ni y \mapsto g(\vec{x}_0, y)$ folgt schließlich

$$f(\vec{x}_0) = z = \lim_{k\to\infty} f(\vec{x}_{n_k}) .$$

Es bleibt die stetige Differenzierbarkeit von f zu zeigen.
Sei hierzu $\vec{x}_0 \in U$. Wir zeigen, dass im Punkt $\vec{x}_0$ für $\ell = 1, \ldots, L$ die partiellen Ableitungen $D_\ell f$ existieren und stetig sind. Ist $t \in \mathbb{R}$ hinreichend klein, so liegt $\vec{x}_0 + t \cdot \vec{e}_\ell$ in U, und es gilt mit $s = f(\vec{x}_0 + t\vec{e}_\ell) - f(\vec{x}_0)$:

$$g(\vec{x}_0 + t\vec{e}_\ell, f(\vec{x}_0 + t\vec{e}_\ell)) = 0 \quad \text{bzw.} \quad g(\vec{x}_0 + t\vec{e}_\ell, f(\vec{x}_0) + s) = 0$$

Die Anwendung des Mittelwertsatzes $g(\vec{z}) - g(\vec{z}_0) = (\vec{z} - \vec{z}_0) * g'[\vec{z}_0 + \vartheta(\vec{z} - \vec{z}_0)]$ mit $\vec{z} = (\vec{x}_0 + t\vec{e}_\ell, f(\vec{x}_0) + s)$ und $\vec{z}_0 = (\vec{x}_0, f(\vec{x}_0))$ liefert ein $\vartheta \in]0,1[$ mit

$$\begin{aligned} 0 &= g(\vec{x}_0 + t\vec{e}_\ell, f(\vec{x}_0) + s) - g(\vec{x}_0, f(\vec{x}_0)) = (t\vec{e}_\ell, s) * g'(\vec{x}_0 + \vartheta t\vec{e}_\ell, f(\vec{x}_0) + \vartheta s) \\ &= t \cdot \frac{\partial g}{\partial x_\ell}(\vec{x}_0 + \vartheta t\vec{e}_\ell, f(\vec{x}_0) + \vartheta s) + s \cdot \frac{\partial g}{\partial y}(\vec{x}_0 + \vartheta t\vec{e}_\ell, f(\vec{x}_0) + \vartheta s) \end{aligned}$$

Dies ergibt

$$\frac{\partial f}{\partial x_\ell}(\vec{x}_0) = \lim_{t\to 0} \frac{f(\vec{x}_0 + t\vec{e}_\ell) - f(\vec{x}_0)}{t} = \lim_{t\to 0} \frac{s}{t} = \lim_{t\to} - \frac{\frac{\partial g}{\partial x_\ell}(\vec{x}_0 + \vartheta t\vec{e}_\ell, f(\vec{x}_0) + \vartheta s)}{\frac{\partial g}{\partial y}(\vec{x}_0 + \vartheta t\vec{e}_\ell, f(\vec{x}_0) + \vartheta s)} .$$

Aus der Stetigkeit von $\frac{\partial g}{\partial x_\ell}$ und $\frac{\partial g}{\partial y}$ und $\lim_{t\to 0} s = \lim_{t\to 0} f(\vec{x}_0 + t\vec{e}_\ell) - f(\vec{x}_0) = 0$ (wegen der Stetigkeit von f) folgt

$$\frac{\partial f}{\partial x_\ell}(\vec{x}_0) = -\frac{\frac{\partial g}{\partial x_\ell}(\vec{x}_0, f(\vec{x}_0))}{\frac{\partial g}{\partial y}(\vec{x}_0, f(\vec{x}_0))} ,$$

und damit auch die Stetigkeit von $\frac{\partial f}{\partial x_\ell}$ als Quotient stetiger Funktionen.

■

Beispiel 7.41

i) Sei $g(x,y) := x + e^x + y + e^y - 2$. Es gilt $g(0,0) = 0$ und $\frac{\partial g}{\partial y}(0,0) = 2 > 0$, so dass g im Punkt $(0,0)$ nach y aufgelöst werden kann, also $y = y(x)$ gilt. Nach dem Satz über implizite Funktionen gilt:

$$\left.\frac{dy}{dx}\right|_{x=0} = -\frac{\frac{\partial g}{\partial x}(0,0)}{\frac{\partial g}{\partial y}(0,0)} = -\frac{2}{2} = -1$$

ii) Gegeben sei die Cobb-Douglas-Produktionsfunktion $P(K,A) := K^{\frac{1}{4}}A^{\frac{3}{4}}$ $(K, A \geq 0)$, die den funktionalen Zusammenhang einer Produktion und dem eingesetzten Kapital K bzw. der Arbeit A beschreibt. Bei gegebenem Kapital K_0 und der Arbeit A_0 liegt dann das Produktionsniveau $P_0 := P(K_0, A_0) = K_0^{\frac{1}{4}}A_0^{\frac{3}{4}}$ vor, und es stellt sich die Frage nach der *Substitutionsrate* zwischen K und A im Punkt (K_0, A_0). Die Substitutionsrate gibt hier an, wie durch Kapitalerhöhung eine Arbeitseinsparung (oder umgekehrt) zu kompensieren, d.h. eine gleichbleibende Produktionsmenge P_0 zu erreichen ist. Aufschluss darüber geben uns die Größen $\frac{dK}{dA}$ bzw. $\frac{dA}{dK}$, die sich wegen der Forderung $P(K,A) - P_0 = 0$ nach dem impliziten Funktionensatz berechnen lassen (in einer Umgebung von A_0 bzw. K_0)

$$\frac{dK}{dA} = -\frac{\frac{\partial P}{\partial A}}{\frac{\partial P}{\partial K}} = -\frac{\frac{3}{4}\left(\frac{K}{A}\right)^{\frac{1}{4}}}{\frac{1}{4}\left(\frac{A}{K}\right)^{\frac{3}{4}}} = -3 \cdot \frac{K}{A}$$

iii) Eine zum vorigen Beispiel analoge Situation liegt vor, wenn man eine (differenzierbare) Nutzenfunktion U über einem Raum von möglichen Güterbündeln $(x_1, \ldots, x_N)$ betrachtet. $U(x_1, \ldots, x_N)$ misst dann den Nutzen, der durch den Konsum von $(x_1, \ldots, x_N)$ entsteht. Auch hier stellt sich bei einem gegebenen Güterbündel $(x_1^*, \ldots, x_N^*)$ die Frage nach der Substitutionsrate, also wie (z.B. bei einem Tausch) die Abgabe einer Einheit des Gutes k durch eine Erhöhung in der Menge des Gutes ℓ kompensiert werden kann. Lokal wird also nach der Steigung $\frac{\partial x_k}{\partial x_\ell}$ unter Beibehaltung des *Nutzenniveaus* $U^* = U(x_1^*, \ldots, x_N^*)$ gefragt. Da hier $U(x_1, \ldots, x_N) - U^* = 0$ gefordert wird, ergibt sich aus dem Satz über implizite Funktionen

$$\frac{\partial x_k}{\partial x_\ell} = -\frac{\frac{\partial U}{\partial x_\ell}(x_1^*, \ldots, x_N^*)}{\frac{\partial U}{\partial x_k}(x_1^*, \ldots, x_N^*)}.$$

Bemerkung 7.42

i) Ist g eine k-mal stetig differenzierbare Abbildung, so gilt dies auch für die auflösende Abbildung $\vec{y} = f(\vec{x})$, da sich die höheren Ableitungen von f durch Weiterdifferenzieren ergeben. So folgt in Beispiel 7.41 i) mit der Quotientenregel:

$$\frac{d^2y}{dx^2}(0) = \frac{d}{dx}\left(-\frac{\frac{\partial g}{\partial x}}{\frac{\partial g}{\partial y}}\right)(0,0) = -\frac{\frac{\partial^2 g}{\partial x^2}(0,0)\frac{\partial g}{\partial y}(0,0) - \frac{\partial^2 g}{\partial x \partial y}(0,0)\cdot\frac{\partial g}{\partial x}(0,0)}{\left(\frac{\partial g}{\partial y}\right)^2(0,0)} = -\frac{1}{2}$$

i) Wie die beiden letzten Beispiele zeigen, wird der implizite Funktionensatz häufig bei *Niveauflächen (Isoquanten)* angewendet, also Mengen der Form

$$\mathcal{N} = \left\{\vec{x} \in \mathbb{R}^N \;\middle|\; f(\vec{x}) = c\right\} = \left\{\vec{x} \in \mathbb{R}^N \;\middle|\; f(\vec{x}) - c = 0\right\} ,$$

wobei $f : \mathbb{D} \to \mathbb{R}$ eine differenzierbare Funktion in N Veränderlichen und $c \in \mathbb{R}$ eine Konstante ist[24]. Insbesondere folgt, dass $\mathcal{N}$ entweder leer oder ein $(N-1)$-dimensionales Untergebilde von $\mathbb{D} \subset \mathbb{R}^N$ ist.

Zu bemerken ist hier noch, dass die (infinitesimalen) Richtungen, in denen f konstant bleibt, diejenigen sind, die senkrecht zum Gradienten $f'(\vec{x})$ stehen, weil f in Richtung des Gradienten den stärksten Anstieg besitzt (siehe Bemerkung 7.18 ii)).

Als weitere Anwendung der Differentialrechnung wollen wir nun das Monotonieverhalten, die Konvexität bzw. Konkavität und die lokalen Extremwerte einer gegebenen Funktion mit Hilfe der ersten bzw. zweiten Ableitung der Funktion charakterisieren, was sich mit dem Stichwort Kurvendiskussion zusammenfassen lässt.

Hervorzuheben ist, dass **die folgenden Sätze mit $<$ bzw. $\leq$ entsprechend für monoton fallende bzw. konkave Funktionen gelten.**

Satz 7.43

Ist $f : [a,b] \to \mathbb{R}$ stetig und in $]a,b[$ differenzierbar, so gilt:

a) f ist in $]a,b[$ monoton wachsend $\iff$ $f' \geq 0$ in $]a,b[$.

b) f ist in $]a,b[$ streng monoton wachsend $\iff$ $f' \geq 0$ in $]a,b[$ *und* f' ist in keinem echten Teilintervall von $]a,b[$ identisch 0 (d.h. f' besitzt nur isolierte Nullstellen).

[24]Man spricht daher auch oft von Differentiation unter Nebenbedingungen.

Beweis:

a) Sei f monoton wachsend in $[a,b]$. Für $x_0 \in]a,b[$ und $h \in \mathbb{R}$ mit $x_0 + h \in [a,b]$ gilt dann

$$f(x_0+h) - f(x_0) \begin{cases} \geq 0 & \text{falls} \quad h > 0 \\ \leq 0 & \text{falls} \quad h < 0 \end{cases},$$

also $\frac{f(x_0+h)-f(x_0)}{h} \geq 0$ und damit $f'(x_0) = \lim\limits_{h\to 0} \frac{f(x_0+h)-f(x_0)}{h} \geq 0$.

Sei nun umgekehrt $f'(x) \geq 0$ für alle $x \in]a,b[$.

Wären x_0, x_1 zwei Zahlen in $]a,b[$ mit $x_0 < x_1$ *und* $f(x_0) > f(x_1)$, so ergibt sich ein Widerspruch zu $f' \geq 0$, da nach dem Mittelwertsatz ein ξ zwischen x_0 und x_1 existiert, mit

$$f'(\xi) = \frac{f(x_1)-f(x_0)}{x_1 - x_0} < 0\,.$$

b) Da f nach Folgerung 7.16 genau dann in einem Teilintervall konstant ist, wenn die erste Ableitung dort identisch Null ist, folgt dies aus Teil a).

■

Bemerkung 7.44

Die strenge Monotonie ist bei differenzierbaren Funktionen *nicht äquivalent* zu $f' > 0$ bzw. $f' < 0$. Die Funktion $f : \mathbb{R} \to \mathbb{R}$ mit $f(x) = \frac{1}{5}x \cdot (x^4 - \frac{10}{3}x^2 + 5)$ ist streng monoton wachsend, jedoch besitzt $f'(x) = (x^2-1)^2$ zwei Nullstellen (siehe Abbildung 7.8). Für lokale Extremwerte, in denen sich das Steigungsverhalten ändert, ist daher $f'(x) = 0$ eine notwendige, jedoch keine hinreichende Bedingung (siehe auch Bemerkung 7.60 ii)).

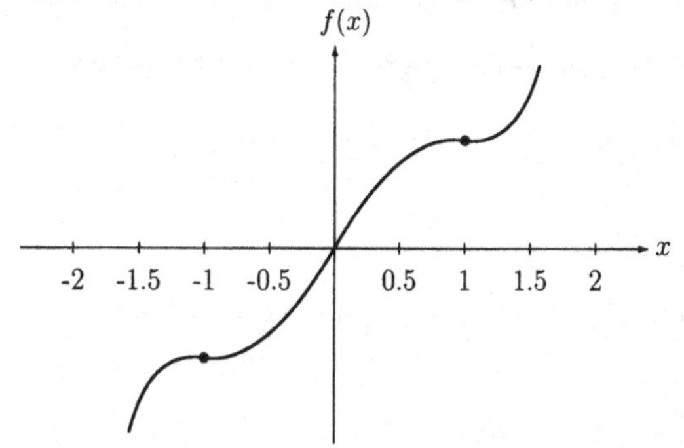

Abbildung 7.8: *Die Funktion* $f(x) = \frac{1}{5}x \cdot (x^4 - \frac{10}{3}x^2 + 5)$ *im Intervall* $[-2,2]$

Satz 7.45

Sei $\mathbb{D} \subset \mathbb{R}^N$ eine offene und konvexe Menge. Ist $f : \mathbb{D} \to \mathbb{R}$ konvex, so ist f stetig.

Beweis:

Sei $\vec{y} = (y_1, \ldots, y_N) \in \mathbb{D}$ und $\varepsilon > 0$ fest, aber beliebig. Da $\mathbb{D}$ offen ist, existiert ein Polyeder Q mit $\vec{y} \in Q$ und $Q \subset \mathbb{D}$. Durch eventuelle Verkleinerung kann ein $r > 0$ bestimmt werden, so dass gilt

$$Q = [y_1 - r, y_1 + r] \times [y_2 - r, y_2 + r] \times \ldots \times [y_N - r, y_N + r] \,.$$

Da f konvex ist und jeder Punkt aus Q als Konvexkombination seiner endlich vielen Eckpunkte dargestellt werden kann, ist f auf Q beschränkt. Dies ergibt sich aus

$$f\Big(\sum_{j=1}^{k} \lambda_j \cdot \vec{z}_j\Big) \;\le\; \sum_{j=1}^{k} \lambda_j \cdot f(\vec{z}_j) \;\le\; \max\{f(\vec{z}_j) \mid j = 1, \ldots, k\} \,.$$

Also gibt es eine Zahl M mit $f(\vec{x}) < M$ für alle $\vec{x} \in Q$. Wir wählen $\delta := \min\Big\{r, \frac{\varepsilon \cdot r}{M - f(\vec{y})}\Big\}$ und zeigen, dass für alle $\vec{x} \in \mathbb{D}$ mit $|\vec{x} - \vec{y}| < \delta$ schon $|f(\vec{x}) - f(\vec{y})| < \varepsilon$ folgt.
Sei hierzu $\vec{x} \in \mathbb{D}$ mit $|\vec{x} - \vec{y}| < \delta$. Wegen $\delta \le r$ folgt zunächst, dass $\vec{x}$ in Q liegt, denn

$$\Big[\sum_{i=1}^{N} (x_i - y_i)^2\Big]^{\frac{1}{2}} < r \implies |x_i - y_i| < r \text{ für } i = 1, \ldots, N \implies x_i \in [y_i - r, y_i + r] \,.$$

Aus dem gleichen Grund liegen auch die Punkte $\vec{u} = \vec{y} + \frac{r}{\delta}(\vec{x} - \vec{y})$ und $\vec{v} = \vec{y} - \frac{r}{\delta}(\vec{x} - \vec{y})$ in Q. Insbesondere gilt daher $f(\vec{x}) < M$, $f(\vec{u}) < M$ und $f(\vec{v}) < M$.
Wegen $\vec{x} = \frac{\delta}{r}\vec{u} + (1 - \frac{\delta}{r})\vec{y}$ und $\vec{y} = \frac{\delta}{r + \delta}\vec{v} + \frac{r}{r + \delta}\vec{x}$, folgt aus der Konvexität von f

$$f(\vec{x}) < \frac{\delta}{r}M + \Big(1 - \frac{\delta}{r}\Big) f(\vec{y}) \quad \text{und} \quad f(\vec{y}) < \frac{\delta}{r + \delta}M + \frac{r}{r + \delta}f(\vec{x})$$

oder äquivalent hierzu

$$f(\vec{x}) - f(\vec{y}) < \frac{\delta}{r}(M - f(\vec{y})) \quad \text{und} \quad f(\vec{y}) - f(\vec{x}) < \frac{\delta}{r}(M - f(\vec{y})) \,.$$

Aus $\delta \le \frac{\varepsilon \cdot r}{M - f(\vec{y})}$ folgt daher

$$|f(\vec{x}) - f(\vec{y})| = \max\{f(\vec{x}) - f(\vec{y}), f(\vec{y}) - f(\vec{x})\} < \varepsilon \,.$$

■

Der nächste Satz 7.46 beschreibt die Konvexität einer Funktion mit Hilfe der ersten Ableitung. Für eine konvexe Funktion in einer Variablen besagt er, dass die Sekantensteigungen im Intervall $]x, y[$ größer gleich der Tangentensteigung in x ist. Der Vorteil dieser Charakterisierung liegt auch darin, dass im Fall der strengen Konvexität nur die entsprechend strenge Ungleichung zu verwenden ist. Für zweimal differenzierbare Funktionen ergibt sich in Folgerung 7.47 eine Beschreibung der Konvexität mit Hilfe der zweiten Ableitung.

Satz 7.46

Sei $f : \mathbb{D} \to \mathbb{R}$ partiell differenzierbar auf der offenen und konvexen Menge $\mathbb{D} \subset \mathbb{R}^N$.

a) f ist genau dann konvex, wenn

$$f(\vec{y}) - f(\vec{x}) \geq (\nabla f)(\vec{x}) * (\vec{y} - \vec{x}) \quad \text{für alle} \quad \vec{x}, \vec{y} \in \mathbb{D} .$$

b) f ist genau dann streng konvex, wenn

$$f(\vec{y}) - f(\vec{x}) > (\nabla f)(\vec{x}) * (\vec{y} - \vec{x}) \quad \text{für alle} \quad \vec{x}, \vec{y} \in \mathbb{D} \quad \text{mit } \vec{x} \neq \vec{y} .$$

Beweis:

Es genügt, die schärfere Aussage b) zu beweisen.

"$\Leftarrow$": Seien $\vec{y}, \vec{z} \in \mathbb{D}$ mit $\vec{y} \neq \vec{z}$ und sei $\vec{x} := \lambda\vec{y} + (1 - \lambda)\vec{z}$ mit $0 < \lambda < 1$. Dann gilt:

$$\begin{aligned} \lambda \cdot [f(\vec{y}) - f(\vec{x})] &> \lambda\,(\nabla f)\,(\vec{x}) * (\vec{y} - \vec{x}) \\ (1 - \lambda) \cdot [f(\vec{z}) - f(\vec{x})] &> (1 - \lambda)\,(\nabla f)\,(\vec{x}) * (\vec{z} - \vec{x}) \end{aligned}$$

Summation beider Ungleichungen liefert wegen $\vec{x} = \lambda \cdot \vec{y} + (1 - \lambda) \cdot \vec{z}$

$$\lambda \cdot f(\vec{y}) + (1 - \lambda) \cdot f(\vec{z}) - f(\vec{x}) > (\nabla f)\,(\vec{x}) * [\lambda \cdot \vec{y} + (1 - \lambda) \cdot \vec{z} - \vec{x}] = 0 .$$

Daher erhält man

$$f(\vec{x}) = f[\lambda \cdot \vec{y} + (1 - \lambda) \cdot \vec{z}] < \lambda \cdot f(\vec{y}) + (1 - \lambda) \cdot f(\vec{z}) .$$

"$\Rightarrow$": Sei nun f streng konvex und seien $\vec{x}, \vec{y} \in \mathbb{D}$ mit $\vec{x} \neq \vec{y}$. Da $\mathbb{D}$ offen und konvex ist, existiert ein $\varepsilon > 0$, so dass $(1 - t) \cdot \vec{x} + t \cdot \vec{y} \in \mathbb{D}$ für alle $t \in]-\varepsilon, 1 + \varepsilon[$ gilt. Wir definieren nun $g :]-\varepsilon, 1 + \varepsilon[\to \mathbb{R}$ durch $g(t) := tf(\vec{y}) + (1 - t)f(\vec{x}) - f[t\vec{y} + (1 - t)\vec{x}]$. Offensichtlich ist $g(0) = 0$ und wegen der strengen Konvexität von f ist g streng konkav auf $[0, 1]$ und echt positiv auf $]0, 1[$. Daher gilt für $0 < t < \frac{1}{2}$

$$g(t) = g\Big(2t \cdot \frac{1}{2} + (1 - 2t) \cdot 0\Big) > 2t \cdot g\Big(\frac{1}{2}\Big) + (1 - 2t)g(0) = 2t \cdot g\Big(\frac{1}{2}\Big) > 0 .$$

Wegen der partiellen Differenzierbarkeit von f ist g differenzierbar, und es folgt

$$g'(0) = \lim_{t\to 0+} \frac{g(t)-g(0)}{t} \geq \lim_{t\to 0+} \frac{2tg(\frac{1}{2})}{t} = 2g\left(\frac{1}{2}\right) > 0 .$$

Beachtet man nun, dass

$$g'(t) = f(\vec{y}) - f(\vec{x}) - \nabla f(t\vec{y} + (1-t)\vec{x}) * (\vec{y} - \vec{x})$$

gilt, folgt die Behauptung

$$g'(0) = f(\vec{y}) - f(\vec{x}) - \nabla f(\vec{x}) * (\vec{y} - \vec{x}) > 0 .$$

■

Folgerung 7.47

Sei $I \subset \mathbb{R}$ ein offenes Intervall und sei $f : I \to \mathbb{R}$ differenzierbar. Dann gilt:

a) f ist genau dann (streng) konvex, wenn f' (streng) monoton wachsend ist. Ist f zweimal differenzierbar, so ist f genau dann konvex, wenn $f'' \geq 0$ auf I gilt.

b) Ist f zweimal differenzierbar, so ist f genau dann streng konvex, wenn $f'' \geq 0$ auf I gilt und f'' in keinem echten Teilintervall von I verschwindet (d.h. f'' besitzt nur isolierte Nullstellen).

Beweis:

Da Teil b) aus a) und Satz 7.43 folgt, genügt es, Teil a) zu beweisen. Zum Beweis von Aussage a) genügt es, die schärfere Aussage über die strenge Konvexität zu beweisen.
Sei zunächst f streng konvex und seien $x, y \in I$ mit $x < y$. Nach Satz 7.46 gilt dann

$$f(y) - f(x) > f'(x) \cdot (y - x) \quad \text{und} \quad f(x) - f(y) > f'(y) \cdot (x - y) .$$

Aus der Betrachtung beider Ungleichungen ergibt sich

$$(y - x) \cdot f'(x) < f(y) - f(x) < (y - x) \cdot f'(y)$$

und daher $f'(x) < f'(y)$.
Ist umgekehrt f' streng monoton wachsend und $y > x$, so gilt nach dem Mittelwertsatz

$$f(y) - f(x) = f'(\xi) \cdot (y - x) , \quad \text{wobei} \quad x < \xi < y .$$

Wegen der strengen Monotonie von f' und wegen $x \neq y$ gilt aber

$$f'(\xi) \cdot (y - x) > f'(x) \cdot (y - x) \ .$$

Nach Satz 7.46 ist daher f streng konvex. ■

Bemerkung 7.48

Analog zur strengen Monotonie ist bei zweimal differenzierbaren Funktionen die strenge Konvexität nicht äquivalent zu $f'' > 0$. So ist beispielsweise die Funktion $f : \mathbb{R} \to \mathbb{R}$ mit $f(x) = \frac{x^2}{6}\left(\frac{1}{5}x^4 - x^2 + 3\right)$ streng konvex, obwohl die zweite Ableitung $f''(x) = (x^2 - 1)^2$ zwei Nullstellen besitzt (siehe Abbildung 7.9). Im eindimensionalen Fall ist daher für

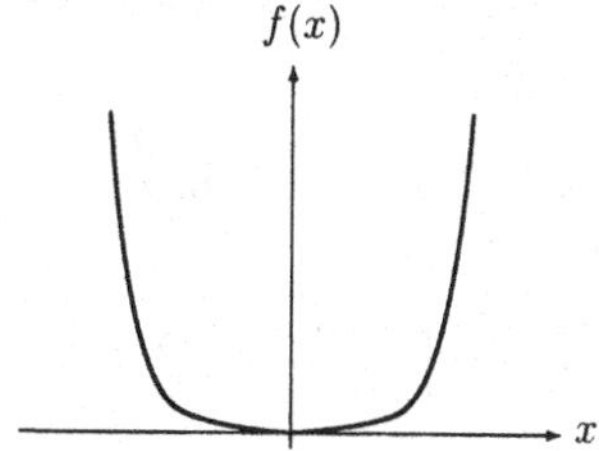

Abbildung 7.9: *Die Funktion* $f(x) = \frac{x^2}{6}\left(\frac{1}{5}x^4 - x^2 + 3\right)$

Wendepunkte, d.h. Punkte, in denen f sein Krümmungsverhalten ändert, $f''(x) = 0$ eine notwendige, jedoch keine hinreichende Bedingung.

Auch im mehrdimensionalen Fall lässt sich die Konvexität mit Hilfe der zweiten Ableitung charakterisieren. Da $f''(\vec{x})$ jedoch eine Matrix ist, wird ein Positivitätsbegriff für Matrizen benötigt. Die Idee der folgenden Definition besteht darin, die Eigenschaft, dass eine reelle Zahl a (= (1×1)-Matrix) genau dann positiv ist, wenn das zugehörige quadratische Polynom $x \mapsto a \cdot x^2$ für $x \neq 0$ immer positive Werte liefert, auf Matrizen zu übertragen.

Definition 7.49

Sei $A = (a_{ij})_{i,j=1}^N$ eine $(N \times N)$-Matrix. Die Funktion $Q_A : \mathbb{R}^N \to \mathbb{R}$ definiert durch

$$Q_A(\vec{x}) \;=\; \vec{x}^T \cdot A \cdot \vec{x} \;=\; \sum_{i=1}^{N} \sum_{j=1}^{N} a_{ij} \cdot x_i \cdot x_j$$

heißt die zur Matrix A gehörende *quadratische Form* (siehe auch Beispiel 4.3 vi)).

a) • A heißt *positiv* bzw. *negativ definit*, und wir schreiben $A > 0$ bzw. $A < 0$, wenn

$$\forall \vec{x} \in \mathbb{R}^N \setminus \{\vec{0}\} : Q_A(\vec{x}) > 0 \quad \text{bzw.} \quad Q_A(\vec{x}) < 0 \, .$$

• A heißt *positiv* bzw. *negativ semidefinit*, und wir schreiben $A \geq 0$ bzw. $A \leq 0$, wenn gilt

$$\forall \vec{x} \in \mathbb{R}^N \setminus \{\vec{0}\} : Q_A(\vec{x}) \geq 0 \quad \text{bzw.} \quad Q_A(\vec{x}) \leq 0 \, .$$

• A heißt *indefinit*, wenn Q_A positive und negative Werte annimmt.

b) Ist B eine $(K \times N)$-Matrix, so heißt A *positiv (negativ) definit unter der Nebenbedingung* $B \cdot \vec{x} = \vec{0}$, wenn gilt

$$\forall \vec{x} \in \mathbb{R}^N \setminus \{\vec{0}\} : B \cdot \vec{x} = \vec{0} \implies Q_A(\vec{x}) > 0 \quad \text{bzw.} \quad Q_A(\vec{x}) < 0 \, .$$

Beispiel 7.50

Betrachten wir die (2×2)–Matrix $A = \begin{pmatrix} -1 & 1 \\ 1 & -2 \end{pmatrix}$, so ist $Q_A : \mathbb{R}^2 \to \mathbb{R}$ gegeben durch

$$\begin{aligned} Q_A(\vec{x}) = Q_A(x_1, x_2) &= (x_1, x_2) * (-x_1 + x_2, x_1 - 2x_2) \\ &= -x_1^2 + 2x_1x_2 - 2x_2^2 \\ &= -(x_1^2 - 2x_1x_2 + x_2^2) - x_2^2 \\ &= -[(x_1 - x_2)^2 + x_2^2] \end{aligned}$$

Wie man sieht, gilt $Q_A(\vec{x}) < 0$ für $\vec{x} \neq \vec{0}$. A ist daher negativ definit.

Bemerkung 7.51

i) Ist A eine zur Hauptdiagonale *symmetrische* $(N \times N)$*-Matrix*, d.h. gilt $A = A^T$, lässt sich die Definitheit mittels Determinanten untersuchen.
Bezeichnet man nämlich mit A^{ij} die Matrix der Elemente von A deren Zeilenindex kleiner gleich i und deren Spaltenindex kleiner gleich j ist[25], so gilt:

• A ist genau dann positiv definit, wenn alle *Hauptabschnittsdeterminanten* positiv sind, d.h. wenn

$$\det(A^{rr}) > 0 \quad \text{für } r = 1, \ldots, N$$

[25] Nicht zu verwechseln mit der Matrix A_{ij}, bei der Zeile i und Spalte j entfernt sind (siehe Beispiel 4.3 v)).

- A ist genau dann negativ definit, wenn die *Hauptabschnittsdeterminanten* im Vorzeichen alternieren (beginnend mit < 0), d.h. wenn

$$(-1)^r \det(A^{rr}) > 0 \quad \text{für } r = 1, \ldots, N$$

ii) Sei B eine $(K \times N)$-Matrix. Definiert man die $(K+N) \times (K+N)$-Matrix C durch[26]

$$C := \left(\begin{array}{c|c} \mathbf{0} & B \\ \hline B^T & A \end{array} \right),$$

so gilt:

- A ist genau dann positiv definit unter der Nebenbedingung $B\vec{x} = \vec{0}$, wenn die letzten $N - K$ Hauptabschnittsdeterminanten von C das gleiche Vorzeichen wie $(-1)^K$ besitzen, d.h. wenn

$$(-1)^K \det(C^{rr}) > 0 \quad \text{für } r = 2K+1, \ldots, K+N\ .$$

- A ist genau dann negativ definit unter der Nebenbedingung $B\vec{x} = \vec{0}$, wenn die letzten $N-K$ Hauptabschnittsdeterminanten von C im Vorzeichen alternieren, wobei $\operatorname{sgn}(\det(C)) = \operatorname{sgn}(-1)^N$ gilt, d.h. wenn

$$(-1)^{r-K} \det(C^{rr}) > 0 \quad \text{für } r = 2K+1, \ldots, K+N$$

Für $B = \mathbf{0}$ $(K = 0)$ ergibt sich die Charakterisierung der Definitheit ohne Nebenbedingung wie in Teil i).

iii) Eine $(N \times N)$-Matrix A ist offensichtlich genau dann negativ (semi-)definit, wenn $-A$ positiv (semi-)definit ist.

Beispiel 7.52

Gegeben sei die indefinite[27] (3×3)-Matrix $A = \begin{pmatrix} 0 & 1 & 1 \\ 1 & 0 & 1 \\ 1 & 1 & 0 \end{pmatrix}$ und die (1×3)-Matrix $B = (2, 2, 2)$. Wir wollen A auf Definitheit unter der Nebenbedingung $B\vec{x} = \vec{0}$ untersuchen. Wegen $K = 1$ und $N = 3$, müssen die Determinanten der Matrizen C^{rr} für $r = 2K+1 = 3$ und $r = K + N = 4$ bestimmt werden. Es gilt

$$C = C^{44} = \begin{pmatrix} 0 & 2 & 2 & 2 \\ 2 & 0 & 1 & 1 \\ 2 & 1 & 0 & 1 \\ 2 & 1 & 1 & 0 \end{pmatrix}, \quad C^{33} = \begin{pmatrix} 0 & 2 & 2 \\ 2 & 0 & 1 \\ 2 & 1 & 0 \end{pmatrix}.$$

---

[26] C wird als die zu A geränderte Matrix bezeichnet.

[27] Es ist $Q_A(x_1, x_2, x_3) = 2(x_1x_2 + x_1x_3 + x_2x_3)$ und daher $Q_A(1,1,0) = 2$ und $Q_A(-1,1,0) = -2$.

Die Berechnung der Hauptabschnittsdeterminanten ergibt $\det(C^{33}) = 8$, $\det(C^{44}) = -12$ und damit:

$$\begin{array}{rcl} (-1)^K \det(C^{33}) & = & -8 < 0 \ , \quad (-1)^K \det(C^{44}) \ = \ 12 > 0 \\ (-1)^2 \det(C^{33}) & = & 8 > 0 \ , \quad (-1)^3 \det(C^{44}) \ = \ 12 > 0 \end{array}$$

Daher ist A nicht positiv, jedoch negativ definit unter der Nebenbedingung $B\vec{x} = \vec{0}$.

Bemerkung 7.53

Ist die quadratische Matrix A nicht symmetrisch, so kann das Determinantenkriterium aus Bemerkung 7.51 dennoch verwendet werden, wenn man beachtet, dass die Matrix $B := \frac{1}{2}(A + A^T)$ symmetrisch ist und dass $Q_A = Q_B$ gilt.

Satz 7.54

Sei $\mathbb{D} \subset \mathbb{R}^N$ eine konvexe, offene Menge, und sei $f : \mathbb{D} \to \mathbb{R}$ zweimal stetig differenzierbar. f ist genau dann konvex, wenn $f''(\vec{x}) \geq 0$ für alle $\vec{x} \in \mathbb{D}$ gilt. Insbesondere ist f streng konvex, wenn $f''(\vec{x}) > 0$ für alle $\vec{x} \in \mathbb{D}$ gilt.

Beweis:

Sei zunächst $f''(\vec{x})$ positiv definit für alle $\vec{x} \in \mathbb{D}$. Wir zeigen, dass f streng konvex ist. Sind $\vec{x}, \vec{y} \in \mathbb{D}$ mit $\vec{x} \neq \vec{y}$, so existiert nach dem Satz von Taylor ein Punkt $\vec{\xi} \in]\vec{x}, \vec{y}[$ mit

$$f(\vec{y}) = f(\vec{x}) + f'(\vec{x}) \cdot (\vec{y} - \vec{x}) + \frac{1}{2}(\vec{y} - \vec{x}) * \left[f''(\vec{\xi}) \cdot (\vec{y} - \vec{x})\right] .$$

Wegen der positiven Definitheit von $f''(\vec{\xi})$ gilt $(\vec{y} - \vec{x}) * \left[f''(\vec{\xi}) \cdot (\vec{y} - \vec{x})\right] > 0$ und damit

$$f(\vec{y}) > f(\vec{x}) + f'(\vec{x}) \cdot (\vec{y} - \vec{x}) \quad .$$

Nach Satz 7.46 ist daher f streng konvex. Im Fall der positiven Semidefinitheit ergibt sich entsprechend ein größer gleich in der resultierenden Ungleichung und damit gemäß Satz 7.46 die Konvexität.

Sei umgekehrt f konvex und seien $\vec{x}, \vec{y} \in \mathbb{D}$ mit $\vec{x} \neq \vec{y}$. Da $\mathbb{D}$ offen und konvex ist, existiert ein $\varepsilon > 0$, so dass $t \cdot \vec{y} + (1-t) \cdot \vec{x}$ für alle $t \in]-\varepsilon, 1+\varepsilon[$ in $\mathbb{D}$ liegt. Dann ist die Abbildung $g :]-\varepsilon, 1+\varepsilon[\to \mathbb{R}$, definiert durch $g(t) := f(t \cdot \vec{y} + (1-t) \cdot \vec{x})$, konvex und auf dem Intervall $[0,1]$ zweimal stetig differenzierbar. Nach Satz 7.47 gilt daher $g''(t) \geq 0$ für alle

$t \in [0,1]$ und aus $g'(t) = f'(t \cdot \vec{y} + (1-t) \cdot \vec{x}) * (\vec{y} - \vec{x})$ folgt

$$g''(t) = (\vec{y} - \vec{x}) * [f''(t \cdot \vec{y} + (1-t) \cdot \vec{x}) \cdot (\vec{y} - \vec{x})] \, .$$

Speziell gilt dann

$$g''(0) = (\vec{y} - \vec{x}) * [f'(\vec{x}) \cdot (\vec{y} - \vec{x})] \geq 0 \, .$$

Wählt man nun $\vec{y} = \vec{x} + r \cdot \vec{z}$, wobei $r \in \mathbb{R}$ so klein gewählt ist, dass $\vec{x} + r \cdot \vec{z} \in \mathbb{D}$ gilt, erhält man für alle $\vec{z} \in \mathbb{R}^N$

$$r^2 \Big(\vec{z} * [f''(\vec{x}) \cdot \vec{z}] \Big) \geq 0 \, .$$

Dies bedeutet, dass $f''(\vec{x})$ positiv semidefinit ist.

■

Beispiel 7.55

Sei $f : \mathbb{R}^3 \to \mathbb{R}$ definiert durch $f(x_1, x_2, x_3) := \mathrm{e}^{(x_1^2 + x_2^2 + x_3^2)}$. Dann gilt:

$$\begin{aligned} f'(x_1, x_2, x_3) &= \Big(2x_1 \cdot \mathrm{e}^{(x_1^2+x_2^2+x_3^2)}, 2x_2 \cdot \mathrm{e}^{(x_1^2+x_2^2+x_3^2)}, 2x_3 \cdot \mathrm{e}^{(x_1^2+x_2^2+x_3^2)} \Big) \\ f''(x_1, x_2, x_3) &= 2\mathrm{e}^{(x_1^2+x_2^2+x_3^2)} \cdot \begin{pmatrix} 1 + 2x_1^2 \, , & 2x_1x_2 \, , & 2x_1x_3 \\ 2x_1x_2 \, , & 1 + 2x_2^2 \, , & 2x_2x_3 \\ 2x_1x_3 \, , & 2x_2x_3 \, , & 1 + 2x_3^2 \end{pmatrix} \end{aligned}$$

Wegen $2\mathrm{e}^{(x_1^2+x_2^2+x_3^2)} > 0$ für alle $x_1, x_2, x_3 \in \mathbb{R}$ besitzt $f''(x_1, x_2, x_3)$ die gleichen Definitheitseigenschaften wie die Matrix

$$A := \begin{pmatrix} 1 + 2x_1^2 \, , & 2x_1x_2 \, , & 2x_1x_3 \\ 2x_1x_2 \, , & 1 + 2x_2^2 \, , & 2x_2x_3 \\ 2x_1x_3 \, , & 2x_2x_3 \, , & 1 + 2x_3^2 \end{pmatrix}$$

Für die Hauptabschnittsdeterminanten $\det(A^{kk})$ gilt

$$\begin{aligned} &\det(A^{11}) = 1 + 2x_1^2 > 0 \, , \quad \det(A^{22}) = 1 + 2x_1^2 + 2x_2^2 > 0 \, , \\ &\det(A^{33}) = 1 + 2x_1^2 + 2x_2^2 + 2x_3^2 > 0 \, . \end{aligned}$$

Daher ist A positiv definit, woraus sich die strenge Konvexität von f ergibt.

Wir wollen uns nun der Extremwertbestimmung bei Funktionen zuwenden. Im allgemeinen ist zunächst zu klären, ob das Maximum oder Minimum einer gegebenen Funktion überhaupt existiert. Hier bietet Satz 6.28 die entscheidende Hilfe. Eine stetige Funktion nimmt auf kompakten Mengen stets ihr Maximum und ihr Minimum an. In der Praxis bereitet daher die Existenz von Extremwerten meist keine großen Schwierigkeiten.
Bevor wir die Differentialrechnung zur Extremwertbestimmung einsetzen, müssen wir zunächst zwischen lokalen und globalen Extremwerten unterscheiden.

Definition 7.56

Sei $\mathbb{D} \subset \mathbb{R}^N$ und $f : \mathbb{D} \to \mathbb{R}$ eine Funktion. Wir sagen, f hat im Punkt $\vec{x}_0 \in \mathbb{D}$ ein

- *globales (absolutes) Maximum*, wenn gilt

$$\forall \vec{x} \in \mathbb{D} : f(\vec{x}) \leq f(\vec{x}_0) \ .$$

- *lokales (relatives) Maximum*, wenn eine Umgebung U von $\vec{x}_0$ existiert, mit

$$\forall \vec{x} \in U \cap \mathbb{D} : f(\vec{x}) \leq f(\vec{x}_0) \ .$$

Für *globale* bzw. *lokale Minima* gelten entsprechend die entgegengesetzten Ungleichungen.

Bemerkung 7.57

Zwar ist jedes globale Maximum ein lokales Maximum, jedoch ist die Umkehrung dieser Aussage im allgemeinen falsch. Dies erkennt man z.B. an der Funktion $f : [-2, 3] \to \mathbb{R}$ mit $f(x) = x \cdot (x^2 - 3)$ (siehe Abbildung 7.10). f besitzt im Punkt $x_2 = 1$ ein lokales

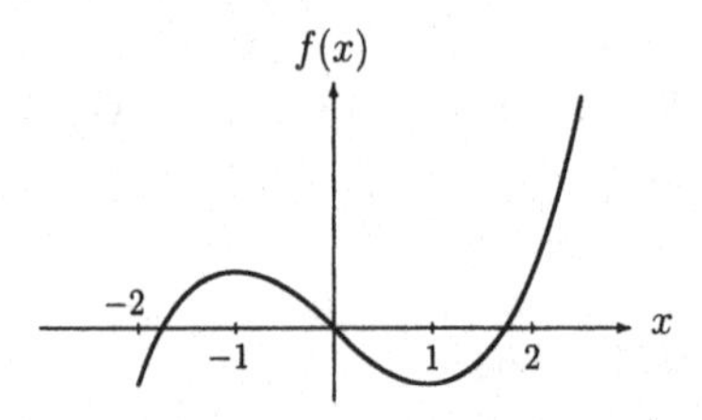

Abbildung 7.10: *Die Funktion* $f(x) = x \cdot (x^2 - 3)$ *im Intervall* $[-2, 3]$

Minimum, da für alle $x \in [0, 2]$ die Ungleichung $f(x) \geq f(1) = -2$ gilt. Gleichzeitig wird im Punkt $x_2 = 1$ das globale Minimum von f angenommen.
f besitzt im Punkt $x_1 = -1$ ein lokales Maximum, da für alle $x \in [-2, 0]$ die Ungleichung $f(x) \leq f(-1) = 2$ gilt. Das globale Maximum wird jedoch für $x = 3$ angenommen, wo $f(3) = 18$ gilt.

Satz 7.58

Sei $\mathbb{D} \subset \mathbb{R}^N$ eine konvexe Menge und $f : \mathbb{D} \to \mathbb{R}$ eine konvexe Funktion. Dann gilt:

a) Jedes lokale Minimum von f ist ein globales Minimum von f.

b) Die Menge der Punkte, in denen das Minimum von f angenommen wird, ist konvex.

c) Ist f streng konvex, nimmt f das Minimum in höchstens einem Punkt an.

Für das Maximum konkaver Funktionen gilt die Aussage analog.

Beweis:

a) f besitze im Punkt $\vec{x}_1$ ein lokales Minimum, d.h. es existiert eine Umgebung U von $\vec{x}_1$, so dass $f(\vec{x}_1) \leq f(\vec{x})$ für alle $\vec{x} \in U \cap \mathbb{D}$ gilt. Es ist zu zeigen, dass f im Punkt $\vec{x}_1$ ein globales Minimum besitzt, d.h. dass $f(\vec{x}) \geq f(\vec{x}_1)$ für alle $\vec{x} \in \mathbb{D}$ gilt.

Wir führen den Beweis indirekt, indem wir $f(\vec{x}_0) < f(\vec{x}_1)$ für ein $\vec{x}_0 \in \mathbb{D}$ annehmen. Wegen der Konvexität von f gilt dann für $\vec{z}_n = \frac{1}{n} \cdot \vec{x}_0 + (1 - \frac{1}{n}) \cdot \vec{x}_1$:

$$\begin{aligned} f(\vec{z}_n) = f\Big(\frac{1}{n} \cdot \vec{x}_0 + (1 - \frac{1}{n}) \cdot \vec{x}_1\Big) &\leq \frac{1}{n} \cdot f(\vec{x}_0) + (1 - \frac{1}{n}) \cdot f(\vec{x}_1) \\ &< \frac{1}{n} \cdot f(\vec{x}_1) + (1 - \frac{1}{n}) \cdot f(\vec{x}_1) = f(\vec{x}_1) \end{aligned}$$

Aus $\lim\limits_{n\to\infty} (\frac{1}{n} \cdot \vec{x}_0 + (1 - \frac{1}{n}) \cdot \vec{x}_1) = \vec{x}_1$ folgt jedoch, dass fast alle $\vec{z}_n$ in $U \cap \mathbb{D}$ liegen, so dass $f(\vec{z}_n) \geq f(\vec{x}_1)$ für fast alle n gelten muss. Dies ist ein Widerspruch.

b) Sei $M := \min\{f(\vec{x}) \mid \vec{x} \in \mathbb{D}\}$ nichtleer, und seien $\vec{x}_1, \vec{x}_2$ Punkte aus $\mathbb{D}$ mit $f(\vec{x}_1) = f(\vec{x}_2) = M$. Für $\lambda \in [0, 1]$ gilt dann wegen der Konvexität von f

$$M \leq f(\lambda \cdot \vec{x}_1 + (1 - \lambda) \cdot \vec{x}_2) \leq \lambda \cdot f(\vec{x}_1) + (1 - \lambda) f(\vec{x}_2) = M \ .$$

Also folgt

$$f(\lambda \cdot \vec{x}_1 + (1 - \lambda) \cdot \vec{x}_2) = M$$

und daher Aussage b).

c) Ist f streng konvex und $\lambda \in]0,1[$, liefert die Ungleichung aus Beweisteil b)

$$M \leq f(\lambda \cdot \vec{x}_1 + (1-\lambda) \cdot \vec{x}_2) < \lambda \cdot f(\vec{x}_1) + (1-\lambda) \cdot f(\vec{x}_2) = M \ ,$$

also den Widerspruch $M < M$, falls $\vec{x}_1 \neq \vec{x}_2$ gelten würde. Dies liefert Aussage c).

Da f genau dann konvex ist, wenn $-f$ konkav ist, und lokale Minima von f lokale Maxima von $-f$ sind, gilt die analoge Aussage für das Maximum konkaver Funktionen.

■

Satz 7.59

Ist $\mathbb{D} \subset \mathbb{R}^N$ und besitzt die partiell differenzierbare Funktion $f : \mathbb{D} \to \mathbb{R}$ im Punkt $\vec{x}_0$, der im Inneren von $\mathbb{D}$ liegt, ein lokales Extremum, so ist $\vec{x}_0$ eine *stationäre (kritische) Stelle* von f, d.h. es gilt $\nabla f(\vec{x}_0) = \vec{0}$.

Beweis:

Es genügt, den Beweis für ein relatives Maximum zu führen. Für kleine t gilt dann

$$f(\vec{x}_0 + t \cdot \vec{e}_j) \leq f(\vec{x}_0)$$

und daher

$$\frac{f(\vec{x}_0 + t \cdot \vec{e}_j) - f(\vec{x}_0)}{t} \quad \begin{cases} \leq 0 & \text{für} \quad t > 0 \\ \geq 0 & \text{für} \quad t < 0 \end{cases} .$$

Wegen

$$0 \leq \lim_{t \to 0^+} \frac{f(\vec{x}_0 + t \cdot \vec{e}_j) - f(\vec{x}_0)}{t} = D_j f(\vec{x}_0) = \lim_{t \to 0^-} \frac{f(\vec{x}_0 + t \cdot \vec{e}_j) - f(\vec{x}_0)}{t} \leq 0$$

gilt daher wie behauptet $D_j f(\vec{x}_0) = 0$ für $j = 1, \ldots, N$.

■

Bemerkung 7.60

i) Die Bezeichnung stationäre Stelle für $\vec{x}_0$ rührt daher, dass f in diesem Punkt wegen $\Delta f \approx f'(\vec{x}_0) * \Delta\vec{x} = 0$ kein marginales Änderungsverhalten aufweist.

ii) Der Beweis von Satz 7.59 verwendet sehr stark die Eigenschaft, dass der Punkt $\vec{x}_0$, in dem das lokale Extremum vorliegt, ein innerer Punkt des Definitionsbereiches ist (freier Extremwert), da nur so garantiert ist, dass $\lim\limits_{t \to 0^+}$ und $\lim\limits_{t \to 0^-}$ gebildet werden können. Daher ist die Aussage des letzten Satzes i.a. falsch, wenn $\mathbb{D}$ keine offene Menge ist. In diesem Fall können in Randpunkten von $\mathbb{D}$ lokale Extremwerte auftreten, für die die erste Ableitung ungleich $\vec{0}$ ist (siehe auch Bemerkung 7.65).

iii) Wie schon das eindimensionale Beispiel $f : \mathbb{R} \to \mathbb{R}$ mit $f(x) = x^3$ zeigt, ist die Umkehrung von Satz 7.59 i.a. falsch. Es gilt zwar $f'(0) = 0$, jedoch liegt im (inneren!) Punkt $x = 0$ kein lokales Extremum vor. Eine Umkehrung des letzten Satzes ist jedoch möglich, wenn Informationen über das Krümmungsverhalten von f vorliegen.

Satz 7.61

Sei $\mathbb{D} \subset \mathbb{R}^N$ eine offene Menge und $f : \mathbb{D} \to \mathbb{R}$ eine partiell differenzierbare Funktion, die im Punkt $\vec{x}_0$ eine stationäre (kritische) Stelle besitzt. Dann folgt:

a) Ist f in einer Umgebung von $\vec{x}_0$ konvex, so besitzt f in $\vec{x}_0$ ein lokales Minimum.

b) Ist f in einer Umgebung von $\vec{x}_0$ konkav, so besitzt f in $\vec{x}_0$ ein lokales Maximum.

Beweis:

Es genügt, Aussage a) zu beweisen. Sei hierzu f in einer Umgebung U von $\vec{x}_0$ konvex. Nach Satz 7.46 gilt dann für alle $\vec{y} \in U$ die Ungleichung

$$f(\vec{y}) \geq f(\vec{x}_0) + (\nabla f)(\vec{x}_0) \cdot (\vec{y} - \vec{x}_0)$$

und wegen $(\nabla f)(\vec{x}_0) = \vec{0}$ folgt daher für alle $\vec{y} \in U$ die Ungleichung

$$f(\vec{y}) \geq f(\vec{x}_0) \ .$$

Dies bedeutet gerade, dass im Punkt $\vec{x}_0$ ein lokales Minimum vorliegt.

■

Beispiel 7.62

Die Funktion $f : \mathbb{R}^3 \to \mathbb{R}$ mit $f(x_1, x_2, x_3) := \mathrm{e}^{(x_1^2+x_2^2+x_3^2)}$ aus Beispiel 7.55 besitzt im Punkt $\vec{x}_0 = (0,0,0)$ eine kritische Stelle. Da f nach Beispiel 7.55 auf ganz $\mathbb{R}^3$ streng konvex ist, liegt in $\vec{x}_0$ ein lokales Minimum von f, das nach Satz 7.58 a) sogar global ist.

Die Frage, wie man feststellen kann, ob eine Funktion in einer Umgebung des Punktes $\vec{x}_0$ konvex oder konkav ist, lässt sich meistens relativ einfach beantworten, wenn man voraussetzt, dass f'' stetig ist. Der folgende Satz zeigt, dass in diesem Fall aus der positiven Definitheit von $f''(\vec{x}_0)$ die positive Definitheit (und damit die strenge Konvexität) in einer ganzen Umgebung von $\vec{x}_0$ folgt.

Satz 7.63

a) Ist $A = (a_{ij})_{i,j=1}^N$ eine positiv definite $(N \times N)$-Matrix, dann existiert ein $\varepsilon > 0$, so dass für alle $(N \times N)$-Matrizen $B = (b_{ij})_{i,j=1}^N$ gilt

$$\forall i, j : |a_{ij} - b_{ij}| < \varepsilon \quad \Longrightarrow \quad B \text{ ist positiv definit }.$$

b) Ist $\mathbb{D} \subset \mathbb{R}^N$ offen und $f : \mathbb{D} \to \mathbb{R}$ zweimal stetig differenzierbar, so gilt:

Ist $f''(\vec{x}_0) > 0$, so ist $f''(\vec{x}) > 0$ für alle $\vec{x}$ in einer Umgebung von $\vec{x}_0$.

Beweis:

a) Wegen der Äquivalenz $\vec{x}^T \cdot B \cdot \vec{x} > 0 \iff \frac{\vec{x}^T}{|\vec{x}|} \cdot B \cdot \frac{\vec{x}}{|\vec{x}|} > 0$ genügt es, $\vec{x} \in \mathbb{R}^N$ mit $|\vec{x}| = 1$ zu betrachten. Die quadratische Form Q_A ist stetig und nimmt daher nach Satz 6.28 auf der kompakten Menge $\{\vec{x} \in \mathbb{R}^N \mid |\vec{x}| = 1\}$ ihr Minimum M an.

Wir setzen nun $\varepsilon := \frac{M}{N^2}$ und wählen eine Matrix $B = (b_{ij})_{i,j=1}^N$ mit $|a_{ij} - b_{ij}| < \varepsilon$ für alle $i, j = 1, \ldots, N$. Dann gilt für $\vec{x} \in \mathbb{R}^N$ mit $|\vec{x}| = 1$:

$$\begin{aligned} Q_B(\vec{x}) &= Q_A(\vec{x}) + Q_{B-A}(\vec{x}) \;\geq\; M + Q_{B-A}(\vec{x}) \;\geq\; M - |Q_{B-A}(\vec{x})| \\ &\geq M - \Big|\sum_{i,j=1}^N (b_{ij} - a_{ij}) \cdot x_i x_j\Big| \;\geq\; M - \sum_{i,j=1}^N |b_{ij} - a_{ij}| \cdot |x_i| \cdot |x_j| \\ &> M - \varepsilon \sum_{i=1}^N |x_i| \sum_{j=1}^N |x_j| \;\geq\; M - \varepsilon N^2 \end{aligned}$$

Die letzte Ungleichung folgt aus $|x_j| \leq |\vec{x}| = 1$. Wegen $\varepsilon = \frac{M}{N^2}$ gilt daher $Q_B(\vec{x}) > 0$ für alle $\vec{x} \in \mathbb{R}^N$ mit $|\vec{x}| = 1$ und damit für alle $\vec{x} \in \mathbb{R}^N \setminus \{\vec{0}\}$.

b) Sei f zweimal stetig differenzierbar, mit $f''(\vec{x}_0) > 0$. Zur positiv definiten Matrix $f''(\vec{x}_0)$ wähle man nun ein $\varepsilon > 0$ mit den Eigenschaften aus Aussage a). Wegen der Stetigkeit aller partiellen Ableitungen im Punkt $\vec{x}_0$ existiert ein $\delta > 0$, so dass gilt

$$|D_i D_j f(\vec{x}_0) - D_i D_j f(\vec{x})| < \varepsilon \quad \text{für alle } x \in \mathbb{D} \text{ mit } |\vec{x} - \vec{x}_0| < \delta\,.$$

Da $D_i D_j f$ die Komponenten von f'' sind, heißt dies $f''(\vec{x}) > 0$ für alle $\vec{x} \in \mathbb{D} \cap U_\delta(\vec{x}_0)$.

■

Satz 7.64

Sei $f : \mathbb{D} \to \mathbb{R}$ zweimal stetig differenzierbar und sei $\vec{x}_0$ ein innerer Punkt des Definitionsbereiches $\mathbb{D}$.

a) • Besitzt f in $\vec{x}_0$ ein lokales Minimum, so gilt $f'(\vec{x}_0) = \vec{0}$ und $f''(\vec{x}_0) \geq 0$.

• Besitzt f in $\vec{x}_0$ ein lokales Maximum, so gilt $f'(\vec{x}_0) = \vec{0}$ und $f''(\vec{x}_0) \leq 0$.

b) • Gilt $f'(\vec{x}_0) = \vec{0}$ und $f''(\vec{x}_0) > 0$, so besitzt f in $\vec{x}_0$ ein lokales Minimum.

• Gilt $f'(\vec{x}_0) = \vec{0}$ und $f''(\vec{x}_0) < 0$, so besitzt f in $\vec{x}_0$ ein lokales Maximum.

• Gilt $f'(\vec{x}_0) = \vec{0}$ und $f''(\vec{x}_0)$ ist indefinit, so besitzt f in $\vec{x}_0$ *kein* lokales Extremum.

Beweis:

a) Es genügt, die Aussage für ein lokales Minimum zu beweisen. Der Beweis erfolgt indirekt. Nehmen wir an, dass f im Punkt $\vec{x}_0$ ein lokales Minimum besitzt und dass $f''(\vec{x}_0)$ nicht positiv semidefinit ist. Dann gibt es ein $\vec{y} \neq \vec{0}$ mit $0 > \vec{y} * (f''(\vec{x}_0) \cdot \vec{y})$. Da $f''(\vec{x})$ stetig ist, gilt wegen Satz 7.63 diese Ungleichung bei festem $\vec{y}$ für alle $\vec{x}$ mit $|\vec{x} - \vec{x}_0| < \delta$, wobei $\delta > 0$ geeignet gewählt werden kann. Wir wählen nun speziell $\vec{x} = \vec{x}_0 + t \cdot \vec{y}$, wobei t so klein ist, dass $|t \cdot \vec{y}| < \delta$ gilt. Da nach Satz 7.59 $f'(\vec{x}_0) = \vec{0}$ ist, liefert der Satz von Taylor ein $\vec{\xi}$ zwischen $\vec{x}$ und $\vec{x}_0$ mit:

$$\begin{aligned} f(\vec{x}) &= f(\vec{x}_0) + f'(\vec{x}_0) \cdot (\vec{x} - \vec{x}_0) + \frac{1}{2}(\vec{x} - \vec{x}_0) * \left[f''(\vec{\xi}) \cdot (\vec{x} - \vec{x}_0)\right] \\ &= f(\vec{x}_0) + \frac{t^2}{2} \cdot \vec{y} * (f''(\vec{\xi}) \cdot \vec{y}) \end{aligned}$$

Da $\vec{\xi}$ zwischen $\vec{x}$ und $\vec{x}_0$ liegt, ist $|\vec{\xi} - \vec{x}_0| < \delta$ und daher $\vec{y} * \left[f''(\vec{\xi}) \cdot \vec{y}\right] < 0$. Also kann in jeder Umgebung von $\vec{x}_0$ ein Punkt $\vec{x}$ mit $f(\vec{x}) < f(\vec{x}_0)$ gefunden werden, was im Widerspruch zur Voraussetzung (in $\vec{x}_0$ liege ein lokales Minimum) steht.

b) Sei $f'(\vec{x}_0) = 0$ und $f''(\vec{x}_0) > 0$. Nach Satz 7.63 gilt dann $f'' > 0$ in einer ganzen Umgebung U von $\vec{x}_0$, so dass f in U eine streng konvexe Funktion ist. Nach Satz 7.61 liegt dann ein lokales Minimum von f im Punkt $\vec{x}_0$ vor.

Analog folgt aus $f'(\vec{x}_0) = 0$ und $f''(\vec{x}_0) < 0$ ein lokales Maximum von f in $\vec{x}_0$.

Ist $f''(\vec{x}_0)$ indefinit, kann f kein lokales Extremum in $\vec{x}_0$ besitzen, da sonst nach Teil a) $f''(\vec{x}_0) \leq 0$ oder $f''(\vec{x}_0) \geq 0$ gelten müsste.

■

Bemerkung 7.65

Wesentlich bei der Charakterisierung lokaler Extremstellen $\vec{x}_0$ in Satz 7.64 ist, dass $\vec{x}_0$ ein innerer Punkt des Definitionsbereiches der Funktion f ist. Man spricht in diesem Fall auch von *„freien" Extremwerten.* Häufig treten jedoch globale oder lokale Extremstellen in Randpunkten des Definitionsbereiches auf. So liegt bei der Funktion $f : [-2,3] \to \mathbb{R}$ mit $f(x) = x(x^2-3)$ im Punkt $x = -2$ ein globales Minimum vor (siehe Abbildung 7.10), obwohl für die rechtsseitige Ableitung $f'_+(-2) = 9 \neq 0$ gilt. Man beachte hierzu auch Beispiel 7.66 ii).

Beispiel 7.66

i) Für $f : \mathbb{R}^3 \to \mathbb{R}$ mit $f(\vec{x}) = f(x_1, x_2, x_3) = (x_1+x_2)^3 - 12x_1x_2 + x_3^2$ gilt

$$f'(\vec{x}) = (3(x_1+x_2)^2 - 12x_2\ ,\ 3(x_1+x_2)^2 - 12x_1\ ,\ 2x_3)$$

$$f''(\vec{x}) = \begin{pmatrix} 6(x_1+x_2) & , 6(x_1+x_2)-12 , & 0 \\ 6(x_1+x_2)-12 , & 6(x_1+x_2) & , 0 \\ 0 & , \quad 0 & , 2 \end{pmatrix}.$$

Die Gleichung $f'(\vec{x}_0) = \vec{0}$ liefert die kritischen Punkte

$$\vec{u} = (0,0,0) \quad \text{und} \quad \vec{v} = (1,1,0)\ .$$

Da die Matrix

$$f''(\vec{u}) = \begin{pmatrix} 0 & , -12 & , 0 \\ -12 & , 0 & , 0 \\ 0 & , 0 & , 2 \end{pmatrix}$$

indefinit ist[28], können wir folgern, dass in $\vec{u}$ kein lokales Extremum vorliegt.

$$f''(\vec{v}) = \begin{pmatrix} 12 & , 0 & , 0 \\ 0 & , 12 & , 0 \\ 0 & , 0 & , 2 \end{pmatrix}$$

ist positiv definit, so dass in $\vec{v}$ ein lokales Minimum vorliegt. f besitzt jedoch kein globales Minimum, was z.B. aus $\lim\limits_{x_1 \to -\infty} f(x_1,0,0) = \lim\limits_{x_1 \to -\infty} x_1^3 = -\infty$ folgt.

---

[28]Es gilt $Q_{f''(\vec{u})}(0,0,1) = 2 > 0$ und $Q_{f''(\vec{u})}(1,1,0) = -24 < 0$.

ii) $f : \mathbb{D} \to \mathbb{R}$ mit $\mathbb{D} = \{\vec{x} \in \mathbb{R}^2 \mid |\vec{x}| \leq 1\}$ sei definiert durch $f(x_1, x_2) := x_1^2 - x_2^2$. Der einzige kritische Punkt dieser Funktion liegt in $(0,0)$, wo jedoch aufgrund der Indefinitheit von $f''(0,0) = \begin{pmatrix} 2 & 0 \\ 0 & -2 \end{pmatrix}$ kein lokales Extremum vorliegt. Wegen der Stetigkeit von f und der Kompaktheit von $\mathbb{D}$ nimmt f sein Maximum und Minimum an. Diese Extremwerte müssen daher in Randpunkten des Definitionsbereiches angenommen werden. Das Maximum von 1 wird in den Punkten $(1,0)$ und $(-1,0)$, das Minimum von -1 wird in den Punkten $(0,1)$ und $(0,-1)$ angenommen.

Ist $f'(\vec{x}_0) = \vec{0}$ und $f''(\vec{x}_0)$ semidefinit, kann Satz 7.64 nicht angewendet werden. Z.B. gilt $f'(0) = f''(0) = 0$ für die Funktion $f : \mathbb{R} \to \mathbb{R}$ mit $f(x) = x^3$, jedoch liegt in 0 kein lokales Extremum vor. Die Funktion $g : \mathbb{R} \to \mathbb{R}$ mit $g(x) = x^4$ hat zwar die gleiche Eigenschaft, jedoch liegt im Punkt 0 ein Minimum vor. Im Fall der Semidefinitheit der zweiten Ableitung kann daher erst durch eine Untersuchung der höheren Ableitungen eine Aussage bzgl. lokaler Extremwerte getroffen werden. Da dies im Fall mehrerer Veränderlicher kaum noch praktikabel ist, betrachten wir nur den Fall einer Variablen.

Satz 7.67

Sei $f :]a,b[\to \mathbb{R}$ eine n-mal stetig differenzierbare Funktion ($n \geq 2$) und sei $x_0 \in]a,b[$.

a) Gilt $f^{(1)}(x_0) = f^{(2)}(x_0) = \ldots = f^{(n-1)}(x_0) = 0$ und $f^{(n)}(x_0) \neq 0$, so besitzt f in x_0 genau dann ein relatives Extremum, wenn n gerade ist. Dieses ist ein lokales Maximum, wenn $f^{(n)}(x_0) < 0$ gilt, andernfalls ein lokales Minimum.

b) Gilt $f^{(2)}(x_0) = f^{(3)}(x_0) = \ldots = f^{(n-1)}(x_0) = 0$ und $f^{(n)}(x_0) \neq 0$, so besitzt f in x_0 genau dann einen Wendepunkt, wenn n ungerade ist.

Beweis:

a) Es genügt, die Aussage für lokale Minima zu beweisen. Sei daher $x_0 \in]a,b[$ mit $f^{(n)}(x_0) \neq 0$. Aufgrund der Stetigkeit von $f^{(n)}$ existiert ein $\delta > 0$, so dass für alle x aus $]a,b[$ mit $|x - x_0| < \delta$ ebenfalls $f^{(n)}(x) \neq 0$ gilt. Nach dem Satz von Taylor existiert für jedes x ein ξ zwischen x und x_0 mit:

$$\begin{aligned} f(x) &= \sum_{k=0}^{n-1} \frac{f^{(k)}(x_0)}{k!}(x - x_0)^k + \frac{f^{(n)}(\xi)}{n!}(x - x_0)^n \\ &= f(x_0) + \frac{f^{(n)}(\xi)}{n!}(x - x_0)^n \end{aligned}$$

Ein lokales Minimum liegt in x_0 daher genau dann vor, wenn $\frac{f^{(n)}(\xi)}{n!}(x - x_0)^n \geq 0$ gilt. Da $x - x_0$ positive und negative Werte annehmen kann, ist dies nur möglich, wenn n gerade ist und $f^{(n)}(\xi) > 0$.

b) Da Wendepunkte lokale Extremwerte von f' sind, liefert Teil a) die Aussage b).

∎

Beispiel 7.68

i) $f : \mathbb{R} \to \mathbb{R}$ sei definiert durch $f(x) := x^n$. Es gilt

$$f'(0) = \ldots = f^{(n-1)}(0) = 0 \quad \text{und} \quad f^{(n)}(0) = n! > 0\,.$$

Also liegt in $x = 0$ genau dann ein lokales Minimum vor, falls n gerade ist. Für ungerade n ergibt sich in $x = 0$ ein Wendepunkt.

ii) Die Funktion $f : \mathbb{R} \to \mathbb{R}$ definiert durch $f(x) = (x-1)^5 + x$ besitzt in $x = 1$ einen Wendepunkt, denn es gilt

$$f^{(2)}(1) = f^{(3)}(1) = f^{(4)}(1) = 0 \quad \text{und} \quad f^{(5)}(1) = 5! \neq 0\,.$$

iii) $f : \mathbb{R} \to \mathbb{R}$ sei definiert durch $f(x) = (x-1)^4 + x$. Es gilt $f^{(2)}(1) = 0$, jedoch liegt an der Stelle $x = 1$ wegen

$$f^{(3)}(1) = 0 \quad \text{und} \quad f^{(4)}(1) = 4! \neq 0$$

nach Satz 7.67 b) *kein* Wendepunkt und wegen $f'(1) \neq 0$ auch kein Extrempunkt.

Die erste Ableitung einer gegebenen Funktion $f : \mathbb{D} \to \mathbb{R}$ liefert, wie schon erwähnt, nur die freien Extrema von f, also die Extrema, die im Innern des Definitionsbereiches $\mathbb{D}$ liegen. Die Randpunkte von $\mathbb{D}$ werden bei dieser Vorgehensweise nicht erfasst und müssen gesondert untersucht werden. Betrachten wir folgendes Problem:
Man bestimme das (absolute) Maximum einer zweimal stetig differenzierbaren Funktion $f : \mathbb{D} \to \mathbb{R}$, wobei $\mathbb{D} := \{\vec{u} \in \mathbb{R}^N \mid |\vec{u}| \leq 1\}$.
Da f als stetige Funktion auf der kompakten Menge $\mathbb{D}$ sein Maximum annimmt, legen die bisherigen Ergebnisse folgende Vorgehensweise nahe:

1) Bestimme, sofern existent, mittels f' und f'' das Maximum von f im Innern von $\mathbb{D}$.

2) Bestimme das Maximum von f auf dem Rand, und vergleiche es mit dem Maximum von f im Innern von $\mathbb{D}$.

Im Fall $N = 1$ bereitet auch der zweite Schritt keine Probleme, weil $\mathbb{D} = [-1, 1]$ gilt und daher der Rand von $\mathbb{D}$ nur aus den Punkten -1 und 1 besteht.

Der Fall $N \geq 2$ erzeugt im zweiten Schritt jedoch wesentlich größere Schwierigkeiten. Z.B. ist im Fall $N = 3$ die Menge $\mathbb{D}$ eine Kugel und folglich der Rand von $\mathbb{D}$ eine Kugeloberfläche. Damit stellt die Maximierung von f auf dem Rand praktisch das gleiche Problem wie die ursprüngliche Maximierungsaufgabe dar (nur die Dimension und damit die Anzahl der Variablen ist um Eins reduziert).

Wir haben also noch zu klären, wie man die gegebene Funktion $f(\vec{u})$ unter der *Randbedingung* $g(\vec{u}) = |\vec{u}| - 1 = 0$ maximieren kann (je nach Situation spricht man hier auch von *Restriktion*, bzw. *Zwangs-* oder *Nebenbedingung*).

Betrachtet man die in der Praxis auftretenden Optimierungsprobleme, stellt man fest, dass nicht nur eine, sondern meist mehrere Restriktionen zu beachten sind. Bei einer gegebenen Produktion werden diese etwa durch begrenzte Lager-, Kapital-, Maschinenkapazitäten oder ähnliche Zwangsbedingungen hervorgerufen. Außerdem liegen die Restriktionen häufig direkt in der Gleichungsform $g = 0$ vor, weil in Anwendungen oft nach dem maximalen Nutzeffekt bei Einhaltung gewisser Nebenbedingungen gefragt wird.

Wir wollen daher im folgenden davon ausgehen, dass eine Funktion $f(\vec{u})$ unter Berücksichtigung von M Restriktionen $g_1(\vec{u}) = \ldots = g_M(\vec{u}) = 0$ zu optimieren ist. Faßt man die Funktionen $g_1, \ldots, g_M$ zu der vektorwertigen Abbildung $g(\vec{u}) = \big(g_1(\vec{u}), \ldots, g_M(\vec{u})\big)$ zusammen, lautet das Problem, die *Zielfunktion* $f : \mathbb{D} \to \mathbb{R}$ ($\mathbb{D} \subset \mathbb{R}^N$) auf dem *Restriktions-* oder *Zulässigkeitsbereich* $N = \{\vec{u} \in \mathbb{D} \mid g(\vec{u}) = \vec{0}\}$ oder, wie man auch sagt, unter der Nebenbedingung $g(\vec{u}) = \vec{0}$ zu optimieren. Es ist also ein Punkt $\vec{u}^*$ mit $g(\vec{u}^*) = \vec{0}$ zu bestimmen, so dass $f(\vec{u}^*) = \max_{\vec{u} \in N} f(\vec{u})$ bzw. $f(\vec{u}^*) = \min_{\vec{u} \in N} f(\vec{u})$ gilt.

Die Lagrangefunktion $\mathcal{L} : \mathbb{D} \times \mathbb{R}^M \to \mathbb{R}$ definiert durch

$$\mathcal{L}(\vec{u}, \vec{\lambda}) := f(\vec{u}) + \vec{\lambda} * g(\vec{u}) = f(\vec{u}) + \sum_{j=1}^{M} \lambda_j \cdot g_j(\vec{u})$$

für $\vec{u} \in \mathbb{D}$ und $\vec{\lambda} = (\lambda_1, \ldots, \lambda_M) \in \mathbb{R}^M$ gestattet es, das Optimierungsproblem *mit* Nebenbedingungen in ein Problem *ohne* Nebenbedingungen zu überführen, das aber die *Lagrangemultiplikatoren* $\lambda_1, \ldots, \lambda_M$ als zusätzliche Unbekannte enthält. Grob gesprochen sind die lokalen Extremwerte von f unter der Nebenbedingung $g = \vec{0}$ Nullstellen von $\mathcal{L}'$.

Satz 7.69 (Lagrangesche Multiplikatorenregel)

Die Abbildungen $f : \mathbb{D} \to \mathbb{R}$ und $g : \mathbb{D} \to \mathbb{R}^M$ mit $g(\vec{u}) = (g_1(\vec{u}), \ldots, g_M(\vec{u}))$ seien in einer Umgebung von $\vec{u}^*$ differenzierbar, wobei $\mathbb{D} \subset \mathbb{R}^N$ und $M < N$ gelte.
$\mathcal{L} : \mathbb{D} \times \mathbb{R}^M \to \mathbb{R}$ bezeichne die Lagrangefunktion mit $\mathcal{L}(\vec{u}, \vec{\lambda}) = f(\vec{u}) + \vec{\lambda} * g(\vec{u})$. Hat die Ableitungsmatrix $Dg(\vec{u}^*)$ den Rang M, d.h. sind die Vektoren $g_1'(\vec{u}^*), \ldots, g_M'(\vec{u}^*)$ linear unabhängig, so gilt:

Besitzt f im Punkt $\vec{u}^*$ ein lokales Extremum unter der Nebenbedingung $g(\vec{u}) = \vec{0}$, so existiert ein $\vec{\lambda}^* \in \mathbb{R}^M$ mit $\mathcal{L}'(\vec{u}^*, \vec{\lambda}^*) = \vec{0}$.

Beweis:

Die Beweisidee besteht darin, die M Gleichungen $g_1(\vec{u}) = g_2(\vec{u}) = \ldots = g_M(\vec{u}) = 0$ nach genau M Variablen aufzulösen und diese in der zu optimierenden Funktion $f(\vec{u})$ zu ersetzen. Hierdurch entsteht ein Optimierungsproblem ohne Nebenbedingungen. Mit Hilfe des impliziten Funktionensatzes lässt sich diese Beweisidee auch dann realisieren, wenn eine explizite Auflösung der Gleichungen nicht mehr möglich ist[29].
Da $\mathcal{L}' = \left(\frac{d\mathcal{L}}{d\vec{u}}, \frac{d\mathcal{L}}{d\vec{\lambda}}\right) = \left(f'(\vec{u}) + \vec{\lambda} \cdot g'(\vec{u}) \;,\; g(\vec{u})\right)$ gilt und nach Voraussetzung $g(\vec{u}^*) = \vec{0}$ ist, muss ein $\vec{\lambda}^* \in \mathbb{R}^M$ bestimmt werden, so dass die N Gleichungen

$$f'(\vec{u}^*) + \vec{\lambda}^* \cdot g'(\vec{u}^*) = \vec{0}$$

erfüllt sind (man beachte, dass $g'(\vec{u})$ eine $(M \times N)$-Matrix ist).
Da $g'(\vec{u}^*)$ den Rang M hat, lässt sich g nach dem Satz über implizite Funktionen im Punkt $\vec{u}^*$ lokal nach M Variablen auflösen, o.B.d.A. seien dies die Variablen $u_{N-M+1}, \ldots, u_N$. Führt man die Vektoren $\vec{y} = (u_{N-M+1}, \ldots, u_N)$ und $\vec{x} = (u_1, \ldots, u_{N-M})$ ein und schreibt entsprechend $\vec{u} = (\vec{x}, \vec{y})$ bzw. $\vec{u}^* = (\vec{x}^*, \vec{y}^*)$, so existiert daher eine in einer Umgebung von $\vec{x}^*$ stetig differenzierbare Abbildung φ mit $\vec{y} = \varphi(\vec{x})$, $\vec{y}^* = \varphi(\vec{x}^*)$ und $g(\vec{x}\,,\,\varphi(\vec{x})) = \vec{0}$. Da die $(M \times M)$-Matrix $D_{\vec{y}}g(\vec{u}^*)$ den Rang M hat, also invertierbar ist, existiert ein Vektor $\vec{\lambda}^* \in \mathbb{R}^M$ mit

$$(D_{\vec{y}}f)(\vec{u}^*) + \vec{\lambda}^*(D_{\vec{y}}g)(\vec{u}^*) = \vec{0}\;.$$

Damit sind M der gesuchten N Gleichungen erfüllt und es bleibt der Nachweis der rest-

[29]Gerade hierin liegt die Stärke der Lagrangemethode.

lichen $N - M$ Gleichungen

$$(D_{\vec{x}}f)(\vec{u}^*) + \vec{\lambda}^*(D_{\vec{x}}g)(\vec{u}^*) = \vec{0}\,.$$

Wegen $(\vec{x}^*, \varphi(\vec{x}^*)) = \vec{u}^*$ besitzt $f(\vec{x}, \varphi(\vec{x}))$ als Funktion von $\vec{x}$ im Punkt $\vec{x}^*$ ein lokales Extremum, so dass gilt

$$\frac{df}{d\vec{x}}(\vec{x}^*) = \vec{0} = (D_{\vec{x}}f)(\vec{u}^*) + (D_{\vec{y}}f)(\vec{u}^*) \cdot \varphi'(\vec{x}^*)\,.$$

Nach Definition von $\vec{\lambda}^*$ gilt $(D_{\vec{y}}f)(\vec{u}^*) = -\vec{\lambda}^* \cdot (D_{\vec{y}}g)(\vec{u}^*)$. Setzt man diese Beziehung in die letzte Gleichung ein, ergibt sich

$$\vec{0} = (D_{\vec{x}}f)(\vec{u}^*) - \vec{\lambda}^* \cdot (D_{\vec{y}}g)(\vec{u}^*) \cdot \varphi'(\vec{x}^*)\,.$$

Da aus $g(\vec{x}, \varphi(\vec{x})) = \vec{0}$ durch Differentiation an der Stelle $\vec{x}^*$ die Gleichung

$$(D_{\vec{x}}g)(\vec{u}^*) + (D_{\vec{y}}g)(\vec{u}^*) \cdot \varphi'(\vec{x}^*) = \mathbf{0}$$

folgt, ergeben sich schließlich die noch fehlenden $N - M$ Gleichungen

$$\vec{0} = (D_{\vec{x}}f)(\vec{u}^*) + \vec{\lambda}^* \cdot (D_{\vec{x}}g)(\vec{u}^*)\,.$$

■

Bemerkung 7.70

i) Der Satz von Lagrange liefert nur eine notwendige Bedingung für die lokalen Extremwerte unter Nebenbedingungen. Wie bei der Extremwertbestimmung ohne Nebenbedingungen ist es möglich, mit Hilfe der zweiten Ableitung auch eine hinreichende Bedingung anzugeben. Mit den Bezeichnungen des Satzes von Lagrange gilt:

   Ist die Matrix $A = D_u^2\mathcal{L}(\vec{u}^*, \vec{\lambda}^*) = f''(\vec{u}^*) + \sum_{j=1}^{M} \lambda_j^* g_j''(\vec{u}^*)$ positiv bzw. negativ definit unter der Nebenbedingung $B\vec{u} = \vec{0}$ mit $B := g'(\vec{u}^*)$, so besitzt f im Punkt $\vec{u}^*$ ein lokales Minimum bzw. Maximum unter der Nebenbedingung $g(\vec{u}) = (g_1(\vec{u}), \ldots, g_M(\vec{u})) = \vec{0}$.

ii) Heuristisch[30] lässt sich die Aussage $\mathcal{L}(\vec{u}^*, \vec{\lambda}^*)' = f'(\vec{u}^*) + \sum_{j=1}^{M} \lambda_j^* g_j'(\vec{u}^*) = \vec{0}$ folgendermaßen erklären (der Einfachheit wegen wählen wir dabei $M = 1$):

[30] Eine exakte Herleitung ist möglich, wenn man die Richtungsvektoren der Tangentialebene mit Hilfe des impliziten Funktionensatzes berechnet.

Betrachtet man die Niveaumenge $N = \{\vec{u} \in \mathbb{R}^N \mid g(\vec{u}) = 0\}$, so steht $g'(\vec{u}^*)$ senkrecht auf N, d.h. senkrecht auf der Tangente von N im Punkt $\vec{u}^*$ (siehe Abbildung 7.11). Ist nämlich $\vec{u}$ ein Punkt der Tangente, so ergibt $g'(\vec{u}^*) * (\vec{u} - \vec{u}^*)$ gemäß Satz 7.17 die Richtungsableitung von g in Richtung der Tangente, also Null, da g in dieser Richtung keine Änderung aufweist (siehe auch Bemerkung 7.18 ii)).

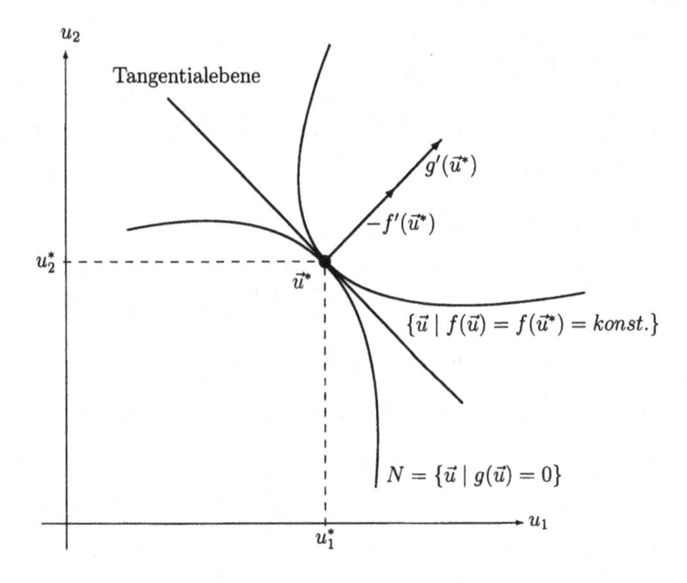

Abbildung 7.11: *Lagrangemultiplikatoren bei einer Nebenbedingung* $g(\vec{u}) = 0$

$f'(\vec{u}^*)$ muss dann ebenfalls orthogonal zu N im Punkt $\vec{u}^*$ sein, da man sich ansonsten eine Strecke $\Delta\vec{u}$ entlang der Nebenbedingung so bewegen könnte, dass $f'(\vec{u}^*) * \Delta\vec{u} > 0$ (bzw. $f'(\vec{u}^*) * \Delta\vec{u} < 0$) gilt. D.h. es wäre möglich, den Wert der Zielfunktion im Punkt $\vec{u}^*$ innerhalb der Nebenbedingung N zu vergrößern und zu verkleinern. Dies widerspricht der Optimalität von $\vec{u}^*$. Daher sind die Vektoren $g'(\vec{u}^*)$ und $f'(\vec{u}^*)$ parallel, also gilt $f'(\vec{u}^*) = \lambda \cdot g'(\vec{u}^*)$.
Im Falle mehrerer Veränderlicher ergibt sich entsprechend $f'(\vec{u}^*)$ als Linearkombination der Ableitungen $g_1'(\vec{u}^*), \dots g_M'(\vec{u}^*)$ (siehe Abbildung 7.12 für $M = 2$).

iii) Um die Bedeutung der Lagrange-Multiplikatoren zu erläutern, betrachten wir im Fall einer Nebenbedingung ($M = 1$) die allgemeine Problemstellung, $f : \mathbb{D} \to \mathbb{R}$ unter der Nebenbedingung $g(\vec{u}) = r$ bzw. $g(\vec{u}) - r = 0$ zu optimieren. Hierbei sei

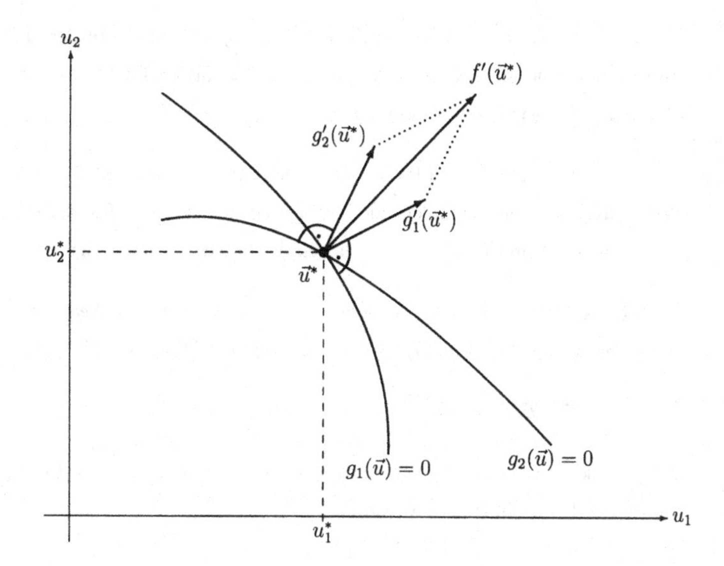

Abbildung 7.12: *Lagrangemultiplikatoren bei zwei Nebenbedingungen* $g_1(\vec{u}) = 0, g_2(\vec{u}) = 0$

r eine fest vorgegebene reelle Zahl. Eine andere Wahl von r führt zu einer anderen optimalen Lösung $\vec{u}^*$, so dass $\vec{u}^* = \vec{u}^*(r)$ gilt.

Da die Lagrangefunktion im Punkt $\vec{u}^*(r)$ eine stationäre Stelle besitzt, gilt

$$f'[\vec{u}^*(r)] + \lambda g'[\vec{u}^*(r)] = \vec{0} \quad \text{bzw.} \quad f'[\vec{u}^*(r)] = -\lambda g'[\vec{u}^*(r)] .$$

Daraus resultiert

$$\frac{d}{dr} f[\vec{u}^*(r)] = f'[\vec{u}^*(r)] \cdot \frac{d\vec{u}^*(r)}{dr} = -\lambda g'[\vec{u}^*(r)] \cdot \frac{d\vec{u}^*(r)}{dr} .$$

Wegen $g[\vec{u}^*(r)] = r$ folgt aus der Kettenregel jedoch

$$1 = \frac{d}{dr} g[\vec{u}^*(r)] = g'[\vec{u}^*(r)] \cdot \frac{d\vec{u}^*(r)}{dr} .$$

Zusammen ergibt sich also

$$\frac{d}{dr} f[\vec{u}^*(r)] = -\lambda .$$

λ gibt daher an, wie stark sich der optimale Funktionswert ändert, wenn die Nebenbedingung geändert wird.

Liegen M Nebenbedingungen $g(\vec{u}) = (g_1(\vec{u}), \ldots, g_M(\vec{u}))$ vor, gibt der Lagrangemultiplikator λ_j die entsprechende Reaktion des optimalen Funktionswertes auf eine Änderung der j-ten Nebenbedingung an.

iv) Liegen die Restriktionen in Form von Ungleichungen $g(\vec{u}) = (g_1(\vec{u}), \ldots, g_M(\vec{u})) \leq \vec{0}$ vor[31], lässt sich eine entsprechende Aussage, die als Satz von *Kuhn-Tucker* bekannt ist, beweisen. Unter den Voraussetzungen des Satzes von Lagrange gilt nämlich:

Besitzt f im Punkt $\vec{u}^*$ ein lokales Extremum unter der Nebenbedingung $g(\vec{u}) = (g_1(\vec{u}), \ldots, g_M(\vec{u})) \leq \vec{0}$, so existiert ein $\vec{\lambda}^* \geq \vec{0}$ in $\mathbb{R}^M$ mit

$$\vec{u}^* * \mathcal{L}(\vec{u}^*, \vec{\lambda}^*)' = 0 \quad \text{und} \quad \vec{\lambda}^* * g(\vec{u}^*) = 0^{32} .$$

Ist f konkav und sind alle Nebenbedingungen g_j konvex, ist diese Bedingung auch hinreichend (für ein lokales Maximum).

Beispiel 7.71

i) Bei der Produktion von zylindrischen Konservendosen werden Dosen mit einem Volumen von einem Liter benötigt. Mit Ausnahme von Deckel- und Bodenseite soll die Konservendose außerdem vollständig mit einem Etikett beklebt werden. Wie lauten die kostenminimalen Dosenmaße, wenn die Kosten für das Etikett bzw. das Blech a bzw. b (Euro pro cm^2) betragen?

Bezeichnet r den Radius (der Grundfläche) und h die Höhe der Dose, so ergeben sich die Materialkosten K einer Dose durch

$$K(r, h) = 2\pi r^2 b + 2\pi r h(a + b) \quad .$$

Hierbei ist zu beachten, dass der Seitenmantel der Dose wegen des Etikettes mit $a + b$, die beiden Deckel der Dose jedoch nur mit a (jeweils pro cm^2) in die Kosten eingehen.

[31] Die Ungleichungen sind komponentenweise zu verstehen.

[32] Wegen $g(\vec{u}^*) \leq \vec{0}$ und $\vec{\lambda} \geq \vec{0}$ ist $\vec{\lambda}^* * g(\vec{u}^*) = 0$ äquivalent zu $\lambda_j \cdot g_j(\vec{u}^*) = 0$ für $j = 1, \ldots, M$. Es gilt daher das Prinzip des *komplementären Schlupfes:*
$\lambda_j \neq 0 \Longrightarrow g_j(\vec{u}^*) = 0$

Da das Volumen der Dose 1 $Ltr = 1000\ cm^3$ betragen soll, lautet das Problem, die Kosten K unter der Nebenbedingung $V(r,h) = \pi r^2 h - 1000 = 0$ zu minimieren. Die Lagrangefunktion $\mathcal{L}$ dieses Problems lautet

$$\mathcal{L}(r,h,\lambda) = 2\pi r^2 b + 2\pi r h(a+b) + \lambda(\pi r^2 h - 1000)\ .$$

Im gesuchten Minimum (r^*, h^*) muss $\mathcal{L}'(r^*, h^*, \lambda^*) = \vec{0}$ für einen Lagrangemultiplikator λ^* gelten, also:

$$\begin{aligned} 4\pi r^* b + 2\pi h^*(a+b) + 2\lambda^* \pi r^* h^* &= 0 \\ 2\pi r^*(a+b) + \lambda^* \pi r^{*2} &= 0 \\ \pi r^{*2} h^* - 1000 &= 0 \end{aligned}$$

Wegen $r^* > 0$ und $h^* > 0$ muss $\lambda^* \neq 0$ gelten, und es ergibt sich als Lösung[33]

$$r^* = 10\sqrt[3]{\frac{a+b}{b}\cdot\frac{1}{2\pi}}\ ,\ h^* = \frac{2b}{a+b}\cdot r^*\ ,\ \lambda^* = -\frac{2(a+b)}{r^*}\ .$$

Wie schon im Beweis des Satzes von Lagrange erwähnt, ist der Lösungsweg einfacher, wenn die Nebenbedingung g nach h aufgelöst ($h = \frac{1}{\pi r^2}$) und in die zu minimierende Funktion $K(h,r)$ eingesetzt wird. Es entsteht dann ein freies eindimensionales Optimierungsproblem.

Obwohl die Existenz des Minimums aus geometrischen Gründen gesichert ist, wollen wir noch die hinreichende Bedingung aus der letzten Bemerkung überprüfen. Hierzu ist nachzuweisen, dass die (2×2)-Matrix $A = K''(r^*, h^*) + \lambda^* V''(r^*, h^*)$ unter der Nebenbedingung $B \cdot \binom{r}{h} = \vec{0}$ positiv ist, wobei B die (1×2)-Matrix $V'(r^*, h^*)$ ist. Aus $\lambda^* r^* = -2(a+b)$ und $\lambda^* h^* = -4b$ folgt

$$A = \begin{pmatrix} 2b & a+b \\ a+b & 0 \end{pmatrix} + 2\pi\lambda^* \begin{pmatrix} h^* & r^* \\ r^* & 0 \end{pmatrix} = \pi \begin{pmatrix} -4b & -2(a+b) \\ -2(a+b) & 0 \end{pmatrix}$$

und

$$B^T = \pi \begin{pmatrix} 2r^* h^* \\ r^{*2} \end{pmatrix} = \pi \begin{pmatrix} \frac{4b}{a+b} r^{*2} \\ r^{*2} \end{pmatrix}\ .$$

[33]Im Fall $a = 0$ ergeben sich die optimalen Werte für eine Dose ohne Etikett.

Nach Definition der Definitheit unter Nebenbedingung (siehe Definition 7.49 und Bemerkung 7.51) ist nur zu zeigen, dass die Matrix

$$C = C^{33} = \begin{pmatrix} 0 & B \\ B^T & A \end{pmatrix} = \pi \begin{pmatrix} 0 & \frac{4b}{a+b}r^{*2} & r^{*2} \\ \frac{4b}{a+b}r^{*2} & -4b & -2(a+b) \\ r^{*2} & -2(a+b) & 0 \end{pmatrix}$$

eine negative Determinante besitzt (man beachte, dass A selbst indefinit ist). Eine kleine Rechnung zeigt, dass $\det C = -12br^{*4}\pi^3 < 0$ gilt.

ii) Eine wichtige Anwendung der Lagrange-Methode ist die Nutzenmaximierung, die ein zentrales Element einiger klassischer ökonomischer Disziplinen z.B. Haushalts-, Konsum- oder Allokationstheorie darstellt (siehe hierzu Kapitel 9).

Wir gehen davon aus, dass ein individueller Haushalt beim Konsum von N Gütern in den Mengeneinheiten $x_1, \ldots, x_N$ seinen Nutzen mittels einer konkaven *Nutzenfunktion* $U(x_1, \ldots, x_N)$ quantifiziert. Wir setzen außerdem voraus, dass der Haushalt den Betrag C (Budget) zur Befriedigung seiner Konsumwünsche aufwenden will und dass die N Güter feste *Güterpreise* $p_1, \ldots, p_N$ besitzen.

Dann ist das Problem zu lösen, die Nutzenfunktion $U(x_1, \ldots, x_N)$ unter der Nebenbedingung $C = \sum_{i=1}^{N} p_i x_i$ zu maximieren. Die Lagrangefunktion des Problems lautet

$$\mathcal{L}(x_1, \ldots, x_N, \lambda) = U(x_1, \ldots, x_N) + \lambda\Big(C - \sum_{i=1}^{N} p_i x_i\Big) .$$

Die notwendigen Bedingungen für das *Haushaltsoptimum* lauten dann[34]:

$$\begin{aligned} \frac{\partial \mathcal{L}}{\partial x_j} &= \frac{\partial U}{\partial x_j} - \lambda p_j &= 0 \quad (j = 1, \ldots, N) \\ \frac{\partial \mathcal{L}}{\partial \lambda} &= C - \sum_{j=1}^{N} p_j x_j &= 0 \end{aligned}$$

Aus den ersten N Gleichungen ergibt sich dann für $i, j = 1, \ldots n$ $(i \neq j)$

$$\frac{p_i}{p_j} = \frac{\partial U}{\partial x_i} \Big/ \frac{\partial U}{\partial x_j} \quad \text{bzw.} \quad \frac{\partial U}{\partial x_j} \Big/ p_j = \lambda .$$

[34] Durch die Konkavität von U ist die Existenz des Maximums gesichert.

Im Haushaltsoptimum ist daher das Verhältnis der Grenznutzen zweier Güter gleich dem Verhältnis der entsprechenden Güterpreise, bzw. ist der Grenznutzen des Geldes (Grenznutzen pro aufgewendeter GE) für alle Güter gleich.

Zu beachten ist außerdem, dass im Haushaltsoptimum das Preisverhältnis $\frac{p_i}{p_j}$ zweier Güter gleich der negativen *Grenzrate der Substitution* ist, weil nach dem Satz über implizite Funktionen $\frac{p_i}{p_j} = \frac{\partial U}{\partial x_i} \Big/ \frac{\partial U}{\partial x_j} = -\frac{\partial x_j}{\partial x_i}$ gilt.
Da entlang der Nebenbedingung $\mathcal{L} = U$ und damit $\frac{\partial U}{\partial C} = \frac{\partial \mathcal{L}}{\partial C} = \lambda$ gilt, misst λ im Haushaltsoptimum den Grenznutzen bzgl. der Konsumsumme C.

iii) Eine Unternehmung produziere ihren Output x gemäß der Produktionsfunktion $x = x(v_1, \ldots, v_N)$ (siehe 4.38 iii)) unter Einsatz von N *Inputs* mit den fest vorgegebenen *Faktorpreisen* $k_1, \ldots, k_N$. Welche Faktoreinsatzmengenkombinationen[35] $(v_1, \ldots, v_N)$ muss die Unternehmung wählen, damit ein vorgegebener Output $\overline{x}$ zu möglichst geringen Faktorkosten produziert wird?
Das Problem besteht in diesem Fall in der Minimierung der Kostenfunktion $K(v_1, \ldots, v_N) = \sum_{i=1}^{N} k_i v_i$ unter der Nebenbedingung $x(v_1, \ldots, v_N) = \overline{x}$. Die Lagrangefunktion $\mathcal{L}$ des Problems lautet

$$\mathcal{L}(v_1, \ldots, v_N, \lambda) = K(v_1, \ldots, v_N) + \lambda[\overline{x} - x(v_1, \ldots, v_N)] \; .$$

Die Vorgehensweise ist die gleiche wie im vorigen Beispiel und liefert als notwendige Bedingung für das gesuchte Minimum die $N + 1$ Gleichungen

$$\begin{aligned} \frac{\partial \mathcal{L}}{\partial v_j} &= k_j - \lambda \frac{\partial x}{\partial v_j} &= 0 \quad (j = 1, \ldots, N) \\ \frac{\partial \mathcal{L}}{\partial \lambda} &= \overline{x} - x(v_1, \ldots v_N) &= 0 \end{aligned}$$

Analog zum letzten Beispiel ergibt sich im gesuchten Minimum

$$\frac{k_j}{k_i} = \frac{\partial x}{\partial v_j} \Big/ \frac{\partial x}{\partial v_i} = -\frac{\partial v_i}{\partial v_j} \; .$$

In der gesuchten Minimalkostenkombination ist also das Verhältnis der Faktorpreise und das Verhältnis der entsprechenden *Grenzproduktivitäten* gleich der negativen *Grenzrate der Substitution.*

[35] Man spricht von *Minimalkostenkombination.*

Die äquivalente Beziehung

$$\frac{\partial x}{\partial v_j}\Big/k_j = \frac{\partial x}{\partial v_i}\Big/k_i$$

zeigt außerdem, dass im Kostenminimum die auf eine Faktor-Mark entfallenden Grenzproduktivitäten gleich sein müssen, so dass ein relativ teuerer Faktor eine höhere, ein relativ billiger Faktor eine geringere Grenzproduktivität aufweisen muss.

Für weitere ökonomische Anwendungen der Differentialrechnung beachte man Kapitel 9.

... things are often random in non-random ways.

Baxter/Rennie

Integrationstheorie

Ähnlich wie die Differentialrechnung hat sich auch die Integralrechnung aus geometrischen Problemen heraus entwickelt. Bei der Differentialrechnung war dies die Frage nach der Tangente in einem Punkt einer vorgegebenen Kurve. Der Ausgangspunkt der Integralrechnung hingegen war das Problem, bei einer gegebenen Funktion die Fläche zwischen der zugehörigen Kurve und der x-Achse zu berechnen. Die Erkenntnis für den inneren Zusammenhang dieser beiden Probleme ist vor allem Newton und Leibniz zu verdanken. Wie auch in der Differentialrechnung zeigt sich, dass die Integralrechnung von weitaus größerer Bedeutung ist, als die geometrische Interpretation vermuten lässt. Die Hauptidee für diese Flächenberechnung, die schon auf die alten Griechen zurückgeht (Hippokrates, Pythagoras, Archimedes) und in vereinheitlichter Form zur Definition des Riemann-Integrals führt, soll anhand eines Beispiels kurz erläutert werden. Wie Archimedes wollen wir dabei von der „naiven" Annahme ausgehen, dass der Flächeninhalt eines krummlinig begrenzten Gebietes eine anschauliche Gegebenheit ist, d.h., dass wir ihn nicht definieren, sondern nur berechnen müssen.

Gesucht sei die Fläche F zwischen der x-Achse und der Parabel $f(x) = x^2$ im Bereich $0 \leq x \leq 1$. Zur Berechnung von F zerlegen wir das Intervall $[0, 1]$ in n gleich große Teilintervalle $[x_j, x_{j+1}]$ $(j = 0, \ldots, n-1)$, und approximieren die gesuchte Fläche durch Rechtecke, deren Grundseiten durch die Teilintervalle $[x_j, x_{j+1}]$ der Länge $\frac{1}{n}$ gebildet werden. Als Höhe der Rechtecke wählen wir einen beliebigen Funktionswert, den f im entsprechenden Intervall annimmt. Wählt man speziell das Minimum bzw. Maximum von f im betrachteten Teilintervall als Höhe, entsteht die *Untersumme* bzw. die *Obersumme* von f bzgl. dieser Zerlegung. Diese bilden eine Unter- bzw. Obergrenze der gesuchten Fläche F.

Wegen der Monotonie von $f(x) = x^2$ wird im Intervall $[x_j, x_{j+1}]$ das Minimum von f im Punkt x_j, das Maximum im Punkt x_{j+1} angenommen (siehe Abbildung 8.1 für $n = 8$). Für die Untersumme U_n bzw. Obersumme O_n ergibt sich daher:

$$
\begin{aligned}
U_n &= \sum_{j=1}^{n} \frac{1}{n} f\left(\frac{j-1}{n}\right) = \frac{1}{n^3}\sum_{j=1}^{n}(j-1)^2 = \frac{1}{n^3}\sum_{j=0}^{n-1} j^2 \\
O_n &= \sum_{j=1}^{n} \frac{1}{n} f\left(\frac{j}{n}\right) = \frac{1}{n^3}\sum_{j=1}^{n} j^2
\end{aligned}
$$

Beachtet man, dass $\sum_{j=1}^{n} j^2 = \frac{1}{6}n(n+1)(2n+1)$ gilt, erhält man

$$
O_n = \frac{1}{3} + \frac{1}{2n} + \frac{1}{6n^2} \quad \text{und} \quad U_n = \frac{1}{3} - \frac{1}{2n} + \frac{1}{6n^2} = O_n - \frac{1}{n}\,.
$$

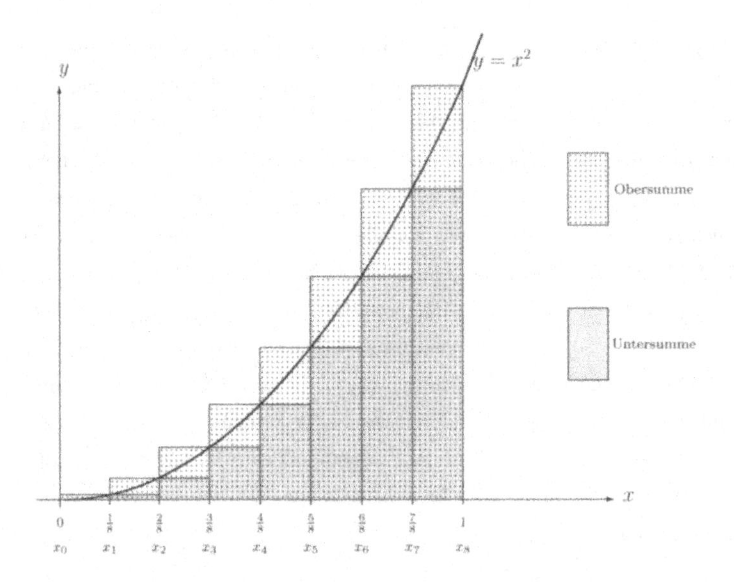

Abbildung 8.1: *Ober- und Untersumme der Funktion* $f : [0,1] \to \mathbb{R}$, $f(x) = x^2$ $(n = 8)$

Die alten Griechen glaubten, dass für genügend großes n schon $U_n = O_n = F$ gilt, eine These, die natürlich nicht haltbar ist. Aus der Darstellung von O_n bzw. U_n sehen wir jedoch, dass $\lim_{n\to\infty} O_n = \lim_{n\to\infty} U_n = \frac{1}{3}$ ist. Sinnvollerweise wird man diesen Grenzwert als gesuchte Fläche F *definieren.* Die Vorgehensweise in diesem Beispiel führt zum sogenannten Riemann-Integral, dessen Konstruktion für eine vorgegebene Funktion $f : [a, b] \to \mathbb{R}$ in etwas abstrakterer Form folgendermaßen aussieht:

- Sei $\mathfrak{Z} = \{x_0, x_1, x_2, \ldots, x_n\}$ mit $a = x_0 < x_1 < x_2 < \ldots < x_n = b$ eine Zerlegung von $[a, b]$ in die Teilintervalle $]x_{j-1}, x_j]$ mit der Länge $\ell(I_j) = x_j - x_{j-1} \quad (j = 1, \ldots, n)$.

- Bestimme den kleinsten und größten Wert von f auf dem Intervall I_j, d.h., bestimme $m_j := \inf\{f(x) \mid x \in I_j\}$ und $M_j := \sup\{f(x) \mid x \in I_j\}$.

- Approximiere f von unten bzw. oben durch die *Treppenfunktionen*

$$T_U := \sum_{j=1}^{n} m_j \cdot 1_{I_j} \quad \text{bzw.} \quad T_O := \sum_{j=1}^{n} M_j \cdot 1_{I_j}$$

- Approximiere die gesuchte Fläche durch die zu den Treppenfunktionen T_U bzw. T_O gehörenden Rechteckflächen

$$U(\mathfrak{Z}) := \sum_{j=1}^{n} m_j \cdot \ell(I_j) \quad (\textit{Untersumme}) \quad \text{bzw.}$$
$$O(\mathfrak{Z}) := \sum_{j=1}^{n} M_j \cdot \ell(I_j) \quad (\textit{Obersumme.})$$

Definition 8.1

Bezeichnet $\underline{I}(f) := \sup_{\mathfrak{Z}} U(\mathfrak{Z})$ das „*Unterintegral*" und $\overline{I}(f) := \inf_{\mathfrak{Z}} O(\mathfrak{Z})$ das „*Oberintegral*" von f, wobei das Supremum bzw. Infimum über alle Zerlegungen $\mathfrak{Z}$ in Teilintervalle gebildet wird, so heißt f *Riemann-integrierbar*, wenn gilt

$$\underline{I}(f) = \overline{I}(f) =: I(f) \in \mathbb{R} .$$

$I(f)$ wird als *Riemann-Integral* bezeichnet, und man schreibt $\int_a^b f(x)dx$.

Da aus $\mathfrak{Z} \subset \mathfrak{Z}'$ folgt, dass $U(\mathfrak{Z}) \leq U(\mathfrak{Z}')$ und $O(\mathfrak{Z}') \leq O(\mathfrak{Z})$ gilt, ist es möglich, eine aufsteigende Folge $(\mathfrak{Z}_n)_{n=1}^{\infty}$ von Zerlegungen zu wählen mit

i) $\lim\limits_{n \to \infty} U(\mathfrak{Z}_n) = \underline{I}(f)$

ii) $\lim\limits_{n \to \infty} O(\mathfrak{Z}_n) = \overline{I}(f)$.

Offensichtlich lässt sich Definition 8.1 auch auf Funktionen $f : \mathbb{R}^N \to \mathbb{R}$ übertragen. Im Fall $N = 2$ erhält man dann das Volumen unter der durch f beschriebenen Fläche[1].

[1] Genaugenommen liefert das Integral nur dann die gesuchte Fläche (Volumen), wenn die Funktion f ausschließlich positive Werte annimmt, weil die Höhe der approximierenden Rechtecke durch Funktionswerte von f bestimmt werden (siehe hierzu Bemerkung 8.18 ii)).

Von Nachteil ist, dass das Riemann-Integral einige technische Schwächen aufweist, weil die Klasse der integrierbaren Funktionen zu klein ist[2]. Dieser Mangel lässt sich dadurch beheben, dass man bei den Zerlegungen $\mathfrak{Z}$ statt den verwendeten Teilintervallen I_j eine größere Klasse von Teilmengen (die sog. *Lebesgue-messbaren Mengen*) zulässt. Hierbei ist im wesentlichen das Problem zu lösen, diesen Mengen ein der Länge (bzw. Fläche oder Volumen im Fall $N = 2{,}3$) entsprechendes Maß zuzuordnen (Welche Länge besitzt z.B. die Menge der rationalen Zahlen im Intervall $[0,1]$?). Hierdurch entsteht das nach seinem Erfinder benannte *Lebesgue-Integral.* So wie die reellen Zahlen die rationalen Zahlen vervollständigen, stellt das Lebesgue-Integral eine Vervollständigung des Riemann-Integrals dar. Für Riemann-integrierbare Funktionen (z.B. stetige Funktionen) stimmen beide Integrationsbegriffe überein. Da diese Integrationstheorie nicht schwieriger als das Riemann-Integral ist und im Bereich der Wahrscheinlichkeitstheorie und Statistik benötigt wird, soll hier direkt der Lebesguesche Integralbegriff eingeführt werden.

Im folgenden sei Ω eine nichtleere Menge, die wir später als Intervall der reellen Zahlen oder allgemeiner als Teilmenge des $\mathbb{R}^k$ wählen werden.

Definition 8.2

Ein Mengensystem $\mathfrak{A} \subset \wp(\Omega)$ heißt *σ-Algebra in Ω*, wenn es folgende Eigenschaften besitzt (siehe Beispiel 2.18 b)):

1) $\Omega \in \mathfrak{A}$

2) $A \in \mathfrak{A} \quad \Longrightarrow \quad \complement A = \Omega \setminus A \in \mathfrak{A}$

3) $\{A_1, A_2, A_3, \cdots\} \subset \mathfrak{A} \quad \Longrightarrow \quad \bigcup\limits_{j=1}^{\infty} A_j \in \mathfrak{A}$

Bemerkung 8.3

i) Im Rahmen der Wahrscheinlichkeitstheorie wird das Paar $(\Omega, \mathfrak{A})$ *Messraum*, Ω *Ergebnisraum*, $\mathfrak{A}$ *Ereignisraum* und die Mengen aus $\mathfrak{A}$ *messbare Mengen* genannt.

ii) Wegen $\complement\Omega = \emptyset$ gilt auch $\emptyset \in \mathfrak{A}$, und aus $\bigcap\limits_{j=1}^{\infty} A_j = \complement\big(\bigcup\limits_{j=1}^{\infty} \complement A_j\big)$ folgt, dass $\mathfrak{A}$ auch gegenüber abzählbarer Durchschnittsbildung abgeschlossen ist. Sind $A, B \in \mathfrak{A}$, so liegt auch $A \setminus B$ in $\mathfrak{A}$. Dies folgt aus $A \setminus B = A \cap \complement B$.

[2] Ist $f : [0,1] \to \mathbb{R}$ definiert durch $f(x) = \begin{cases} 0 & \text{falls } x \text{ rational} \\ 1 & \text{falls } x \text{ irrational} \end{cases}$, so hat jede Untersumme den Wert 0 und jede Obersumme den Wert 1. f ist also *nicht* Riemann-integrierbar (siehe hierzu Beispiel 8.22).

iii) Das Präfix σ bezieht sich auf die dritte Forderung in der Definition der σ-Algebra, in der man die Abgeschlossenheit bzgl. abzählbaren Vereinigungen (Summen) fordert.

Beispiel 8.4

i) Einfachstes Beispiel einer σ-Algebra in Ω ist die Potenzmenge $\wp(\Omega)$.

ii) Ist $\Omega \subset \mathbb{R}^k$, so wird die kleinste σ-Algebra, die alle offenen Mengen von Ω enthält, als die σ-Algebra $\mathfrak{B}$ der *Borelmengen* von Ω bezeichnet. Diese σ-Algebra trägt gewissermaßen noch die gesamte Information über die topologischen (geometrischen) Eigenschaften von Ω mit sich.

Definition 8.5

Sei $(\Omega, \mathfrak{A})$ ein Messraum, d.h. eine nichtleere Menge Ω mit der σ-Algebra $\mathfrak{A}$. Eine Abbildung $f : \Omega \to \mathbb{R}^* = [-\infty, +\infty]$ heißt *messbar*, wenn die Urbilder von offenen Mengen in $\mathbb{R}^*$ in der σ-Algebra $\mathfrak{A}$ liegen, d.h. wenn für jede reelle Zahl r die Menge $\{x \in \Omega \mid f(x) > r\} = f^{-1}(\,]r, \infty]\,)$ in $\mathfrak{A}$ liegt.

Beispiel 8.6

Sei $(\Omega, \mathfrak{A})$ ein Messraum und $A \in \mathfrak{A}$. Die Indikatorfunktion $\mathsf{I}_A : \Omega \to \mathbb{R}$ (siehe Beispiel 4.3 und Abbildung 8.2) ist messbar. Es gilt nämlich:

$$\mathsf{I}_A^{-1}(U) = \begin{cases} \Omega & \text{falls} \quad \{0,1\} \subset U \\ A & \text{falls} \quad 1 \in U,\ 0 \notin U \\ \complement A & \text{falls} \quad 0 \in U,\ 1 \notin U \\ \emptyset & \text{falls} \quad \{0,1\} \cap U = \emptyset \end{cases}$$

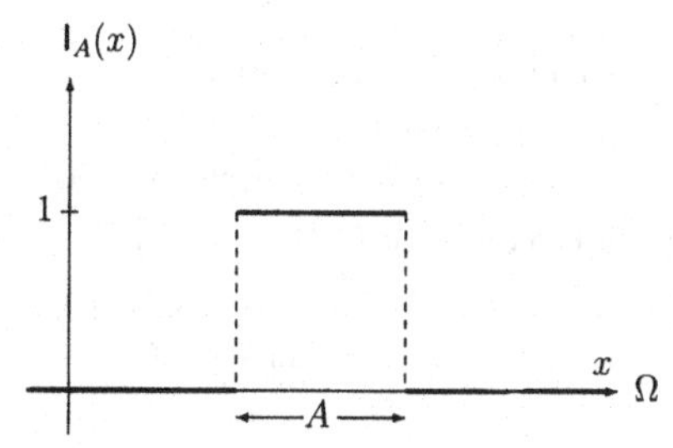

Abbildung 8.2: *Indikatorfunktion der Menge $A \subset \Omega$*

Bemerkung 8.7

i) Die Verwendung der Größen $+\infty$ und $-\infty$ in der Definition der Messbarkeit hat technische Gründe. Man vermeidet auf diese Weise Sonderbetrachtungen, falls bei einer Grenzwert-, Supremum- oder Infimumbildung Funktionen entstehen, die den Funktionswert $+\infty$ oder $-\infty$ annehmen.

ii) Die Messbarkeit von $f : (\Omega, \mathfrak{A}) \to \mathbb{R}$ lässt sich äquivalent auch über die Mengen $\{x \mid f(x) \geq r\}$, $\{x \mid f(x) < r\}$ oder $\{x \mid f(x) \leq r\}$ definieren, weil gilt:

$$\{x \mid f(x) \geq r\} = \bigcap_{n=1}^{\infty} \{x \mid f(x) > r - \frac{1}{n}\}$$

und

$$\{x \mid f(x) < r\} = \Omega \setminus \{x \mid f(x) \geq r\}$$

iii) In den uns interessierenden Anwendungen wird Ω eine Teilmenge des $\mathbb{R}^N$ und $\mathfrak{A}$ die Menge der Lebesgue-messbaren Mengen sein.

iv) Allgemeiner heißt eine Abbildung $f : (\Omega_1, \mathfrak{A}_1) \to (\Omega_2, \mathfrak{A}_2)$ zwischen den Messräumen $(\Omega_i, \mathfrak{A}_i)$ $(i = 1, 2)$ messbar, wenn Urbilder von Mengen aus $\mathfrak{A}_2$ in $\mathfrak{A}_1$ liegen, d.h. wenn gilt: $\forall A \in \mathfrak{A}_2 : f^{-1}(A) \in \mathfrak{A}_1$. Ist $\Omega_2 \subset \mathbb{R}$ und $\mathfrak{A}_2$ gleich der σ-Algebra $\mathfrak{B}$ der Borelmengen, ist dies äquivalent zu unserer Messbarkeitsdefinition.

Der folgende Satz zeigt, dass im Prinzip alle Operationen, die man mit messbaren Funktionen durchführen kann (inklusive Grenzwerten von Folgen messbarer Funktionen) wieder zu messbaren Funktionen führen.

Satz 8.8

Sei $(\Omega, \mathfrak{A})$ ein Messraum. Dann gelten folgende Aussagen:

a) Ist $f_n : \Omega \to \mathbb{R}^*$ eine Folge messbarer Funktionen, so sind auch die für jedes $x \in \Omega$ punktweise definierten Funktionen $g, h : \Omega \to \mathbb{R}^*$ mit

$$g(x) := \sup_n f_n(x) \quad \text{bzw.} \quad h(x) := \lim_{n\to\infty} \sup_n f_n(x),$$

messbar. Die gleiche Aussage gilt für $\inf_n f_n(x)$ und $\liminf_{n\to\infty} f_n(x)$. Insbesondere ist jede punktweise konvergente Folge messbarer Funktionen messbar.

b) Sind $f, g : \Omega \to \mathbb{R}^*$ messbare Funktionen, so sind die Funktionen $\max(f, g)$ und $\min(f, g)$ messbar[3]. Insbesondere sind auch die Funktionen $f^+ := \max(f, 0)$ und $f^- := -\min(f, 0)$ messbar, so dass sich $f = f^+ - f^-$als Differenz zweier nichtnegativer messbarer Funktionendarstellen lässt.

c) Sind $f, g : \Omega \to \mathbb{R}$ messbare Funktionen und ist $F : \mathbb{R}^2 \to \mathbb{R}$ stetig, so ist die Funktion $h : \Omega \to \mathbb{R}$ mit $h(x) = F(f(x), g(x))$ messbar. Insbesondere sind die Funktionen $\alpha f + \beta g$ ($\alpha, \beta \in \mathbb{R}$ fest), $f \cdot g$ und $|f| = f^+ + f^-$ messbar.

Beweis:

a) Ist $g(x) = \sup_n f_n(x)$, so gilt für $r \in \mathbb{R}$

$$\{x \mid g(x) > r\} = \bigcup_{n=1}^{\infty} \{x \mid f_n(x) > r\} .$$

Da die Mengen $\{x \mid f_n(x) > r\}$ in $\mathfrak{A}$ liegen und $\mathfrak{A}$ bzgl. abzählbarer Vereinigung abgeschlossen ist, liegt auch die Menge $\{x \mid g(x) > r\}$ in $\mathfrak{A}$. Daher ist g messbar. Die Behauptung über das Infimum folgt nun aus $\inf_n f_n(x) = -\sup_n -f_n(x)$.

Ist $h(x) = \limsup_{n\to\infty} f_n(x)$, so gilt nach Definition des Limes inferior auf Seite 122

$$h(x) = \inf_m \left(\sup_{n\geq m} f_n(x) \right) .$$

Da die Funktionen $g_m(x) = \sup_{n\geq m} f_n(x)$, wie vorher gesehen, messbar sind ist auch h als Infimum der messbaren Funktionen g_m messbar.

b) Ergibt sich direkt aus Teil a), wenn man eine Folge von Funktionen betrachtet, die nur aus f und g besteht.

c) Sei $r \in \mathbb{R}$ fest. Dann ist die Menge $M_r := \{(u, v) \in \mathbb{R}^2 \mid F(u, v) > r\} = F^{-1}(]r, \infty[)$ offen, da bei stetigen Funktionen die Urbilder offener Mengen offen sind. Da sich offene Mengen in $\mathbb{R}^2$ als abzählbare Vereinigung von 2-dimensionalen Intervallen (Rechtecken) schreiben lassen, gilt

$$M_r = \bigcup_{i=1}^{\infty} R_i \quad \text{mit} \quad R_i =]a_i, b_i[\times]c_i, d_i[.$$

[3]Mit $\max(f, g)(x) := \max\{f(x), g(x)\}$, bzw. $\min(f, g)(x) := \min\{f(x), g(x)\}$.

Dies liefert:

$$\begin{aligned}\{x \in \Omega \mid h(x) > r\} &= \{x \in \Omega \mid F(f(x), g(x)) > r\} \\ &= \{x \in \Omega \mid (f(x), g(x)) \in M_r\} \\ &= \bigcup_{i=1}^{\infty} \{x \in \Omega \mid (f(x), g(x)) \in R_i\} \\ &= \bigcup_{i=1}^{\infty} \Big[\{x \in \Omega \mid a_i < f(x) < b_i\} \cap \{x \in \Omega \mid c_i < g(x) < d_i\}\Big]\end{aligned}$$

Aus $\{x \in \Omega \mid a_i < f(x) < b_i\} = \{x \in \Omega \mid f(x) > a_i\} \cap \{x \in \Omega \mid f(x) < b_i\} \in \mathfrak{A}$ folgt die Behauptung.

■

Beispiel 8.9

Sind $A_1, A_2, \ldots, A_n$ paarweise disjunkte Mengen aus der σ-Algebra $\mathfrak{A}$ und $\alpha_1, \alpha_2, \ldots, \alpha_n$ reelle Zahlen, so ist auch die Treppenfunktion $T = \sum_{j=1}^{n} \alpha_j \, \mathsf{I}_{A_j}$ messbar (siehe Abbildung 8.3). Dies folgt mit Satz 8.8 aus der Messbarkeit der Indikatorfunktionen I_{A_j}.

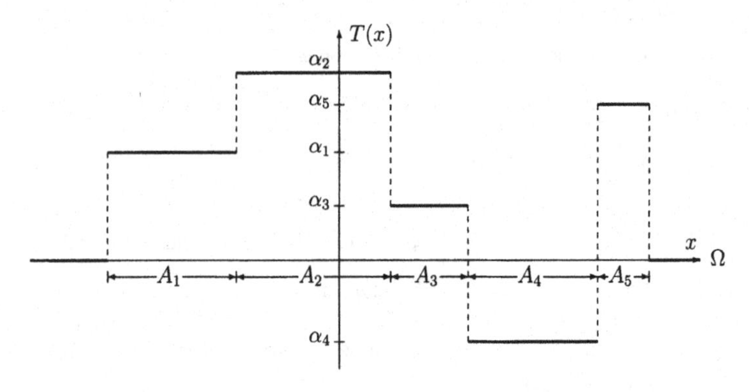

Abbildung 8.3: *Beispiel für eine Treppenfunktion*

Satz 8.10

Sei $(\Omega, \mathfrak{A})$ ein Messraum und $f : \Omega \to \mathbb{R}^*$ messbar. Dann existiert eine Folge $(T_n)_{n=1}^{\infty}$ von messbaren Treppenfunktionen, die punktweise gegen f konvergiert, d.h. für jedes $x \in \Omega$ gilt $\lim_{n\to\infty} T_n(x) = f(x)$. Ist $f \geq 0$, kann die Folge $(T_n)_{n=1}^{\infty}$ sogar monoton wachsend gewählt werden, d.h. es gilt $0 \leq T_1 \leq T_2 \leq \ldots \leq f$.

Beweis:

Wegen $f = f^+ - f^-$ genügt es, $f \geq 0$ anzunehmen und zu zeigen, dass eine monoton wachsende Folge $(T_n)_{n=1}^{\infty}$ mit $\lim\limits_{n\to\infty} T_n(x) = f(x)$ existiert.

Für $n \in \mathbb{N}$ und $i \in \mathbb{N}$ mit $1 \leq i \leq n \cdot 2^n$ definieren wir hierzu im Definitionsbereich die messbaren Mengen

$$E_{n,i} := \left\{x \in \Omega \,\middle|\, \frac{i-1}{2^n} \leq f(x) < \frac{i}{2^n}\right\} \text{ und } F_n := \{x \mid f(x) \geq n\} .$$

Die Mengen $E_{n,i}$ sind gerade die Urbilder der Zerlegung des Intervalls $[0, n[$ im Bildbereich von f in 2^n Teilintervalle der Länge $\frac{1}{2^n}$, wohingegen F_n das Urbild von $[n, +\infty[$ ist. Wegen der Messbarkeit von f sind die Mengen $E_{n,i}$ und F_n Elemente der σ-Algebra $\mathfrak{A}$. Für festes $n \in \mathbb{N}$ sind die Mengen $E_{n,i}$ $(i = 1, \ldots, n2^n)$ und F_n offensichtlich disjunkt. Wir definieren nun

$$T_n := \sum_{i=1}^{n2^n} \frac{i-1}{2^n} \cdot \mathsf{I}_{E_{n,i}} + n \cdot \mathsf{I}_{F_n} ,$$

und zeigen, dass $T_n(x) \leq T_{n+1}(x)$ für alle $x \in \Omega$ und $n \in \mathbb{N}$ gilt. Hierzu unterscheiden wir die Fälle $f(x) \geq n+1$ und $0 \leq f(x) < n+1$.

Ist $f(x) \geq n+1$, so ergibt sich nach Definition der T_n

$$T_n(x) = n < n+1 = T_{n+1}(x) \leq f(x) .$$

Ist $0 \leq f(x) < n+1$, so liegt x in genau einer Menge $E_{n+1,k}$, d.h. es ist $\frac{k-1}{2^{n+1}} \leq f(x) < \frac{k}{2^{n+1}}$, wobei $1 \leq k \leq (n+1)2^{n+1}$ eindeutig bestimmt ist. Nach Definition von T_{n+1} folgt daher

$$T_{n+1}(x) = \frac{k-1}{2^{n+1}} \cdot \mathsf{I}_{E_{n+1,k}}(x) = \frac{k-1}{2^{n+1}} \leq f(x) .$$

Ist k ungerade, gilt $k = 2j - 1$, woraus $x \in E_{n,j}$ folgt und daher

$$T_n(x) = \frac{j-1}{2^n} = \frac{2j-2}{2^{n+1}} = \frac{k-1}{2^{n+1}} = T_{n+1}(x) .$$

Ist k gerade, gilt $k = 2j$, woraus ebenfalls $x \in E_{n,j}$ folgt und daher

$$T_n(x) = \frac{j-1}{2^n} = \frac{2j-2}{2^{n+1}} = \frac{k-2}{2^{n+1}} < \frac{k-1}{2^{n+1}} = T_{n+1}(x) .$$

Um die Konvergenz $\lim\limits_{n\to\infty} T_n(x) = f(x)$ zu überprüfen, betrachten wir zunächst den Fall $f(x) = +\infty$. Dann gilt $T_n(x) = n$, und die Behauptung ist erfüllt. Gelte daher $f(x) < \infty$.

Für alle $n > f(x)$ existiert dann ein k mit $x \in E_{n,k}$ und daher

$$T_n(x) = \frac{k-1}{2^{n+1}} \leq f(x) < \frac{k}{2^{n+1}} = \frac{k-1}{2^{n+1}} + \frac{1}{2^{n+1}} = T_n(x) + \frac{1}{2^{n+1}} .$$

Dies liefert $0 \leq f(x) - T_n(x) < \frac{1}{2^{n+1}} \overset{n\to\infty}{\longrightarrow} 0$.

■

Um ein Integral zu definieren, müssen wir in der Lage sein, die „Größe" der Mengen in der σ-Algebra in irgendeiner Weise zu „messen", so wie wir Intervalle in $\mathbb{R}$ durch ihre Länge, Teilmengen in $\mathbb{R}^2$ durch ihre Fläche oder Mengen in $\mathbb{R}^3$ durch ihr Volumen „messen" können. Bei dem vorliegenden Maßbegriff sollte man sich jedoch von dieser geometrischen Vorstellung lösen. Im Bereich der Wahrscheinlichkeitstheorie, wo die Mengen der σ-Algebra mit Ereignissen identifiziert werden, gibt dieses Maß gerade die Wahrscheinlichkeit an, mit der das der Menge entsprechende Ereignis eintritt.

Definition 8.11

Sei $(\Omega, \mathfrak{A})$ ein Messraum. Ein *positives Maß* ist eine Funktion $\mu : \mathfrak{A} \to [0, \infty]$, die *$\sigma$-additiv* ist, d.h. dass für jedes abzählbare, disjunkte Mengensystem $\{A_j \mid j \in \mathbb{N}\}$ in $\mathfrak{A}$ gilt:

$$\mu\Big(\bigcup_{j=1}^{\infty} A_j\Big) = \sum_{j=1}^{\infty} \mu(A_j) := \lim_{n\to\infty} \sum_{j=1}^{n} \mu(A_j)$$

Das Tripel $(\Omega, \mathfrak{A}, \mu)$ wird als *Maßraum* bezeichnet. Zur Vermeidung von Trivialitäten setzen wir im Folgenden die Existenz von mindestens einer Menge $A \in \mathfrak{A}$ mit $\mu(A) < \infty$ voraus.

Beispiel 8.12

i) Sei Ω eine beliebige Menge und $\mathfrak{A} := \wp(\Omega)$. Für $E \in \mathfrak{A}$, d.h. $E \subset \Omega$ definieren wir

$$\mu(E) := \begin{cases} |E| & \text{falls } |E| < \infty \\ \infty & \text{falls } |E| = \infty \end{cases} .$$

Hierdurch wird das sogenannte *Zählmaß* definiert.

ii) Sind Ω und $\mathfrak{A}$ wie vorher und ist $x_0 \in \Omega$ ein fest vorgegebener Punkt, so definieren wir das *Punktmaß μ an der Stelle x_0* für $E \subset \Omega$ durch

$$\mu(E) := \begin{cases} 1 & \text{falls } x_0 \in E \\ 0 & \text{falls } x_0 \notin E \end{cases} .$$

Bemerkung 8.13

i) Gilt $\mu(\Omega) = 1$, spricht man von einem *Wahrscheinlichkeitsmaß* und nennt das Tripel $(\Omega, \mathfrak{A}, \mu)$ einen *Wahrscheinlichkeitsraum*.

ii) Fasst man μ als Analogie zum 2-dimensionalen Flächenbegriff auf, erscheint die σ-Additivität als völlig natürlich, da sie besagt, dass sich die Gesamtfläche als Summe disjunkter Teilflächen berechnen lässt. Der folgende Satz zeigt, dass Maße in diesem Sinne weitere natürliche Eigenschaften besitzen.

Satz 8.14

Sei $(\Omega, \mathfrak{A}, \mu)$ ein Maßraum. Dann gelten folgende Aussagen:

a) $\mu(\emptyset) = 0$.

b) Sind $A, B \in \mathfrak{A}$ mit $A \subset B$, so gilt

$$\mu(A) \leq \mu(B) \quad (\textit{Monotonie})$$

und

$$\mu(B \setminus A) = \mu(B) - \mu(A) \quad \text{falls } \mu(B) < \infty\,.$$

c) Ist $(A_j)_{j=1}^{\infty}$ eine aufsteigende Folge von Mengen aus $\mathfrak{A}$, d.h. gilt $A_1 \subset A_2 \subset A_3 \subset \ldots$ und ist $A := \bigcup_{j=1}^{\infty} A_j$, so gilt

$$\mu(A) = \lim_{n\to\infty} \mu(A_n)\,.$$

d) Ist $(A_j)_{j=1}^{\infty}$ eine absteigende Folge von Mengen aus $\mathfrak{A}$, d.h. gilt $A_1 \supset A_2 \supset A_3 \supset \ldots$ mit $\mu(A_1) < \infty$, und ist $A := \bigcap_{j=1}^{\infty} A_j$, so gilt

$$\mu(A) = \lim_{n\to\infty} \mu(A_n)\,.$$

e) Sind $A, B \in \mathfrak{A}$ mit $\mu(A) < \infty$ und $\mu(B) < \infty$, so gilt

$$\mu(A \cup B) = \mu(A) + \mu(B) - \mu(A \cap B)\,.$$

Beweis:

a) Sei $A \in \mathfrak{A}$ mit $\mu(A) < \infty$. Wegen der Disjunktheit von A und $\emptyset$ gilt dann

$$\mu(A) = \mu(A \cup \emptyset) = \mu(A) + \mu(\emptyset) ,$$

woraus $\mu(\emptyset) = 0$ folgt.

b) Seien $A, B \in \mathfrak{A}$ mit $A \subset B$. Dann sind A und $B \setminus A$ disjunkte Mengen in $\mathfrak{A}$ mit $A \cup (B \setminus A) = B$, und wegen der σ-Additivität von μ gilt daher

$$\mu(B) = \mu(A) + \mu(B \setminus A) .$$

Die rechte Seite dieser Gleichung ist jedoch wegen $\mu(B \setminus A) \geq 0$ größer gleich $\mu(A)$. Ist $\mu(B) < \infty$, resultiert außerdem

$$\mu(B) - \mu(A) = \mu(B \setminus A) .$$

c) Wir definieren $B_1 := A_1$ und $B_n := A_n \setminus A_{n-1}$ für $n = 2, 3, \ldots$. Dann sind die Mengen B_k paarweise disjunkte Mengen in $\mathfrak{A}$, und es gilt

$$A_n = \bigcup_{j=1}^{n} B_j \quad \text{und daher} \quad A = \bigcup_{j=1}^{\infty} B_j .$$

Aus der σ-Additivität von μ folgt dann

$$\mu(A) = \sum_{j=1}^{\infty} \mu(B_j) = \lim_{n\to\infty} \sum_{j=1}^{n} \mu(B_j) = \lim_{n\to\infty} \mu\Big(\bigcup_{j=1}^{n} B_n\Big) = \lim_{n\to\infty} \mu(A_n) .$$

d) Definiert man $C_n := A_1 \setminus A_n$, so ist $(C_j)_{j=1}^{\infty}$ eine aufsteigende Folge von Mengen in $\mathfrak{A}$, und wegen $\mu(A_1) < \infty$ gilt nach Teil b) die Gleichung

$$\mu(C_n) = \mu(A_1) - \mu(A_n) .$$

Nun gilt wegen $\bigcup_{j=1}^{\infty} C_n = A_1 \setminus A$ gemäß Teil c) dieser Aussage

$$\mu(A_1 \setminus A) = \lim_{n\to\infty} \mu(C_n) = \mu(A_1) - \lim_{n\to\infty} \mu(A_n) .$$

Aus $\mu(A_1 \setminus A) = \mu(A_1) - \mu(A)$ folgt dann die Behauptung.

e) Die Mengen $(A \setminus B)$, $(A \cap B)$ und $(B \setminus A)$ sind paarweise disjunkte Mengen in $\mathfrak{A}$ mit $A \cup B = (A \setminus B) \cup (A \cap B) \cup (B \setminus A)$. Daher gilt

$$\mu(A \cup B) = \mu(A \setminus B) + \mu(A \cap B) + \mu(B \setminus A) .$$

Außerdem gilt

$$\mu(A) = \mu(A \setminus B) + \mu(A \cap B) \quad \text{und} \quad \mu(B) = \mu(B \setminus A) + \mu(A \cap B) .$$

Setzt man dies in die erste Gleichung ein, ergibt sich

$$\mu(A \cup B) = \mu(A) + \mu(B \setminus A) = \mu(A) + \mu(B) - \mu(A \cap B) .$$

■

Der folgende Satz garantiert die Existenz des zu Beginn erwähnten Lebesgue-Maßes[4].

Satz 8.15

Auf $\mathbb{R}^N$ existiert ein positives Maß λ, das auf einer σ-Algebra $\mathfrak{A}$ definiert ist, die die offenen Mengen von $\mathbb{R}^N$ enthält und das folgende Eigenschaften hat:

1) Ist $I = [a_1, b_1] \times [a_2, b_2] \times \ldots \times [a_N, b_n]$ ein N-dimensionales Intervall (Quader), so gilt

$$\lambda(I) = \text{Volumen } (I) = \prod_{j=1}^{N} (b_j - a_j).$$

2) Für jede kompakte Menge K in $\mathbb{R}^N$ gilt $\lambda(K) < \infty$.

3) λ ist vollständig, d.h. ist $N \in \mathfrak{A}$ mit $\lambda(N) = 0$, so liegt jede Teilmenge von N in $\mathfrak{A}$.

λ heißt das *Lebesgue-Maß*; die Elemente von $\mathfrak{A}$ werden als *Lebesgue-messbare Mengen* bezeichnet.

Bemerkung 8.16

i) Da Mengen mit nur einem Punkt nach Eigenschaft 1) das Lebesgue-Maß 0 haben und λ nach Definition σ-additiv ist, haben abzählbare Mengen ebenfalls das Lebesgue-Maß 0. Es gilt daher $\lambda(\mathbb{N}) = \lambda(\mathbb{Q}) = 0$[5].

[4] Für den Beweis und eine genauere Formulierung der Eigenschaften sei z.B. auf W. Rudin, Real and Complex Analysis verwiesen.

[5] Es gibt auch überabzählbare Mengen in $\mathbb{R}$, die das Lebesgue-Maß 0 besitzen, z.B. die Cantor-Menge.

ii) Da die nachfolgenden Aussagen nur noch das Lebesgue-Maß verwenden, werden wir der Einfachheit halber im Folgenden nur noch von messbaren statt von Lebesgue-messbaren Mengen bzw. Funktionen reden.

iii) Da die σ-Algebra der Lebesgue-messbaren Mengen alle offenen Mengen enthält, sind stetige Abbildungen $f : \Omega \to \mathbb{R}$ ($\Omega \subset \mathbb{R}^N$) messbar, weil nach Satz 6.21 b) für stetige Abbildungen die Urbilder offener Mengen wieder offen sind.

Wir sind nun in der Lage, den Lebesgueschen Integralbegriff einzuführen. Die Vorgehensweise ist die Gleiche wie beim Riemann-Integral, d.h. wir approximieren die gesuchte Fläche mittels Treppenfunktionen. Der wesentliche Unterschied ist, dass wir Indikatorfunktionen messbarer Mengen und nicht nur Indikatorfunktionen von Intervallen bei der Approximation verwenden. Zu beachten ist, dass wir zwar das Lebesgue-Maß λ verwenden, die Integral-Definition jedoch für jedes positive Maß μ gleich lautet.

Definition 8.17

Sei $T = \sum_{j=1}^{n} \alpha_j \cdot \mathbb{1}_{A_j}$ eine Treppenfunktion mit $\alpha_1, \ldots, \alpha_n \in \mathbb{R}_+$ und den messbaren Mengen $A_1, A_2, \ldots, A_n$ in $\mathbb{R}^N$. Wir definieren unter Verwendung der Konvention $0 \cdot \infty := 0$

$$\int_{\mathbb{R}^N} T \, d\lambda := \sum_{j=1}^{n} \alpha_j \cdot \lambda(A_j) \, .$$

Ist $f : \mathbb{R}^N \to [0, \infty]$ eine positive messbare Funktion, so definieren wir

$$\int_{\mathbb{R}^N} f \, d\lambda := \sup \Big\{ \int_{\mathbb{R}^N} T \, d\lambda \, \Big| \, T \text{ Treppenfunktion mit } T \leq f \Big\}.$$

Das *Lebesgue-Integral* einer messbaren Funktion $f : \mathbb{R}^N \to [-\infty, \infty]$ definieren wir durch

$$\int_{\mathbb{R}^N} f \, d\lambda := \int_{\mathbb{R}^N} f^+ \, d\lambda - \int_{\mathbb{R}^N} f^- \, d\lambda \, ,$$

sofern zumindest eines der beiden Integrale auf der rechten Seite endlich ist. Ist $M \subset \mathbb{R}^N$ eine messbare Menge, so definieren wir

$$\int_M f \, dy := \int_{\mathbb{R}^N} (\mathbb{1}_M \cdot f) \, d\lambda.$$

Ist $\int_M f \, d\lambda$ endlich, so nennen wir f auf M *(Lebesgue-)integrierbar.*

Bemerkung 8.18

i) Anstelle von $\int_M f\,d\lambda$ schreibt man auch $\int\int_M \cdots \int f(x_1, x_2, \ldots, x_N)\,dx_1 \cdots dx_N$. Wählt man speziell $M = I_1 \times \ldots \times I_N$ als N-dimensionales Intervall, wobei I_j vom Typ $]a_j, b_j[$, $]a_j, b_j]$, $[a_j, b_j[$ oder $[a_j, b_j]$ ist, so schreibt man häufig auch $\int_{a_N}^{b_N} \cdots \int_{a_1}^{b_1} f(x_1, x_2, \cdots, x_N)\,dx_1 \cdots dx_N$. Zusätzlich definiert man noch

$$\int_b^a f(x)\,dx = -\int_a^b f(x)\,dx\ .$$

Ist $a = -\infty$ oder $b = +\infty$, verwendet man ebenfalls diese Schreibweise und spricht von *uneigentlichen Integralen*, z.B. $\int_a^{+\infty} f(x)\,dx$ oder $\int_{-\infty}^{+\infty} f(x)\,dx$.

ii) Für $f \leq 0$ bewirkt die Integraldefinition, dass $\int_\Omega f\,d\lambda$ negativ ist. Dies ist bei einer Flächen- bzw. Volumenberechnung entsprechend zu berücksichtigen. Die gesuchte Fläche (bzw. Volumen) zwischen dem Graphen von f und der x-Achse (bzw. der x-y-Ebene) ergibt sich durch $\int |f|\,d\lambda$.

Der folgende Satz gibt die ersten elementaren Rechenregeln für das Integral an.

Satz 8.19

Sei $\Omega \subset \mathbb{R}^N$ und seien $f, g : \Omega \to \mathbb{R}$ zwei messbare Funktionen.

a) Gilt $f(\vec{x}) \leq g(\vec{x})$ für alle $\vec{x} \in \Omega$ und sind f und g integrierbar, so folgt

$$\int_\Omega f\,d\lambda \leq \int_\Omega g\,d\lambda\ .$$

b) Existieren $a, b \in \mathbb{R}$ mit $a \leq f(\vec{x}) \leq b$ für alle $\vec{x} \in \Omega$ und ist $\lambda(\Omega) < \infty$, so gilt

$$a \cdot \lambda(\Omega) \leq \int_\Omega f\,d\lambda \leq b \cdot \lambda(\Omega)\ .$$

Insbesondere sind stetige Funktionen auf kompakten Mengen integrierbar.

c) Ist $\alpha \in \mathbb{R}$ und f auf Ω integrierbar, so gilt

$$\int_\Omega \alpha f\,d\lambda = \alpha \int_\Omega f\,d\lambda\ .$$

d) Ist N eine Menge vom Maß 0, d.h. gilt $\lambda(N) = 0$, so folgt

$$\int_N f \, d\lambda = 0 \, .$$

e) Ist $f \geq 0$ und gilt $\int_\Omega f \, d\lambda = 0$, so gilt $f = 0$ fast überall. Dies bedeutet, dass die Menge $P = \{\vec{x} \in \Omega \mid f(\vec{x}) > 0\}$ das Maß 0 hat.

Beweis:

a) $f^+ - f^- = f \leq g = g^+ - g^-$ ist äquivalent zu $0 \leq f^+ \leq g^+$ und $0 \leq g^- \leq f^-$. Daher kann o.B.d.A. angenommen werden, dass $0 \leq f \leq g$ gilt.

$\mathcal{T}_f$ bzw. $\mathcal{T}_g$ bezeichne die Menge der Treppenfunktionen $T : \Omega \to \mathbb{R}$ mit $T(\vec{x}) \leq f(\vec{x})$ bzw. $T(\vec{x}) \leq g(\vec{x})$ für alle $\vec{x} \in \Omega$. Wegen $f(\vec{x}) \leq g(\vec{x})$ gilt $\mathcal{T}_f \subset \mathcal{T}_g$, und folglich

$$\int_\Omega f \, d\lambda = \sup\Big\{ \int_\Omega T \, d\lambda \, \Big| \, T \in \mathcal{T}_f \Big\} \leq \sup\Big\{ \int_\Omega T \, d\lambda \, \Big| \, T \in \mathcal{T}_g \Big\} = \int_\Omega g \, d\lambda \, .$$

b) Wegen $a \cdot 1_\Omega(\vec{x}) \leq f(\vec{x}) \leq b \cdot 1_\Omega(\vec{x})$ für alle $\vec{x} \in \Omega$ ergibt sich daher die Aussage $a \cdot \lambda(\Omega) \leq \int_\Omega f \, d\lambda \leq b \cdot \lambda(\Omega)$ direkt aus Teil a). Beachtet man nun, dass stetige Funktionen auf kompakten Mengen ihr Maximum und Minimum annehmen und außerdem kompakte Mengen ein endliches Lebesgue-Maß besitzen, folgt der zweite Teil der Aussage.

c) Zunächst kann o.B.d.A. angenommen werden, dass $f \geq 0$ und $\alpha > 0$ gilt. Für Treppenfunktionen f folgt die Gleichung

$$\int_\Omega \alpha \cdot f \, d\lambda = \alpha \cdot \int_\Omega f \, d\lambda$$

sofort. Ist nun T eine Treppenfunktion mit $T \leq f$, so folgt wegen $\alpha > 0$ auch $\alpha T \leq \alpha f$ und daher

$$\int_\Omega \alpha T \, d\lambda = \alpha \int_\Omega T \, d\lambda \leq \int_\Omega \alpha f \, d\lambda$$

Supremumbildung nach T liefert $\alpha \displaystyle\int_\Omega f \, d\lambda \leq \int_\Omega \alpha f \, d\lambda$. Ist umgekehrt T eine Treppenfunktion mit $T \leq \alpha f$, so gilt auch $\frac{1}{\alpha} T \leq f$. Integration liefert wieder

$$\frac{1}{\alpha} \int_\Omega T \, d\lambda \leq \int_\Omega f \, d\lambda \, .$$

Supremumbildung nach T ergibt diesmal wegen $T \leq \alpha f$

$$\frac{1}{\alpha}\int_\Omega \alpha f \, d\lambda \leq \int_\Omega f \, d\lambda \,,$$

also die umgekehrte Ungleichung

$$\int_\Omega \alpha f \, d\lambda \leq \alpha \int_\Omega f \, d\lambda \,.$$

d) Wegen $\int_N f \, d\lambda = \int_N f^+ \, d\lambda - \int_N f^- \, d\lambda$ genügt es wieder, den Fall $f \geq 0$ zu betrachten.

Ist $T = \sum_{j=1}^{n} \alpha_j \, \mathbb{1}_{A_j}$ eine Treppenfunktion mit $A_j \subset N$ $(j = 1, \ldots, n)$ und $T \leq f$, so gilt $0 = \lambda(A_j)$ für $j = 1, \ldots, n$ und damit

$$\int_\Omega T \, d\lambda = \sum_{j=1}^{n} \alpha_j \lambda(A_j) = 0 \,.$$

Daher liefert die Supremumbildung über T ebenfalls den Wert 0.

e) Sei $\Omega_n := \{\vec{x} \in \Omega \mid f(\vec{x}) > \frac{1}{n}\}$ für $n = 1, 2, \ldots$. Dann gilt

$$P = \{\vec{x} \in \Omega \mid f(\vec{x}) > 0\} = \bigcup_{n=1}^{\infty} \Omega_n$$

und aus $\Omega_1 \subset \Omega_2 \subset \Omega_3 \cdots$ folgt nach Satz 8.14 c)

$$\lambda(P) = \lim_{n \to \infty} \lambda(\Omega_n) \,.$$

Wir zeigen nun, dass $\lambda(\Omega_n) = 0$ für alle $n \in \mathbb{N}$ gilt. Aus $f \geq \mathbb{1}_{\Omega_n} \cdot f$ folgt

$$0 = \int_\Omega f \, d\lambda \geq \int_\Omega \mathbb{1}_{\Omega_n} \cdot f \, d\lambda = \int_{\Omega_n} f \, d\lambda \,.$$

und wegen $f(\vec{x}) > \frac{1}{n}$ für alle $\vec{x} \in \Omega_n$ ergibt sich

$$\int_{\Omega_n} f \, d\lambda \geq \int_{\Omega_n} \frac{1}{n} \, d\lambda = \frac{1}{n}\lambda(\Omega_n) \geq 0 \,.$$

Also gilt $0 \geq \frac{1}{n}\lambda(\Omega_n) \geq 0$, d.h. $\lambda(\Omega_n) = 0$.

■

Satz 8.20

a) Sei $f : \mathbb{R}^N \to \mathbb{R}^*$ eine integrierbare Funktion. Sind B_1 und B_2 zwei disjunkte Lebesgue-messbare Mengen, so gilt

$$\int_{B_1 \cup B_2} f \, d\lambda = \int_{B_1} f \, d\lambda + \int_{B_2} f \, d\lambda .$$

b) Sind T_1 und T_2 zwei integrierbare Treppenfunktionen, so gilt

$$\int_{\mathbb{R}^N} (T_1 + T_2) \, d\lambda = \int_{\mathbb{R}^N} T_1 \, d\lambda + \int_{\mathbb{R}^N} T_2 \, d\lambda .$$

Beweis:

a) Wegen $f = f^+ - f^-$ kann o.B.d.A. $f \geq 0$ angenommen werden. Da die Borelmengen B_1 und B_2 disjunkt sind, gilt $\mathbb{1}_{B_1 \cup B_2} = \mathbb{1}_{B_1} + \mathbb{1}_{B_2}$. Verwendet man noch, dass $\mathbb{1}_{B_1 \cap B_2} = \mathbb{1}_{B_1} \cdot \mathbb{1}_{B_2}$ für zwei beliebige Indikatorfunktionen gilt, können wir die Behauptung zunächst für jede Treppenfunktion $T = \sum_{j=1}^{k} \alpha_j \cdot \mathbb{1}_{\Omega_j} \leq f$ mit disjunkten Borelmengen Ω_j beweisen. Es gilt nämlich

$$\begin{aligned}
\int_{B_1 \cup B_2} T \, d\lambda &= \int_{\mathbb{R}^N} \sum_{j=1}^{k} \alpha_j \mathbb{1}_{\Omega_j} \mathbb{1}_{B_1 \cup B_2} d\lambda \\
&= \int_{\mathbb{R}^N} \sum_{j=1}^{k} \alpha_j \mathbb{1}_{\Omega_j} (\mathbb{1}_{B_1} + \mathbb{1}_{B_2}) d\lambda \\
&= \int_{\mathbb{R}^N} \Big[\sum_{j=1}^{k} \alpha_j \mathbb{1}_{\Omega_j \cap B_1} + \sum_{j=1}^{k} \alpha_j \mathbb{1}_{\Omega_j \cap B_2} \Big] d\lambda \\
&= \sum_{j=1}^{k} \alpha_j \lambda(\Omega_j \cap B_1) + \sum_{j=1}^{k} \alpha_j \lambda(\Omega_j \cap B_2),
\end{aligned}$$

wobei die Disjunktheit des Mengensystems $\{\Omega_j \cap B_1, \Omega_j \cap B_2 \mid j = 1, \ldots, k\}$ in der letzten Gleichung ausgenutzt wurde. Wegen

$$\begin{aligned}
\sum_{j=1}^{k} \alpha_j \lambda(\Omega_j \cap B_i) &= \int_{\mathbb{R}^N} \sum_{j=1}^{k} \alpha_j \mathbb{1}_{\Omega_j \cap B_i} d\lambda \\
&= \int_{\mathbb{R}^N} \Big(\sum_{j=1}^{k} \alpha_j \mathbb{1}_{\Omega_j} \Big) \cdot \mathbb{1}_{B_i} d\lambda \\
&= \int_{\mathbb{R}^N} T \cdot \mathbb{1}_{B_i} d\lambda \\
&= \int_{B_i} T \, d\lambda
\end{aligned}$$

für $i = 1, 2$ folgt damit

$$\int\limits_{B_1 \cup B_2} T\, d\lambda = \int\limits_{B_1} T\, d\lambda + \int\limits_{B_2} T\, d\lambda\,.$$

Ist nun T eine Treppenfunktion mit $0 \le T \le f$, so gilt folglich

$$\int\limits_{B_1 \cup B_2} T\, d\lambda = \int\limits_{B_1} T\, d\lambda + \int\limits_{B_2} T\, d\lambda \le \int\limits_{B_1} f\, d\lambda + \int\limits_{B_2} f\, d\lambda\,.$$

Supremumbildung über T liefert

$$\int\limits_{B_1 \cup B_2} f\, d\lambda \le \int\limits_{B_1} f\, d\lambda + \int\limits_{B_2} f\, d\lambda\,.$$

Zum Beweis der umgekehrten Ungleichung wähle $\varepsilon > 0$ beliebig. Dann kann eine Treppenfunktion T mit $0 \le T \le f$ gewählt werden, so dass $\int\limits_{B_i} f\, d\lambda - \frac{\varepsilon}{2} \le \int\limits_{B_i} T\, d\lambda$ für $i = 1, 2$ gilt. Dies liefert

$$\int\limits_{B_1 \cup B_2} f\, d\lambda \ge \int\limits_{B_1 \cup B_2} T\, d\lambda = \int\limits_{B_1} T\, d\lambda + \int\limits_{B_2} T\, d\lambda \ge \int\limits_{B_1} f\, d\lambda + \int\limits_{B_2} f\, d\lambda - \varepsilon\,.$$

Da $\varepsilon > 0$ beliebig gewählt war, gilt

$$\int\limits_{B_1 \cup B_2} f\, d\lambda \ge \int\limits_{B_1} f\, d\lambda + \int\limits_{B_2} f\, d\lambda\,.$$

b) Sei $T_1 = \sum\limits_{i=1}^{k} \alpha_i \, \mathsf{I}_{A_i}$ und $T_2 = \sum\limits_{j=1}^{\ell} \beta_j \, \mathsf{I}_{B_j}$ mit den disjunkten Borelmengen $A_1, \ldots, A_k$ bzw. $B_1, \ldots, B_\ell$. Ist $\Omega_{ij} := A_i \cap B_j$ für $i = 1, \ldots, k$ und $j = 1, \ldots, \ell$, so gilt:

$$\begin{aligned}\int_{\Omega_{ij}} (T_1 + T_2)\, d\lambda &= (\alpha_i + \beta_j)\lambda(\Omega_{ij}) = \alpha_i \lambda(\Omega_{ij}) + \beta_j \lambda(\Omega_{ij}) \\ &= \int_{\Omega_{ij}} T_1 d\lambda + \int_{\Omega_{ij}} T_2 d\lambda\end{aligned}$$

Wegen $(T_1 + T_2)(\vec{x}) = 0$ für $\vec{x} \notin \bigcup\limits_{i,j} \Omega_{ij}$ und der paarweisen Disjunktheit der Mengen Ω_{ij} ergibt sich mit Teil a):

$$\int_{\mathbb{R}^N} (T_1 + T_2)\, d\lambda \;=\; \int_{\bigcup\limits_{i,j} \Omega_{ij}} (T_1 + T_2)\, d\lambda$$

$$= \sum_{i,j} \int_{\Omega_{ij}} (T_1 + T_2)\, d\lambda$$

$$= \sum_{i,j} \left\{ \int_{\Omega_{ij}} T_1\, d\lambda + \int_{\Omega_{ij}} T_2\, d\lambda \right\}$$

$$= \sum_{i,j} \int_{\Omega_{ij}} T_1\, d\lambda + \sum_{i,j} \int_{\Omega_{ij}} T_2\, d\lambda$$

$$= \int_{\mathbb{R}^N} T_1\, d\lambda + \int_{\mathbb{R}^N} T_2\, d\lambda$$

■

Bemerkung 8.21

i) Satz 8.20 a) gilt analog (auch in der Beweisführung) für die σ-Additivität, d.h. durch $\mu(A) := \int_A f\, d\lambda$ wird ein Maß auf den Lebesgue-messbaren Mengen definiert. Es gilt also

$$\int\limits_{\bigcup_{n=1}^{\infty} B_n} f\, d\lambda = \sum_{n=1}^{\infty} \int\limits_{B_n} f\, d\lambda\,,$$

wenn $(B_n)_{n=1}^{\infty}$ eine Folge disjunkter Lebesgue-messbarer Mengen ist und

$$\int\limits_{\bigcup_{n=1}^{\infty} B_n} f\, d\lambda = \lim_{n\to\infty} \int\limits_{B_n} f\, d\lambda\,,$$

wenn $(B_n)_{n=1}^{\infty}$ eine aufsteigende Folge Lebesgue-messbarer Mengen ist. Für das uneigentliche Integral $\int_a^{+\infty} f(x)\, dx$ gilt daher

$$\int_a^{+\infty} f(x)\, dx = \lim_{n\to\infty} \int_a^n f(x)\, dx\,.$$

Dies ist auch bei der Integration von unbeschränkten Funktionen nützlich. So ist die Funktion $f(x) = \ln(x)$ auf $]0,1[$ unbeschränkt. Es gilt dann

$$\int_0^1 f(x)\, dx = \lim_{n\to\infty} \int_{\frac{1}{n}}^1 f(x)\, dx$$

ii) Zusammen mit 8.19 d) zeigt der letzte Satz, dass Mengen vom Maß 0 im Rahmen der Integrationstheorie vernachlässigbar sind. Gilt z.B. $\lambda(N) = 0$, so folgt

$$\int_{\Omega} f\, d\lambda = \int_{\Omega \setminus N} f\, d\lambda + \int_{N} f\, d\lambda = \int_{\Omega \setminus N} f\, d\lambda\,.$$

Daher genügt es, z.B. in Satz 8.19 a) die Forderung $f(x) \leq g(x)$ nur fast überall (d.h. mit Ausnahme einer Menge vom Maß 0) zu stellen.

Beispiel 8.22

i) Sei $f : [a, b] \to \mathbb{R}$ definiert durch

$$f(x) = \begin{cases} 0 & \text{falls } x \text{ rational} \\ 1 & \text{falls } x \text{ irrational} \end{cases}\,.$$

Dann gilt

$$\int_{[a,b]} f\, d\lambda = \int_{[a,b] \setminus \mathbb{Q}} f\, d\lambda = \int_{[a,b] \setminus \mathbb{Q}} 1\, d\lambda = \lambda([a, b] \setminus \mathbb{Q}) = \lambda([a, b]) = b - a\,.$$

ii) Ist $f : [a, b] \to \mathbb{R}$ integrierbar und ist $c \in \mathbb{R}$ mit $a \leq c \leq b$, so gilt insbesondere

$$\int_a^b f(x)\, dx = \int_a^c f(x)\, dx + \int_c^b f(x)\, dx\,.$$

Satz 8.23

Sei $\Omega \subset \mathbb{R}^N$ und sei $f : \Omega \to \mathbb{R}$ messbar. Ist f integrierbar auf Ω, so ist auch $|f|$ auf Ω integrierbar, und es gilt

$$\left|\int_{\Omega} f\, d\lambda\right| \leq \int_{\Omega} |f|\, d\lambda\,.$$

Insbesondere folgt aus der Integrierbarkeit von $|f|$ die Integrierbarkeit von f.

Beweis:

Wir zerlegen Ω in die Mengen $\Omega_1 = \{\vec{x} \in \Omega \mid f(\vec{x}) \geq 0\}$ und $\Omega_2 = \{\vec{x} \in \Omega \mid f(\vec{x}) < 0\}$. Diese sind messbar und nach Satz 8.20 a) gilt:

$$\begin{aligned} \infty > \int_{\Omega_1} f\,d\lambda + \int_{\Omega_2} f\,d\lambda &= \int_{\Omega_1} f^+\,d\lambda + \int_{\Omega_2} f^-\,d\lambda \\ &= \int_{\Omega} f^+\,d\lambda + \int_{\Omega} f^-\,d\lambda \\ &= \int_{\Omega} (f^+ + f^-)\,d\lambda \\ &= \int_{\Omega} |f|\,d\lambda \end{aligned}$$

Also ist $|f|$ auf Ω integrierbar, so dass wegen $f \leq |f|$ und $-f \leq |f|$ mit Satz 8.19 a) folgt

$$\int_{\Omega} f\,d\lambda \leq \int_{\Omega} |f|\,d\lambda \quad \text{und} \quad -\int_{\Omega} f\,d\lambda \leq \int_{\Omega} |f|\,d\lambda\,.$$

Dies bedeutet gerade

$$\Big|\int_{\Omega} f\,d\lambda\Big| \leq \int_{\Omega} |f|\,d\lambda\,.$$

■

Die folgenden Sätze zeigen, dass es (mit nur geringen Einschränkungen) beim Lebesgue-Integral möglich ist, Integration und Grenzwertbildung zu vertauschen.

Satz 8.24 (Monotone Konvergenz)

Sei $(f_n)_{n=1}^{\infty}$ eine monoton wachsende Folge auf $\Omega \subset \mathbb{R}^N$ messbarer, nichtnegativer Funktionen, d.h. es gilt $0 \leq f_1(\vec{x}) \leq f_2(\vec{x}) \leq \ldots$ für alle $\vec{x} \in \Omega$. Wir definieren für jedes $\vec{x} \in \Omega$ die Funktion $f : \Omega \to \mathbb{R}$ durch $f(\vec{x}) = \lim\limits_{n\to\infty} f_n(\vec{x})$. Dann gilt

$$\lim_{n\to\infty} \int_{\Omega} f_n\,d\lambda = \int_{\Omega} f\,d\lambda\,.$$

Beweis:

Wegen der Monotonie der Folge $(f_n)_{n=1}^{\infty}$ ist die Folge der Integrale $\left(\int_{\Omega} f_n\,d\lambda\right)_{n=1}^{\infty}$ ebenfalls monoton wachsend und damit konvergent gegen einen Grenzwert $\alpha \in [0,\infty]$. Wegen $\int_{\Omega} f_n\,d\lambda \leq \int_{\Omega} f\,d\lambda$ gilt außerdem $\alpha \leq \int_{\Omega} f\,d\lambda$.

Wir zeigen nun, dass auch die umgekehrte Ungleichung gilt. Sei hierzu c eine reelle Zahl mit $0 < c < 1$ und sei T eine Treppenfunktion mit $0 \leq T \leq f$. Wir definieren für jede natürliche Zahl n die Menge $\Omega_n := \{\vec{x} \in \Omega \mid f_n(\vec{x}) \geq c \cdot T(\vec{x})\}$. Wegen der Monotonie der Funktionenfolge $(f_n)_{n=1}^{\infty}$ gilt $\Omega_1 \subset \Omega_2 \subset \ldots$ und wegen $\lim\limits_{n\to\infty} f_n(\vec{x}) = f(\vec{x})$ gilt $\Omega = \bigcup\limits_{j=1}^{\infty} \Omega_j$. Dann folgt für jedes $n \in \mathbb{N}$

$$\int_{\Omega} f_n \, d\lambda \geq \int_{\Omega_n} f_n \, d\lambda \geq c \int_{\Omega_n} T \, d\lambda \, .$$

Wegen

$$\lim_{n\to\infty} \int_{\Omega_n} T \, d\lambda = \int_{\Omega} T \, d\lambda \quad \text{(siehe 8.21 i))}$$

liefert die Grenzwertbildung $\lim\limits_{n\to\infty}$ die Aussage

$$\alpha = \lim_{n\to\infty} \int_{\Omega} f_n \, d\lambda \geq c \int_{\Omega} T \, d\lambda \, .$$

Der Grenzübergang $\lim\limits_{c\to 1}$ liefert daher $\alpha \geq \int_{\Omega} T \, d\lambda$, und aus $\int_{\Omega} f \, d\lambda = \sup\left\{ \int_{\Omega} T \, d\lambda \,\middle|\, 0 \leq T \leq f \right\}$ folgt die gewünschte Ungleichung $\alpha \geq \int_{\Omega} f \, d\lambda$.

■

Beispiel 8.25

Betrachte die stetigen Funktionen $f_n : [0,1] \to \mathbb{R}$ mit $f_n(x) := 1 - x^n$. Offenbar gilt $0 \leq f_1(x) \leq f_2(x) \leq \ldots$ und

$$f(x) = \lim_{n\to\infty} f_n(x) = \begin{cases} 1 & \text{falls} \quad x \neq 1 \\ 0 & \text{falls} \quad x = 1 \end{cases} \, .$$

Aus $\int_0^1 f_n(x) \, dx = 1 - \frac{1}{n+1}$ (siehe 8.32 iv)) folgt dann

$$\int_0^1 f(x) \, dx = \lim_{n\to\infty} \int_0^1 f_n(x) \, dx = \lim_{n\to\infty} \left(1 - \frac{1}{n+1}\right) = 1 \, .$$

Satz 8.26

Sei $\Omega \subset \mathbb{R}^N$ messbar.

a) Sind $f, g : \Omega \to \mathbb{R}^*$ integrierbar, so ist für alle $\alpha, \beta \in \mathbb{R}$ auch $\alpha \cdot f + \beta \cdot g$ integrierbar, und es gilt

$$\int_\Omega (\alpha \cdot f + \beta \cdot g)\, d\lambda = \alpha \int_\Omega f\, d\lambda + \beta \int_\Omega g\, d\lambda\,.$$

b) Ist $(f_n)_{n=1}^\infty$ eine Folge auf Ω messbarer, nichtnegativer Funktionen, so gilt:

1) $$\int_\Omega \sum_{n=1}^\infty f_n\, d\lambda = \sum_{n=1}^\infty \int_\Omega f_n\, d\lambda$$

2) $$\int_\Omega \liminf_{n\to\infty} f_n\, d\lambda = \liminf_{n\to\infty} \int_\Omega f_n\, d\lambda$$ (**Lemma von Fatou**)

Beweis:

a) Wegen 8.19 c) genügt es, $\int_\Omega (f+g)\, d\lambda = \int_\Omega f\, d\lambda + \int_\Omega g\, d\lambda$ zu zeigen. Sei hierzu zunächst $f \geq 0$ und $g \geq 0$ vorausgesetzt.

Dann existieren nach Satz 8.10 zwei monoton wachsende Folgen $(S_n)_{n=1}^\infty$ und $(T_n)_{n=1}^\infty$ von positiven, messbaren Treppenfunktionen, so dass für jedes $\vec{x} \in \Omega$ gilt

$$\lim_{n\to\infty} S_n(\vec{x}) = f(\vec{x}) \quad \text{und} \quad \lim_{n\to\infty} T_n(\vec{x}) = g(\vec{x})\,.$$

$(S_n + T_n)_{n=1}^\infty$ stellt dann eine Folge monoton wachsender, positiver, messbarer Funktionen dar, mit der Eigenschaft

$$\lim_{n\to\infty} (S_n(\vec{x}) + T_n(\vec{x})) = f(\vec{x}) + g(\vec{x})\,.$$

Nach Satz 8.24 gilt dann

$$\int_\Omega (f+g)\, d\lambda = \lim_{n\to\infty} \int_\Omega (S_n + T_n)\, d\lambda\,.$$

Aus Satz 8.20 b) folgt aber

$$\int_\Omega (S_n + T_n)\, d\lambda = \int_\Omega S_n\, d\lambda + \int_\Omega T_n\, d\lambda\,.$$

Erneute Anwendung von Satz 8.24 liefert schließlich

$$\lim_{n\to\infty} \int_\Omega S_n\, d\lambda + \lim_{n\to\infty} \int_\Omega T_n\, d\lambda = \int_\Omega f\, d\lambda + \int_\Omega g\, d\lambda\,.$$

Also gilt unter der Voraussetzung $f \geq 0$ und $g \geq 0$

$$\int_\Omega (f+g)\,d\lambda = \int_\Omega f\,d\lambda + \int_\Omega g\,d\lambda\,.$$

Gilt $f \leq 0$ und $g \leq 0$, folgt $-f \geq 0$ und $-g \geq 0$, also unter Berücksichtigung von 8.19 c)

$$\begin{aligned} -\int_\Omega (f+g)\,d\lambda &= \int_\Omega -(f+g)\,d\lambda = \int_\Omega (-f-g)\,d\lambda \\ &= \int_\Omega (-f)\,d\lambda + \int_\Omega (-g)\,d\lambda = -\int_\Omega f\,d\lambda - \int_\Omega g\,d\lambda \end{aligned}$$

oder äquivalent

$$\int_\Omega (f+g)\,d\lambda = \int_\Omega f\,d\lambda + \int_\Omega g\,d\lambda\,.$$

Haben f und g verschiedene Vorzeichen, etwa $f \geq 0, g \leq 0$, so betrachte man die disjunkten Mengen

$$A = \{\vec{x} \in \Omega \mid (f+g)(\vec{x}) \geq 0\} \quad \text{und} \quad B = \{\vec{x} \in \Omega \mid (f+g)(\vec{x}) < 0\}\,.$$

Auf A sind $f+g$, f und $-g$ nichtnegativ, und es folgt

$$\begin{aligned} \int_A f\,d\lambda = \int_A [(f+g)-g]\,d\lambda &= \int_A (f+g)\,d\lambda + \int_A (-g)\,d\lambda \\ &= \int_A (f+g)\,d\lambda - \int_A g\,d\lambda, \end{aligned}$$

$$\text{also} \quad \int_A f\,d\lambda + \int_A g\,d\lambda = \int_A (f+g)\,d\lambda\,.$$

Analog folgt

$$\int_B f\,d\lambda + \int_B g\,d\lambda = \int_B (f+g)\,d\lambda\,.$$

Addiert man die beiden letzten Gleichungen und berücksichtigt, dass $A \cup B = \Omega$ gilt, ergibt sich auch in diesem Fall

$$\int_\Omega (f+g)\,d\lambda = \int_\Omega f\,d\lambda + \int_\Omega g\,d\lambda\,.$$

Für den allgemeinen Fall zerlege man Ω in die vier disjunkten Mengen

$$\begin{aligned} \Omega_1 &:= \{\vec{x} \in \Omega \mid f(\vec{x}) \geq 0 \land g(\vec{x}) \geq 0\}\,, \quad \Omega_2 := \{\vec{x} \in \Omega \mid f(\vec{x}) \geq 0 \land g(\vec{x}) < 0\} \\ \Omega_3 &:= \{\vec{x} \in \Omega \mid f(\vec{x}) < 0 \land g(\vec{x}) \geq 0\}\,, \quad \Omega_4 := \{\vec{x} \in \Omega \mid f(\vec{x}) < 0 \land g(\vec{x}) < 0\} \end{aligned}$$

Wie vorher gesehen, gilt auf jeder der Mengen Ω_i die Gleichung

$$\int_{\Omega_i} (f+g)\, d\lambda = \int_{\Omega_i} f\, d\lambda + \int_{\Omega_i} g\, d\lambda\,.$$

Summation der vier Gleichungen liefert wegen $\Omega = \bigcup_{i=1}^{4} \Omega_i$ die Behauptung.

b) 1) Sind $f_n : \Omega \to [0,\infty]$ messbare Funktionen, so sind die Funktionen $g_m := \sum_{n=1}^{m} f_n$ ebenfalls messbar und wie in Teil a) gesehen gilt

$$\int_{\Omega} g_m\, d\lambda = \sum_{n=1}^{m} \int_{\Omega} f_n\, d\lambda\,.$$

Wegen der Positivität der f_n ist die Folge $(g_m)_{m=1}^{\infty}$ monoton wachsend, und es gilt

$$\lim_{m\to\infty} g_m(\vec{x}) = \sum_{n=1}^{\infty} f_n(\vec{x})\,.$$

Aus Satz 8.26 b) folgt dann

$$\int \sum_{n=1}^{\infty} f_n\, d\lambda = \lim_{m\to\infty} \int g_m\, d\lambda = \lim_{m\to\infty} \sum_{n=1}^{m} \int_{\Omega} f_n\, d\lambda = \sum_{n=1}^{\infty} \int_{\Omega} f_n\, d\lambda\,.$$

2) Für $n \in \mathbb{N}$ definiere $g_n(\vec{x}) := \inf_{i\geq n} f_i(\vec{x})$. Es ist daher $g_n \leq f_n$ und wie in Satz 8.8 gesehen, ist g_n messbar. Weiter gilt $0 \leq g_1(\vec{x}) \leq g_2(\vec{x}) \leq \ldots$ und

$$\lim_{n\to\infty} g_n(\vec{x}) = \liminf_{n\to\infty} f_n(\vec{x})\,.$$

Aus $g_n \leq f_n$ folgt $\int_{\Omega} g_n\, d\lambda \leq \int_{\Omega} f_n\, d\lambda$ und daher

$$\liminf_{n\to\infty} \int_{\Omega} g_n\, d\lambda \leq \liminf_{n\to\infty} \int_{\Omega} f_n\, d\lambda\,.$$

Da $\int_{\Omega} g_n\, d\lambda$ nach Satz 8.24 konvergiert, ist

$$\liminf_{n\to\infty} \int_{\Omega} g_n\, d\lambda = \lim_{n\to\infty} \int_{\Omega} g_n\, d\lambda\,.$$

Es gilt aber nach Satz 8.26 b) auch

$$\lim_{n\to\infty} \int_{\Omega} g_n\, d\lambda = \int_{\Omega} \lim_{n\to\infty} g_n\, d\lambda = \int_{\Omega} \liminf_{n\to\infty} f_n\, d\lambda\,.$$

Zusammen ergibt sich

$$\int_{\Omega} \liminf_{n\to\infty} f_n\, d\lambda \;\leq\; \liminf_{n\to\infty} \int_{\Omega} f_n\, d\lambda\,.$$

■

Satz 8.27 (Dominierte Konvergenz)

Sei $(f_n)_{n=1}^{\infty}$ eine Folge messbarer Funktionen auf $\Omega \subset \mathbb{R}^N$ mit $\lim\limits_{n\to\infty} f_n(\vec{x}) = f(\vec{x})$ für alle $\vec{x} \in \Omega$. Existiert eine integrierbare Funktion $g : \Omega \to \mathbb{R}^*$ mit $|f_n(\vec{x})| \leq g(\vec{x})$ für alle $n \in \mathbb{N}$ und $\vec{x} \in \Omega$, so gilt

$$\lim_{n\to\infty} \int_\Omega f_n \, d\lambda = \int_\Omega f \, d\lambda .$$

Beweis:

Wegen $f_n + g \geq 0$ folgt aus dem Fatouschen Lemma 8.26 b)

$$\int_\Omega (f+g) \, d\lambda \leq \liminf_{n\to\infty} \int_\Omega (f_n + g) \, d\lambda$$

oder äquivalent

$$\int_\Omega f \, d\lambda \leq \liminf_{n\to\infty} \int_\Omega f_n \, d\lambda.$$

Entsprechend folgt aus $g - f_n \geq 0$ die Aussage

$$\int_\Omega (g-f) \, d\lambda \leq \liminf_{n\to\infty} \int_\Omega (g - f_n) \, d\lambda$$

oder äquivalent

$$-\int_\Omega f \, d\lambda \leq \liminf_{n\to\infty} \Big(-\int_\Omega f_n \, d\lambda \Big) ,$$

was das Gleiche ist wie

$$\int_\Omega f \, d\lambda \geq \limsup_{n\to\infty} \int_\Omega f_n \, d\lambda .$$

Wegen $\liminf\limits_{n\to\infty} \leq \limsup\limits_{n\to\infty}$, ist dies nur möglich, wenn gilt

$$\liminf_{n\to\infty} \int_\Omega f_n \, d\lambda = \int_\Omega f \, d\lambda = \limsup_{n\to\infty} \int_\Omega f_n \, d\lambda .$$

■

Wir wollen uns nun der eindimensionalen Integrationstheorie zuwenden, d.h. wir betrachten im Folgenden $\Omega = [a,b]$, $f : [a,b] \to \mathbb{R}$ und versuchen $\int_a^b f(x) \, dx = \int_\Omega f \, d\lambda$ zu bestimmen.

Der nächste Satz weist nach, dass jede Riemann-integrierbare Funktion auch Lebesgue-integrierbar ist und dass beide Werte übereinstimmen. Daher ist das Lebesgue-Integral eine Verallgemeinerung des Riemann-Integrals. Außerdem zeigt sich, dass eine beschränkte Funktion genau dann Riemann-integrierbar ist, wenn sie fast überall stetig ist. Insbesondere sind stetige Funktionen Riemann-integrierbar. Zur Unterscheidung bezeichne $\mathcal{R}\!\!\int_a^b$ das Riemann-Integral.

Satz 8.28

Sei $f : [a, b] \to \mathbb{R}$ eine Funktion. Dann gilt:

a) Ist f Riemann-integrierbar, so ist f auch Lebesgue-integrierbar mit

$$\int_a^b f(x)dx = \mathcal{R}\!\!\int_a^b f(x)\ dx.$$

b) Ist f beschränkt, so ist f genau dann Riemann-integrierbar, wenn f fast überall stetig ist. Insbesondere folgt aus der Stetigkeit von f die Riemann-Integrierbarkeit von f.

Beweis:

Wir verwenden die in Definition 8.1 gegebenen Bezeichnungen und betrachten eine aufsteigende Folge von Zerlegungen $(\mathfrak{Z}_n)_{n=1}^{\infty}$ des Intervalls $[a, b]$ in Teilintervalle mit

(i) $\lim_{n\to\infty} U(\mathfrak{Z}_n) = \underline{I}(f)$

(ii) $\lim_{n\to\infty} O(\mathfrak{Z}_n) = \overline{I}(f)$[6].

Bezeichnet T_{U_n} bzw. T_{O_n} die zur Zerlegung $\mathfrak{Z}_n$ gehörende untere bzw. obere Treppenfunktion, so folgt, wie in Definition 8.1 gesehen, aus $\mathfrak{Z}_1 \subset \mathfrak{Z}_2 \subset \dots$

$$T_{U_1} \leq T_{U_2} \leq \dots \leq f \leq \dots \leq T_{O_2} \leq T_{O_1}\ .$$

Also existieren die messbaren Funktionen $U, O : [a, b] \to \mathbb{R}$ mit

$$U(x) = \lim_{n\to\infty} T_{U_n}(x)\,, \quad O(x) = \lim_{n\to\infty} T_{O_n}(x) \quad \text{und} \quad U \leq f \leq O.$$

[6]Man beachte, dass im Fall b) zumindest folgt, dass $\underline{I}(f)$ und $\overline{I}(f)$ endlich sind. Ist nämlich $|f| \leq K$, so ist $K \cdot (b - a)$ eine Schranke von $|U(\mathfrak{Z})|$ und $|O(\mathfrak{Z})|$ für jede Zerlegung $\mathfrak{Z}$.

Nach Satz 8.26 gilt dann

$$\int_a^b U(x)\,dx = \lim_{n\to\infty}\int_a^b T_{U_n}(x)\,dx = \lim_{n\to\infty} U(\mathfrak{Z}_n) = \underline{I}(f)\ ,$$

$$\int_a^b O(x)\,dx = \lim_{n\to\infty}\int_a^b T_{O_n}(x)\,dx = \lim_{n\to\infty} O(\mathfrak{Z}_n) = \overline{I}(f)$$

und daher

$$\underline{I}(f) = \int_a^b U(x)\,dx \le \int_a^b f(x)\,dx \le \int_a^b O(x)\,dx = \overline{I}(f)\ .$$

Ist nun f Riemann-integrierbar, so folgt daraus

$$\mathcal{R}\!\!\!\int_a^b f(x)\,dx = \underline{I}(f) = \overline{I}(f) = \int_a^b f(x)\,dx$$

und es gilt

$$\int_a^b [O(x) - U(x)]\ dx = 0\ .$$

Damit ist Teil a) bewiesen. Aus Satz 8.19 e) folgt wegen $U \le f \le O$, dass f genau dann Riemann-integrierbar ist, wenn $U(x) = f(x) = O(x)$ für alle $x \in [a,b] \setminus N$ gilt, wobei N eine Menge vom Maß 0 ist. Ist nun $\mathfrak{Z} := \bigcup_{n=1}^{\infty} \mathfrak{Z}_n$ (eine Nullmenge wegen $\lambda(\mathfrak{Z}) = \lim_{n\to\infty} \lambda(\mathfrak{Z}_n) = 0$), so zeigen wir, dass f in allen Punkten von $[a,b] \setminus (\mathfrak{Z} \cup N)$ stetig ist.
Sei hierzu $x \in [a,b] \setminus (\mathfrak{Z} \cup N)$ und $\varepsilon > 0$. Dann ist zu zeigen, dass eine Umgebung I von x existiert, so dass $|f(z) - f(x)| < \varepsilon$ für alle $z \in I$ gilt.
Aus $x \notin N$ folgt $U(x) = f(x) = O(x)$. Da $\lim_{n\to\infty} T_{U_n}(x) = U(x)$ bzw. $\lim_{n\to\infty} T_{O_n}(x) = O(x)$ gilt, kann daher ein $n \in \mathbb{N}$ bestimmt werden, mit

$$T_{O_n}(x) - f(x) < \varepsilon \quad \text{und} \quad f(x) - T_{U_n}(x) < \varepsilon\ .$$

Ist $\mathfrak{Z}_n = \{a = x_0 < x_1 < x_2 < \ldots < x_k = b\}$ die zu n gehörende Zerlegung, so liegt x in dem Intervall $I_j = [x_{j-1}, x_j]$, wobei $1 \le j \le k$ gilt. Da $x \notin \mathfrak{Z}$ und daher $x \notin \mathfrak{Z}_n$ gilt, liegt x im Innern von I_j, d.h. I_j ist eine Umgebung von x.
Nach Definition der Treppenfunktionen T_{U_n} bzw. T_{O_n} gilt für alle $z \in I_j$

$$T_{U_n}(z) = m_j = \inf\{f(z) | z \in I_j\} \quad \text{und} \quad T_{O_n}(z) = M_j = \sup\{f(z) | z \in I_j\}\ .$$

Daraus folgt schließlich für alle $z \in I_j$

$$-\varepsilon < T_{U_n}(x) - f(x) = m_j - f(x) \leq f(z) - f(x) \leq M_j - f(x) = T_{O_n}(x) - f(x) < \varepsilon .$$

Damit gilt für alle $z \in I_j$

$$|f(z) - f(x)| < \varepsilon$$

■

Satz 8.29 (Mittelwertsatz der Integralrechnung)

Ist $f : [a, b] \to \mathbb{R}$ stetig, so ist f Riemann-integrierbar, und es existiert ein $\xi \in [a, b]$ mit

$$\int_a^b f(x)\, dx = f(\xi)(b - a).$$

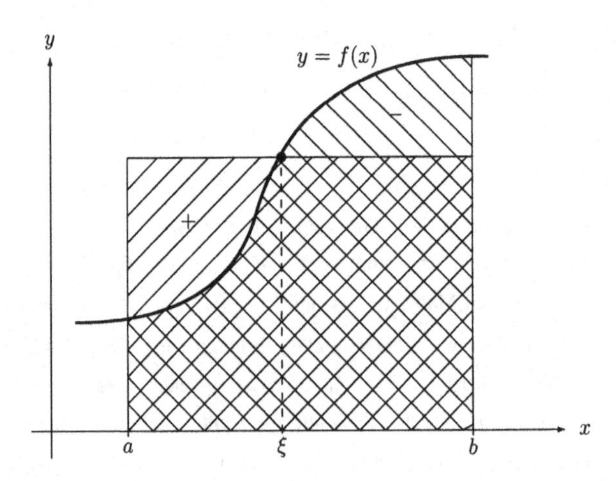

Abbildung 8.4: *Mittelwertsatz der Integralrechnung*

Beweis:

f nimmt als stetige Funktion auf dem kompakten Intervall $[a, b]$ in einem Punkt x_1 sein Maximum M und in einem Punkt x_2 sein Minimum an. Insbesondere ist f beschränkt und nach Satz 8.28 Riemann-integrierbar. Außerdem gilt

$$f(x_2)(b - a) \;\leq\; \int_a^b f(x)\, dx \;\leq\; f(x_1)(b - a) .$$

Nach dem Zwischenwertsatz 6.24 existiert daher ein ξ zwischen x_1 und x_2 mit

$$\int_a^b f(x)\,dx = f(\xi)(b-a)$$

■

Bemerkung 8.30

Obwohl der Mittelwertsatz die Form einer Gleichung hat, handelt es sich dennoch nur um eine Näherungsformel für den gesuchten Integralwert, da die Lage von ξ im allgemeinen unbekannt ist. So ergibt sich aus dem Mittelwertsatz z.B. die *Keplersche Fassregel*, die eine einfache Näherungsformel für $\int_a^b f(x)\,dx$ liefert. Sie lautet:

Ist $f : [a,b] \to \mathbb{R}$ stetig und ist $m = \frac{a+b}{2}$ der Mittelwert von $[a,b]$, so existiert eine Zwischenstelle $\xi \in [a,b]$ mit

$$\int_a^b f(x)\,dx = \frac{b-a}{6}\big(f(a) + 4f(m) + f(b)\big) - \frac{(b-a)^5}{2880} \cdot f^{(4)}(\xi).$$

Teilt man das Intervall $[a,b]$ in n gleiche Teile und wendet auf jeden dieser Teile die Fassregel an, ergibt sich durch Summation die sogenannte *Simpsonsche Regel.* Für genügend große n erhält man damit sehr gute Näherungswerte für das gesuchte Integral.

Variiert man in dem Integral $\int_a^b f(x)\,dx$ die Obergrenze, entsteht, wenn f stetig ist, eine differenzierbare Funktion auf $[a,b]$, deren Ableitung gleich der zu integrierenden Funktion ist.

Satz 8.31 (Hauptsatz der Integralrechnung)

Sei $f : [a,b] \to \mathbb{R}$ stetig. Dann ist die Funktion $F : [a,b] \to \mathbb{R}$, definiert durch

$$F(t) := \int_a^t f(x)\,dx$$

eine *Stammfunktion* von f, d.h., F ist differenzierbar und es gilt

$$F'(t) = \frac{d}{dt}\int_a^t f(x)\,dx = f(t)\ .$$

Beweis:

Sei $t_0 \in [a,b]$ beliebig und $(t_n)_{n=1}^{\infty}$ eine Folge in $[a,b]$, die gegen t_0 konvergiert. Nach dem Mittelwertsatz der Integralrechnung existiert zu jedem t_n ein ξ_n zwischen t_0 und t_n mit

$$\int_{t_0}^{t_n} f(x)\,dx = f(\xi_n)(t_n - t_0)\,.$$

Wegen $F(t_n) - F(t_0) = \int_a^{t_n} f(x)\,dx - \int_a^{t_0} f(x)\,dx = \int_{t_0}^{t_n} f(x)\,dx$ folgt daher

$$\frac{F(t_n) - F(t_0)}{t_n - t_0} = f(\xi_n)\,.$$

Aus $t_0 \leq \xi_n \leq t_n$ bzw. $t_n \leq \xi_n \leq t_0$ und $\lim_{n\to\infty} t_n = t_0$ folgt auch $\lim_{n\to\infty} \xi_n = t_0$ und die Stetigkeit von f liefert

$$\lim_{n\to\infty} \frac{F(t_n) - F(t_0)}{t_n - t_0} = \lim_{n\to\infty} f(\xi_n) = f(t_0)\,.$$

■

Bemerkung 8.32

i) Satz 8.31 gilt allgemein auch für Lebesgue-integrierbare Funktionen f (allerdings mit der Aussage $F'(x) = f(x)$ fast überall)

ii) Einprägsamer ist Satz 8.31 in der Form $\int F'(x)\,dx = F(x)$. In dieser Form zeigt sich auch, dass die Integration gewissermaßen die Umkehrung der Differentiation ist.

iii) Da sich zwei Stammfunktionen nur um eine Konstante unterscheiden ($F' = G' \iff (F-G)' = 0 \iff F - G = c =$ konstant) und $\int_a^t f(x)\,dx$ - wie gesehen - eine Stammfunktion von f ist, hat es sich eingebürgert, von *der* Stammfunktion zu reden und sie mit $\int f(x)\,dx$ (ohne Angabe der Grenzen) zu bezeichnen. Man spricht dann auch von dem *unbestimmten Integral* $\int f(x)\,dx$ im Gegensatz zu dem bestimmten Integral $\int_a^b f(x)\,dx$.

iv) Die in der Differentialrechnung hergeleiteten Ableitungen liefern eine große Anzahl von Stammfunktionen. So gilt z.B.

- $\int a^x\,dx = \frac{a^x}{\ln(a)}$ für $a > 0,\ a \neq 1$ nach Beispiel 7.23 i).

- $\int x^\alpha \, dx = \frac{1}{\alpha+1} \cdot x^{\alpha+1}$ für $\alpha \neq -1$ nach Beispiel 7.23 ii).

- $\int \frac{1}{x} \, dx = \ln(x)+$ nach Beispiel 7.26 i).

Die Kenntnis einer Stammfunktion von f gestattet sofort die Berechnung des bestimmten Integrals $\int_a^b f(x) \, dx$. Der Beweis dieses weitreichenden Satzes ist überraschend einfach.

Satz 8.33

Sei $f : [a,b] \to \mathbb{R}$ stetig und sei F eine beliebige Stammfunktion von f. Dann gilt

$$\int_a^b f(x) \, dx = F(b) - F(a) .$$

Beweis:

Sei F eine beliebige Stammfunktion von f. Wie im letzten Satz gesehen, ist die Funktion F_0, definiert durch $F_0(t) := \int_a^t f(x) \, dx$ ebenfalls eine Stammfunktion von f, und es existiert daher nach Bemerkung 8.32 iii) eine Konstante c mit $F(t) = F_0(t) + c$. Wegen $F_0(a) = \int_a^a f(x) \, dx = 0$ folgt daher

$$F(b) - F(a) \;=\; F_0(b) + c - (F_0(a) + c) \;=\; F_0(b) \;=\; \int_a^b f(x) \, dx .$$

■

Bemerkung 8.34

i) Statt $F(b) - F(a)$ ist die Abkürzung $\big[F(x)\big]_a^b$ in Gebrauch oder gegebenenfalls, wenn Irrtümer bzgl. der Variablen zu befürchten sind die Schreibweise $\big[F(x)\big]_{x=a}^{x=b}$.

ii) Die Aussage $\int_a^b F'(x) \, dx = F(b) - F(a)$ gilt auch für das Lebesgue-Maß, allerdings muss gefordert werden, dass F auf dem gesamten Intervall $[a,b]$ und nicht nur fast überall differenzierbar ist .

Beispiel 8.35

i) Betrachten wir das zu Beginn des Kapitels gestellte Problem, die Fläche zu berechnen, die der Graph der Funktion $f : [0,1] \to \mathbb{R}$ mit $f(x) = x^2$ mit der x-Achse einschließt. Da $f \geq 0$ gilt, ist die gesuchte Fläche gleich $\int_0^1 f(x) \, dx$. Eine Stammfunktion von f ist offenbar $F(x) = \frac{1}{3}x^3$, so dass gilt:

$$\int_0^1 f(x) \, dx = F(1) - F(0) = \frac{1}{3} .$$

ii) Man bestimme die Fläche, die der Graph der Funktion $f : [-1,1] \to \mathbb{R}$ gegeben durch $f(x) = x^3$ mit der x-Achse einschließt. Da f teilweise auch negative Werte aufweist, berechnet sich die gesuchte Fläche durch:

$$\begin{aligned}\int_{-1}^{1} |f(x)|\, dx &= \int_{-1}^{0} -x^3\, dx + \int_{0}^{1} x^3\, dx \\ &= \left[-\frac{1}{4}x^4\right]_{-1}^{0} + \left[-\frac{1}{4}x^4\right]_{0}^{1} = \frac{1}{2}\end{aligned}$$

Hingegen gilt $\int_{-1}^{1} x^3\, dx = 0$.

iii) Sei $f : \mathbb{R} \to \mathbb{R}$ stetig und seien die Funktionen $g_1, g_2 : \mathbb{D} \to \mathbb{R}$ differenzierbar. Dann gilt:

$$\frac{d}{dt}\int_{g_1(t)}^{g_2(t)} f(x)\, dx = f(g_2(t)) \cdot g_2'(t) - f(g_1(t)) \cdot g_1'(t)\ .$$

Beweis:

Nach Satz 8.30 existiert eine Stammfunktion F von f. Für diese gilt:

$$\int_{g_1(t)}^{g_2(t)} f(x)\, dx = F(g_2(t)) - F(g_1(t))\ .$$

Unter Berücksichtigung von $F' = f$ folgt mit der Kettenregel die Behauptung.

■

iv) Mit der gleichen Argumentation wie vorher lässt sich folgende allgemeinere Aussage beweisen:

Sei $f : \mathbb{R}^2 \to \mathbb{R}$ stetig differenzierbar und seien die Funktionen $g_1, g_2 : \mathbb{D} \to \mathbb{R}$ differenzierbar. Dann gilt

$$\frac{d}{dt}\int_{g_1(t)}^{g_2(t)} f(x,t)\, dx = \int_{g_1(t)}^{g_2(t)} \frac{\partial f}{\partial t}(x,t)\, dx + f(g_2(t)) \cdot g_2'(t) - f(g_1(t)) \cdot g_1'(t)\ .$$

Obwohl Übungsaufgaben (ähnlich wie bei der Nullstellenbestimmung) einen gegenteiligen Eindruck erwecken, ist es in den meisten Fällen nicht möglich, zu einer vorgegebenen Funktion eine Stammfunktion explizit anzugeben, und man muss auf numerische Verfahren zurückgreifen. Da die Integration - wie in Satz 8.31 gesehen - jedoch die Umkehrung der Differentiation ist, liefert die Differentialrechnung selbst Rechenregeln für die Integration, die oft eine explizite Berechnung von Stammfunktionen gestatten. So erweist sich die partielle Integration als Umkehrung der Produktregel $(f \cdot g)' = f' \cdot g + f \cdot g'$.

Satz 8.36 (Partielle Integration)

Sind $f, g : [a, b] \to \mathbb{R}$ stetig differenzierbare Funktionen, so ist $f(x)g(x) - \int f'(x)g(x)\,dx$ eine Stammfunktion von $f(x)g'(x)$, d.h. es gilt:

$$\int_a^b f(x)g'(x)\;dx = \Big[f(x)g(x)\Big]_a^b - \int_a^b f'(x)g(x)\;dx\,.$$

Beweis:

Aus der Produktregel folgt $f(x)g'(x) = [f(x)g(x)]' - f'(x)g(x)$. Integriert man auf beiden Seiten dieser Gleichung und beachtet, dass $\int_a^b [f(x)g(x)]'\;dx = \Big[f(x)g(x)\Big]_a^b$ gilt, ergibt sich die Behauptung.

■

Bemerkung 8.37

i) Häufig findet man Satz 8.36 in der Form

$$\int f(x)g'(x)\;dx = f(x)g(x) - \int f'(x)g(x)\;dx\,.$$

Dies ist nicht als Gleichheit der beiden Funktionen zu lesen, sondern besagt nur, dass die rechte Seite eine Stammfunktion von fg' ist. Daher ist diese Gleichung nur „modulo" einer Konstanten richtig (siehe hierzu auch Beispiel 8.38 iii) auf Seite 255 und Beispiel 8.41 i) auf Seite 257).

ii) Beachtet man, dass $g'(x)\;dx$ gleich dem Differential dg ist[7], ergibt sich die partielle Integration in der einprägsameren Form

$$\int_a^b f\;dg = \Big[fg\Big]_a^b - \int_a^b g\;df$$

[7]Das Zeichen dx hatte in der in diesem Kapitel gegebenen Integraldefinition natürlich nicht die Bedeutung eines Differentials.

Beispiel 8.38

i) Wir beweisen mittels vollständiger Induktion die Aussage

$$\int x^n e^x \, dx = n! e^x \sum_{j=0}^{n} (-1)^{n-j} \frac{x^j}{j!} \quad \text{für alle } n \in \mathbb{N}_0 .$$

Für $n = 0$ ist die Behauptung offenbar richtig.

Gelte die Aussage nun für eine feste natürliche Zahl n. Wählt man $f(x) = x^n$ und $g(x) = e^x$ so folgt mit der partiellen Integrationsregel

$$\int x^{n+1} e^x \, dx = x^{n+1} e^x - (n+1) \int x^n e^x \, dx .$$

Die Induktionsvoraussetzung liefert dann:

$$\begin{aligned} \int x^{n+1} e^x \, dx &= x^{n+1} e^x - (n+1) \cdot n! e^x \sum_{j=0}^{n} (-1)^{n-j} \frac{x^j}{j!} \\ &= e^x \left(x^{n+1} + (n+1)! \sum_{j=0}^{n} (-1)^{n+1-j} \frac{x^j}{j!} \right) \\ &= e^x (n+1)! \sum_{j=0}^{n+1} (-1)^{n+1-j} \frac{x^j}{j!} \end{aligned}$$

Dies ist gerade die behauptete Aussage für $n + 1$.

ii) Häufig führt eine mehrfache partielle Integration indirekt zum Ziel. So gilt:

$$\begin{aligned} \int e^x \sin(x) \, dx &= e^x \sin(x) - \int e^x \cos(x) \, dx \\ &= e^x \sin(x) - \left(e^x \cos(x) + \int e^x \sin(x) \, dx \right) \end{aligned}$$

Die zweimalige partielle Integration liefert das gesuchte Integral mit einem anderen Faktor auf der rechten Seite. Dies ergibt

$$\int e^x \sin(x) \, dx = \frac{1}{2} e^x \left(\sin(x) - \cos(x) \right) .$$

iii) Aus

$$\begin{aligned} \tan(x) &= \frac{\sin(x)}{\cos(x)} , & \cot(x) &= \frac{\cos(x)}{\sin(x)} \\ \frac{d}{dx} \tan(x) &= \frac{1}{\cos^2(x)} , & \frac{d}{dx} [\cot(x)] &= -\frac{1}{\sin^2(x)} \end{aligned}$$

folgt

$$\int \frac{1}{\sin(x)\cos(x)}\,dx = \int \frac{\cot(x)}{\cos^2(x)}\,dx = \int \cot(x)\,[\tan(x)]'\,dx\,.$$

Partielle Integration liefert dann

$$\begin{aligned}\int \cot(x)[\tan(x)]'\,dx &= \cot(x)\cdot\tan(x) - \int \tan(x)[\cot(x)]'\,dx \\ &= 1 + \int \frac{\tan(x)}{\sin^2(x)}\,dx = 1 + \int \frac{1}{\sin(x)\cos(x)}\,dx\,.\end{aligned}$$

Zusammen ergibt sich

$$\int \frac{1}{\sin(x)\cos(x)}\,dx = 1 + \int \frac{1}{\sin(x)\cos(x)}\,dx\,.$$

Daraus folgt keineswegs $0 = 1$, da wie vorher bemerkt, die Gleichheit von Stammfunktionen eine Äquivalenzrelation (modulo Konstanten!) ist und man mit ihr nicht wie mit reellen Zahlen rechnen darf. Die letzte Gleichung besagt nur, dass $1 + \int \frac{1}{\sin(x)\cos(x)}\,dx$ und $\int \frac{1}{\sin(x)\cos(x)}\,dx$ Stammfunktionen von $\frac{1}{\sin(x)\cos(x)}$ sind.

iv) Die Schwierigkeiten, die die Bestimmung von Stammfunktionen bereitet, zeigt das folgende Beispiel. $F(x) = x\cdot\ln(x) - x$ ist, wie man durch Ableiten und Kürzen zeigen kann, eine Stammfunktion von $f(x) = \ln(x)$. Durch den Kürzungsvorgang beim Differenzieren lässt sich jedoch nicht mehr erkennen, aus welcher Stammfunktion F die Funktion f entstanden ist, d.h. eine explizite Bestimmung von $\int \ln(x)\,dx$ ist nicht ohne weiteres möglich. Ergänzt man jedoch einen Faktor 1, lässt sich die partielle Integrationsregel anwenden.

$$\int \ln(x)\,dx = \int \ln(x)\cdot 1\,dx = \ln(x)\cdot x - \int \frac{1}{x}\cdot x\,dx = x\cdot\ln(x) - x\,.$$

Die Umkehrung der Kettenregel aus der Differentialrechnung liefert die Substitutionsregel der Integralrechnung.

Satz 8.39 (Substitutionsregel)

Sei die Funktion $f : \mathbb{D} \to \mathbb{R}$ (mit $\mathbb{D} \subset \mathbb{R}$) stetig und die Funktion $\varphi : [\alpha, \beta] \to \mathbb{R}$ stetig differenzierbar. Gilt $\varphi([\alpha, \beta]) \subset \mathbb{D}$, so kann $f \circ \varphi$ gebildet werden, und es gilt

$$\int_\alpha^\beta f(\varphi(x))\varphi'(x)\, dx = \int_{\varphi(\alpha)}^{\varphi(\beta)} f(y)\, dy\,.$$

Beweis:

F sei eine Stammfunktion von f auf dem Intervall $\varphi([\alpha, \beta])$. Dann gilt

$$\int_{\varphi(\alpha)}^{\varphi(\beta)} f(y)\, dy = \Big[F(y)\Big]_{\varphi(\alpha)}^{\varphi(\beta)} = F(\varphi(\beta)) - F(\varphi(\alpha))\,.$$

Außerdem ist $(F \circ \varphi)(x)$ eine Stammfunktion von $f(\varphi(x)) \cdot \varphi'(x)$, was sofort aus der Kettenregel folgt. Daher gilt

$$\int_\alpha^\beta f(\varphi(x))\varphi'(x)\, dx = \Big[(F \circ \varphi)(x)\Big]_\alpha^\beta = F(\varphi(\beta)) - F(\varphi(\alpha)) = \int_{\varphi(\alpha)}^{\varphi(\beta)} f(y)\, dy\,.$$

■

Bemerkung 8.40

i) Einprägsamer wird die Substitutionsregel bei der Verwendung von Differentialen. Es gilt dann

$$\int f(\varphi(x))\frac{d\varphi}{dx}\, dx = \int f(\varphi)\, d\varphi\,.$$

ii) Die Substitutionsregel besagt, dass es zur Bestimmung einer Stammfunktion von $f(\varphi(x)) \cdot \varphi'(x)$ genügt, eine Stammfunktion von f zu berechnen, kurz

$$\int f(\varphi(x))\varphi'(x)\, dx = \left[\int f(y)\, dy\right]_{y=\varphi(x)}.$$

So gilt mit $y = \varphi(x) = 1 + x^2$ und $\varphi'(x) = 2x$

$$\int_0^1 x(1+x^2)^{10}\, dx = \frac{1}{2}\int_0^1 (1+x^2)^{10} 2x\, dx = \frac{1}{2}\int_{\varphi(0)}^{\varphi(1)} y^{10}\, dy = \frac{1}{2}\int_1^2 y^{10}\, dy$$

In dieser Form ist die Substitutionsregel allerdings nur selten anwendbar, da es ohne weiteres kaum möglich ist, bei einem gegebenen Integranden die Form $f(\varphi(x))\cdot\varphi'(x)$ zu erkennen. Genaugenommen ist die Substitutionsregel nur praktizierbar, wenn φ

invertierbar ist[8], da es nur dadurch möglich ist, alle Terme, die x enthalten, zu beseitigen. Mit $x = \varphi^{-1}(y)$ lautet dann die Substitutionsregel

$$\left[\int f(\varphi(x))\varphi'(x)\,dx\right]_{x=\varphi^{-1}(y)} = \int f(y)\,dy\,.$$

Weil man die Variable x durch eine Funktion in einer anderen Variablen ersetzt, spricht man daher auch von *Variablentransformation.* Im obigen Beispiel ergibt sich dann mit $y = \varphi(x) = 1 + x^2$, $x = \varphi^{-1}(y) = \sqrt{y-1}$ und $dx = \frac{1}{2\sqrt{y-1}}dy$

$$\int_0^1 x(1+x^2)^{10}dx = \int_{\varphi(0)}^{\varphi(1)} \sqrt{y-1}\left(1+\left(\sqrt{y-1}\right)^2\right)^{10} \frac{1}{2\sqrt{y-1}}dy = \frac{1}{2}\int_1^2 y^{10}dy.$$

Da man bei einem vorgegebenen Integral die Funktion φ i.a. nicht erkennt, muss damit gerechnet werden, dass eine Variablensubstitution nicht zu einer Lösung führt. In der Praxis ist nur zu erwarten, dass man sich mittels Substitution (und evtl. anderen Integrationsmethoden) schrittweise zu einfacheren Integralen vorarbeitet.

Beispiel 8.41

i) Für das Integral $\int \frac{2}{(\mathrm{e}^x + \mathrm{e}^{-x})^2}\,dx$ liefert die Substitution $u = \mathrm{e}^{-x}$, $x = -\ln(u)$ und $dx = -\frac{1}{u}\,du$ als Ergebnis

$$-2\int \frac{1}{(\frac{1}{u}+u)^2}\cdot\frac{1}{u}\,du = -2\int \frac{u}{(1+u^2)^2}\,du\,.$$

Substituiert man hier $y = 1 + u^2$, ergibt sich

$$-2\int \frac{u}{(1+u^2)^2}\,du = -\int y^{-2}\,dy = y^{-1} = \frac{1}{1+u^2} = \frac{1}{1+\mathrm{e}^{-2x}}\,.$$

Substituiert man in diesem Beispiel zunächst $u = \mathrm{e}^x$ und dann $y = 1 + u^2$, folgt

$$\int \frac{2}{(\mathrm{e}^x + \mathrm{e}^{-x})^2}\,dx = -\frac{1}{1+\mathrm{e}^{2x}}\,.$$

Ähnlich wie in Beispiel 8.38 ii) ist es nun nicht möglich zu schließen, dass

$$\frac{1}{1+\mathrm{e}^{-2x}} = -\frac{1}{1+\mathrm{e}^{2x}}$$

gilt, sondern nur, dass beide Funktionen Stammfunktionen sind, die sich also um

[8] oder zumindest rechtsinvertierbar

eine Konstante unterscheiden. Tatsächlich gilt

$$\frac{1}{1+e^{-2x}} = 1 - \frac{1}{1+e^{2x}}.$$

ii) Für das Integral $\int x e^{\sqrt[3]{x}}\, dx$ liefert die Substitution $y = \varphi(x) = \sqrt[3]{x}$, d.h. $x = y^3$ und $dx = 3y^2\, dy$

$$\int x e^{\sqrt[3]{x}}\, dx = \int y^3 e^y 3y^2\, dy = 3\int y^5 e^y\, dy.$$

Das letzte Integral wurde in Beispiel 8.38 i) mittels partieller Integration gelöst.

iii) Ist f invertierbar, so lässt sich die Stammfunktion der inversen Funktion f^{-1} mit Hilfe der Stammfunktion von f ausdrücken, genau so, wie sich die Ableitung von f^{-1} mit Hilfe von f' ausdrücken lässt (siehe Satz 7.24).
Mit der Substitution $y = f(x)$, $dy = f'(x)dx$ ergibt sich nämlich

$$\int f^{-1}(y)\, dy = \left[\int f^{-1}(f(x))\, f'(x)\, dx\right]_{x=f^{-1}(y)} = \left[\int x f'(x)\, dx\right]_{x=f^{-1}(y)}.$$

Mittels partieller Integration folgt dann weiter

$$\int f^{-1}(y)\, dy = \left[x f(x) - \int f(x) dx\right]_{x=f^{-1}(y)} = f^{-1}(y)\cdot y - \left[\int f(x)dx\right]_{x=f^{-1}(y)}.$$

Ist z.B. $y = f(x) = e^x$, d.h. $x = f^{-1}(y) = \ln(y)$, so folgt:

$$\begin{aligned}\int \ln(y)\, dy &= y\cdot\ln(y) - \left[\int e^x\, dx\right]_{x=f^{-1}(y)}\\ &= y\cdot\ln(y) - [e^x]_{x=\ln(y)} = y\cdot\ln(y) - y\end{aligned}$$

Dieses Ergebnis hatten wir auch schon in Beispiel 8.38 iv) erhalten.

iv) Als letztes Beispiel der Substitution, sei hier noch das uneigentliche Integral $\int_0^\infty x e^{(-\frac{x^2}{2})}\, dx$ betrachtet. Nach Definition uneigentlicher Integrale gilt

$$\int_0^\infty x e^{(-\frac{x^2}{2})}\, dx = \lim_{r\to\infty}\int_0^r x e^{(-\frac{x^2}{2})}\, dx.$$

Die Substitution $u := -\frac{x^2}{2}$, $du = -xdx$ liefert daher

$$\int_0^\infty x e^{(-\frac{x^2}{2})}\, dx = \lim_{r\to\infty} -\int_0^{-\frac{r^2}{2}} e^u\, du = \lim_{r\to\infty}(1 - e^{(-\frac{r^2}{2})}) = 1.$$

9

„Begriffe ohne Anschauung sind leer, Anschauung ohne Begriffe ist blind.“

I. Kant

Ökonomische Anwendungen

Einleitung

Wie im Vorwort bereits erwähnt, stammen die vorgestellten Anwendungen dieses Kapitels aus dem Bereich der Wirtschaftstheorie, wie sie üblicherweise im Rahmen der Volkswirtschaftslehre gelehrt wird. Der Schwerpunkt liegt dabei auf der neoklassischen Mikroökonomik. Des Weiteren werden die Bereiche politische Ökonomie und Wachstumstheorie angesprochen. Damit ist relativ willkürlich ein spezielles von vielen möglichen Feldern (wie etwa Ökonometrie und Statistik, Operations Research oder Investitionen und Finanzierung) herausgegriffen worden. Für die Auswahl lassen sich dennoch zwei Gründe angeben. Zum einen gehört dieser Bereich der Volkswirtschaftslehre zu einem weitgehend akzeptierten Kanon im Studium der Wirtschaftswissenschaften. Für die überwiegende Mehrzahl der Leser sind die angesprochenen Themen also relevant (und sei es auch nur deshalb, weil sie im Rahmen ihres Studiums nicht an ihnen vorbeikommen). Zum anderen hält der Verfasser die ausgewählten Anwendungen für interessant. Die Wahl der Wirtschaftstheorie ist also auch in der Hoffnung erfolgt, Neugier zu wecken. Fragen, wie: „Wann setzt sich im politischen Prozess die politische Mitte durch?“, „Warum erzielen Firmen auf wettbewerblichen Märkten Gewinne in Höhe von Null?“, „Wann ist es rational etwas zu riskieren?“, könnten geeignet sein auch denjenigen Leser einzufangen, für den die Mathematik *noch* den „Gott sei bei uns“ des Studiums darstellt. Zu erwähnen ist außerdem, dass die Bereiche Investition und Finanzierung weitestgehend durch Kapitel 5 dieses Buches abgedeckt sind.

Die Gliederung des nachfolgenden Kapitels folgt zwei Prinzipien. Zum einen wurde versucht, die Abfolge der Anwendungsbeispiele so zu gestalten, dass sie inhaltlich (im Sinne der Wirtschaftstheorie) aufeinander aufbauen. Zum anderen spiegelt sich in der Abfolge der Themen weitgehend die Reihenfolge, in der der mathematische Stoff behandelt wird.

Abschnitt 9.1 stellt eine kurze Beschreibung der zentralen Verhaltensannahme der Mikroökonomie dar, wonach Individuen rationale Entscheidungen auf Grundlage einer vollständigen und transitiven Präferenzrelation treffen. Dabei wird insbesondere auf den in Kapitel 2 eingeführten Begriff der Relation eingegangen. In ökonomischen Texten wird der Begriff der Präferenzrelation in der Regel ohne Rückgriff auf die zugrundeliegenden Konzepte der Mengentheorie und insbesondere des kartesischen Produkts eingeführt. Der Abschnitt 9.1 stellt diese Verbindung her.

In Abschnitt 9.2 wird eine Anwendung aus dem Bereich der politischen Ökonomie vorgestellt. Sie stellt zugleich eine Anwendung der in den Kapitel 1 und 2 eingeführten formallogischen und mengentheoretischen Konzepte und insbesondere der Präferenzrelation (siehe auch Abschnitt 9.1) dar. Es wird ein Modell des politischen Wettbewerbs besprochen, das in seiner Struktur für den Anfänger komplex erscheinen muss. Dennoch sind die verwendeten mathematischen Hilfsmittel relativ elementar. Dieser Abschnitt erlaubt daher eine intensive Einübung mathematischer Beweisverfahren.

In Abschnitt 9.3 wird zunächst gezeigt, inwiefern das Konzept der Nutzenfunktion verwendet werden kann, um Präferenzrelationen abzubilden. Es wird also der Zusammenhang zwischen Relationen und Funktionen anhand einer ökonomischen Anwendung illustriert. Weiterhin werden die Bedeutung des Krümmungsverhaltens einer Funktion, ihres Homogenitätsgrades, sowie der Begriff der Komposition von Funktionen anhand von Nutzenfunktionen erläutert und beispielhaft anhand der Begriffe der Risikopräferenz, der homothetischen Nutzenfunktion sowie der Wohlfahrtsfunktion dargestellt. Dieser Abschnitt stützt sich auf die in Kapitel 3 und 4 eingeführten mathematischen Konzepte, so dass noch nicht auf die Methoden der Differentialrechnung zurückgegriffen werden kann.

Abschnitt 9.4 ist relativ kurz gehalten, da er vor allem zeigen soll, dass die mathematische Beschreibung von Technologien anhand von Produktionsfunktionen weitgehend die gleiche Struktur aufweist, wie die Beschreibung von Präferenzen anhand von Nutzenfunktionen.

Abschnitt 9.5 ist der mit Abstand längste in diesem Kapitel. Damit wird der überragenden Bedeutung von (meist durch eine Nebenbedingung restringierten) Optimierungsproblemen in den Wirtschaftswissenschaften entsprochen. Zunächst wird die Verwendung der Differentialrechnung in der Mikroökonomie anhand von Nutzen- und Produktionsfunktionen beschrieben. Ein Schwerpunkt liegt hierbei auf der häufigen Vorgehensweise, ökonomische Aussagen in Form von Annahmen über das Steigungsverhalten bestimmter Funktionen zu formulieren (z.B. abnehmender Grenznutzen, abnehmende Grenzrate der Substitution). Weiter werden die Probleme der Nutzenmaximierung und der Ausgabenminimierung eines Haushaltes aus mathematischer und ökonomischer Sicht beschrieben. Dabei wird auch das in ökonomischen Lehrbuchdarstellungen oft vernachlässigte Problem der hinreichenden Bedingung für die Lösung eines Optimierungsproblems angesprochen. Ferner wird der Zusammenhang zwischen Ausgabenminimierung und Nutzenmaximierung geklärt und die Slutsky-Gleichung erarbeitet. Es wird demonstriert, dass das Beherrschen des Lagrange-Ansatzes es erlaubt, die Slutsky-Gleichung in vergleichsweise eleganter Weise herzuleiten. Schließlich werden die Probleme der Gewinnmaximierung und Kostenminimierung einer Firma behandelt. Dabei wird insbesondere gezeigt, unter welchen Annahmen Firmen auf wettbewerblichen Märkten Null-Gewinne erzielen. Ferner werden elementare Aussagen der Integrationstheorie anhand von Annahmen über Verläufe von Kostenfunktionen motiviert.

In Abschnitt 9.6 wird eine Anwendung aus dem Bereich der Wachstumstheorie vorgestellt. Hierbei wird insbesondere auf das Konzept eines dynamischen Gleichgewichts eingegangen. Zugleich wird betont, dass die Existenz eines Gleichgewichts von spezifischen Annahmen abhängig ist. Diese Überlegungen führen dann zu einer Grenzwertuntersuchung, um das Vorliegen hinreichender Existenzbedingungen eines Gleichgewichts zu überprüfen.

Das methodische Ziel in der Darstellung der ökonomischen Anwendungen besteht zunächst darin, die Fähigkeit zum Verständnis formaler Beschreibungen ökonomischer Sachverhalte zu entwickeln. Ein weiterer Schwerpunkt liegt auf der Argumentationsstruktur, die einer deduktiven Beweisführung zugrundeliegt. Gerade für einen Anfänger ist es zentral, vorgegebene Annahmen und abgeleitete Folgerungen zu unterscheiden. *Die Ergebnisse der Wirtschaftstheorie haben in der Regel den formallogischen Status von Implikationen. Sie stellen also keine Gesetze dar, sondern sind von spezifischen Annahmen abhängig.*

9.1 Präferenzen in der Mikroökonomie

Eine zentrale Annahme der mikroökonomischen Haushaltstheorie ist, dass Individuen Güterbündel gemäß ihrer Erwünschtheit ordnen. Man bezeichnet diese Ordnung als *Präferenz.* Die Annahme, dass Individuen Elemente einer Menge G von Güterbündeln anhand ihrer Präferenzen zueinander in Relation setzen, ist notwendig, um die Entscheidungen von rationalen Wirtschaftssubjekten sinnvoll interpretieren zu können. Zur Beschreibung der Präferenzen eines Wirtschaftssubjektes verwenden wir folgende Präferenzrelationen:

i) die Relation der *strikten Bevorzugung*: $\succ$

ii) die Relation der *Indifferenz*, die Gleichwertigkeit von Güterbündeln beschreibt: $\sim$

iii) die Relation der *schwachen Bevorzugung*, die beschreibt, dass ein Güterbündel gegenüber einem anderen strikt bevorzugt oder als gleichwertig betrachtet wird: $\succsim$

Beispiel 9.1

Es sei eine Menge $G = \{g_1, g_2, g_3, g_4\}$ bestehend aus vier Güterbündeln gegeben. Ein Wirtschaftssubjekt bevorzuge g_1 gegenüber g_2, bevorzuge g_2 gegenüber g_3 schwach, und halte g_3 und g_4 für gleichwertig, in Symbolen $g_1 \succ g_2$, $g_2 \succsim g_3$ und $g_3 \sim g_4$. Eine Relation in G ist gemäß Definition 2.23 definiert als Teilmenge des kartesischen Produktes $G \times G$, das alle geordneten Paare von Güterbündeln der Menge G enthält:

$$G \times G = \{(g_1, g_1), (g_1, g_2), \ldots, (g_4, g_4)\}.$$

Die Relationen der strikten Bevorzugung $\succ$, der Indifferenz $\sim$ und der schwachen Bevorzugung $\succsim$ sind Teilmengen von $G \times G$. Paare von Güterbündeln können in mengentheoretischer Sprache also als Elemente von Relationen beschrieben werden. In mengentheoretischer Notation lauten die Beziehungen $g_1 \succ g_2$, $g_2 \succsim g_3$ und $g_3 \sim g_4$ daher:

$$(g_1, g_2) \in \succ, \ (g_2, g_3) \in \succsim \ \text{und} \ (g_3, g_4) \in \sim .$$

Bemerkung 9.2

Die Relationen der Indifferenz und der strikten Bevorzugung lassen sich über die Relation der schwachen Bevorzugung definieren.

- Zwei Güterbündel g,h gelten genau dann als gleichwertig, wenn sowohl g gegenüber h schwach bevorzugt wird, als auch h gegenüber g. Formal:

$$g \sim h \overset{\text{Def.}}{\Longleftrightarrow} g \succsim h \ \wedge \ h \succsim g.$$

- Ein Güterbündel g wird gegenüber einem Güterbündel h genau dann strikt bevorzugt, wenn g gegenüber h schwach bevorzugt wird und h und g nicht gleichwertig sind. Formal:

$$g \succ h \overset{\text{Def.}}{\Longleftrightarrow} g \succsim h \ \wedge \ g \nsim h.$$

Im Folgenden werden die Notationen $(g, h) \in \succsim$ und $g \succsim h$ äquivalent verwendet. Das Vorgehen für die Relationen $\sim$ und $\succ$ ist analog.

In der Haushaltstheorie werden einige zentrale Annahmen über die Präferenzen von Wirtschaftssubjekten getroffen, die sich auf die Relation der schwachen Bevorzugung beziehen. Zu betonen ist, dass es sich dabei um Verhaltensannahmen handelt. Sie entstammen also nicht einer mathematischen Herleitung, sondern einer Theorie menschlichen Verhaltens[1]. Gemäß diesen Annahmen erfüllt die Relation der schwachen Bevorzugung folgende Eigenschaften:

i) Vollständigkeit: Dies bedeutet, dass ein Wirtschaftssubjekt für alle denkbaren Paare von Güterbündeln entscheiden kann, welches es gegenüber dem anderen schwach bevorzugt. In obigem Beispiel würde ein Haushalt also nicht nur g_1 mit g_2, g_2 mit g_3 und g_3 mit g_4 vergleichen können, sondern alle Güterbündel zueinander in Relation setzen. Formal:

$$\forall (g, h) \in G \times G : (g \succsim h) \vee (h \succsim g).$$

ii) Transitivität: Dies heißt, dass aus der schwachen Bevorzugung eines Güterbündels g gegenüber h und von h gegenüber k folgt, dass auch g gegenüber k schwach bevorzugt wird. Formal:

$$\forall g, h, k \in G : (g \succsim h) \wedge (h \succsim k) \Longrightarrow (g \succsim k).$$

[1] Ob die zu Grunde liegenden Annahmen der Theorie korrekt sind, kann mit Hilfe der formalen Logik nicht untersucht werden, sondern stellt eine empirische Frage dar.

Bemerkung 9.3

Die Reflexivität folgt aus der Vollständigkeit von $\succsim$, da diese automatisch $g \succsim g$ für alle $g \in G$ impliziert. Unter Verwendung von Bemerkung 9.2 ergibt sich, dass die Relation der Indifferenz eine Äquivalenzrelation ist. Insbesondere ist $\sim$ reflexiv, d.h. es gilt:

$$\forall g \in G : g \sim g.$$

Reflexivität beinhaltet die zunächst trivial wirkende Aussage, dass ein Wirtschaftssubjekt zwei identische Güterbündel für gleichwertig hält. Die interessantere Fragestellung besteht darin, zu klären, wann zwei Güterbündel identisch sind. Unter der Prämisse, dass identische Güterbündel gleichwertig sein sollen, muss die geforderte Identität über die sachliche Dimension hinausgehen und sich beispielsweise auch auf Ort und Zeitpunkt der Verfügbarkeit oder mögliche Markenpräferenzen erstrecken. Zwei im physikalischen Sinne gleiche Güterbündel sind aus ökonomischer Perspektive also nicht notwendigerweise identisch. Dies wird insbesondere auch in Kapitel 5 deutlich. Die finanzmathematische Betrachtung geht davon aus, dass *nominal gleiche* Kapitalbeträge im Allgemeinen nicht gleichwertig sind. So ist i.A. ein Euro, der heute zur Verfügung steht nicht einem Euro gleichwertig, der in einem Jahr zur Verfügung steht.

In Definition 2.25 wird eine Präferenzordnung als Relation mit den Eigenschaften der Vollständigkeit, Transitivität und Reflexivität definiert. Folglich ist die Präferenzrelation der schwachen Bevorzugung eine Präferenzordnung im Sinne von Definition 2.25. Sie stellt demnach keine Totalordnung dar, da die Eigenschaft der Antisymmetrie i.A. nicht gegeben ist. Im gegebenen Kontext hieße Antisymmetrie, dass gelten müsste:

$$\forall g, h \in G : (g \succsim h) \wedge (h \succsim g) \Longrightarrow g = h.$$

Antisymmetrie würde also nicht zulassen, dass ein Wirtschaftssubjekt nicht-identische Güterbündel für gleichwertig hält. Eine Präferenzordnung lässt diese Möglichkeit dagegen zu. Dies ist auch erforderlich. Der Tausch bzw. Handel von Waren oder Gütern wäre nicht möglich, wenn eine Präferenzordnung antisymmetrisch wäre. Falls Person A ein Gut an Person B verkaufen möchte, stellt sich Person A die Frage, wie viel Person B mindestens bezahlen muss, damit er zum Verkauf bereit ist. Mit anderen Worten: Person A fragt sich welcher Geldbetrag aus seiner Sicht dem Gut gleichwertig ist. Falls jedoch die Präferenzen von A antisymmetrisch sind, kann ein solcher gleichwertiger Geldbetrag nicht existieren.

9.2 Ökonomische Theorie der Politik: Das Medianwählertheorem

Das Wesen ökonomischer Theorien besteht darin, rationale Individuen zu betrachten, die auf Grundlage einer gegebenen Präferenzordnung und gegebenen institutionellen Rahmenbedingungen ihr Verhalten optimal anpassen. D.h. es wird unterstellt, dass Individuen versuchen die Situation zu realisieren, die gemäß ihrer Präferenzordnung allen anderen möglichen Situationen vorzuziehen ist. Ein Konsument wird z.B. versuchen, sein Budget so zwischen verschiedenen Gütern aufzuteilen, dass er den höchsten Nutzen realisiert. Ein Unternehmer wird versuchen die Technologie zu finden, die in seinem gegebenen Marktumfeld einen maximalen Gewinn liefert.

Die ökonomische Theorie der Politik unterstellt, dass auch Politiker rational handelnde Individuen sind, die versuchen auf der Grundlage einer gegebenen politischen Verfassung, z.B. eines gegebenen Wahlsystems, optimale Ergebnisse zu erzielen. Die Frage ist nun, welche Ergebnisse aus Sicht eines Politikers optimal erscheinen. Hierzu gibt es unterschiedliche Modelle: Teilweise wird unterstellt, dass Politiker lediglich die Wahl gewinnen wollen. Andere Modelle unterstellen, dass Politiker eine bestimmte Interessengruppe möglichst gut stellen wollen. Wieder andere Modelle gehen davon aus, dass Politiker das persönliche Ziel der Wiederwahl und die Interessen der Gesellschaft verfolgen und eine optimale Strategie finden müssen, die beiden Zielen gerecht wird. Ökonomische Modelle der Politik unterscheiden sich weiterhin darin, welche politische Verfassung unterstellt wird, also etwa ob ein Mehrheits- oder Verhältniswahlrecht betrachtet wird oder ob eine direkte oder indirekte Demokratie analysiert wird. Schließlich kann man auch dahingehend unterscheiden, welche Informationen Politikern zur Verfügung stehen, ob sie etwa über die Präferenzen aller Wähler vollständig informiert sind oder unter Unsicherheit agieren müssen. Der folgende Abschnitt unterstellt, dass die Präferenzen aller Wähler bekannt sind und untersucht zwei sehr einfache Fälle. Zunächst fragen wir, welches Ergebnis aus dem Wettbewerb zweier Parteien resultiert, wenn beide Partien lediglich das Ziel verfolgen, die Zahl ihrer Wählerstimmen zu maximieren. Es wird sich herausstellen, dass dies dazu führt, dass beide Parteien versuchen werden, die politische Mitte zu besetzen. In einem weiteren Abschnitt wird dann die Frage gestellt, ob sich die politische Mitte auch in einer direkten Demokratie durchsetzen wird, d.h. in einem politischen System, in dem keine Parteien existieren, sondern jeder Wähler das Recht hat, eigene Vorschläge zur Abstimmung zu stellen.

9.2.1 Spezifikation des Modells

Diese Spezifikation wird im Folgenden stets als gegeben vorausgesetzt. Es gebe eine endliche Menge $\mathfrak{W}$ von Wählern und eine Menge $\mathfrak{P}$ von politischen Alternativen (*Wahlplattformen*). Die Zahl der Wähler wird im Folgenden mit W bezeichnet. Außerdem sei eine *Totalordnung* $\leq$ über der Menge $\mathfrak{P}$ vorgegeben, die es gestattet, die relative Position der politischen Alternativen zueinander objektiv zu bestimmen. Gleichzeitig besitzt jeder Wähler $\omega \in \mathfrak{W}$ auf der Menge $\mathfrak{P}$ eine *Präferenzordnung* $\succsim^{\omega}$, die ausdrückt, wie er die politischen Alternativen gemäß seinen persönlichen Vorstellungen ordnet. In einer Wahl entscheidet sich jeder Wähler gemäß seiner Präferenz. D.h. wir unterstellen, dass ein Wähler, wenn zwei Alternativen a und b zur Wahl stehen immer dann für a stimmt, wenn er a gegenüber b bevorzugt[2]. Eine Wahlenthaltung ist nicht möglich. Ein Wähler muss also stets eine Entscheidung treffen. Für den Fall, dass er zwischen zwei Alternativen indifferent ist, gibt er dennoch seine Stimme für eine der Alternativen ab.

Bemerkung 9.4

i) Die *Totalordnung* $\leq$ auf der Menge $\mathfrak{P}$ erlaubt eine sehr anschauliche Interpretation. Es kann intuitiv mit den Begriffen „links" und „rechts" gearbeitet werden, um politische Alternativen in Relation zueinander zu setzen. Demnach bedeutet die Notation $p \leq q$, dass die Alternative q im politischen Sinne „rechts" von p bzw. p „links" von q positioniert ist[3]. Es liegt nahe, die von den reellen Zahlen bekannte Intervallschreibweise zu verwenden. Wir definieren daher für $a, b \in \mathfrak{P}$

$$[a, b] := \{p \in \mathfrak{P} \mid a \leq p \leq b\}.$$

ii) Es ist eine sehr weitreichende Annahme, dass die Menge der politischen Alternativen durch eine Totalordnung beschrieben werden kann. Anschaulich beinhaltet sie, dass alle politischen Alternativen vollständig durch eine einzige Dimension - nämlich ob sie „links" oder „rechts" voneinander liegen - charakterisiert werden können. Diese Annahme ist notwendig, um die nachfolgenden Ergebnisse etablieren zu können. Ob sie eine sinnvolle Beschreibung der Realität erlaubt, soll hier nicht weiter diskutiert

---

[2] Diese Annahme ist nicht trivial. Sie schließt strategisches Verhalten bei der Stimmabgabe aus. Wähler versuchen demnach nicht das Wahlergebnis zu beeinflussen, indem sie im Widerspruch zu ihrer Präferenzordnung abstimmen.

[3] Wir verwenden die Begriffe „links" bzw. „rechts" im schwachen Sinne, d.h. im Sinne von $\leq$ bzw. $\geq$. Dies bedeutet, dass jede Plattform $p \in \mathfrak{P}$ links und rechts von sich selbst liegt.

werden. Offensichtlich ist diese Annahme jedoch nicht realistisch. Wahlprogramme, wie sie beispielsweise von Parteien formuliert werden, enthalten Aussagen zu unterschiedlichsten Themenbereichen. Eine realistischere formale Beschreibung von Wahlprogrammen müsste dieser Mehrdimensionalität Rechnung tragen. Dann jedoch könnte im Allgemeinen keine Totalordnung verwendet werden, um die Menge der politischen Alternativen zu beschreiben.

iii) Der Begriff der *Präferenzordnung* wird hier im Sinne von Definition 2.25 verwendet. D.h. es wird unterstellt, dass $\succsim^\omega$ vollständig und transitiv ist.

iv) Es ist von zentraler Bedeutung, die objektive Anordnung $\geq$ der politischen Alternativen zwischen den politischen „Polen“ und die subjektive Ordnung gemäß ihrer Erwünschtheit $\succsim^\omega$ durch die einzelnen Wähler zu unterscheiden. Die Aussage $p \succsim^\omega q$ bedeutet, dass Wähler ω die Alternative p gegenüber q vorzieht und darf nicht mit der Aussage $p \geq q$ verwechselt werden.

Im Folgenden soll vorausgesetzt werden, dass jeder Wähler eine für ihn beste politische Alternative besitzt und dass er sich bei einer Wahl für den Wahlvorschlag entscheidet, der „näher“ an dieser „Idealplattform“ liegt.

Definition 9.5 (eingipflige Präferenzen)

Die Präferenz $\succsim^\omega$ eines Wählers $\omega \in \mathfrak{W}$ wird als *eingipflige Präferenz (EGP)* bezeichnet, wenn ω eine politische Alternative $p_\omega \in \mathfrak{P}$ mit folgenden zwei Eigenschaften besitzt:

1.) p_ω ist ein „persönliches“ Maximum (*Idealplattform*) des Wählers, d.h. ω bevorzugt p_ω gegenüber allen anderen politischen Alternativen, mathematisch:

$$\forall p \in \mathfrak{P} : p_\omega \succsim^\omega p.$$

2.) Von zwei politischen Alternativen, die beide „links“ oder beide „rechts“ von der Idealplattform p_ω liegen, bevorzugt der Wähler ω immer diejenige, die „näher“ an seiner Idealplattform liegt, mathematisch:

Sind $a, b \in \mathfrak{P}$ mit $a, b \leq p_\omega$ oder $p_\omega \leq a, b$, so gilt folgende Äquivalenz:

$$a \succ^\omega b \overset{\text{Def.}}{\iff} (b < a \leq p_\omega) \vee (p_\omega \leq a < b).$$

Bemerkung 9.6

i) Sind $a, b \in \mathfrak{P}$ zwei Wahlplattformen und gibt ein Wähler ω Vorschlag a den Vorzug vor b, so kann dies als „größere Nähe" von a zur Idealposition p_ω des Wählers interpretiert werden. Hierdurch steht den einzelnen Wählern „ein qualitativer (ordinaler) Abstandsbegriff" auf der Menge $\mathfrak{P}$ zur Verfügung. Es ist also jedem Wähler möglich, die einzelnen politischen Positionen anhand ihres relativen Abstandes zur Idealplattform anzuordnen.

ii) Jeder Wähler mit EGP besitzt eine eindeutig bestimmte Idealplattform.

Beweis:

Erfüllen p_ω, q_ω Definition 9.5, gilt $p_\omega \succsim q_\omega$ und $q_\omega \succsim p_\omega$ nach Eigenschaft 1.), also

$$p_\omega \sim q_\omega.$$

Würde nun $p_\omega \neq q_\omega$ gelten, so kann o.B.d.A. $q_\omega < p_\omega$ angenommen werden[4]. Wegen

$$q_\omega < p_\omega \leq p_\omega$$

folgt dann jedoch aus Eigenschaft 2.) von Definition 9.5

$$p_\omega \succ q_\omega$$

im Widerspruch zu $p_\omega \sim q_\omega$.

■

Es soll nun der Begriff der *politischen Mitte* formalisiert werden. Dies ist eine politische Alternative, die so positioniert ist, dass sowohl links als auch rechts von ihr die Idealplattformen von mindestens der Hälfte aller Wähler liegen.

Definition 9.7 (Medianwähler)

Sind $p_\omega \in \mathfrak{P}$ die Idealplattformen aller Wähler $\omega \in \mathfrak{W}$, so bezeichnen wir eine politische Alternative $p_{\mathrm{m}} \in \mathfrak{P}$ als *Medianposition*, wenn gilt:

$$|\{\omega \in \mathfrak{W} \mid p_\omega \leq p_{\mathrm{m}}\}| \geq \frac{W}{2} \quad \text{und} \quad |\{\omega \in \mathfrak{W} \mid p_{\mathrm{m}} \leq p_\omega\}| \geq \frac{W}{2}$$

Ein *Medianwähler* ist ein Wähler, dessen Idealplattform eine Medianposition ist.

[4] Ansonsten vertausche man die Rollen von p_ω und q_ω.

Satz 9.8

Es existiert mindestens eine Medianposition und ein Medianwähler.

Beweis:

Da es nur endlich viele Wähler gibt, existiert die kleinste Wählerplattform p_{m} mit

$$|\{\omega \in \mathfrak{W} \mid p_\omega \leq p_{\mathrm{m}}\}| \geq \frac{W}{2}. \tag{9.1}$$

Insbesondere gilt aufgrund der Minimalitätseigenschaft von p_{m}

$$|\{\omega \in \mathfrak{W} \mid p_\omega < p_{\mathrm{m}}\}| < \frac{W}{2}.$$

Daraus folgt

$$|\{\omega \in \mathfrak{W} \mid p_\omega \geq p_{\mathrm{m}}\}| = W - |\{\omega \in \mathfrak{W} \mid p_\omega < p_{\mathrm{m}}\}| > W - \frac{W}{2} = \frac{W}{2}. \tag{9.2}$$

Ungleichungen (9.1) und (9.2) zeigen, dass p_{m} eine Medianposition ist.

■

Bemerkung 9.9

i) Die Menge I_{m} aller Medianpositionen bildet ein Intervall in $\mathfrak{P}$ (*Medianintervall*). Sind nämlich $p_1, p_2 \in I_{\mathrm{m}}$ zwei Medianpositionen, so ist jede Position $p \in \mathfrak{P}$ mit $p_1 \leq p \leq p_2$ ebenfalls eine Medianposition.

ii) Die in Satz 9.8 bestimmte Medianposition p_{m} ist die kleinste Medianposition. Analog kann man die größte Wählerposition $p_{\bar{\mathrm{m}}}$ mit

$$|\{\omega \in \mathfrak{W} \mid p_{\bar{\mathrm{m}}} \leq p_\omega\}| \geq \frac{W}{2}$$

bestimmen. Diese ist die größte Medianposition. Es gilt daher $p_{\mathrm{m}} \leq p_{\bar{\mathrm{m}}}$ und

$$I_{\mathrm{m}} = [p_{\mathrm{m}}, p_{\bar{\mathrm{m}}}].$$

p_{m} und $p_{\bar{\mathrm{m}}}$ haben außerdem die Eigenschaften

$$|\{\omega \in \mathfrak{W} \mid p_\omega = p_{\mathrm{m}}\}| + \frac{W}{2} \geq |\{\omega \in \mathfrak{W} \mid p_{\mathrm{m}} \leq p_\omega\}| > \frac{W}{2} \tag{9.3}$$

und

$$\frac{W}{2} < |\{\omega \in \mathfrak{W} \mid p_\omega \leq p_{\bar{\mathrm{m}}}\}| \leq |\{\omega \in \mathfrak{W} \mid p_\omega = p_{\bar{\mathrm{m}}}\}| + \frac{W}{2}. \tag{9.4}$$

Ist die Wählerzahl ungerade, ist die Medianposition eindeutig bestimmt[5]. Das Medianintervall besteht in diesem Fall aus einem Punkt. Ist nämlich $W = 2n + 1$ ($n \in \mathbb{N}$), so ist $\frac{W}{2} = n + \frac{1}{2}$ und nach Definition der Medianposition müssen die beiden Mengen

$$|\{\omega \in \mathfrak{W} \mid p_\omega \leq p_{\mathrm{m}}\}| \quad \text{und} \quad |\{\omega \in \mathfrak{W} \mid p_{\bar{\mathrm{m}}} \leq p_\omega\}|$$

jeweils mindestens $n + 1$ Wähler enthalten. Da nach Voraussetzung aber nur $2n + 1$ Wähler existieren, können die beiden Mengen nicht disjunkt sein, was wegen $p_{\mathrm{m}} \leq p_{\bar{\mathrm{m}}}$ nur möglich ist, wenn $p_{\mathrm{m}} = p_{\bar{\mathrm{m}}}$ gilt.

iii) Da unterschiedliche Wähler die gleiche Idealplattform besitzen können, ist die Zahl der Idealplattformen i.A. kleiner als die Zahl der Wähler. Mathematisch bedeutet dies, dass i.A. die Abbildung $\mathfrak{W} \ni \omega \mapsto p_\omega \in \mathfrak{P}$ nicht injektiv ist. Insbesondere kann es mehrere Medianwähler geben. Andererseits garantiert nicht jede Medianposition einen zugehörigen Medianwähler. Als Beispiel betrachte man den Fall, dass die Wählerzahl gerade ist und dass die Idealplattformen $(p_\omega)_{\omega=1}^{2n}$ ($n \in \mathbb{N}$) dieser Wähler verschieden sind, so dass gilt:

$$p_1 < p_2 < \ldots < p_n < p_{n+1} < \ldots < p_{2n}.$$

Dann ist $I_{\mathrm{m}} = [p_n, p_{n+1}]$ das Medianintervall und jede politische Alternative p mit $p_n < p < p_{n+1}$ ist eine Medianposition ohne Medianwähler.

iv) Die Charakterisierung einer „Nicht-Medianposition" erhält man durch Negation von Definition 9.7. Es ergibt sich:

$p \in \mathfrak{P}$ ist *keine* Medianposition, wenn „links" oder „rechts" von p die Idealplattformen einer Mehrheit von Wählern liegen, genauer:

$$|\{\omega \in \mathfrak{W} \mid p_\omega < p\}| > \frac{W}{2} \quad \textbf{oder} \quad |\{\omega \in \mathfrak{W} \mid p < p_\omega\}| > \frac{W}{2}.$$

Es ist für die nachfolgenden Überlegungen nützlich, bei zwei politischen Alternativen p und q die Zahl der Wähler abzuschätzen, die p strikt vor q präferieren und damit bei einer Wahl für p votieren.

[5] Der Medianwähler ist jedoch nicht notwendigerweise eindeutig bestimmt, da es möglich ist, dass mehrere Wähler die gleiche Idealplattform haben.

Satz 9.10

Sind $p, q \in \mathfrak{W}$ verschiedene politische Plattformen, so gilt:

$$\{\omega \in \mathfrak{W} \mid p \succ^{\omega} q\} \supset \begin{cases} \{\omega \in \mathfrak{W} \mid p_{\omega} \leq p\} & \text{falls } p < q \\ \{\omega \in \mathfrak{W} \mid p \leq p_{\omega}\} & \text{falls } p > q \end{cases} \tag{9.5}$$

Ist p eine Medianposition, so folgt insbesondere

$$|\{\omega \in \mathfrak{W} \mid p \succ^{\omega} q\}| \geq \frac{W}{2} \tag{9.6}$$

und falls q keine Medianposition ist

$$|\{\omega \in \mathfrak{W} \mid p_{\mathfrak{m}} \succ^{\omega} q\}| > \frac{W}{2} \quad \text{oder} \quad |\{\omega \in \mathfrak{W} \mid p_{\bar{\mathfrak{m}}} \succ^{\omega} q\}| > \frac{W}{2}. \tag{9.7}$$

Sind p und q Medianpositionen[6], gilt

$$|\{\omega \in \mathfrak{W} \mid p \succ^{\omega} q\}| = |\{\omega \in \mathfrak{W} \mid q \succ^{\omega} p\}| = \frac{W}{2} \tag{9.8}$$

Beweis:

Aus Symmetriegründen genügt es, den Fall $p < q$ zu betrachten.
Ist $\omega \in \mathfrak{W}$ ein beliebiger Wähler in der Menge $\{\omega \in \mathfrak{W} \mid p_{\omega} \leq p\}$, so gilt $p_{\omega} \leq p < q$ und aus Eigenschaft 2.) der EGP $\precsim^{\omega}$ (siehe Definition 9.5) ergibt sich $p \succ^{\omega} q$.
Ist p eine Medianposition, so folgt aus der Teilmengenbeziehung (9.5) und Definition 9.7:

$$|\{\omega \in \mathfrak{W} \mid p \succ^{\omega} q\}| \overset{(9.5)}{\geq} |\{\omega \in \mathfrak{W} \mid p_{\omega} \leq p\}| \overset{\text{Def. 9.7}}{\geq} \frac{W}{2}. \tag{9.9}$$

Ist q ebenfalls eine Medianposition, so folgt mit der gleichen Argumentation

$$|\{\omega \in \mathfrak{W} \mid q \succ^{\omega} p\}| \overset{(9.5)}{\geq} |\{\omega \in \mathfrak{W} \mid p_{\omega} \leq q\}| \overset{\text{Def. 9.7}}{\geq} \frac{W}{2} \tag{9.10}$$

und daher

$$W \overset{(9.9)\,(9.10)}{\geq} |\{\omega \in \mathfrak{W} \mid p \succ^{\omega} q\}| + |\{\omega \in \mathfrak{W} \mid q \succ^{\omega} p\}| \geq \frac{W}{2} + \frac{W}{2} = W.$$

[6] Dieser Fall kann nach Bemerkung 9.9 ii) nur eintreten, wenn die Wählerzahl W gerade ist.

Also gilt

$$|\{\omega \in \mathfrak{W} \mid p \succ^{\omega} q\}| \;=\; |\{\omega \in \mathfrak{W} \mid q \succ^{\omega} p\}| \;=\; \frac{W}{2}$$

Ist q keine Medianposition, d.h. gilt $q \notin I_{\mathrm{m}} = [p_{\mathrm{m}}, p_{\bar{\mathrm{m}}}]$, muss $p_{\bar{\mathrm{m}}} < q$ wegen $p < q$ gelten. Nach Ungleichung (9.4) in Bemerkung 9.9 ii) gilt in diesem Fall:

$$|\{\omega \in \mathfrak{W} \mid p_{\omega} \leq p_{\bar{\mathrm{m}}}\}| \overset{\text{Bem.9.9 ii)}}{>} \frac{W}{2}. \tag{9.11}$$

Setzt man Ungleichung (9.11) in die Teilmengenbeziehung (9.5) ein, folgt:

$$|\{\omega \in \mathfrak{W} \mid p_{\bar{\mathrm{m}}} \succ^{\omega} q\}| \;>\; \frac{W}{2}.$$

■

Wir wollen nun zeigen, dass sich die Medianposition unter bestimmten Annahmen im *politischen Wettbewerb* gegen alle anderen politischen Alternativen durchsetzt. In den beiden folgenden Abschnitten werden zwei verschieden Formen des politischen Wettbewerbs formal beschrieben. In Abschnitt 9.2.2 wird dem politischen Wettbewerb eine *indirekte Demokratie* zugrundelegt. D.h es wird angenommen, dass Parteien Wahlvorschläge machen und damit um die Stimmen der Wähler konkurrieren. In Abschnitt 9.2.3 wird von einer direkten Demokratie ausgegangen. In der direkten Demokratie existieren keine Parteien und jeder Wähler hat selbst die Möglichkeit, einen Wahlvorschlag zu unterbreiten.

9.2.2 Das Medianwählertheorem in der indirekten Demokratie

Definition 9.11 (Wahlmodell der indirekten Demokratie)

Unterstellt wird, dass *zwei* Parteien in *einer* Wahl um die Stimmen der Wähler konkurrieren. Jede Partei j ($j = 1, 2$) unterbreitet einen Wahlvorschlag, d.h. sie schlägt eine politische Alternative $p_j \in \mathfrak{P}$ vor, mit *der Zielsetzung, die Zahl der erhaltenen Stimmen zu maximieren.* Es wird im folgenden angenommen, dass jede Partei ihren Wahlvorschlag macht, ohne den Vorschlag der gegnerischen Partei zu kennen[7]. Falls beide Parteien den gleichen Wahlvorschlag machen, gehen wir davon aus, dass die Wähler sich zufällig für eine der beiden Parteien entscheiden. In diesem Fall rechnet jede Partei damit, die Hälfte der Stimmen, also $\frac{W}{2}$ zu erhalten.

[7]Diese Annahme ist nicht kritisch für das Ergebnis des politischen Wettbewerbs. Das Ergebnis ändert sich nicht, wenn unterstellt wird, dass eine Partei bereits den Vorschlag der anderen kennt, wenn sie den eigenen unterbreitet.

Bemerkung 9.12

Die Annahme, dass im Fall gleicher Wahlvorschläge jede Partei mit der Hälfte der Stimmen rechnet, wirkt befremdlich, wenn die Wählerzahl ungerade und damit $\frac{W}{2}$ nicht ganzzahlig ist. Dennoch kann diese Annahme in dem hier beschriebenen Modell des politischen Wettbewerbs sinnvoll gerechtfertigt werden. Sie bringt folgenden Sachverhalt zum Ausdruck:

- Im Fall gleicher Wahlvorschläge entscheidet sich der Wähler zufällig.
- Ein *sicherer Wahlsieg* wird von den Parteien gegenüber einer *zufälligen Chance auf einen Wahlsieg* vorgezogen.
- Die Möglichkeit eines *zufälligen Wahlsieges* wird von den Parteien gegenüber einer *sicheren Wahlniederlage* vorgezogen.

Diese Annahme erlaubt es also, *die Zielsetzung, die Zahl der erhaltenen Stimmen zu maximieren* sinnvoll mit der *Zielsetzung, die Wahl zu gewinnen*, zu verknüpfen. Das Konzept der *Risikopräferenz* in Abschnitt 9.3.3 stellt eine Methode zur Verfügung, um zu beschreiben, in welcher Weise zufällige Ereignisse bei Entscheidungen berücksichtigt werden. Eine bestimmte Form der Risikopräferenz, die als *Risikoneutralität* bezeichnet wird (Definition 9.40), erlaubt es, obige Annahme zu rechtfertigen.

Das Problem soll im Folgenden aus Sicht der Spieltheorie beschrieben werden. Die Spieltheorie stellt Methoden zur Verfügung, um Situationen zu analysieren, in denen *Strategische Interdependenz* vorliegt, d.h. Situationen, in denen der Erfolg eines Spielers nicht nur von seinen eigenen Aktionen abhängt, sondern auch von denen anderer Spieler. Dies ist hier der Fall, da die Zahl der Stimmen, die eine Partei erhält, sowohl von der eigenen vorgeschlagenen politischen Alternative, als auch vom Wahlvorschlag der zweiten Partei abhängt. Das vorliegende Spiel ist also charakterisiert durch:

1.) Die *Spieler*: zwei Parteien j $(j = 1, 2)$.

2.) Die möglichen *Aktionen*: Jede Partei wählt ihren Vorschlag aus der Menge $\mathfrak{P}$.

3.) Die *Auszahlungen*: ST_j $(j = 1, 2)$. $ST_j(p_1, p_2)$ gibt an, wie viele Stimmen Partei j erhält, wenn Partei 1 den Vorschlag p_1 und Partei 2 den Vorschlag p_2 macht.

Eine spieltheoretische Beschreibung erfordert die Auszahlungen vollständig zu spezifizieren, d.h. für jede denkbare Kombination von Wahlvorschlägen $(p_1, p_2) \in \mathfrak{P} \times \mathfrak{P}$ müssen die resultierenden Stimmenzahlen $ST_1(p_1, p_2)$ und $ST_2(p_1, p_2)$ hinreichend bestimmt sein[8]. Dies geschieht im folgenden Satz, der das spieltheoretische Analogon zu Satz 9.10 ist.

Satz 9.13 (Auszahlungen in der indirekten Demokratie)

Die Auszahlungsfunktion ST_1 hat folgende Eigenschaften:

a) $\forall p, q \in \mathfrak{P} : ST_1(p,q) + ST_2(p,q) = W$.

b) $\forall p, q \in \mathfrak{P} : ST_1(p,q) = ST_2(q,p)$.

c) $\forall p, q \in \mathfrak{P} : ST_1(p,q) = W - ST_1(q,p)$.

d) $ST_1(p,q) = \frac{W}{2}$ falls $p = q$

e) Ist p eine Medianposition, d.h. ist $p \in [p_{\mathrm{m}}, p_{\bar{\mathrm{m}}}]$, so gilt:

$$\begin{aligned} ST_1(p,q) &\geq \frac{W}{2} \quad \text{falls} \quad q \notin I_{\mathrm{m}} \\ ST_1(q,p) &\leq \frac{W}{2} \quad \text{falls} \quad q \notin I_{\mathrm{m}} \\ ST_1(q,p) &= \frac{W}{2} \quad \text{falls} \quad q \in I_{\mathrm{m}} \end{aligned}$$

Ist q keine Medianposition gilt außerdem

$$ST_1(p_{\mathrm{m}}, q) > \frac{W}{2} \quad \text{oder} \quad ST_1(p_{\bar{\mathrm{m}}}, q) > \frac{W}{2}.$$

Beweis:

a) Da eine Wahlenthaltung nach Voraussetzung ausgeschlossen ist, muss die Summe der Parteienstimmzahlen gleich der Wählerzahl sein.

b) Ein Tausch der politischen Positionen p und q führt zum Rollentausch der Parteien.

c) Diese Aussage ergibt sich durch Einsetzen von Teil b) in Teil a).

d) Im Fall $p = q$ ergibt sich $ST_1(p,q) = \frac{W}{2} = ST_2(p,q)$ aus dem „stochastischen" Verhalten, das den Wählern in diesem Fall unterstellt wird und der daraus resultierenden Erwartungshaltung der Parteien (siehe auch Definition 9.11).

e) Wegen $ST_1(p,q) \geq |\{\omega \in \mathfrak{W} \mid p \succ^{\omega} q\}|$ ist Teil e) eine direkte Folge von Satz 9.10. ∎

[8] Worin eine hinreichende Beschreibung besteht, ist von der Spezifikation des Spiels abhängig. Im vorliegenden Fall reicht es aus, untere Schranken für die Funktionswerte von ST_1 und ST_2 anzugeben. Wegen $ST_1 + ST_2 = W$ hat man damit auch obere Schranken für ST_1 und ST_2. Siehe hierzu auch Satz 9.13.

In der Spieltheorie werden Gleichgewichtskonzepte genutzt, um die Lösung eines Spiels zu beschreiben. Ein Gleichgewicht liegt vor, wenn kein Spieler *gegeben die Aktionen anderer Spieler* einen Anreiz hat, sein Verhalten zu ändern. Wenn für jeden Spieler gilt, dass seine Aktion „eine beste Antwort" auf die Aktionen anderer Spieler ist - in dem Sinne, dass die gewählte Aktion seine Zielfunktion *gegeben die Aktionen der Gegner* maximiert - liegt ein sogenanntes *Nash-Gleichgewicht* vor.

Zwei einfache Beispiele soll den Begriff des Nash-Gleichgewichts erläutern.

Beispiel 9.14

i) Im Straßenverkehr gilt zumindest in Kontinentaleuropa die Regel, auf der rechten Spur zu fahren. Im Prinzip stehen jedoch jedem Autofahrer zwei Aktionen zur Verfügung: Das Fahren auf der linken Spur und das Fahren auf der rechten Spur. Falls ein Autofahrer unterstellt, dass alle anderen sich an die Regel halten rechts zu fahren, besteht sein beste Antwort darin - solange keine pathologischen Präferenzen unterstellt werden - ebenfalls darin, die rechte Spur zu benutzen. Wenn dies für alle Autofahrer gilt, hat niemand einen Anreiz von der Strategie „Fahre auf der rechten Spur" abzuweichen. Eine Situation, in der alle Autofahrer sich an diese Strategie halten, stellt ein Nash-Gleichgewicht dar.

ii) Ein Tennisspieler steht vor der Frage, ob er seinen Aufschlag auf die Vorhand oder Rückhand seines Kontrahenten spielen soll. Gleichzeitig steht der andere Tennisspieler vor der Frage, wie er sich entlang der Grundlinie positionieren soll, um den Return optimal schlagen zu können. Er kann sich so stellen, dass seine Position optimal ist, wenn der Aufschlag auf die Vorhand gespielt wird oder er kann sich so stellen, dass seine Position optimal ist, wenn der Aufschlag auf die Rückhand gespielt wird. In dieser Konstellation existiert kein Nash-Gleichgewicht: Falls der aufschlagende Spieler auf die Vorhand serviert, besteht die beste Antwort des returnierenden Spielers darin, sich entsprechend zu positionieren. Falls der Spieler, der den Aufschlag empfängt, jedoch so steht, dass er die Vorhand optimal schlagen kann, ist es für den aufschlagenden Spieler optimal die Rückhand anzuspielen. Dann wäre es jedoch optimal für den returnierenden Spieler sich entsprechend zu positionieren etc.. Es existiert hier also keine Situation, in der die Strategie des Aufschlägers eine beste Antwort auf die Strategie des Kontrahenten ist und dessen Strategie zugleich eine beste Antwort auf die Strategie des Aufschlägers.

Definition 9.15 (Nash-Gleichgewicht)

Gegeben sei das Modell des Zwei-Parteien Wettbewerbs in Definition 9.11. Die Aktionen p_1^* und p_2^* bilden ein Nash-Gleichgewicht, wenn gilt:

$$\forall p \in \mathfrak{P} : \ ST_1(p_1^*, p_2^*) \geq ST_1(p, p_2^*)$$
$$\forall q \in \mathfrak{P} : \ ST_2(p_1^*, p_2^*) \geq ST_2(p_1^*, q)$$

Bemerkung 9.16

Ein Nash-Gleichgewicht liegt *nicht* vor, wenn eine Partei *gegeben die Aktion der anderen Partei* eine Möglichkeit hat, sich besser zu stellen.

Satz 9.17 (Medianwählertheorem I)

Gegeben sei das Modell des Zwei-Parteien Wettbewerbs aus Definition 9.11. Das Spiel des Zwei-Parteienwettbewerbs hat mindestens ein Nash-Gleichgewicht. In jedem nehmen beide Parteien eine Medianposition ein. Insbesondere ist dieses Gleichgewicht eindeutig, wenn nur eine Medianposition existiert.

Beweis:

Der Beweis stützt sich im Wesentlichen auf die Eingipfligkeit der Wählerpräferenzen. Sie garantiert, dass stets mindestens eine Partei einen Anreiz hat, mit ihrem Wahlvorschlag näher an eine Medianposition zu rücken, so dass im Nash-Gleichgewicht beide Parteien eine Medianposition vorschlagen.

i) Zunächst weisen wir nach, dass in einem Nash-Gleichgewicht mindestens eine Partei eine Medianwählerplattform vorschlägt. Dies geschieht, indem wir mit Hilfe eines indirekten Beweises zeigen, dass ansonsten mindestens eine Partei die Möglichkeit hat, durch einen anderen Vorschlag eine höhere Stimmenzahl zu erzielen, was ein Widerspruch zum Begriff des Nash-Gleichgewichts ist.

   Sei also (p_1^*, p_2^*) ein Nash-Gleichgewicht, in dem sowohl p_1^* als auch p_2^* *keine* Medianpositionen sind. Wegen $ST_1 + ST_2 = W$ kann o.E. $ST_1(p_1^*, p_2^*) \leq \frac{W}{2}$ angenommen werden.

   Da p_2^* nach Voraussetzung keine Medianposition ist, gilt nach Satz 9.13 e) zumindest für eine der Medianpositionen $p = p_{\text{m}}$ oder $p = p_{\bar{\text{m}}}$:

$$ST_1(p, p_2^*) \overset{9.13\text{ e)}}{>} \frac{W}{2} \geq ST_1(p_1^*, p_2^*)$$

Daher kann Partei 1 ihre Stimmenzahl durch Wahl einer Medianposition vergrößern im Widerspruch dazu, dass (p_1^*, p_2^*) ein Nash-Gleichgewicht ist. Im Nash-Gleichgewicht muss also gelten:

$$p_1^* \in I_{\mathrm{m}} \quad \text{oder} \quad p_2^* \in I_{\mathrm{m}}.$$

ii) Es soll nun gezeigt werden, dass kein Nash-Gleichgewicht existiert, indem nur eine Partei eine Medianplattform vorschlägt. Gilt $p_2^* \in I_{\mathrm{m}}$, so folgt mit Satz 9.13 e):

$$ST_1(p, p_2^*) \begin{cases} \leq \frac{W}{2} & \text{falls} \quad p \notin I_{\mathrm{m}} \\ = \frac{W}{2} & \text{falls} \quad p \in I_{\mathrm{m}}. \end{cases}$$

Falls nun gilt $p \notin I_{\mathrm{m}}$ und $ST_1(p, p_2^*) < \frac{W}{2}$, folgt unmittelbar, dass sich Partei 1 durch Wahl einer Medianposition besser stellen kann, so dass die Ausgangslage kein Nash-Gleichgewicht darstellen kann. Falls gilt $p \notin I_{\mathrm{m}}$ und $ST_1(p, p_2^*) = \frac{W}{2}$, so folgt mit Satz 9.13 c), dass auch $ST_2(p, p_2^*) = \frac{W}{2}$. Weiterhin gilt dann mit Satz 9.13 e), dass sich dann Partei 2 durch Wahl von $p_2 = p_m$ oder durch Wahl von $p_2 = p_{\tilde{m}}$ besser stellen kann, so dass sich auch hier ein Widerspruch zum Vorliegen eines Nash-Gleichgewichts ergibt.

iii) Es bleibt zu zeigen, dass mindestens ein Nash-Gleichgewicht existiert[9]: Die Aktionen $p_1^* = p_m$ und $p_2^* = p_{\tilde{m}}$ bilden ein Nash-Gleichgewicht, weil gilt:

$$\forall p \in \mathfrak{P}: \quad ST_1(p_m, p_{\tilde{m}}) \geq ST_1(p, p_{\tilde{m}})$$
$$\forall q \in \mathfrak{P}: \quad ST_2(p_m, p_{\tilde{m}}) \geq ST_1(p_m, q)$$

■

Bemerkung 9.18

Die Annahme, dass *zwei* Parteien in der indirekten Demokratie um die Stimmen der Wähler konkurrieren, ist wesentlich für das hergeleitete Ergebnis. Es lässt sich leicht zeigen, dass im Wettbewerb dreier Parteien kein Nash-Gleichgewicht existiert. Dann gilt für jedes mögliche 3-Tupel von Wahlvorschlägen, dass mindestens eine Partei einen Anreiz hat, einen anderen Wahlvorschlag zu unterbreiten.

[9] Bislang wurde lediglich gezeigt, dass falls ein Nash-Gleichgewicht existiert, beide Parteien eine Medianplattform vorschlagen.

9.2.3 Das Medianwählertheorem in der direkten Demokratie

Die Fragestellung in diesem Abschnitt lautet, ob auch in der direkten Demokratie die Medianposition das zu erwartende Ergebnis des politischen Prozesses darstellt. Hierzu ist es erforderlich, die *Mehrheitsregel*, auf deren Grundlage über jeweils zwei konkurrierende politische Alternativen entschieden wird, genauer zu untersuchen. Die Mehrheitsregel liefert eine Relation, die wir im Folgenden als *Mehrheitsrelation* bezeichnen. Formal lautet ihre Definition:

Definition 9.19 (Mehrheitsregel)

Ein Wahlvorschlag $p \in \mathfrak{P}$ wird mehrheitlich dem Wahlvorschlag $q \in \mathfrak{P}$ vorgezogen, und wir schreiben $p \succsim^M q$, wenn gilt:

$$|\{\omega \in \mathfrak{W} \mid p \succ^\omega q\}| \geq |\{\omega \in \mathfrak{W} \mid p \prec^\omega q\}|.$$

Bemerkung 9.20

i) Aus der Definition der Mehrheitsrelation ergibt sich, dass die nachfolgenden Aussagenblöcke 1.) - 3.) in a), b) und c) jeweils äquivalent sind.

a) 1.) $p \succsim^M q$

2.) $|\{\omega \in \mathfrak{W} \mid p \succ^\omega q\}| \geq |\{\omega \in \mathfrak{W} \mid p \prec^\omega q\}|$

3.) $|\{\omega \in \mathfrak{W} \mid p \succsim^\omega q\}| \geq |\{\omega \in \mathfrak{W} \mid p \precsim^\omega q\}|$

b) 1.) $p \sim^M q$

2.) $|\{\omega \in \mathfrak{W} \mid p \succ^\omega q\}| = |\{\omega \in \mathfrak{W} \mid p \prec^\omega q\}|$

3.) $|\{\omega \in \mathfrak{W} \mid p \succsim^\omega q\}| = |\{\omega \in \mathfrak{W} \mid p \precsim^\omega q\}|$

c) 1.) $p \succ^M q$

2.) $|\{\omega \in \mathfrak{W} \mid p \succ^\omega q\}| > |\{\omega \in \mathfrak{W} \mid p \prec^\omega q\}|$

3.) $|\{\omega \in \mathfrak{W} \mid p \succsim^\omega q\}| > |\{\omega \in \mathfrak{W} \mid p \precsim^\omega q\}|$

ii) Die *Mehrheitsrelation* $p \succsim^M q$ besagt, dass zumindest die Hälfte aller Wähler die politische Alternative p der Position q vorziehen. Es gelten die Implikationen:

$$p \succsim^M q \implies |\{\omega \in \mathfrak{W} \mid p \succsim^\omega q\}| \geq \tfrac{W}{2}$$

$$p \succ^M q \implies |\{\omega \in \mathfrak{W} \mid p \succsim^\omega q\}| > \tfrac{W}{2}$$

Die Umkehrung dieser Implikationen ist wegen möglicher Indifferenzen i.A. falsch, jedoch sind noch folgende Aussagen möglich:

$$|\{\omega \in \mathfrak{W} \mid p \succ^\omega q\}| > \tfrac{W}{2} \implies p \succ^M q$$

$$|\{\omega \in \mathfrak{W} \mid p \succ^\omega q\}| \geq \tfrac{W}{2} \implies p \succsim^M q$$

Beweis:
Wegen der Disjunktheit der Mengen folgt zunächst:

$$W = |\{\omega \in \mathfrak{W} \mid p \succsim^\omega q\}| + |\{\omega \in \mathfrak{W} \mid p \prec^\omega q\}|.$$

Gilt nun $p \succsim^M q$, so heißt dies nach Definition:

$$|\{\omega \in \mathfrak{W} \mid p \prec^\omega q\}| \leq |\{\omega \in \mathfrak{W} \mid q \prec^\omega p\}| \leq |\{\omega \in \mathfrak{W} \mid q \precsim^\omega p\}|.$$

Damit ergibt sich:

$$W \leq 2|\{\omega \in \mathfrak{W} \mid q \precsim^\omega p\}|.$$

Die anderen Implikationen werden analog bewiesen.

■

Wir wollen nun zeigen, dass auch in der direkten Demokratie die Medianposition das zu erwartende Ergebnis des politischen Prozesses darstellt. Ziel ist daher der Nachweis, dass die Mehrheitsregel $\succsim^M$ die erforderlichen Eigenschaften besitzt. Diese sind:

- $\succsim^M$ ist vollständig
- $\succsim^M$ schwach transitiv: Sind $a, b \in \mathfrak{P}$ zwei politische Alternativen mit $a \succsim^M b$ und ist p^* eine Medianposition, so wird jede politische Alternative zwischen a und p^* gemäß der Mehrheitsregel ebenfalls vor b präferiert.

- eine Medianposition schlägt gemäß der Mehrheitsregel alle anderen Plattformen und
- von zwei politischen Alternativen auf einer Seite des Medianintervalls, wird diejenige gemäß der Mehrheitsregel bevorzugt, die „näher" am Medianintervall liegt[10].

Diese Eigenschaften haben folgende Konsequenz:
Wird zunächst eine Wahl zwischen p und q durchgeführt und dann gegen den Sieger eine weitere Alternative p^* zur Abstimmung gestellt, so kann sich die Position p^* nur dann durchsetzen, wenn sie näher am Medianintervall als der Gewinner der ersten Wahl befindet. Liegen p und q auf der gleichen Seite des Medianintervalls, ergibt sich dies aus der Eingipfligkeit. Liegen p und q auf unterschiedlichen Seiten des Medianintervalls, ergibt sich dies aus der schwachen Transitivität.
Wenn es also gelingt, Eingipfligkeit und schwache Transitivität der Mehrheitsregel zu zeigen, folgt, dass im politischen Prozess immer nur diejenigen Vorschläge in Abstimmung gegen den Status quo eine Mehrheit erhalten, die eine Annäherung an die Medianposition darstellen. D.h. es ist damit zu rechnen, dass eine Folge von Abstimmungen zu einer Annäherung an die Medianposition führt.
Der folgende Satz ist eine direkte Konsequenz von Satz 9.10 und wird beim Beweis des Medianwählertheorems benötigt.

Satz 9.21

a) Sind p^* und q^* Medianpositionen, so gilt $p^* \sim^M q^*$.

b) Ist $q \in \mathfrak{P}$ keine Medianposition, so gilt $p_{\mathfrak{m}} \succ^M q$ oder $p_{\bar{\mathfrak{m}}} \succ^M q$.

c) Ist p^* eine Medianposition und $q \in \mathfrak{P}$ beliebig, so gilt $p^* \succsim^M q$.

Beweis:
Die Aussagen a), b) und c) dieses Satzes sind die zu Satz 9.10 analogen Aussagen.

■

Wir können nun das Medianwählertheorem für die Mehrheitsrelation beweisen. Es zeigt, dass die Mehrheitsrelation vollständig ist und einer abgeschwächten Form der Eingipfligkeit und Transitivität genügt.

[10] Die Mehrheitsregel stellt daher eine *eingipflige Präferenzrelation* für jeden Medianwähler dar. Dies bedeutet jedoch nicht, dass die Mehrheitsrelation $\succsim^M$ mit der ursprünglichen EGP des Medianwählers übereinstimmt.

Satz 9.22 (Medianwählertheorem II)

a) Die Mehrheitsrelation $\succsim^M$ ist vollständig.

b) Die Mehrheitsrelation $\succsim^M$ ist eingipflig in Bezug auf das Medianintervall, d.h. von zwei politischen Alternativen, die sich beide links oder beide rechts vom Medianintervall befinden, wird gemäß der Mehrheitsregel diejenige bevorzugt, die näher am Medianintervall liegt. Genauer

$$\forall a, b \in \mathfrak{W} : (b < a \leq p_{\mathrm{m}}) \vee (p_{\bar{\mathrm{m}}} \leq a < b) \Longrightarrow a \succ^M b.$$

c) Sind $a, b \in \mathfrak{P}$ zwei politische Alternativen mit $a \succsim^M b$ und ist p^* eine Medianposition, so wird jede politische Alternative zwischen a und p^* gemäß der Mehrheitsregel ebenfalls vor b präferiert, d.h.:

$$(a \leq c \leq p^*) \vee (p^* \leq c \leq a) \implies c \succsim^M b.$$

Beweis:

a) Die Vollständigkeit von $\succsim^M$ ergibt sich aus der Annahme, dass eine Wahlenthaltung nicht möglich ist, d.h. für zwei beliebige Wahlvorschläge $p, q \in \mathfrak{P}$ gilt

$$\mathfrak{W} = \{\omega \in \mathfrak{W} \mid p \succsim^\omega q\} \cup \{\omega \in \mathfrak{W} \mid p \precsim^\omega q\}.$$

Es folgt daher stets $p \succsim^M q$ oder $p \precsim^M q$.

b) Aus Symmetriegründen kann o.B.d.A. $b < a \leq p_{\mathrm{m}}$ angenommen werden. Für alle Wähler $\omega \in \mathfrak{W}$ mit $p_{\mathrm{m}} \leq p_\omega$ gilt dann $a \succ^\omega b$ wegen Eigenschaft 2.) von EGP. Die Zahl der Wähler mit dieser Eigenschaft ist nach Ungleichung (9.3) in Bemerkung 9.9 ii) echt größer als $\frac{W}{2}$, d.h. es gilt

$$\{\omega \in \mathfrak{W} \mid a \succ^\omega b\} > \frac{W}{2}.$$

Nach Bemerkung 9.20 ii) folgt damit $a \succ^M b$.

c) Gelte $a \succsim^M b$, $p^* \in I_{\mathrm{m}} = [p_{\mathrm{m}}, p_{\bar{\mathrm{m}}}]$ und sei c eine politische Alternative zwischen a und p^*. Aus Symmetriegründen genügt es, den Fall $a < c \leq p^*$ zu betrachten[11]. Wegen Teil b) können wir außerdem den Fall, dass c eine Medianposition ist, als erledigt

[11] Der Fall $c = a$ ist trivial.

betrachten. Insbesondere sind damit die Fälle $a \in I_m$ (impliziert $c \in I_m$) und $b \in I_m$ (impliziert ebenfalls $a \in I_m$ wegen Teil b) und $a \succsim^M b$) erledigt.

Für die politische Alternative b bleiben nun die Fälle $b \leq a$, $a < b < p_m$ und $p_{\bar{m}} < b$.

1. Fall: $b \leq a$

Wegen $b \leq a < c < p_m$ folgt dann mit Teil b) die Aussage $c \succ^M b$.

2. Fall: $a < b < p_m$

Dieser Fall kann nicht eintreten, da nach Teil b) sonst $a \prec^M b$ gelten müsste, im Widerspruch zur Voraussetzung $a \succsim^M b$.

3. Fall: $p_{\bar{m}} < b$

Wir zeigen, dass in diesem Fall

$$\{\omega \in \mathfrak{W} \mid a \succsim^\omega b\} \subset \{\omega \in \mathfrak{W} \mid c \succ^\omega b\} \tag{9.12}$$

gilt. Daraus folgt dann

$$|\{\omega \in \mathfrak{W} \mid c \succ^\omega b\}| \overset{(9.12)}{\geq} |\{\omega \in \mathfrak{W} \mid a \succ^\omega b\}| \overset{\text{Bem.9.20ii)}}{\geq} \frac{W}{2}. \tag{9.13}$$

Aus Bemerkung 9.20ii) folgt damit wiederum $c \succsim^M b$.

Zum Beweis von (9.12), betrachten wir einen Wähler $\omega \in \mathfrak{W}$ mit $a \succsim^\omega b$.

Ist $p_\omega \leq c$, so folgt wegen $p_\omega \leq c < b$ und Eigenschaft 2.) von EGP

$$c \succ^\omega b.$$

Ist $c < p_\omega$, so folgt wegen $a < c < p_\omega$ und Eigenschaft 2.) von EGP

$$c \succ^\omega a.$$

Aus der Transitivität von $\succsim^\omega$ und der Annahme $a \succsim^\omega b$ folgt auch in diesem Fall

$$c \succ^\omega b.$$

■

Bemerkung 9.23

Setzt man in Lemma 9.22 c) voraus, dass die Wählerzahl W ungerade ist, kann aus $c \neq a$ sogar $c \succ^M b$ geschlossen werden. Im 3. Fall des Beweises kann dann nämlich Ungleichung (9.13) wegen der Nichtganzzahligkeit von $\frac{W}{2}$ und der Ganzzahligkeit von $|\{\omega \in \mathfrak{W} \mid a \succ^\omega b\}|$ verschärft werden zu

$$|\{\omega \in \mathfrak{W} \mid a \succ^\omega b\}| > \frac{W}{2}.$$

Mit Bemerkung 9.20 ii) folgt daraus $c \succ^M b$.

Satz 9.24

Bei ungerader Wählerzahl W ist die Mehrheitsrelation $\succsim^M$ für jeden Medianwähler eine eingipflige Präferenzordnung deren Gipfel die Medianposition bildet.

Beweis:

Die Vollständigkeit und Eingipfligkeit wurde schon in Satz 9.21 nachgewiesen. Zu beachten ist dabei, dass wegen der ungeraden Wählerzahl das Medianintervall nach Bemerkung 9.9 ii) nur aus einem Punkt besteht und damit die Medianposition $p_{\mathsf{m}} = p_{\bar{\mathsf{m}}}$ eindeutig ist. Zum Nachweis der noch fehlenden Transitivität ist folgende Implikation zu überprüfen:

$$(z \precsim^M q) \wedge (q \precsim^M p) \Longrightarrow (z \precsim^M p).$$

Da die Behauptung trivialerweise erfüllt ist, wenn $p = q$, $p = z$ oder $q = z$ gilt, kann O.B.d.A. vorausgesetzt werden, dass p, q, z paarweise verschieden sind. p_{m} dominiert gemäß der Mehrheitsregel nach Satz 9.21 alle politischen Alternativen, sogar strikt bei Nichtmedianpositionen. Daher kann vorausgesetzt werden, dass $p \neq p_{\mathsf{m}}$ gilt und wegen der Voraussetzung $z \precsim^M q$ bzw. $q \precsim^M p$ können z und q ebenfalls keine Medianpositionen sein.

Zum Beweis der Implikation $z \precsim^M p$ unterscheiden wir nun die möglichen Positionen der drei politischen Alternativen relativ zur Medianposition und weisen für jeden dieser Fälle die Transitivität nach.

1. Fall: Alle drei politischen Alternativen liegen „links" von der Medianposition[12], d.h. gelte $p, q, z < p_{\mathsf{m}}$.
   Da p, q, z paarweise verschieden sind, folgt aus $z \precsim^M q$, $q \precsim^M p$ und der Eingipfligkeit von $\succsim^M$

   $$(z < q) \wedge (q < p).$$

   Die Transitivität der Totalordnung $\leq$ liefert daher $z < p < p_{\mathsf{m}}$ und die Eingipfligkeit von $\succsim^M$ ergibt $z \prec^M p$.

2. Fall: Die politischen Alternativen p und q liegen „links", z liegt „rechts" von der Medianposition[13], d.h. gelte $p, q \leq p_{\mathsf{m}} \leq z$.
   Lemma 9.22 c) liefert in diesem Fall die Behauptung.

[12] Analog erfolgt der Beweis für $p_{\mathsf{m}} < p, q, z$.

[13] Analog erfolgt der Beweis für $z < p_{\mathsf{m}} < p, q$.

3. Fall: Die politischen Alternativen p und z liegen „links", p liegt „rechts" von der Medianposition[14], d.h. gelte $p, z < p_m < q$.
Würde $p \prec^M z$ gelten, so folgt mit Bemerkung 9.23 wegen $p \succsim^M q$ folgt, dass $z \succ^M q$ gilt, im Widerspruch zur Voraussetzung $z \precsim^M q$.

4. Fall: Die politischen Alternativen q und z liegen „links", p liegt „rechts" von der Medianposition[15], d.h. gelte $q, z < p_m < p$.
Würde $z \succ^M p$ gelten, ergäbe sich wegen der Voraussetzung $q \succsim^M z$ aus Bemerkung 9.23 die Aussage $q \succ^M p$, im Widerspruch zur Voraussetzung $q \precsim^M p$.

■

Bemerkung 9.25

i) Die Konstruktion eines Beispiels das zeigt, dass bei gerader Wählerzahl, die Transitivität der Mehrheitsrelation nicht garantiert werden kann (und nur noch schwache Transitivität wie in Satz 9.22 gezeigt, nachgewiesen werden kann) stellt eine einfache Übungsaufgabe dar.

ii) Wie in Satz 9.24 gezeigt wurde, ist unter bestimmten Voraussetzungen die Mehrheitsrelation $\succsim^M$ ebenfalls eine eingipflige Präferenzordnung für jeden Medianwähler. Daraus folgt jedoch nicht notwendigerweise, dass die Mehrheitsrelation gleich der Präferenzordnung eines Medianwählers ist, wie sich leicht anhand eines Beispiels verdeutlichen lässt. Gegeben seien drei Wähler i, j und k mit den Idealplattformen p_i, p_j und p_k. Es soll zwischen den Vorschlägen $q, z \in \mathfrak{P}$ abgestimmt werden und es gelte:

$$q \leq p_i \leq p_j \leq p_k \leq z.$$

Die Annahme, dass alle Wähler eingipflige Präferenzen haben lässt nun die Konstellation

$$q \succsim^{\omega} z \ \wedge \ q \precsim^{m} z \ \wedge \ q \not\succsim^{m} z \ \wedge \ q \succsim^{j} z$$

zu, woraus folgt:

$$q \succsim^{M} z \ \wedge \ z \not\succsim^{M} q \ \wedge \ q \precsim^{m} z.$$

[14] Analog erfolgt der Beweis für $q < p_m < p, z$.

[15] Analog erfolgt der Beweis für $p < p_m < q, z$.

iii) In der Literatur wird eine Regel der Beschlussfassung dann als *diktatorisch* bezeichnet, wenn folgendes gilt: Es existiert genau ein Individuum, das in jeder möglichen Situation die gleiche Entscheidung treffen würde, wie sie aus der Regel der Beschlussfassung resultiert. Wir haben gezeigt, dass die Mehrheitsregel $\succsim^M$ eine eingipflige Präferenzordnung bezüglich der Idealplattform des Medianwählers darstellt. Daraus folgt jedoch noch nicht, dass $\succsim^M$ diktatorisch in dem oben beschriebenen Sinn ist, da i.A. nicht die Gleichheit von $\succsim^m$ und $\succsim^M$ gilt, wie oben gezeigt wurde. Jedoch gilt, dass im Modell der direkten Demokratie eine Folge von Abstimmungsresultaten sich auf die Medianposition (in einem schwachen Sinn) zubewegt[16], so dass sich möglicherweise langfristig die Idealplattform des Medianwählers durchsetzt. Wir haben in Abschnitt 9.2.2 auch gezeigt, dass sich auch in der indirekten Demokratie die Medianposition durchsetzt, insofern das Konzept des Nash-Gleichgewichts zugrundelegt wird. Bei der Interpretation ist dennoch Vorsicht geboten. Diese Resultate behaupten nicht, dass der Medianwähler bestimmt, was passiert. Sondern nur, dass passiert, was der Medianwähler will.

9.3 Nutzenfunktionen

9.3.1 Präferenzen, Indifferenzkurven und Nutzenfunktion

In Abschnitt 9.1 werden die Präferenzen eines Wirtschaftssubjektes als Relation definiert, die Güterbündel gemäß ihrer Erwünschtheit ordnet. *Nutzenfunktionen* und *Indifferenzkurven* stellen eine weitere Möglichkeit dar, Präferenzen zu beschreiben. Indifferenzkurven sind definiert als der geometrische Ort aller Güterbündel, die aus Sicht eines Wirtschaftssubjektes gleichwertig sind. Sind n Güter gegeben, so ist ein Güterbündel also ein n-dimensionaler Vektor $\vec{x} = (x_1, \ldots, x_n)$. Die Notation x_j bezeichne dabei die Mengeneinheiten des Gutes j in Güterbündel $\vec{x}$. Die Menge aller Güterbündel, die in Relation zu einem Güterbündel als gleichwertig erachtet werden, liegen auf einer Indifferenzkurve. Indifferenzkurven können damit unter Verwendung der in 9.1 eingeführten Notation beschrieben werden.

[16]Strikt gesprochen gilt, dass eine Folge von Abstimmungsresultaten sich nicht von der Medianposition wegbewegen kann.

Sei $\vec{g}$ ein vorgegebenes Güterbündel. Die Indifferenzkurve durch $\vec{g}$ ist gegeben als:

$$\{\vec{x} \in \mathbb{R}^n_+ \mid \vec{x} \sim \vec{g}\}.$$

Eine Nutzenfunktion ist definiert als eine Abbildung, die Güterbündeln reelle Zahlen zuordnet, so dass die Ordnung der Güterbündel gemäß der Präferenzordnung des Haushalts erhalten bleibt. Eine Nutzenfunktion hat die folgende Form:

$$U : \mathbb{R}^n_+ \longrightarrow \mathbb{R} : \vec{x} \mapsto U(\vec{x})$$

wobei gelten muss:

$$\begin{aligned} \vec{x} \sim \vec{g} &\iff U(\vec{x}) = U(\vec{g}) \\ \vec{x} \succ \vec{g} &\iff U(\vec{x}) > U(\vec{g}) \\ \vec{x} \succsim \vec{g} &\iff U(\vec{x}) \geq U(\vec{g}). \end{aligned}$$

Indifferenzkurven können damit auch auf Grundlage einer Nutzenfunktion beschrieben werden, als Niveaumenge aller Güterbündel, die einem Wirtschaftssubjekt gleichen Nutzen stiften. Für Güterbündel auf der durch $\vec{g}$ eindeutig bestimmten Indifferenzkurve gilt:

$$\{\vec{x} \in \mathbb{R}^n_+ \mid U(\vec{x}) = U(\vec{g})\}.$$

Bemerkung 9.26

i) Nutzenfunktionen und Präferenzenordungen sind äquivalente Methoden um die Ordnung von Güterbündeln gemäß einer Präferenzrelation zu beschreiben. Voraussetzung dafür ist allerdings, dass eine Nutzenfunktion existiert, d.h. dass eine gegebene Präferenzordnung durch eine Nutzenfunktion repräsentiert werden kann.

ii) Es ist nicht selbstverständlich, dass eine Präferenzordnung durch eine Nutzenfunktion repräsentiert werden kann. Die Bedingungen der Vollständigkeit und Transitivität einer Präferenzordnung sind noch nicht hinreichend für die Existenz einer Nutzenfunktion. Die zusätzliche Annahme der *Stetigkeit* einer Präferenzrelation garantiert die Existenz einer - in diesem Fall auch stetigen - Nutzenfunktion. Die Annahme der Stetigkeit einer Präferenzrelation beinhaltet, dass die Mengen $\{\vec{x} \in \mathbb{R}^n \mid \vec{x} \succsim \vec{g}\}$ und $\{\vec{x} \in \mathbb{R}^n \mid \vec{x} \precsim \vec{g}\}$ abgeschlossen sind. Im Folgenden soll stets angenommen werden, dass die Voraussetzungen für das Vorliegen einer Nutzenfunktion erfüllt sind.

Im Folgenden sollen einige Beispiele dafür gegeben werden, wie es möglich ist, aus Annahmen bezüglich der Präferenzen des Haushalts Indifferenzkurven abzuleiten und schließlich eine Nutzenfunktion zu konstruieren. Wesentlich dabei ist, dass für eine Präferenzordnung eine Vielzahl von Nutzenfunktionen existieren können. Eine Präferenzordnung ordnet Güterbündel lediglich qualitativ. Sie sagt nur aus, ob ein Güterbündel gegenüber einem anderen vorgezogen wird, aber nicht wie sehr. Eine Aussage der Form: „Das Güterbündel $\vec{x_i}$ ist doppelt so gut wie das Güterbündel $\vec{x_j}$.“, ist auf Grundlage einer Präferenzordnung nicht möglich. Eine Präferenzordnung stellt daher lediglich eine *ordinale Skalierung* dar. Von einer Nutzenfunktion, die eine Präferenzordnung abbilden soll, wird also nur verlangt, dass sie diese Ordnung erhält, d.h. es soll für jede mögliche Nutzenfunktion zu einer gegebenen Präferenzordnung gelten:

$$\begin{aligned} \vec{x} \sim \vec{g} &\implies U(\vec{x}) = U(\vec{g}) \\ \vec{x} \succ \vec{g} &\implies U(\vec{x}) > U(\vec{g}) \end{aligned}$$

Die Eigenschaft einer Funktion ordnungserhaltend zu sein, wurde in Definition 4.31 als *monotones Wachstum* bezeichnet. Eine Funktion f wird dort als streng monoton wachsend bezeichnet, wenn gilt:

$$x < y \implies f(x) < f(y).$$

Es sei eine Menge von Güterbündeln gegeben. Ein Individuum weise jedem dieser Güterbündel eine reelle Zahl zu, wobei gilt, dass - im paarweisen Vergleich zweier Güterbündel - ein Güterbündel genau dann eine höhere Zahl zugeordnet bekommt, wenn es gegenüber einem anderen strikt bevorzugt wird. Es ergibt sich damit eine vollständige Abbildung aus der Menge der Güterbündel in die reellen Zahlen. Diese Abbildung stellt bereits eine zulässige Nutzenfunktion dar. Weiterhin gilt jedoch, dass jede streng monoton wachsende Funktion, deren Urbild diese Zahlen sind, ebenfalls eine mögliche Nutzenfunktion darstellen.

Zur Verdeutlichung der gerade beschriebenen Sachverhalte beschränken wir uns in den folgenden Beispielen auf zwei Güter.

Beispiel 9.27 (Perfekte Substitute)

Zwei Güter sind aus Sicht eines Wirtschaftssubjektes *perfekte Substitute* (etwa Coca Cola und Pepsi Cola), wenn aus Sicht dieses Wirtschaftssubjektes alle Güterbündel gleichwertig sind, die eine gleiche Anzahl von Gütern enthalten. (D.h. dieses Individuum hält vier Dosen Pepsi Cola für ebenso gut wie vier Dosen Coca Cola oder zwei von jeder Sorte.) Der geometrische Ort aller gleichwertigen Güterbündel ist damit die Menge aller Güterbündel, bei der die Summe der Güter konstant ist. Gegeben sei ein Güterbündel $\vec{g} = (g_1, g_2)$. Falls die Güter 1 und 2 perfekte Substitute sind, gilt für die durch $\vec{g}$ bestimmte Indifferenzkurve, dass:

$$\{\vec{x} \in \mathbb{R}^2_+ \mid \vec{x} \sim \vec{g}\} = \{(x_1, x_2) \in \mathbb{R}^2_+ \mid x_1 + x_2 = g_1 + g_2\}.$$

Sei $g_1 + g_2 = 10$. Die graphische Darstellung der Indifferenzkurve im Gütermengen-Diagramm (siehe Abbildung 9.1) liefert dann die Gerade: $x_2 = 10 - x_1$. Jeder Punkt auf dieser Geraden stellt ein Güterbündel dar, das zu $\vec{g}$ als gleichwertig betrachtet wird.

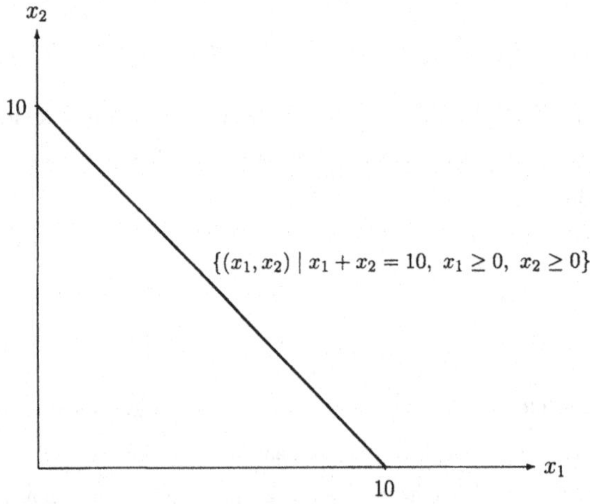

Abbildung 9.1: *Eine Indifferenzkurve bei perfekten Substituten*

Für eine *mögliche* Nutzenfunktion U perfekter Substitute muss gelten:

$$x_1 + x_2 = g_1 + g_2 \iff U(\vec{x}) = U(\vec{g}).$$

Eine mögliche Nutzenfunktion ist daher:

$$U : \mathbb{R}^2_+ \longrightarrow \mathbb{R} : \vec{x} \mapsto x_1 + x_2.$$

Eine mögliche Nutzenfunktion ist jedoch auch:

$$U : \mathbb{R}^2_+ \longrightarrow \mathbb{R} : \vec{x} \mapsto (x_1 + x_2)^2.$$

Im Fall perfekter Substitute ist das Nutzenniveau durch die Summe $x_1 + x_2$ vollständig bestimmt. Jede Komposition von Funktionen, bei der $x_1 + x_2$ die innere Funktion darstellt und die äußere Funktion streng monoton wachsend ist, stellt daher eine mögliche Nutzenfunktion perfekter Substitute dar.

Beispiel 9.28 (Perfekte Komplemente)

Güter sind *perfekte Komplemente*, wenn sie immer in einem konstanten Verhältnis konsumiert werden, wie etwa Messer und Gabel oder rechte und linke Schuhe. In diesem Fall führt die alleinige Veränderung in einem Gut nicht notwendigerweise zu zusätzlichem Nutzen (ein zusätzlicher linker Schuh stiftet nur dann einen zusätzlichen Nutzen, wenn auch ein weiterer rechter Schuh zur Verfügung steht). Zwei Güterbündel sind aus Sicht eines Wirtschaftssubjektes gleichwertig, wenn sie den gleichen Konsum erlauben. Im Fall perfekter Komplemente tritt die Besonderheit auf, dass ein Güterbündel von *einem* Gut eine sehr viel größere Menge enthalten kann als ein anderes und die Güterbündel dennoch gleichwertig sind (ein Güterbündel mit zehn rechten Schuhen und einem linken Schuh ist einem Güterbündel gleichwertig, das aus einem rechten und einem linken Schuh besteht).

Im Folgenden soll weiterhin die beliebige Teilbarkeit von Gütern angenommen werden. Dies erlaubt eine Vereinfachung in der Beschreibung von Indifferenzkurven. Vergleichen wir zwei Güterbündel $\vec{x}$ und $\vec{g}$, so ist $x_1 > g_1$ und $x_2 > g_2$ eine notwendige und hinreichende Bedingung dafür, dass $\vec{x}$ einen höheren Konsum erlaubt als $\vec{g}$, unabhängig davon, worin das gewünschte Konsumverhältnis besteht. Sind die Güter nicht teilbar, so ist diese Bedingung nicht hinreichend. Betrachten wir zwei Güter 1 und 2, für die gelten soll, dass ein Individuum stets k_1 *Einheiten* von Gut 1 gemeinsam mit k_2 *Einheiten* von Gut 2 zu konsumieren wünscht. Ein Güterbündel $\vec{x}$ mit $g_1 < x_1 < g_1 + k_1$ und $g_2 < x_2 < x_2 + k_2$ läge dann noch auf der gleichen Indifferenzkurve wie $\vec{g}$. Beispielsweise würde ein Güterbündel mit $1,7$ linken Schuhen und $1,333$ rechten Schuhen i.A. sicher keinen höheren Nutzen stiften als ein Paar Schuhe.

Wird beliebige Teilbarkeit von Gütern unterstellt, verlaufen die Indifferenzkurven im Fall perfekter Komplemente L-förmig (siehe Abbildung 9.2). Das Verhältnis, in dem die Güter konsumiert werden sei $\frac{k_1}{k_2}$. Gegeben sei ein Güterbündel $\vec{g} = (g_1, g_2)$ mit $\frac{g_1}{g_2} = \frac{k_1}{k_2}$. Falls die Güter 1 und 2 perfekte Komplemente sind, gilt für die durch $\vec{g}$ bestimmte Indifferenzkurve: Die Menge aller gegenüber $\vec{g}$ gleichwertigen Güterbündel ist die Menge aller Güterbündel, die von höchstens einem Gut mehr als $\vec{g}$ enthalten und von keinem Gut weniger. Diese Menge ist gegeben als:

$$\{\vec{x} \in \mathbb{R}^2_+ \mid \vec{x} \sim \vec{g}\} = \{\vec{x} \in \mathbb{R}^2_+ \mid (x_1 = g_1 \wedge x_2 \geq g_2) \vee (x_1 \geq g_1 \wedge x_2 = g_2)\}.$$

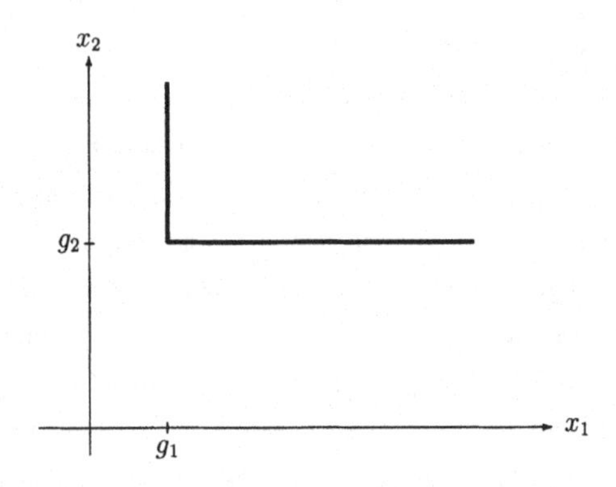

Abbildung 9.2: *Eine Indifferenzkurve bei perfekten Komplementen*

Im allgemeinen bestimmt dasjenige Gut, das die Ausdehnung des Konsums (in der gewünschten Proportion) *limitiert*, das Nutzenniveau. Auf dem vertikalen Teil der Indifferenzkurve befinden sich diejenigen Güterbündel, für die gilt, dass Gut 1 limitierend wirkt und daher kein höherer Konsum als im Punkt (g_1, g_2) möglich ist. D.h. obwohl auf dem vertikalen Teil der Indifferenzkurve zusätzliche Einheiten von Gut 2 verfügbar sind, verhindert die Tatsache, dass die verfügbaren Mengeneinheiten von Gut 1 fixiert sind, eine Ausdehnung des Konsums. Auf dem horizontalen Teil wirkt Gut 2 limitierend. Die obige Annahme $\frac{g_1}{g_2} = \frac{k_1}{k_2}$ beinhaltet, dass im Punkt (g_1, g_2) beide Güter limitierend wirken. Bei perfekten Komplementen besitzt jede Indifferenzkurve genau einen solchen „Eckpunkt".

Für eine Nutzenfunktion, die Präferenzen der Form perfekter Komplemente darstellt, muss gelten: Zwei Güterbündel, in denen das gleiche Gut limitierend wirkt und in gleicher Menge vorhanden ist, stiften das gleiche Nutzenniveau (Zwei linke und vier rechte Schuhe stiften also den gleichen Nutzen wie zwei linke Schuhe und acht rechte Schuhe. Hier sind die linken Schuhe das limitierende Gut und in beiden Fällen sind zwei linke Schuhe vorhanden. Drei linke und vier rechte Schuhe stiften jedoch einen höheren Nutzen als zwei linke und vier rechte Schuhe. Zwar sind auch hier in beiden Fällen die linken Schuhe das limitierende Gut, jedoch ist das limitierende Gut in unterschiedlicher Menge vorhanden.). Es muss also gelten:

$$\min\{k_1x_1, k_2x_2\} = \min\{k_1g_1, k_2g_2\} \iff U(\vec{x}) = U(\vec{g}).$$

Eine mögliche Nutzenfunktion perfekter Komplemente ist daher gegeben durch:

$$U : \mathbb{R}^2_+ \longrightarrow \mathbb{R} : \vec{x} \mapsto \min\{k_1x_1, k_2x_2\}.$$

Im Fall perfekter Komplemente bei beliebig teilbaren Gütern ist das Nutzenniveau durch die Angabe des limitierenden Gutes, also durch $\min\{k_1x_1, k_2x_2\}$ vollständig bestimmt. Jede Komposition von Funktionen, bei der $\min\{k_1x_1, k_2x_2\}$ die innere Funktion darstellt und die äußere Funktion streng monoton wachsend ist, stellt daher eine mögliche Nutzenfunktion perfekter Komplemente dar.

Monotonie und Konvexität

Die beschriebenen Beispiele perfekter Substitute und perfekter Komplemente sind die Extremfälle hinsichtlich der Frage, inwiefern ein Individuum in der Lage ist, ohne Veränderung seines Nutzenniveaus Güter gegeneinander zu substituieren. Im Fall perfekter Substitute besteht vollständige Substituierbarkeit. Die Güter können beliebig gegeneinander ersetzt werden, solange die Summe der verfügbaren Güter konstant bleibt. Bei perfekten Komplementen besteht nur eine eingeschränkte Substituierbarkeit. Jeder Austausch von Gut 1 gegen Gut 2, der $\min\{k_1x_1, k_2x_2\}$ verändert, bewirkt auch eine Änderung des Nutzenniveaus[17]. Oft unterstellt man *strikt monotone Präferenzen*. Sie liegen zwischen diesen Extremen und besitzen eine beschränkte Substituierbarkeit bei gegebenem Nutzenniveau.

[17] Geht man davon aus, dass ein Wirtschaftssubjekt nur Güterbündel konsumiert, in der beide Güter limitierend wirken, besteht im Fall perfekter Komplemente keine Substituierbarkeit. Ein nutzenmaximierendes Individuum (zu Nutzenmaximierungsproblemen siehe auch Abschnitt 9.5.3), das sich einer Budgetrestriktion ausgesetzt sieht, wird i.A. seinen Konsum so gestalten, dass beide Güter limitierend wirken.

Strikte Monotonie von Präferenzen beinhaltet Nicht-Sättigung für jedes mögliche Konsumniveau, D.h. eine größere Gütermenge wird stets gegenüber einer kleineren bevorzugt. Strikte Monotonie bedeutet, dass ein Wirtschaftssubjekt ein Güterbündel gegenüber einem anderen strikt bevorzugt, wenn es von keinem Gut weniger enthält und von mindestens einem Gut mehr.[18] [19]

Definition 9.29

Sind $\vec{x}, \vec{g} \in \mathbb{R}^2$ zwei beliebige Güterbündel, so gilt für strikt monotone Präferenzen:

$$(x_1 > g_1 \wedge x_2 \geq g_2) \vee (x_1 \geq g_1 \wedge x_2 > g_2) \Longrightarrow \vec{x} \succ \vec{g}.$$

Für eine Nutzenfunktion, die monotone Präferenzen abbildet, muss also gelten :

$$(x_1 > g_1 \wedge x_2 \geq g_2) \vee (x_1 \geq g_1 \wedge x_2 > g_2) \Longrightarrow U(\vec{x}) > U(\vec{g}).$$

Bemerkung 9.30

Aus der Annahme strikter Monotonie folgt, dass Indifferenzkurven im Zwei Güter-Fall im Gütermengen-Diagramm einen streng monoton fallenden Verlauf aufweisen. Sind nämlich $\vec{g}$ und $\vec{x}$ zwei verschiedene, jedoch gleichwertige Güterbündel in $\mathbb{R}^2$, so folgt:

$$(x_1 > g_1 \;\wedge\; x_2 < g_2) \;\vee\; (x_1 < g_1 \;\wedge\; x_2 > g_2)$$

Andernfalls ergäbe sich aufgrund der Monotonie ein Widerspruch zur Annahme, dass $\vec{x}$ und $\vec{g}$ auf einer Indifferenzkurve liegen.

Abbildung 9.3 zeigt: Güterbündel, die zur Menge A gehören, enthalten von beiden Gütern weniger als $\vec{g}$. Aus der Annahme der strikten Monotonie folgt, dass $\vec{g}$ gegenüber allen Güterbündeln aus A bevorzugt wird. Die Indifferenzkurve durch $\vec{g}$ kann also nicht durch A verlaufen. Güterbündel, die zur Menge B gehören, enthalten von beiden Gütern mehr als $\vec{g}$. Aus der Annahme der strikten Monotonie folgt, dass alle Güterbündel aus B gegenüber $\vec{g}$ bevorzugt werden. Die Indifferenzkurve durch $\vec{g}$ kann also nicht durch B verlaufen. Daraus ergibt sich notwendigerweise der fallende Verlauf der Indifferenzkurve.

---

[18] Im Fall perfekter Komplemente ist diese Annahme nicht, im Fall perfekter Substitute ist sie erfüllt.

[19] Monotonie der Präferenzen stellt eine schwächere Annahme dar. Demnach wird ein Güterbündel erst dann strikt bevorzugt, wenn es von jedem Gut mehr enthält.

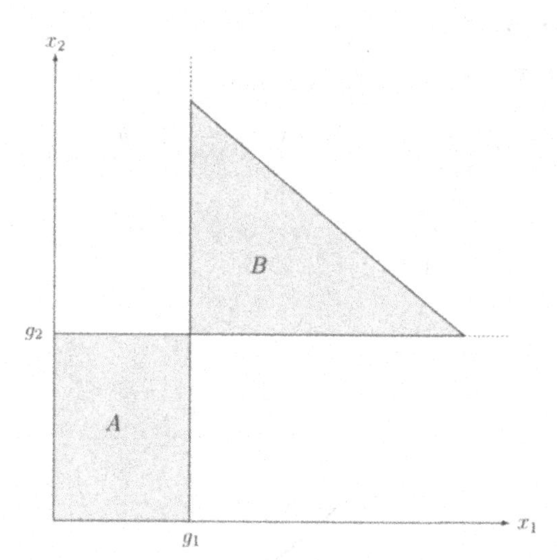

Abbildung 9.3: *Monotonie von Indifferenzkurven*

Eine zweite häufig getroffene Annahme besteht in der Konvexität der Präferenzen (Die Bezeichnung rührt daher, dass konvexe Präferenzen zu konvex verlaufenden Indifferenzkurven führen. Dies wird weiter unten erläutert.). Darin kommt zum Ausdruck, dass ein Wirtschaftssubjekt Güterbündel mit *einem ausgewogenen Mischungsverhältnis* gegenüber solchen vorzieht, die von einem Gut sehr viel und von dem anderen sehr wenig enthalten[20].

Definition 9.31

Präferenzen heißen *konvex*, wenn für jedes Güterbündel $\vec{g}$ gilt, dass die Menge der gegenüber $\vec{g}$ bevorzugten Güterbündel konvex ist. Formal:

$$\forall \vec{g}\, \forall \lambda \in [0,1] : \vec{x} \succsim \vec{g} \wedge \vec{y} \succsim \vec{g} \Longrightarrow \lambda \vec{x} + (1-\lambda)\vec{y} \succsim \vec{g}.$$

Für eine Nutzenfunktion, die konvexe Präferenzen abbildet, muss also gelten:

$$\forall \vec{g}\, \forall \lambda \in [0,1] : \vec{x} \succsim \vec{g} \wedge \vec{y} \succsim \vec{g} \Longrightarrow U(\lambda \vec{x} + (1-\lambda)\vec{y}) \geq U(\vec{g}).$$

[20]Im Fall perfekter Substitute ist diese Annahme nicht, im Fall perfekter Komplemente ist sie erfüllt.

Bemerkung 9.32

Für strikt konvexe Präferenzen gilt:

$$\forall \vec{g}\ \forall \lambda \in [0,1] : \vec{x} \succsim \vec{g} \wedge \vec{y} \succsim \vec{g} \Longrightarrow \lambda \vec{x} + (1-\lambda)\vec{y} \succ \vec{g}.$$

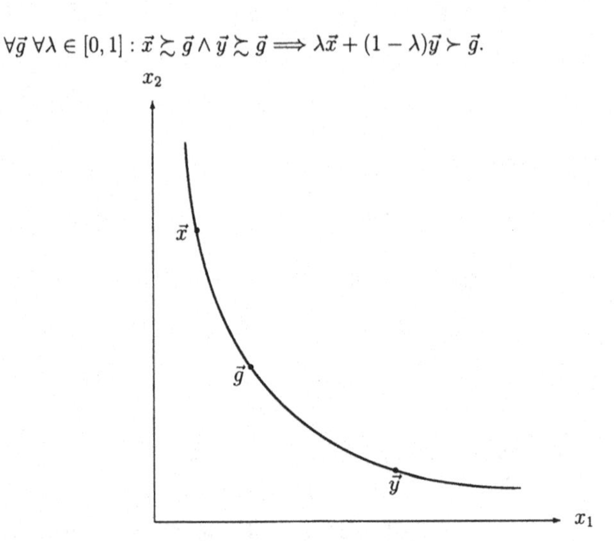

Abbildung 9.4: *Konvexität von Indifferenzkurven*

Abbildung 9.4 zeigt eine Indifferenzkurve, der strikt monotone und konvexe Präferenzen zugrundeliegen. Aus der Annahme der Monotonie folgt, dass die Menge der gegenüber dem Nutzenniveau der Indifferenzkurve bevorzugten Güterbündel graphisch gesehen oberhalb der Indifferenzkurve liegt. Aus der Annahme der Konvexität der Präferenzen folgt weiterhin, dass es sich bei dieser Menge um eine konvexe Teilmenge von $\mathbb{R}^2$ im Sinne von Definition 4.35 a) handelt. Die Graphik zeigt, das jede Konvexkombination von Güterbündeln, die ein höheres Nutzenniveau stiften als dasjenige der Indifferenzkurve (graphisch also jede Strecke zwischen zwei Güterbündeln, die auf oder oberhalb der Indifferenzkurve liegen), selbst wieder in der Menge der Güterbündel liegt, die zu einem höheren Nutzen führen. Daraus ergibt sich, dass im Fall konvexer Präferenzen die Indifferenzkurve einen konvexen Verlauf aufweisen muss.

Bemerkung 9.33

Monotone *und* konvexe Präferenzen werden auch als *normale* Präferenzen bezeichnet.

Beispiel 9.34

Eine Nutzenfunktion, die die Voraussetzung normaler Präferenzen erfüllt, ist die *Cobb-*

Douglas Nutzenfunktion. Im Fall zweier Güter ergibt sich[21]:

$$U : \mathbb{R}_+^2 \longrightarrow \mathbb{R} : U(\vec{x}) = Ax_1^\alpha x_2^{1-\alpha}, \text{ wobei } A \in \mathbb{R} \text{ und } \alpha \in]0,1[.$$

Die Indifferenzkurve zu einem beliebigen Nutzenniveau c ergibt sich als:

$$\{\vec{x} \mid Ax_1^\alpha x_2^{1-\alpha} = c\} = \left\{\vec{x} \mid x_2 = \left(\frac{c}{A}\right)^{\frac{1}{1-\alpha}} x_1^{\frac{-\alpha}{1-\alpha}}\right\}.$$

Die Cobb-Douglas Nutzenfunktion illustriert beschränkte Substituierbarkeit im Fall normaler Präferenzen. Betrachtet man die Indifferenzkurven, so zeigt sich, dass entlang der Kurve Güter gegeneinander substituiert werden können. Eine vollständige Substituierbarkeit ist jedoch nicht gegeben: Setzt man die verfügbaren Mengeneinheiten eines Gutes gleich Null, so sinkt unmittelbar der gesamte Nutzen auf Null. Alle Indifferenzkurven, die mit einem von Null verschiedenen Nutzenniveau verbunden sind, werden daher die Achsen im Gütermengen-Diagramm nicht schneiden.

9.3.2 Wohlfahrtsfunktionen

Wohlfahrtsfunktionen werden in der Wohlfahrtsökonomik, einem Bereich der Volkswirtschaftslehre, verwendet, um die Auswirkung ökonomischer und politischer Entwicklungen auf das Gemeinwohl zu untersuchen. Das Gemeinwohl wird durch das Konzept der Wohlfahrtsfunktion operationalisiert. Aus mathematischer Sicht sind Wohlfahrtsfunktionen Kompositionen von Nutzenfunktionen, da die Nutzen der einzelnen Individuen anhand der Wohlfahrtsfunktion in ein Maß der Wohlfahrt der Gesellschaft transformiert

[21] Die allgemeine Form der Cobb-Douglas Nutzenfunktion lautet $U(\vec{x}) = Ax_1^{\beta_1} x_2^{\beta_2}$, wobei $\beta_1, \beta_2 > 0$. Es ist jedoch stets möglich, diese Funktion so zu transformieren, dass sich die Exponenten zu 1 aufaddieren und die gleiche Präferenzordnung abgebildet wird. Da die ln-Funktion eine monoton steigende Funktion darstellt, ist daher auch

$$\ln(U(\vec{x})) = \ln(A) + \beta_1 \ln(x_1) + \beta_2 \ln(x_2)$$

eine zulässige Nutzenfunktion. Eine weitere zulässige Nutzenfunktion ist damit auch:

$$\frac{1}{\beta_1+\beta_2} \ln(U(\vec{x}))$$

Wendet man auf diesen Ausdruck die e-Funktion an, ergibt sich eine weitere zulässige Nutzenfunktion, die eine Cobb-Douglas Nutzenfunktion darstellt, bei der sich die Exponenten zu 1 aufaddieren.

werden[22]. Die philososphische Fragestellung, die der Wohlfahrtsökonomik zugrundeliegt, besteht darin, welches Gewicht der Nutzen des Einzelnen für die gesellschaftliche Wohlfahrt besitzen sollte. Daraus folgt, dass in dieser Betrachtung der Nutzen nicht mehr nur ordinal gemessen wird. Wenn das Nutzenniveau unterschiedlicher Individuen mathematisch verknüpft werden soll, müssen die Nutzenniveaus quantitativ interpretiert werden und interpersonell vergleichbar sein[23]. Man spricht dann von kardinaler Nutzenmessung. Allgemein ist eine Wohlfahrtsfunktion folgendermaßen definiert:

Definition 9.35

Gegeben seien die Nutzenfunktionen $U_1, \dots, U_n$ von n Individuen, also $U_i : \mathbb{R}^n \to \mathbb{R} : \vec{x} \mapsto U_i(\vec{x})$. Eine *Wohlfahrtsfunktion* W ist definiert als:

$$W : \mathbb{R}^n \to \mathbb{R} : \vec{x} \mapsto W(U_1(\vec{x}), \dots, U_n(\vec{x})).$$

Beispiel 9.36

i) Die *Wohlfahrtsfunktion von Bentham*

Die Zielsetzung des Utilitaristen besteht im größtmöglichen Nutzen der größtmöglichen Zahl, d.h. die Summe der Nutzen aller Individuen sollte maximiert werden. Die Zielfunktion von Bentham, die Benthamsche Wohlfahrtsfunktion W_B, hat demnach folgende Gestalt:

$$W_B(\vec{x}) := \sum_{i=1}^{n} U_i(\vec{x}).$$

Betrachtet man im Fall zweier Personen die Indifferenzkurven dieser Wohlfahrtsfunktion (hier: der geometrische Ort aller Nutzenkombinationen, die zu gleicher Wohlfahrt führen), so zeigt sich bei gegebenem Wohlfahrtsniveau eine vollständige Substituierbarkeit der Nutzen zweier Personen aus.

ii) Die *Wohlfahrtsfunktion von Rawls*

Der Philosoph John Rawls geht von der Nicht-Substituierbarkeit der Nutzen unterschiedlicher Individuen aus. Die Wohlfahrt der Gesellschaft ergibt sich danach als das Nutzenniveau desjenigen Individuums, das den niedrigsten Nutzen realisiert.

---

[22]Solche Wohlfahrtsfunktion, in denen nur die Nutzenniveaus der einzelnen Individuen als Argument eingehen, werden auch als individualistische Wohlfahrtsfunktionen bezeichnet.

[23]Die Möglichkeit eines interpersonellen Nutzenvergleichs ist aus methodischen Gründen äußerst umstritten. Gleiches gilt daher für die Verwendung von Wohlfahrtsfunktionen.

Die Wohlfahrtsfunktion von Rawls W_R hat demnach folgende Gestalt:

$$W_R(\vec{x}) := \min\{U_1(\vec{x}), \ldots, U_n(\vec{x})\}.$$

Die Wohlfahrt der Gesellschaft steigt demnach nicht, wenn der Nutzen anderer Gesellschaftsmitglieder steigt, solange das Nutzenniveau desjenigen mit dem niedrigsten Nutzenniveau unverändert bleibt. Im Fall von zwei Personen ergeben sich L-förmige Indifferenzkurven.

iii) Die *Wohlfahrtsfunktion von Nash*

Die Wohlfahrtsfunktion von Nash W_N geht von einer beschränkten Substituierbarkeit der Nutzen unterschiedlicher Individuen aus und hat folgende Gestalt:

$$W_N(\vec{x}) := \prod_{i=1}^{n} U_i(\vec{x}).$$

Im Fall von zwei Personen ergeben sich streng konvexe Indifferenzkurven.

9.3.3 Risikopräferenzen und Nutzenfunktionen

Geht man davon aus, dass auch Bündel von Gütern, die nur mit einer gewissen Wahrscheinlichkeit zur Verfügung stehen, gemäß ihrer Erwünschtheit geordnet werden können, lässt sich das Konzept der Präferenzordnung anwenden, um zu beschreiben, wie risikofreudig oder risikoavers ein Wirtschaftssubjekt ist. Eine naheliegende Anwendung stellen spekulative Kapitalmarktgeschäfte dar, die ein Wirtschaftssubjekt vor die Entscheidung stellen, wie viel Geld es bereit ist, in einen unsicheren Ertrag zu investieren. Dabei kann die Zahlungsbereitschaft für eine riskante Anlage als Ausdruck der Risikopräferenz interpretiert werden.

Es sollen zunächst die Begriffe *Risikofreude, Risikoneutralität* und *Risikoaversion* geklärt werden. Grob gesprochen nennt man eine Person:

i) risikoavers, wenn sie einen sicheren Euro einem unsicheren vorzieht,

ii) risikoneutral, wenn sie zwischen einem sicheren Euro und einem unsicheren Euro indifferent ist,

iii) risikofreudig, wenn sie einen unsicheren Euro einem sicheren vorzieht.

Mit Hilfe elementarer stochastischer Begriffe soll zunächst präzisiert werden, was unter einem sicheren und was unter einem unsicheren Euro zu verstehen ist.

Für einen sicheren Geldbetrag gilt, dass er mit einer Wahrscheinlichkeit von 1 zur Verfügung steht. Bei einer spekulativen Anlage ist die Investitionssumme ein sicherer Geldbetrag. Es ist der Betrag, der dem Anleger mit Sicherheit zur Verfügung steht. Die aus der Investition resultierende Rückzahlung ist unsicher, falls die resultierenden zukünftigen Zahlungen mit einer Wahrscheinlichkeit < 1 zur Verfügung stehen. Das mathematische Konzept des Erwartungswertes stellt eine Möglichkeit zur Verfügung, diese Unsicherheit darzustellen. Als *der unsichere Geldbetrag* soll im Folgenden der Erwartungswert der Geldbeträge gelten. Allgemein definiert man den Erwartungswert als die mit den jeweiligen Eintrittswahrscheinlichkeiten gewichtete Summe der möglichen Ereignisse.

Definition 9.37

Gegeben seien n mögliche Ereignisse $\vec{x}_1, \ldots, \vec{x}_n$ ($\vec{x}_i \in \mathbb{R}^n$) mit den Eintrittswahrscheinlichkeiten $p_1, \ldots, p_n$, wobei $\sum_{i=1}^n p_i = 1$. Der *Erwartungswert* dieser Ereignisse ist definiert als $EX := \sum_{i=1}^n p_i \vec{x}_i$.

Beispiel 9.38

Wir betrachten eine Investition X, die zu zwei möglichen Erträgen (= Ereignisse) führen kann. Die Kosten der Investition seien 130 WE. Ein mögliches Ereignis sei ein Ertrag von $x_1 = 100$ WE mit einer Eintrittswahrscheinlichkeit von $p_1 = 0,4$. Das andere mögliche Ereignis sei ein Ertrag von $x_2 = 150$ WE mit einer Eintrittswahrscheinlichkeit von $p_2 = 0,6$. Der unsichere (erwartete) Geldbetrag entspricht dem Erwartungswert der möglichen Ereignisse und ergibt sich daher als:

$$E\{X\} = p_1 x_1 + p_2 x_2 = 0,4 \cdot 100 + 0,6 \cdot 150 = 130.$$

Das Beispiel zeigt, dass es wesentlich ist, streng zwischen *einem sicheren Geldbetrag x* und *einem unsicheren Geldbetrag x in gleicher Höhe* zu unterscheiden. Die Investitionskosten von 130 WE stellen den sicheren Geldbetrag dar. Der Erwartungswert, also der erwartete Geldbetrag, der aus der Investition resultiert, beträgt ebenfalls 130 WE. Dennoch handelt es sich offensichtlich um zwei verschiedene Sachverhalte. Im ersten Fall stehen 130 WE mit Sicherheit zur Verfügung. Im zweiten Fall stehen 100 WE mit einer Wahrscheinlichkeit von $p_1 = 0,4$ und 150 WE mit einer Wahrscheinlichkeit von $p_2 = 0,6$ zur Verfügung. Ein Individuum, das 130 WE sicher zur Verfügung hat, steht also vor der Frage: „*Kompensiert* *die 60-prozentige Chance eines Gewinns von 20 WE das 40-prozentige Risiko eines Verlustes von 30 WE?"* Im Folgenden soll gezeigt werden, dass die Antwort auf diese Frage von der Risikopräferenz des Individuums abhängig ist.

Erwartungsnutzen

Es sollen nun die Anforderungen an Nutzenfunktionen beschrieben werden, die risikofreudige, -averse oder -neutrale Präferenzen abbilden. Wie das obige Beispiel 9.38 zeigt, ist es aus Sicht eines Individuums erforderlich, den *Nutzen eines sicheren Geldbetrages* mit dem *Nutzen einer Wahrscheinlichkeitsverteilung über verschiedene Geldbeträge* zu vergleichen. Eine übliche Vorgehensweise in der ökonomischen Literatur besteht darin, zu unterstellen, dass Individuen das Ziel verfolgen, ihren erwarteten Nutzen zu maximieren[24]. Der erwartete Nutzen wird auch als *Erwartungsnutzen* bezeichnet und stellt ebenfalls einen Erwartungswert dar. In der Definition des Erwartungsnutzens stellen die möglichen Nutzenniveaus die möglichen Ereignisse dar.

Definition 9.39

Es seien eine Nutzenfunktion $U : \mathbb{R}^n \rightarrow \mathbb{R}$ und n mögliche Ereignisse $\vec{x}_1, \ldots, \vec{x}_n$ ($\vec{x}_i \in \mathbb{R}^n$) mit den Eintrittswahrscheinlichkeiten $p_1, \ldots, p_n$ gegeben, wobei $\sum_{i=1}^n p_i = 1$. Der *Erwartungsnutzen* dieser Ereignisse ist definiert als: $E\{U(x)\} =: \sum_{i=1}^n p_i \cdot U(\vec{x}_i)$.

Unter der Verhaltensannahme, dass Individuen den erwarteten Nutzen maximieren, ist es möglich, den Nutzen eines sicheren Geldbetrages mit dem Nutzen einer Wahrscheinlichkeitsverteilung über verschiedene Geldbeträge zu vergleichen. Der Grund besteht darin, dass der Nutzen des sicheren Geldbetrages sich ebenfalls als Erwartungsnutzen interpretieren lässt[25]. Der Nutzen des sicheren Geldbetrages ist der Erwartungsnutzen, der sich ergibt, wenn genau ein mögliches Ereignis existiert, das mit Wahrscheinlichkeit 1 eintritt.

---

[24] Diese Annahme geht auf die Mathematiker und Ökonomen *von Neumann* und *Morgenstern* zurück. Sie haben gezeigt, unter welchen Voraussetzungen eine Präferenzordnung durch den Erwartungsnutzen beschrieben werden kann und diese Form der Nutzenmaximierung postuliert.

[25] Ein ähnlicher Einwand ließe sich auch für Beispiel 9.38 formulieren. Auch ein Geldbetrag von 130 WE, der mit Wahrscheinlichkeit 1 zur Verfügung steht, lässt sich als Erwartungswert interpretieren. Der konzeptionelle Unterschied zwischen der Maximierung erwarteter Geldbeträge und der Maximierung des Erwartungsnutzens beruht damit allein auf der Unterscheidung zwischen den Begriffen *Nutzen* und *Geld*. In der mikroökonomischen Theorie wird unterstellt, dass Individuen ihren Nutzen maximieren. Geld selbst stiftet demnach keinen Nutzen, sondern erlaubt es lediglich, Güter zu erwerben, die dann wiederum Nutzen stiften.

Die zu Beginn dieses Abschnittes gegebene Heuristik legt es nun nahe, Risikoaversion durch die Forderung zu charakterisieren, dass das Nutzenniveau eines sicheren Geldbetrags $x \in \mathbb{R}$ über dem erwarteten Nutzen $E\{U(x)\}$ eines unsicheren Geldbetrages in gleicher Höhe, d.h. mit $E\{X\} = \sum_i^n p_i x_i = x$, liegen muss. D.h. es soll gelten:

$$U(E\{X\}) \geq E\{U(x)\}$$

Bei Risikoneutralität sollte der sichere und der erwartete Nutzen gleich sein. Für Nutzenfunktionen, die risikofreudige Präferenzen abbilden, muss gelten, dass das erwartete Nutzenniveau eines unsicheren Geldbetrages über dem Nutzenniveau eines sicheren Geldbetrages liegt. Die Definition der Risikopräferenz kann nun allgemein, für vektorwertige Ereignisse $\vec{x} \in \mathbb{R}^n$ angegeben werden. In der Definition werden zwei mögliche Ereignisse $\vec{x}_1$ und $\vec{x}_2$ mit den Eintrittswahrscheinlichkeiten $p_1 = \lambda \in]0,1[$ und $p_2 = 1 - \lambda$ unterstellt. Der erwartete Nutzen ergibt sich dann als:

$$E\{U(x)\} = \lambda U(\vec{x}_1) + (1 - \lambda)U(\vec{x}_2)$$

Der Nutzen des Erwartungswertes ergibt sich dagegen als:

$$U(E\{X\}) = U(\lambda\vec{x}_1 + (1 - \lambda)\vec{x}_2)$$

Definition 9.40

Seien $\vec{x}_1$ und $\vec{x}_2$ mögliche Ereignisse mit den Eintrittswahrscheinlichkeiten $p_1 = \lambda \in]0,1[$ und $p_2 = 1 - \lambda$. Sei $U : \mathbb{R}^n \to \mathbb{R}$ die Nutzenfunktion eines Wirtschaftssubjektes.

a) Das Wirtschaftssubjekt heißt *risikoavers*, wenn gilt:

$$U(\lambda\vec{x}_1 + (1 - \lambda)\vec{x}_2) > \lambda U(\vec{x}_1) + (1 - \lambda)U(\vec{x}_2).$$

Die Definition einer Nutzenfunktion, die risikoaverse Präferenzen abbildet, ist also identisch der Definition einer konkaven Funktion (siehe Definition 4.35 b)).

b) Das Wirtschaftssubjekt heißt *risikoneutral*, wenn gilt:

$$U(\lambda\vec{x}_1 + (1 - \lambda)\vec{x}_2) = \lambda U(\vec{x}_1) + (1 - \lambda)U(\vec{x}_2).$$

Die Definition einer Nutzenfunktion, die risikoneutrale Präferenzen abbildet, ist also identisch der Definition einer linearen Funktion (siehe Definition 4.28).

c) Das Wirtschaftssubjekt heißt *risikofreudig*, wenn gilt:

$$U(\lambda\vec{x}_1 + (1-\lambda)\vec{x}_2) < \lambda U(\vec{x}_1) + (1-\lambda)U(\vec{x}_2).$$

Die Definition einer Nutzenfunktion, die risikofreudige Präferenzen abbildet, ist also identisch der Definition einer konvexen Funktion (siehe Definition 4.35 b)).

Graphische Interpretation

Am Beispiel risikoaverser Präferenzen soll der konkave Verlauf der Nutzenfunktion im zweidimensionalen Fall motiviert werden: Der Ausdruck $U(\lambda x_1 + (1-\lambda)x_2)$ entspricht dem

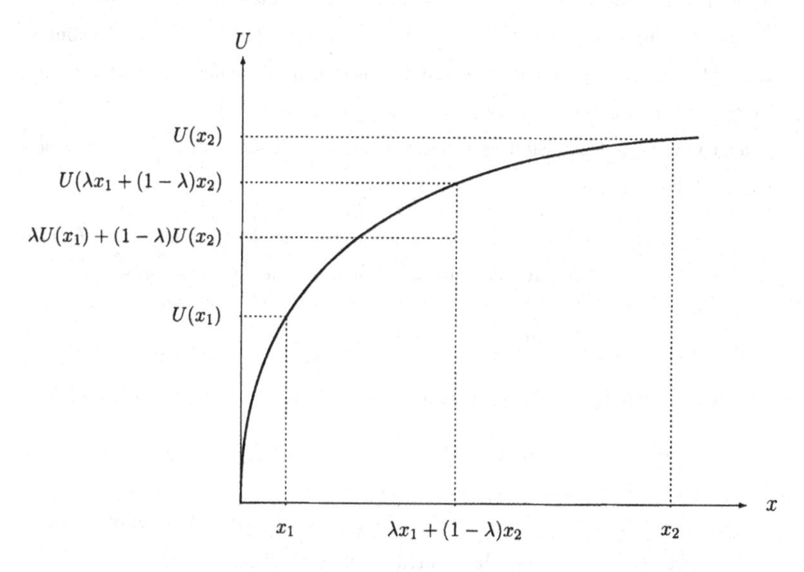

Abbildung 9.5: *Konkavität der Nutzenfunktion bei risikoaversen Präferenzen*

Verlauf der Nutzenfunktion über dem Intervall $[x_1, x_2]$. Die Konvexkombination $\lambda U(x_1) + (1-\lambda)U(x_2)$ entspricht der Strecke zwischen $U(x_1)$ und $U(x_2)$. Graphik 9.5 zeigt, dass für alle $\lambda \in]0,1[$ der Nutzen sicherer Geldbeträge, die zwischen x_1 und x_2 liegen, also der Ausdruck $U(\lambda x_1 + (1-\lambda)x_2)$, über dem Erwartungsnutzen $\lambda U(x_1) + (1-\lambda)U(x_2)$ liegt.

Beispiel 9.41

i) Für ein risikofreudiges Wirtschaftssubjekt muss demnach im obigen Beispiel 9.38 gelten: $0,6 \cdot U(150) + 0,4 \cdot U(100) > U(130)$, bei Risikoneutralität: $0,6 \cdot U(150) + 0,4 \cdot U(100) = U(130)$ und bei Risikoaversion: $0,6 \cdot U(150) + 0,4 \cdot U(100) < U(130)$.

ii) Es soll das Beispiel eines Unternehmers betrachtet werden, der mit dem Problem eines Marktzutritts konfrontiert ist. Die Kosten der Geschäftseröffnung belaufen sich auf 100 Euro. Es sei von der Entwicklung der Konjunktur abhängig, welche Gewinne zu erwarten sind. Die Konjunktur sei aus Sicht des Unternehmers stochastisch. Zur Vereinfachung sei angenommen, dass es nur diese beiden Weltzustände gibt: Gute Konjunktur mit einer Wahrscheinlichkeit von 0,1 und schlechte Konjunktur mit einer Wahrscheinlichkeit von 0,9. Weiterhin sei angenommen, dass vollständige Sicherheit über die in den jeweiligen Weltzuständen realisierbaren Gewinne besteht. Bei guter Konjunktur nimmt er an, Gewinne von 1000 Euro realisieren zu können, bei schlechter Konjunktur geht er davon aus, einen Gewinn von 0 zu realisieren, so dass der Erwartungswert im Falle des Markteintrittes 100 beträgt. Es soll nun gezeigt werden, welchen Einfluss Annahmen über die Risikopräferenz des Unternehmers auf die Entscheidung zur Geschäftseröffnung haben.

α) Die Nutzenfunktion sei affin linear (siehe Beispiel 4.29), d.h. es gelte $U(x) = ax + b$, wobei $a, b \in \mathbb{R}$. Als Nutzen des sicheren Geldbetrags ergibt sich:

$$U(100) = a \cdot 100 + b.$$

Als Erwartungsnutzen ergibt sich:

$$EU = 0,1 \cdot U(1000) + 0,9 \cdot U(0) = a \cdot 100 + b = U(100) .$$

Der Unternehmer ist demnach indifferent, zwischen den Alternativen Marktzutritt und Verzicht auf Marktzutritt, d.h. er ist risikoneutral.

β) Es soll die Nutzenfunktion $U(x) = x^a$, mit $a > 1$ unterstellt werden. Als Nutzen des sicheren Geldbetrags ergibt sich:

$$U(100) = 100^a.$$

Als Erwartungsnutzen ergibt sich:

$$\begin{aligned} EU &= 0,1 \cdot U(1000) + 0,9 \cdot U(0) \\ &= 0,1 \cdot (1000^a) + 0,9 \cdot (0^a) \\ &= (0,1^{\frac{1}{a}} \cdot 1000)^a. \end{aligned}$$

Wegen $0,1^{\frac{1}{a}} > 0,1$ folgt jedoch $(0,1^{\frac{1}{a}} \cdot 1000)^a > 100^a$ und daher:

$$EU > 100^a = U(100).$$

Der Unternehmer ist risikofreudig und wird den Marktzutritt daher vornehmen, weil der Erwartungsnutzen der Investition den sicheren Nutzen übersteigt.

γ) Ist die Nutzenfunktion $U(x) = x^{\frac{1}{a}}$, mit $a > 1$, so liegt ein risikoaverser Unternehmer vor. Als Nutzen des sicheren Geldbetrags ergibt sich:

$$U(100) = 100^{\frac{1}{a}}$$

Als Erwartungsnutzen ergibt sich:

$$\begin{aligned} EU &= 0,1 \cdot U(1000) + 0,9 \cdot U(0) \\ &= 0,1 \cdot (1000^{\frac{1}{a}}) + 0,9 \cdot (0^{\frac{1}{a}}) \\ &= 0,1 \cdot (1000^{\frac{1}{a}}) = (0,1^a \cdot 1000)^{(\frac{1}{a})}. \end{aligned}$$

Wegen $0,1^a < 0,1$ folgt $(0,1^a \cdot 1000)^{(\frac{1}{a})} < 100^{(\frac{1}{a})}$ und daher:

$$EU < 100^{\frac{1}{a}} = U(100).$$

Ein risikoaverser Unternehmer wird den Marktzutritt daher nicht vornehmen, weil der Erwartungsnutzen der Investition unter dem sicheren Nutzen liegt.

Es zeigt sich, dass die Entscheidung, ob es rational ist, den Marktzutritt vorzunehmen, die Kenntnis der Risikopräferenz des Unternehmers voraussetzt.

9.3.4 Nutzenfunktion und Homogenitätsgrad

Gemäß Definition 4.26 heißt eine Funktion $f : \mathbb{R}^n \longrightarrow \mathbb{R}$ homogen vom Grade r, wenn:

$$\forall \vec{x} \in \mathbb{R}^n \forall \lambda \in \mathbb{R}_+ : f(\lambda \vec{x}) = \lambda^r f(\vec{x}) .$$

Die in Abschnitt 9.3 vorgestellten Nutzenfunktionen (perfekte Komplemente, perfekte Substitute, Cobb-Douglas Nutzenfunktion) sind homogen vom Grade 1. Gleiches gilt für die häufig verwendeten Produktionsfunktionen vom Cobb-Douglas- oder Leontief-Typ (siehe Abschnitt 9.4 für eine ausführlichere Diskussion von Produktionsfunktionen)[26].

Der Beweis stellt eine einfache Übung dar. Für Produktionsfunktionen mit den entsprechenden mathematischen Eigenschaften verläuft er völlig analog. Für die nachfolgend aufgeführten Nutzenfunktionen soll also jeweils gezeigt werden, dass $U(\lambda \vec{x}) = \lambda U(\vec{x})$ gilt.

i) Die Funktionsvorschrift im Fall perfekter Komplemente lautet $U(x_1, \ldots, x_n) = \min(x_1, \ldots, x_n)$. Daraus folgt[27]

$$U(\lambda \vec{x}_1, \ldots, \lambda \vec{x}_n) = \min\{\lambda \vec{x}_1, \ldots, \lambda \vec{x}_n\} = \lambda \min\{\vec{x}_1, \ldots, \vec{x}_n\} = \lambda U(x_1, \ldots, x_n).$$

ii) Die Funktionsvorschrift im Fall perfekter Substitute lautet: $U(x_1, \ldots, x_n) = \sum_{i=1}^{n} x_i$. Daraus folgt:

$$U(\lambda \vec{x}_1, \ldots, \lambda \vec{x}_n) = \sum_{i=1}^{n} \lambda x_i = \lambda \sum_{i=1}^{n} x_i = \lambda U(x_1, \ldots, x_n).$$

iii) Eine Cobb-Douglas Nutzenfunktion hat die Form: $U(x_1, \ldots, x_n) = c \cdot \prod_{i=1}^{n} x_i^{\gamma_i}$ mit $\sum_{i=1}^{n} \gamma_i = 1$, wobei $c \in \mathbb{R}$. Daraus folgt:

$$U(\lambda \vec{x}_1, \ldots, \lambda \vec{x}_n) = c \cdot \prod_{i=1}^{n} (\lambda x_i)^{\gamma_i} = \lambda^{\gamma_1 + \ldots + \gamma_n} c \cdot \prod_{i=1}^{n} x_i^{\gamma_i} = \lambda U(x_1, \ldots, x_n).$$

---

[26] Nutzenfunktionen mit einem Homogenitätsgrad von 1 sind spezielle Beispiele *homothetischer Nutzenfunktionen*. Diese erfüllen für alle $\lambda \in \mathbb{R}$ die Eigenschaft: $U(\vec{x}) = U(\vec{y}) \Longrightarrow U(\lambda \vec{x}) = U(\lambda \vec{y})$. Diese Bedingung ist offenbar für jede Nutzenfunktion erfüllt, die homogen vom Grade 1 ist. Die Umkehrung gilt allerdings nicht, d.h. nicht jede homothetische Nutzenfunktion ist homogen vom Grade 1.

[27] Dies ergibt sich vollkommen analog für Leontief-Produktionsfunktionen.

9.4 Produktionsfunktionen

Eine Technologie lässt sich mengentheoretisch beschreiben als die Menge aller realisierbaren *Produktionspläne* , d.h. aller Kombinationen von *Produktionsfaktoren (Inputs)* und *Produktionsergebnisssen (Outputs)*, die technisch realisierbar sind. Eine Teilmenge der realisierbaren Produktionspläne wird als effizient bezeichnet. Ein Produktionsplan ist effizient, wenn es nicht möglich ist, den Output zu erhöhen, ohne auch den Input zu erhöhen. Mit anderen Worten: Eine Ineffizienz läge beispielsweise vor, wenn es mögliche wäre etwa den Rohstoffverbrauch zu reduzieren, ohne dass in der Konsequenz weniger produziert werden müsste. Eine *Produktionsfunktion* beschreibt die Menge aller Produktionspläne, denen eine effiziente Produktion zu Grunde liegt. Diese Teilmenge wird auch als Produktionsmöglichkeitengrenze bezeichnet. Die Betrachtung beschränkt sich im Folgenden auf den Fall eines einzigen Outputs[28].

Bemerkung 9.42

Im Folgenden soll davon ausgegangen werden, dass eine Produktionsfunktion existiert. D.h. es wird unterstellt, dass jede Technologie über eine Produktionsmöglichkeitengrenze verfügt, die durch eine Produktionsfunktion beschrieben werden kann.

Definition 9.43

Gegeben seien n Produktionsfaktoren. $x_i \in \mathbb{R}$ bezeichne die Mengeneinheiten des eingesetzten Produktionsfaktors i und $\vec{x} = (x_1, \ldots, x_n) \in \mathbb{R}^n$ bezeichne den Inputvektor. $y \in \mathbb{R}$ bezeichne den Output. Eine Produktionsfunktion F ist wie folgt definiert:

$$\begin{aligned} F: \ & \mathbb{R}^n \longrightarrow \mathbb{R} : \vec{x} \mapsto F(\vec{x}) = \max \ y \\ & \text{u.d.N.} \ \ (\vec{x}, y) \text{ ist ein realisierbarer Produktionsplan.} \end{aligned}$$

Die Beschreibung einer Produktionsfunktion ist analog zum Vorgehen bei Nutzenfunktionen durch Niveaulinien möglich. Die Niveaulinien einer Produktionsfunktion werden als *Isoquanten* bezeichnet und sind definiert als der geometrische Ort aller Faktorkombinationen, die ein gleiches Outputniveau liefern:

$$\{\vec{x} \mid F(\vec{x}) = \text{konstant}\}.$$

[28]Der Begriff *Produktionsfunktion* wird in der Regel nur im Fall eines einzigen produzierten Gutes verwendet. Im Fall eines vektorwertigen Outputs wird eine Verallgemeinerung dieses Konzepts verwendet, das als *Transformationsfunktion* bezeichnet wird.

Isoquanten werden im Faktoreinsatzdiagramm abgetragen. Mit zunehmender Entfernung der Isoquanten vom Ursprung steigt das Produktionsniveau. Die Fläche oberhalb einer Isoquante stellt die Menge derjenigen Faktorkombinationen dar, die ein höheres Produktionsnniveau realisieren.

Vollkommen analog zur Betrachtung von Isoquanten der Nutzenfunktionen können auch Produktionsfunktionen anhand der Substituierbarkeit von Produktionsfaktoren bei gegebenem Produktionsniveau unterschieden werden. Im Folgenden werden unterschiedliche Typen von Produktionsfunktionen beschrieben. Es wird dabei von zwei verwendeten Produktionsfaktoren Kapital (K) und Arbeit (L) ausgegangen, durch deren Einsatz der Output (Y) erzeugt wird.

Als theoretischer Extremfall ließe sich eine Produktionsfunktion beschreiben, bei der die Produktionsfaktoren Arbeit und Kapital vollständig substituierbar sind. Dies wäre eine Technologie, bei der sich sowohl ausschließlich durch den Einsatz von Maschinen als auch den ausschließlichen Einsatz von Arbeitskräften produzieren ließe. Die Form der Produktionsfunktion ergäbe sich dann als $Y = aK + bL$. Diese Technologie erscheint jedoch wenig plausibel. Im Folgenden werden zwei Produktionsfunktionen dargestellt, die eine häufigere Verwendung in ökonomischen Modellen finden.

Beispiel 9.44 (Leontief - Produktionsfunktion)

Die *Leontief-Technologie* geht davon aus, dass sich Produktionsfaktoren nicht substituieren lassen[29]. Als Beispiel betrachte man die Produktion von Löchern durch Arbeiter mit Schaufeln. Eine zusätzliche Schaufel ohne Arbeiter führt dann ebenso wenig zu höherer Produktion wie ein zusätzlicher Arbeiter ohne Schaufel. Die Produktionsfunktion hat die folgende Form:

$$F : \mathbb{R}^2 \longrightarrow \mathbb{R} : (K, L) \mapsto \min\{aK, bL\} \quad \text{mit } a, b \in \mathbb{R}$$

Es ergeben sich L-förmig verlaufende Isoquanten.

[29] Dies gilt strikt gesprochen nur dann, wenn in der Ausgangssituation beide Faktoren limitierend wirken, d.h. wenn $aK = bL$ gilt. Falls eine gewinnmaximierende Firma diese Technologie verwendet, ist diese Bedingung jedoch i.A. erfüllt. Siehe auch Abschnitt 9.5.5 für eine ausführlichere Diskussion von Gewinnmaximierungsproblemen.

Beispiel 9.45 (Cobb-Douglas Produktionsfunktion)

Die *Cobb-Douglas Technologie* geht davon aus, dass sich Produktionsfaktoren in beschränktem Maß substituieren lassen. Die Produktionsfunktion hat die folgende Form:

$$F : \mathbb{R}^2 \longrightarrow \mathbb{R} : F(K, L) = cK^{\alpha}L^{1-\alpha} \quad \text{wobei } c \in \mathbb{R} \quad \text{und } \alpha \in]0, 1[.$$

Es ergeben sich streng konvexe Isoquanten.

Bemerkung 9.46

Produktionsfunktionen mit einem Homogenitätsgrad von 1 werden als *Produktionsfunktionen mit konstanten Skalenerträgen* bezeichnet. Dies bedeutet, dass eine Skalierung des Faktoreinsatzes zu einer gleichen Skalierung des Outputniveaus führt. D.h. wenn der Einsatz jedes Produktionsfaktors um ein λ-faches steigt, so steigt der Output ebenfalls um das λ-fache. Bei einem Homogenitätsgrad < 1 spricht man von *abnehmenden Skalenerträgen.* Wenn der Einsatz jedes Produktionsfaktors um ein λ-faches erhöht wird, steigt das Outputniveau also weniger als λ-fach an. Analog spricht man bei einem Homogenitätsgrad > 1 von *steigenden Skalenerträgen.*

9.4.1 Monotonie und Konvexität

Häufig werden für Technologien die Annahmen der Monotonie und der Konvexität getroffen. Die mathematischen Eigenschaften von Nutzenfunktionen, die normale Präferenzen darstellen, und Produktionsfunktionen sind dann weitgehend identisch.

i) *Monotonie*

   Es wird unterstellt, dass eine Erhöhung des Einsatzes von mindestens einem Produktionsfaktor zu einem mindestens ebenso hohen Outputniveau führen muss. D.h. sind $\overline{x}_1, \ldots, \overline{x}_{j-1}, \overline{x}_{j+1}, \ldots, \overline{x}_n$ fix und $x \leq y$, so gilt:

$$F(\overline{x}_1, \ldots, \overline{x}_{j-1}, x, \overline{x}_{j+1}, \ldots \overline{x}_n) \leq F(\overline{x}_1, \ldots, \overline{x}_{j-1}, y, \overline{x}_{j+1}, \overline{x}_n, \ldots).$$

   D.h. F ist in jeder Variablen monoton wachsend.

ii) *Konvexität*

   Oft wird auch Konvexität von Technologien unterstellt. Damit ist gemeint, dass Konvexkombinationen eines gegebenen Faktoreinsatzverhältnisses zu einem mindestens ebenso hohen Outputniveau führen.

Gegeben seien zwei Faktorkombinationen $\vec{x}, \vec{y}$, die auf einer Isoquante liegen, also $F(\vec{x}) = F(\vec{y})$ erfüllen. Dann muss für alle $\lambda \in [0, 1]$ gelten:

$$F(\lambda\vec{x} + (1 - \lambda)\vec{y}) \leq \lambda F(\vec{x}) + (1 - \lambda)F(\vec{y}).$$

Die Menge der Faktorkombinationen, die oberhalb einer Indifferenzkurve liegen stiften ein höheres Outputniveau als dasjenige der Isoquante. Die Konvexkombinationen von $\vec{x}$ und $\vec{y}$ liegen in dieser Menge. Die Menge der Faktorkombinationen, die zu höherem Output führen, stellt daher eine konvexe Teilmenge des $\mathbb{R}^2$ im Sinne von Definition 4.35 a) dar.

9.5 Der Marginalkalkül

Mit den Begriffen *Grenzkosten, Grenzerlös, Grenzprodukt* oder *Grenznutzen* werden die ersten Ableitungen spezieller ökonomischer Funktionen bezeichnet. So bezeichnen Grenzkosten die Steigung einer Kostenfunktion, der Grenznutzen die Steigung einer Nutzenfunktion usw.

In der Ökonomie werden Funktionen häufig anhand ihres Steigungsverhaltens charakterisiert. Ursache ist, dass eine Vielzahl ökonomischer Entscheidungen auf Grundlage eines sogenannten *Marginalkalküls* getroffen werden. Es soll beispielhaft die Entscheidung eines Unternehmers betrachtet werden, eine zusätzliche Arbeitskraft zu beschäftigen. Er wird vergleichen, welche *zusätzlichen* Kosten ihm dadurch entstehen und welche *zusätzlichen* Erlöse er durch die Produktion eines weiteren Arbeiters erzielen kann. Der Vergleich *zusätzlicher* Kosten mit *zusätzlichen* Erlösen bedeutet, dass für seine Entscheidung nicht der gesamte Verlauf von Kosten- und Erlösfunktion entscheidend sind, sondern ihr lokales Steigungsverhalten. Das Marginalkalkül besteht hier also im Vergleich von Grenzkosten und Grenzerlösen.

Die Aufgabe der Differentialrechnung besteht gerade darin, die Auswirkungen von Änderungen der Einflussgrößen des Definitionsbereiches auf das Verhalten der Funktionswerte zu untersuchen. Damit liefert die Differentialrechnung das mathematische Hilfsmittel für ökonomische Probleme, in denen ein Marginalkalkül erforderlich ist.

Bemerkung 9.47

i) Im nachfolgenden Abschnitt wird unterstellt, dass alle verwendeten Funktionen differenzierbar sind. Es wird beispielsweise vorausgesetzt, dass Präferenzordnungen durch differenzierbare Nutzenfunktionen dargestellt, oder dass Technologien durch eine differenzierbare Produktionsfunktion beschrieben werden können. Auf die Voraussetzungen, die dafür gegeben sein müssen, soll hier nicht weiter eingegangen werden.

ii) Da die Stetigkeit (siehe Bemerkung 7.7 iv)) eine notwendige Voraussetzung der Differenzierbarkeit darstellt, muss auch bei der Verwendung der Differentialrechnung in der Ökonomie Stetigkeit unterstellt werden. Mit anderen Worten: Es muss beliebige Teilbarkeit aller Güter und Leistungen unterstellt werden.

9.5.1 Nutzenfunktion und Grenznutzen

Gegeben sei eine Nutzenfunktion U:

$$U : \mathbb{R}^n \longrightarrow \mathbb{R} : \vec{x} \mapsto U(\vec{x})$$

Es soll untersucht werden, wie sich das Nutzenniveau eines Wirtschaftssubjekts verändert, wenn in einem gegebenen Güterbündel die verfügbare Menge eines der n Güter variiert und die verfügbaren Mengen aller anderen Güter konstant gehalten werden. Diese Form der Betrachtung - d.h. der Konzentration auf die Auswirkung der Änderung einer Variablen unter sonst gleichen Umständen - wird auch als *ceteris paribus-Analyse* bezeichnet. Gegeben sei ein Güterbündel $\vec{x} = (\overline{x}_1, \overline{x}_2, \ldots, \overline{x}_{i-1}, x_i, \overline{x}_{i+1}, \ldots, \overline{x}_n)$. Die Notation $\overline{x}_k$ bedeutet, dass die Menge des Gutes k konstant gehalten werden soll. Damit reduziert sich die Nutzenfunktion auf eine Funktion in einer Veränderlichen. Die $\overline{x}_k$ $(k = 1, \ldots, i-1, i+1, \ldots, n)$ stellen *Lageparameter* dar. Es soll die Vorgehensweise der Differentialrechnung angewendet werden, d.h. die Änderung des Nutzenniveaus soll auf die Änderung im Mengeneinsatz des variierenden Gutes bezogen werden.

In diskreter Notation lautet die interessierende Veränderungsrate:

$$\frac{U(\overline{x}_1, \ldots, \overline{x}_{i-1}, x_i + \Delta x_i, \overline{x}_{i+1}, \ldots, \overline{x}_n) - U(\overline{x}_1, \ldots, \overline{x}_{i-1}, x_i, \overline{x}_{i+1}, \ldots, \overline{x}_n)}{\Delta x_i}.$$

Betrachtet man den Grenzübergang $\Delta x_i \to 0$ liefert dies die partielle Ableitung der Nutzenfunktion nach der Variablen x_i.

Definition 9.48

Der Grenzwert

$$\frac{\partial U(\vec{x})}{\partial x_i} := \lim_{\Delta x_i \to 0} \frac{U(\overline{x}_1, \ldots, \overline{x}_{i-1}, x_i + \Delta x_i, \overline{x}_{i+1}, \ldots, x_n) - U(\overline{x}_1, \ldots, \overline{x}_{i-1}, x_i, \overline{x}_{i+1}, \ldots, x_n)}{\Delta x_i}$$

wird als *Grenznutzen* des Gutes i bezeichnet.

Die erste Ableitung der Nutzenfunktion U an der Stelle $\vec{x}_0$ ergibt sich als Vektor aller Grenznutzen an der Stelle $\vec{x}_0$:

$$U'(\vec{x}_0) = \Big(\frac{\partial U}{\partial x_1}(\vec{x}_0), \ldots, \frac{\partial U}{\partial x_n}(\vec{x}_0)\Big)$$

Bemerkung 9.49

In Abschnitt 9.3.1 wurde die Annahme *monotoner Präferenzen* erläutert. Demnach stiftet ein Güterbündel, das von allen Gütern mindestens so viel enthält wie ein anderes, auch einen mindestens ebenso hohen Nutzen. Es gilt also:

$$\frac{\partial U}{\partial x_i}(\vec{x}_0) \geq 0 \text{ für } \; i = 1, 2, \ldots, n.$$

Die Annahme des abnehmenden Grenznutzens

Eine häufige Annahme über den Verlauf von Nutzenfunktionen unterstellt einen *abnehmenden Grenznutzen* in den Einzelvariablen. Dies beinhaltet, dass die zweiten partiellen Ableitungen dieser Einzelvariablen negativ sind. Für eine solche Variable x_i gilt also:

$$\frac{\partial^2 U}{(\partial x_i)^2}(\vec{x}_0) \leq 0.$$

Gemäß Folgerung 7.46 ist eine differenzierbare Funktion genau dann konkav, wenn die Funktion ihrer ersten Ableitung monoton fällt. Damit ist die Annahme eines abnehmenden Grenznutzens äquivalent zur Annahme einer konkaven Nutzenfunktion in ceteris paribus Betrachtung. Dieser Annahme liegt eine spezifische Vorstellung von der Auswirkung zusätzlichen Konsums auf das Nutzenniveau eines Individuums zugrunde. Es wird zum einen angenommen, dass aufgrund der Monotonie der Präferenzen zusätzlicher Konsum immer zu zusätzlichem Nutzen führt, d.h. es tritt keine Sättigung ein. Der Grenznutzen ist demnach ≥ 0. Zum anderen wird unterstellt, dass der Nutzenzuwachs immer geringer wird, je höher das Konsumniveau in der Ausgangslage bereits ist, d.h. die Steigerung des Nutzens durch zusätzlichen Konsum fällt mit zunehmendem Konsumniveau. Daraus folgt, dass die zweite partielle Ableitung der Nutzenfunktion stets ≤ 0 sein muss. Mit anderen Worten: Die Annahme eines abnehmenden Grenznutzens bedeutet, dass die partielle Ableitung der Nutzenfunktion eine monoton fallende Funktion darstellt:

$$\frac{\partial}{\partial x_i}\Big(\frac{\partial U}{\partial x_i}(\vec{x}_0)\Big) \leq 0 \iff \frac{\partial^2 U}{(\partial x_i)^2}(\vec{x}_0) \leq 0.$$

Die Annahme eines abnehmenden Grenznutzens bezogen auf ein Gut wie Mathematikklausuren bedeutet:

i) Unabhängig davon, wie viele Mathematikklausuren eine Person in der Ausgangslage bereits geschrieben hat, wird sie durch eine zusätzliche Mathematikklausur immer besser gestellt.

ii) Wenn eine Person bereits viele Mathematikklausuren geschrieben hat, stiftet ihr eine zusätzliche Klausur weniger zusätzlichen Nutzen, als wenn sie erst wenige Klausuren geschrieben hat.

Abbildung 9.6 zeigt: Je höher das Niveau von x_i, desto geringer ist der zusätzliche Nutzen durch einen gegebenen Anstieg um Δx_i.

Definitheitseigenschaft einer Nutzenfunktion

Im Folgenden soll untersucht werden, welche Auswirkungen Annahmen über die Vorzeichen der ersten und zweiten partiellen Ableitungen auf die Nutzenfunktion insgesamt

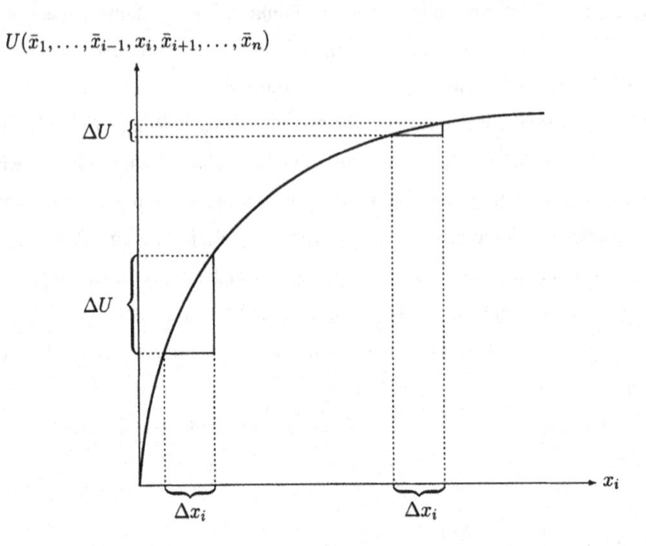

Abbildung 9.6: *Konkavität bei abnehmendem Grenznutzen in einzelnen Variablen*

haben. Gegeben sei eine zweimal stetig differenzierbare Nutzenfunktion U mit:

$$U : \mathbb{R}^n \longrightarrow \mathbb{R} : \vec{x} \mapsto U(\vec{x}).$$

Dann ergibt sich als erste Ableitung der Nutzenfunktion:

$$U' : \mathbb{R}^n \longrightarrow \mathbb{R}^n : \vec{x} \mapsto \Big(\frac{\partial U}{\partial x_1}(\vec{x}), \ldots, \frac{\partial U}{\partial x_n}(\vec{x})\Big).$$

Gemäß Satz 7.29 gilt $\frac{\partial^2 U}{\partial x_i \partial x_j}(\vec{x}) = \frac{\partial^2 U}{\partial x_j \partial x_i}(\vec{x})$. Damit ergibt sich $U''(x)$ als symmetrische $(n \times n)$-Matrix.

$$U'' : \mathbb{R}^n \longrightarrow \mathbb{R}^{n \times n} : \vec{x} \mapsto \begin{pmatrix} \frac{\partial^2 U}{(\partial x_1)^2}(\vec{x}) & \frac{\partial^2 U}{\partial x_2 \partial x_1}(\vec{x}) & \cdots & \frac{\partial^2 U}{\partial x_1 \partial x_n}(\vec{x}) \\ \frac{\partial^2 U}{\partial x_1 \partial x_2}(\vec{x}) & \frac{\partial^2 U}{(\partial x_2)^2}(\vec{x}) & \cdots & \frac{\partial^2 U}{\partial x_2 \partial x_n}(\vec{x}) \\ \vdots & \vdots & \ddots & \vdots \\ \frac{\partial^2 U}{\partial x_1 \partial x_n}(\vec{x}) & \frac{\partial^2 U}{\partial x_2 \partial x_n}(\vec{x}) & \cdots & \frac{\partial^2 U}{(\partial x_n)^2}(\vec{x}). \end{pmatrix}$$

Nimmt man einen abnehmenden Grenznutzen für alle Einzelvariablen an, so gilt für die Diagonalelemente von U'':

$$\frac{\partial^2 U}{(\partial x_i)^2}(\vec{x}) \leq 0.$$

Häufig wird für Nutzenfunktionen auch unterstellt, dass für alle Nicht-Diagonalelemente gilt:

$$\frac{\partial^2 U}{\partial x_i \partial x_j}(\vec{x}) \geq 0.$$

D.h. ein Anstieg der verfügbaren Menge eines Gutes i führt zu einem höheren Grenznutzen des Gutes j. Wenn eine Person mehr von Gut i zur Verfügung hat, steigt demnach ihre Wertschätzung zusätzlicher Einheiten von Gut j. Dies wird insbesondere plausibel, wenn neben der Annahme eines abnehmenden Grenznutzens unterstellt wird, dass eine homothetische Nutzenfunktion vorliegt (siehe Abschnitt 9.3.4). Zum einen führt dann bei einer ceteris paribus Betrachtung, die Ausweitung des Konsums eines Gutes zu einem immer geringeren Nutzenanstieg. Zum anderen führt die gemeinsame Ausweitung des Konsums aller Güter zu einem homogen linearen Anstieg des realisierten Nutzenniveaus. Der zusätzliche Nutzen den ein einzelnes Gut stiften kann, ist also davon abhängig, inwiefern sich die verfügbare Menge der anderen Güter ändert. Er ist umso größer, je stärker die verfügbare Menge der anderen Güter ansteigt.

Beispiel 9.50

Aus der Tatsache, dass eine Nutzenfunktion konkav in allen ihren Variablen ist, folgt nicht, dass die Funktion in ihrer Gesamtheit konkav ist. Dies soll anhand eines einfachen Beispiels gezeigt werden: Gegeben sei eine Nutzenfunktion[30] $U : \mathbb{R}^2 \longrightarrow \mathbb{R}$. Dann ergibt sich die zweite totale Ableitung als:

$$U''(\vec{x}) = \begin{pmatrix} \frac{\partial^2 U}{(\partial x_1)^2}(\vec{x}) & \frac{\partial^2 U}{\partial x_1 \partial x_2}(\vec{x}) \\ \frac{\partial^2 U}{\partial x_1 \partial x_2}(\vec{x}) & \frac{\partial^2 U}{(\partial x_2)^2}(\vec{x}). \end{pmatrix}$$

[30] Die hier herzuleitenden Ergebnisse ändern sich nicht, wenn der Definitionsbereich der Nutzenfunktion auf $\mathbb{R}^2_+$ eingeschränkt wird.

Gemäß Definition 7.49 betrachten wir die quadratische Form von $U''(\vec{x})$, um die Definitheitseigenschaft zu untersuchen. Mit $(a_1, a_2) \in \mathbb{R}^2$ ergibt sich die quadratische Form als:

$$Q_{U''(\vec{x})}(a_1, a_2) = a_1^2 \frac{\partial^2 U}{(\partial x_1)^2}(\vec{x}) + 2a_1 a_2 \frac{\partial^2 U}{\partial x_1 \partial x_2}(\vec{x}) + a_2^2 \frac{\partial^2 U}{(\partial x_2)^2}(\vec{x}).$$

Es gilt:

$$a_1^2 \frac{\partial^2 U}{(\partial x_1)^2}(\vec{x}) \leq 0 \quad \text{und} \quad a_2^2 \frac{\partial^2 U}{(\partial x_2)^2}(\vec{x}) \leq 0.$$

Über das Vorzeichen von $2a_1 a_2 \frac{\partial^2 U}{\partial x_1 \partial x_2}(\vec{x})$ kann keine allgemeine Aussage getroffen werden. Selbst dann nicht, wenn unterstellt wird, dass $\frac{\partial^2 U}{\partial x_1 \partial x_2}(\vec{x}) \geq 0$. Es ist also nicht hinreichend für jedes Element von $U''(\vec{x})$ ein bestimmtes Vorzeichen zu fordern, um die Definitheitseigenschaft einer Nutzenfunktion in mehreren Veränderlichen global festzulegen.

Dieser Zusammenhang soll auch anhand einer konkreten Funktion demonstriert werden. Gegeben sei $U : \mathbb{R}_+^2 \to \mathbb{R} : U(x_1, x_2) = \ln(1 + x_1)\ln(1 + x_2)$. Damit ergibt sich

$$U''(\vec{x}) = \begin{pmatrix} -\frac{\ln(1+x_2)}{(1+x_1)^2} & \frac{1}{(1+x_1)(1+x_2)} \\ \frac{1}{(1+x_1)(1+x_2)} & -\frac{\ln(1+x_1)}{(1+x_2)^2}. \end{pmatrix}$$

Diese Funktion erfüllt offensichtlich die Annahmen eines abnehmenden Grenzprodukts in allen Einzelvariablen, sowie $\frac{\partial^2 U}{\partial x_1 \partial x_2}(\vec{x}) \geq 0$.

Nach Satz 7.54 ist U genau dann konkav, wenn U'' für alle $\vec{x} \in \mathbb{R}_+^2$ negativ semidefinit ist. Um zu widerlegen, dass U konkav ist, reicht es also aus, ein $\vec{x}_0 \in \mathbb{R}_+^2$ zu finden, sodass $U''(\vec{x}_0)$ nicht negativ semidefinit ist. Hierzu wählen wir $\vec{x}_0 = (1, 1)$. Dann gilt:

$$U''(1,1) = \frac{1}{4} \begin{pmatrix} -\ln(2) & 1 \\ 1 & -\ln(2). \end{pmatrix}$$

Wie sich leicht überprüfen lässt, ist $U''(1, 1)$ indefinit.

Die abnehmende Grenzrate der Substitution

Eingangs (siehe Abschnitt 9.3) wurden Indifferenzkurven definiert als der geometrische Ort aller Güterkombinationen, die ein gleiches Nutzenniveau stiften. Indifferenzkurven sind also die Niveaulinien einer Nutzenfunktion. Die Steigung der Indifferenzkurve wird als *Grenzrate der Substitution* bezeichnet. Sie gibt an, in welcher Relation Güter gegeneinander ausgetauscht werden können, so dass das Nutzenniveau konstant bleibt. Betrachten wir den Fall zweier Güter. Gegeben sei eine Nutzenfunktion U:

$$U : \mathbb{R}^2 \longrightarrow \mathbb{R} : (x_1, x_2) \mapsto U(x_1, x_2).$$

Entlang einer Niveaulinie muss $U(x_1, x_2) =$ konstant gelten. Daraus folgt, dass das totale Differential, also die totale Änderung der Nutzenfunktion *entlang der Niveaulinie* gleich 0 sein muss, formal:[31]

$$U'(x_1, x_2) = 0 \iff \frac{\partial U(x_1, x_2)}{\partial x_1} dx_1 + \frac{\partial U(x_1, x_2)}{\partial x_2} dx_2 = 0 \iff \frac{dx_2}{dx_1} = -\frac{\frac{\partial U(x_1, x_2)}{\partial x_1}}{\frac{\partial U(x_1, x_2)}{\partial x_2}}.$$

Der Ausdruck $\frac{dx_2}{dx_1}$ gibt die Steigung der Indifferenzkurve im Gütermengendiagramm an. Wenn annahmegemäß die partiellen Ableitungen positiv sind, folgt, dass die Steigung der Indifferenzkurve negativ sein muss.

Es soll nun die Auswirkung der Annahme eines abnehmenden Grenznutzens für beide Güter auf die Grenzrate der Substitution untersucht werden.

Betrachten wir dazu eine Bewegung entlang einer Indifferenzkurve. Gelte $dx_1 > 0$ und damit $dx_2 < 0$, d.h. der Konsum von Gut 2 wird eingeschränkt und der Konsum von Gut 1 ausgedehnt. Aus der Annahme des abnehmenden Grenznutzens folgt, dass dabei $\frac{\partial U(x_1, x_2)}{\partial x_2}$ steigt und $\frac{\partial U(x_1, x_2)}{\partial x_1}$ fällt[32]. Damit folgt, dass $\left|\frac{dx_2}{dx_1}\right|$ fällt. Die Indifferenzkurve wird also

---

[31] Die Herleitung der Steigung der Indifferenzkurve stellt eine Anwendung des impliziten Funktionensatzes 7.56 dar. Durch die Gleichung $U(x_1, x_2) =$ konstant wird x_2 implizit als Funktion von x_1 definiert. Diese implizite Funktion ordnet jedem Wert von x_1 den zugehörigen Wert von x_2 entlang der Indifferenzkurve zu.

[32] Die Begriffe „steigen" und „fallen" werden hier in einem schwachen Sinn verwendet. Genauer gilt, dass $\frac{\partial U(x_1, x_2)}{\partial x_2}$ nicht fällt und dass $\frac{\partial U(x_1, x_2)}{\partial x_1}$ nicht steigt.

mit zunehmendem Konsum von Gut 1 flacher. Mit anderen Worten: Die Grenzrate der Substitution nimmt ab. Es gilt also:

$$\frac{d^2x_2}{dx_1^2} < 0.$$

Die ökonomische Interpretation lautet wie folgt: Die Kompensation für den entgangenen Nutzen durch den Minderkonsum von x_2 muss umso größer sein, je niedriger das Niveau von x_2 in der Ausgangslage. Die Steigung der Indifferenzkurve $\frac{dx_2}{dx_1}$ gibt gerade die Höhe dieser Kompensation an. Sie gibt an, wie hoch die Konsumsteigerung bei Gut 1 ausfallen muss, um den Verzicht auf eine marginale Einheit von Gut 2 auszugleichen. Je höher in der Ausgangslage der Konsum eines Gutes ist, desto geringer wird wegen des abnehmenden Grenznutzens die notwendige Kompensation. Dieser Zusammenhang wird als *abnehmende Grenzrate der Substitution* bezeichnet. Die abnehmende Grenzrate der Substitution liefert daher eine weitere Interpretation des konvexen Verlaufs der Indifferenzkurve. Graphik 9.7

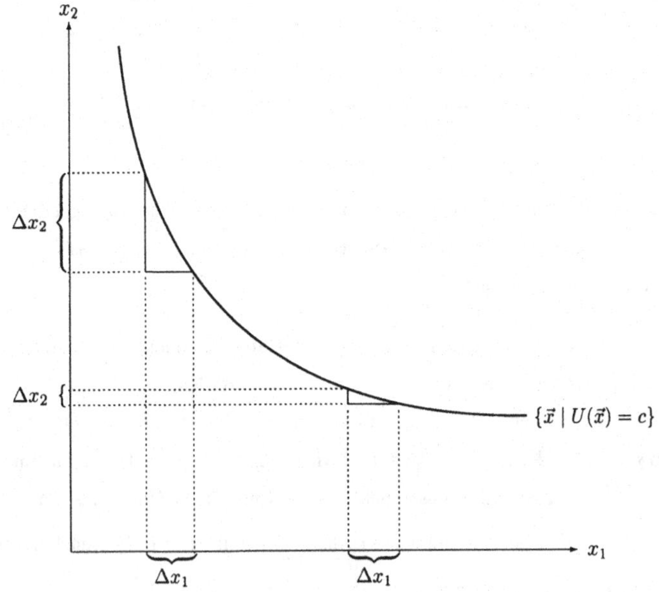

Abbildung 9.7: *Konvexität der Indifferenzkurven bei abnehmendem Grenznutzen*

zeigt: Mit zunehmendem Konsum von Gut 1 nimmt die notwendige Kompensation für den Verzicht auf eine gegebene Menge Δx_1 durch Gut 2 entlang der Indifferenzkurve ab.

Die abnehmende Grenzrate der Substitution zeigt sich darin, dass die Indifferenzkurve bei zunehmendem Konsum von Gut 1 flacher verläuft.

Bemerkung 9.51

Die Annahme positiver partieller Ableitungen und abnehmender Grenznutzen in allen Einzelvariablen sind noch nicht hinreichend, um einen streng konvexen Verlauf der Indifferenzkurve (siehe auch Bemerkung 9.32) zu garantieren. Sind die Güter 1 und 2 perfekte Substitute (siehe Beispiel 9.27), so verlaufen die Indifferenzkurven linear und weisen daher eine konstante Steigung auf. Es ist jedoch möglich, Nutzenfunktionen perfekter Substitute zu finden, die die oben genannten Annahmen erfüllen. So gilt für $U : \mathbb{R}^2_+ \to \mathbb{R} : U(x_1, x_2) = \ln(1 + x_1 + x_2)$ sowohl dass die partiellen Ableitungen positiv, als auch, dass die Grenznutzen abnehmend sind.

9.5.2 Produktionsfunktion und Grenzprodukt

Als *Grenzprodukt* wird die erste partielle Ableitung einer Produktionsfunktion bezeichnet. Mittels der Analyse des Grenzprodukts wird also beschrieben, wie sich das Outputniveau verändert, wenn der Einsatz eines Produktionsfaktors ceteris paribus, d.h. bei Konstanz des Einsatzes aller anderen Faktoren, um eine marginale Einheit geändert wird.

Gegeben sei eine Produktionsfunktion F die n Produktionsfaktoren einsetzt:

$$F : \mathbb{R}^n \longrightarrow \mathbb{R} : (x_1, \ldots, x_n) \mapsto F(x_1, \ldots, x_n)$$

x_i sei die eingesetzte Menge des Produktionsfaktors i.

Definition 9.52

Der Grenzwert

$$\frac{\partial F}{\partial x_i}(\vec{\overline{x}}) := \lim_{\Delta x_i \to 0} \frac{F(\overline{x}_1, \ldots, \overline{x}_{i-1}, x_i + \Delta x_i, \overline{x}_{i+1}, \ldots, x_n) - F(\overline{x}_1, \ldots, \overline{x}_{i-1}, x_i, \overline{x}_{i+1}, \ldots, x_n)}{\Delta x_i}$$

wird als *Grenzprodukt des Faktors i* bezeichnet. Das Grenzprodukt des Faktors i ist also die erste partielle Ableitung der Produktionsfunktion nach x_i.

Aus der Annahme der Monotonie von Technologien (siehe Abschnitt 9.4.1) folgt, dass:

$$\frac{\partial F}{\partial x_i}(\vec{\overline{x}}) \geq 0$$

Das totale Differential der Produktionsfunktion $F(\vec{x})$ an der Stelle x_0 ergibt sich als Vektor aller partiellen Ableitungen der Produktionsfunktion und damit als:

$$F'(\vec{x}_0) = \left(\frac{\partial F}{\partial x_1}(\vec{x}), \ldots, \frac{\partial F}{\partial x_n}(\vec{x})\right).$$

Die Annahme des abnehmenden Grenzprodukts

Eine weitere Eigenschaft, die Produktionsfunktionen häufig unterstellt wird, besteht in der Negativität der zweiten partiellen Ableitungen.

$$\frac{\partial^2 F}{(\partial x_i)^2}(\vec{x}) \leq 0.$$

Daraus folgt die Konkavität einer Produktionsfunktion bei ceteris paribus-Betrachtung. Die Forderung nach Konkavität wird auch als Annahme eines abnehmenden Grenzprodukts bezeichnet.

Die Annahmen von Monotonie und einem abnehmenden Grenzprodukt unterstellen, dass:

i) Der zusätzliche Einsatz eines Faktors - bei Konstanz aller übrigen Faktoreinsätze - immer zu einem mindestens ebenso hohen Produktionsniveau führt.

ii) Der zusätzliche Output, der durch den zusätzlichen Einsatz eines Faktors - bei Konstanz aller übrigen Faktoreinsätze - generiert werden kann, mit zunehmendem Faktoreinsatz fällt.

Die abnehmende Grenzrate der technischen Substitution

Isoquanten sind definiert als der geometrische Ort aller Faktorkombinationen, die ein gleiches Outputniveau erzeugen, d.h. sie sind die Niveaulinien einer Produktionsfunktion. Die Steigung einer Isoquante wird als die *Grenzrate der technischen Substitution* bezeichnet. Sie gibt an, in welchem Verhältnis Produktionsfaktoren gegeneinander ausgetauscht werden können, so dass das Produktionsniveau konstant bleibt.
Zur Verdeutlichung betrachten wir eine Produktionsfunktion $F(K, L)$, die zwei Faktoren Kapital und Arbeit verwendet. Der implizite Funktionensatz liefert als Grenzrate der

technischen Substitution:

$$dF(K,L) = 0 \iff \frac{\partial F(K,L)}{\partial K}dK + \frac{\partial F(K,L)}{\partial L}dL = 0 \iff \frac{dL}{dK} = -\frac{\frac{\partial F(K,L)}{\partial K}}{\frac{\partial F(K,L)}{\partial L}}$$

Da die partiellen Ableitungen der Produktionsfunktion als positiv unterstellt sind, folgt, dass die Isoquante eine negative Steigung hat. Aus der Annahme eines abnehmenden Grenzprodukts folgt, dass eine *abnehmende Grenzrate der technischen Substitution* gegeben sein muss. In der hier gewählten Notation wird die Isoquante also mit zunehmendem Kapitaleinsatz und abnehmendem Arbeitseinsatz flacher, weil mit dieser Bewegung entlang der Isoquante eine Abnahme des Grenzprodukts des Kapitals und eine Zunahme des Grenzprodukts der Arbeit verbunden ist. Um das Produktionsniveau konstant zu halten, muss daher ein abnehmender Arbeitseinsatz durch eine immer größere Menge des Faktors Kapital kompensiert werden.

9.5.3 Nutzenmaximierung

Es soll nun die Frage beantwortet werden, für welches Güterbündel sich ein Wirtschaftssubjekt tatsächlich entscheidet. Bislang wurden nur die Verläufe von Nutzenfunktionen und Indifferenzkurven beschrieben, es blieb aber offen, welches Nutzenniveau ein Haushalt tatsächlich realisieren wird und in welchem Verhältnis er die dabei zur Verfügung stehenden Güter konsumiert, d.h. auf welcher Indifferenzkurve er sich bewegt und welchen Punkt auf der Indifferenzkurve er realisiert. Der Haushalt will seine Nutzenfunktion maximieren. Die graphische Interpretation lautet: Da Indifferenzkurven mit zunehmender Entfernung vom Ursprung des Gütermengendiagramms mit zunehmendem Nutzenniveau assoziiert sind, bedeutet Nutzenmaximierung das Ziel, die höchstmögliche Indifferenzkurve zu erreichen. Dabei ist der Haushalt in seinen Entscheidungsmöglichkeiten beschränkt. Er hat nur ein beschränktes Einkommen zur Verfügung, das er bei gegebenen Marktpreisen für den Kauf von Gütern verwenden kann. Das Problem, dem sich der Haushalt gegenüber sieht, ist demnach die Maximierung einer Zielfunktion unter einer Nebenbedingung. Diese Nebenbedingung wird als Budgetrestriktion bezeichnet. Durch sie wird die Menge aller Güterbündel beschrieben, die der Haushalt sich leisten kann.

Im Fall von n Gütern $x_1, \ldots, x_n$ mit den Preisen $p_1, \ldots, p_n$ und einem Einkommen in

Höhe von m ergibt sich die Budgetrestriktion als[33]:

$$\sum_{i=1}^{n} p_i x_i \leq m.$$

Bei monotonen Präferenzen wird das Nutzenmaximum[34] auf dem Rand der durch die Budgetrestriktion beschriebenen Menge angenommen. Solange der Grenznutzen aller Güter positiv ist, kann der Haushalt durch zusätzliche Nachfrage von Gütern seinen Nutzen steigern. Ein nutzenmaximierender Haushalt wird daher sein Budget ausschöpfen. In diesem wie im nächsten Abschnitt werden monotone Präferenzen unterstellt, die durch stetig differenzierbare Nutzenfunktionen repräsentiert werden können.

Definition 9.53 (Nutzenmaximierungsproblem)

Gegeben seien monotone Präferenzen repräsentiert durch eine stetig differenzierbare Nutzenfunktion:

$$U : \mathbb{R}^n \longrightarrow \mathbb{R} : \vec{x} \mapsto U(\vec{x}),$$

ein Preisvektor $(p_1, \ldots, p_n)$ und ein Budget m. Das Nutzenmaximierungsproblem ist definiert als:

$$\max_{\vec{x}} \; U(\vec{x}) \quad \text{u.d.N.} \quad m = \sum_{i=1}^{n} p_i x_i.$$

Der Lagrangefunktion für dieses Problem lautet:

$$\mathcal{L}(x_1, \ldots, x_n, \lambda) = U(\vec{x}) + \lambda(m - \sum_{i=1}^{n} p_i x_i)$$

Als Bedingung 1. Ordnung für ein Nutzenmaximum ergibt sich das Gleichungssystem:

$$\begin{aligned}
\frac{\partial \mathcal{L}}{\partial x_1}(x^*, \lambda^*) &= \frac{\partial U(\vec{x}^*)}{\partial x_1} = \lambda p_1 \\
&\vdots \\
\frac{\partial \mathcal{L}}{\partial x_n}(x^*, \lambda^*) &= \frac{\partial U(\vec{x}^*)}{\partial x_n} = \lambda p_n \\
\frac{\partial \mathcal{L}}{\partial \lambda}(x^*, \lambda^*) &= m - \sum_{i=1}^{n} p_i x_i^* = 0.
\end{aligned}$$

[33]Die Notation für das Budget stammt aus der englischsprachigen Literatur. Dort steht m für money.

[34]Das Nutzenmaximum wird oft auch als Haushaltsoptimum bezeichnet.

Es ergibt sich also ein Gleichungssystem bestehend aus $n+1$ Gleichungen mit $n+1$ Unbekannten, die Nachfrage des Haushalts nach jedem der n Güter und der Lagrange-multiplikator. Es ist daher möglich, das Gleichungssystem zu lösen und die vom Haushalt nachgefragten Gütermengen $\vec{x}^* = (x_1^*, \ldots, x_n^*)$ sowie den Lagrangemultiplikator zu bestimmen. Die Lösung des Nutzenmaximierungsproblems erlaubt die Bestimmung einer sogenannten Walrasianischen Nachfragefunktion[35]. Diese ordnet alternativen Güterpreisen und Budgets die resultierende nutzenmaximierende Güternachfrage zu.[36]

Definition 9.54 (Walrasianische Nachfragefunktion)

Gegeben sei das Nutzenmaximierungsproblem 9.53 und x_i^* die resultierende optimale Güternachfrage nach Gut i. Die Funktion:

$$X_i : \mathbb{R}^{n+1} \longrightarrow \mathbb{R} : (\vec{p}, m) \mapsto X_i(\vec{p}, m) = x_i^*$$

wird als *Walrasianische Nachfragefunktion* für Gut i bezeichnet.

Die Walrasianische Nachfragefunktion erlaubt beispielsweise durch Aggregation über alle Individuen hinweg die Bestimmung einer Marktnachfrage und wird daher in zahlreichen ökonomischen Analysen angewendet. Die Kenntnis der Walrasianischen Nachfrage erlaubt weiterhin eine Bestimmung des realisierten Nutzenniveaus als Funktion der Güterpreise und des Budgets. Diese Funktion wird als *indirekte Nutzenfunktion* bezeichnet. Sie ergibt sich durch Einsetzen der Walrasianischen Nachfragefunktionen in die Nutzenfunktion. Die indirekte Nutzenfunktion besitzt den Vorteil, dass sie den Nutzen, den ein Haushalt realisiert, als Funktion der beobachtbaren Variablen $\vec{p}$ und m beschreibt.

Definition 9.55 (Indirekte Nutzenfunktion)

Gegeben seien das Nutzenmaximierungsproblem 9.53 und die Walrasianischen Nachfragefunktionen $X_1(\vec{p}, m), \ldots, X_n(\vec{p}, m)$. Die *indirekte Nutzenfunktion* V ist gegeben als:

$$V : \mathbb{R}^{n+1} \longrightarrow \mathbb{R} : (\vec{p}, m) \mapsto V(\vec{p}, m) = U(X_1(\vec{p}, m), \ldots, X_n(\vec{p}, m)).$$

[35] Benannt nach dem Ökonomen Leon Walras.

[36] Im Folgenden werden weiterhin alle Funktionen und Funktionswerte anhand von Großbuchstaben bezeichnet. Das Vorgehen in der Literatur ist hier nicht einheitlich. Häufig wird auch die Funktionsvorschrift durch einen Großbuchstaben symbolisiert und für einen konkreten Funktionswert der Kleinbuchstabe verwendet.

Die indirekte Nutzenfunktion ordnet also alternativen Preisen und Budgets den Wert der Zielfunktion im Optimum zu. Mit anderen Worten: sie ordnet nicht wie die Nutzenfunktion U alternativen Gütermengen ein Nutzenniveau zu, sondern gibt direkt den im Nutzenmaximum realisierten Nutzen an. Im Englischen wird für derartige Funktionen, die den Wert einer Zielfunktion im Optimum angeben, der Begriff „value function„ verwendet. Daher wird auch der Buchstabe V als Symbol für die indirekte Nutzenfunktion verwendet. Die indirekte Nutzenfunktion erlaubt beispielsweise eine Analyse wie sich Preisänderungen oder Änderungen des Budgets auf das Nutzenniveau auswirken, das ein Haushalt im Nutzenmaximum realisiert. Eine Anwendung stellt etwa die Theorie der Optimalen Besteuerung dar. Gegenstand dieser Theorie ist die Frage, wie sich ein Staat finanzieren sollte, der das Ziel hat die Nutzenminderung seiner Bürger, die sich aus der Besteuerung ergibt, zu minimieren. Die Eingriffe des Staates beeinflussen das Budget das den Haushalten zur Verfügung steht und gegebenenfalls die Preise, wenn etwa eine Mehrwertsteuer verwendet wird. Die partiellen Ableitungen der indirekten Nutzenfunktion erlauben dann eine Analyse wie sich die Steuerpolitik des Staates auf das Nutzenniveau der Bürger auswirkt.

Bemerkung 9.56

i) Gemäß Bemerkung 7.70 iii) gibt der Lagrangemultiplikator λ an, wie sich der optimale Wert der Zielfunktion verändert, wenn die Nebenbedingung um eine marginale Einheit verändert wird. Bezogen auf das vorliegende Problem gibt der Lagrangemultiplikator also an, welcher Nutzenzuwachs realisiert wird, wenn das Budget um eine marginale Einheit steigt. Es gilt:

$$\lambda^* = \frac{\partial U(\vec{x}^*)}{\partial m} = \frac{\partial V(\vec{p}, m)}{\partial m}.$$

ii) Aus der notwendigen Bedingung für ein Nutzenmaximum folgt:

$$\frac{\frac{\partial U(\vec{x})}{\partial x_i}}{\frac{\partial U(\vec{x})}{\partial x_i}} = \frac{p_i}{p_j}.$$

Diese Bedingung hat eine wichtige ökonomische Interpretation: Im Nutzenmaximum muss der Relativpreis zweier Güter gleich dem Betrag der Grenzrate der Substitution sein. Der Relativpreis $\frac{p_i}{p_j}$ (mit der Dimension $[\frac{p_i}{p_j}] = \frac{\text{WE/Gut}_i}{\text{WE/Gut}_j} = \frac{\text{Gut}_j}{\text{Gut}_i}$) ist der Preis einer Einheit von Gut i ausgedrückt in Mengeneinheiten von Gut j. Er gibt also an, in welchem Verhältnis Mengeneinheiten von Gut i und Gut j am Markt gegeneinander getauscht werden können.

Wie in Abschnitt 9.5.1 hergeleitet gilt für die Steigung der Indifferenzkurve bei Betrachtung zweier Güter:

$$\frac{dx_2}{dx_1} = -\frac{\frac{\partial U(\vec{x})}{\partial x_1}}{\frac{\partial U(\vec{x})}{\partial x_2}}.$$

Die Steigung der Indifferenzkurve gibt an, in welchem Verhältnis die Güter 1 und 2 gegeneinander getauscht werden können, so dass der Nutzen des Haushalts konstant bleibt. Der Betrag der Grenzrate der Substitution gibt daher an, in welchem Verhältnis der Haushalt bereit ist, die Güter gegeneinander zu tauschen. Im Optimum muss gelten: Das Austauschverhältnis der Güter am Markt ist gleich dem Verhältnis, zu dem der Haushalt bei gegebenem Nutzenniveau bereit wäre, die Güter gegeneinander auszutauschen. Andernfalls könnte durch eine Reallokation des Einkommens (d.h. durch eine andere Verteilung des Einkommens auf die Konsumgüter) ein höheres Nutzenniveau erreicht werden. Wenn beispielsweise der Relativpreis am Markt vier ME Gut 1 für eine ME von Gut 2 beträgt und die Kompensation, die ein Haushalt für den Verzicht auf eine ME von Gut 2 verlangt nur zwei ME Gut 1 beträgt, so kann sich der Haushalt besser stellen, indem er mehr von Gut 2 und weniger von Gut 1 konsumiert. Er wird dann für den Verzicht auf Gut 1 überkompensiert und erreicht ein höheres Nutzenniveau. Da eine Nutzensteigerung möglich ist, kann die Ausgangslage nicht das Nutzenmaximum gewesen sein. Dieses Ergebnis lässt sich

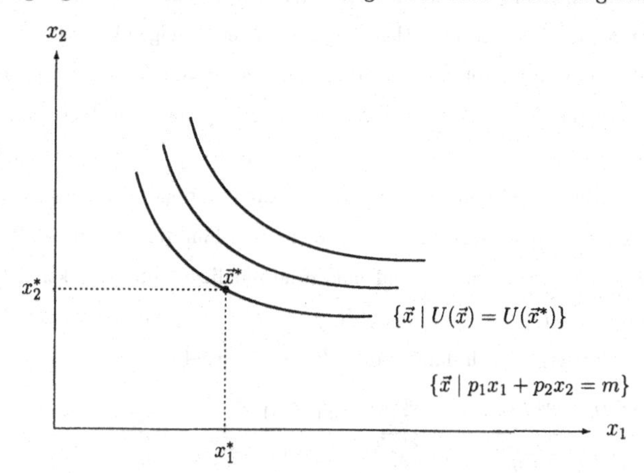

Abbildung 9.8: *Die Tangentialbedingung bei der Nutzenmaximierung*

auch graphisch veranschaulichen. Die Budgetrestriktion lautet:

$$m = p_1 x_1 + p_2 x_2 \iff x_2 = \frac{m}{p_2} - \frac{p_1}{p_2} \cdot x_2.$$

Die Steigung der *Budgetgeraden* im Gütermengen-Diagramm (siehe Abbildung 9.8) ist also der Relativpreis. Wie oben angeführt bedeutet Nutzenmaximierung, dass der Haushalt das Ziel verfolgt eine Indifferenzkurve mit größtmöglicher Entfernung zum Ursprung zu erreichen. Graphisch formuliert ergibt sich damit als Bedingung für das Optimum: Die Budgetgerade muss Tangente an die Indifferenzkurve sein, weil alle oberhalb der Budgetgeraden verlaufenden Indifferenzkurven bei dem gegebenen Budget nicht realisierbar sind.

iii) In Abschnitt 9.3.1 wurde dargestellt, dass jede ordnungserhaltende, also streng monoton wachsende Funktion eine mögliche Nutzenfunktion auf Grundlage einer Präferenzordnung darstellt. Eine Nutzenfunktion bildet lediglich die Präferenzordnung des Haushalts ab, so dass den konkreten Zahlenwerten keine quantitative Bedeutung zukommt. Im Haushaltsoptimum kommt nun dem konkreten Zahlenwert, den das Verhältnis der Grenznutzen liefert, eine Bedeutung zu. Wie hergeleitet, muss er exakt dem Relativpreis der Güter entsprechen. Diese Aussagen geraten offenbar nur dann nicht in Widerspruch zueinander, wenn alle Nutzenfunktionen, die mögliche Darstellungen einer Präferenzordnung liefern, zur gleichen Grenzrate der Substitution führen. Dies ist tatsächlich der Fall, wie sich leicht zeigen lässt: Die Präferenzordnung des Haushaltes soll als eine stetig differenzierbare Abbildung $f : \mathbb{R}^n \to \mathbb{R}$ interpretiert werden, die Güterbündeln $(x_1, \ldots, x_n)$ gemäß ihrer Wertschätzung durch den Haushalt reelle Zahlen $f(x_1, \ldots, x_n)$ zuordnet. In dieser Darstellung ist jede mögliche Nutzenfunktion eine Komposition zweier Abbildungen. Eine mögliche Nutzenfunktion ist eine streng monoton wachsende Funktion $g : \mathbb{R} \to \mathbb{R}$, welche die Zahlen $f(x_1, \ldots, x_n)$ zum Urbild hat. Eine mögliche Nutzenfunktion U ist daher darstellbar als $U(x_1, \ldots, x_n) := g(f(x_1, \ldots, x_n))$. Das Verhältnis der Grenznutzen zweier Güter ergibt sich dann gemäß der Kettenregel als:

$$\frac{\frac{\partial U(\vec{x})}{\partial x_i}}{\frac{\partial U(\vec{x})}{\partial x_j}} = \frac{\frac{\partial g(f(\vec{x}))}{\partial x_i}}{\frac{\partial g(f(\vec{x}))}{\partial x_j}} \iff \frac{\frac{\partial U(\vec{x})}{\partial x_i}}{\frac{\partial U(\vec{x})}{\partial x_j}} = \frac{g'(f(\vec{x})) \cdot \frac{\partial f(\vec{x})}{\partial x_i}}{g'(f(\vec{x})) \cdot \frac{\partial f(\vec{x})}{\partial x_j}} = \frac{\frac{\partial f(\vec{x})}{\partial x_i}}{\frac{\partial f(\vec{x})}{\partial x_j}}.$$

Folglich führen alle möglichen Nutzenfunktionen einer gegebenen Präferenzordnung zur gleichen Grenzrate der Substitution.

Beispiel 9.57

Im Folgenden soll das Haushaltsoptimum im Fall zweier Güter bei Verwendung einer konkreten Nutzenfunktion explizit berechnet werden. Die Nutzenfunktion sei vom Cobb-Douglas-Typ, d.h. es gelte $U(x_1, x_2) = Ax_1^{\alpha}x_2^{1-\alpha}$, $\alpha \in]0,1[$. Es ergibt sich die Lagrangefunktion:

$$\mathcal{L}(x_1, x_2, \lambda) = Ax_1^{\alpha}x_2^{1-\alpha} + \lambda(m - p_1x_1 - p_2x_2).$$

Als notwendige Bedingungen für ein Nutzenmaximum ergeben sich die Gleichungen:

$$\begin{aligned}
\frac{\partial \mathcal{L}}{\partial x_1}(x^*, \lambda^*) &= A\alpha\left(\tfrac{x_2^*}{x_1^*}\right)^{1-\alpha} - \lambda p_1 &= 0\\
\frac{\partial \mathcal{L}}{\partial x_2}(x^*, \lambda^*) &= A(1-\alpha)\left(\tfrac{x_1^*}{x_2^*}\right)^{\alpha} - \lambda p_2 &= 0\\
\frac{\partial \mathcal{L}}{\partial \lambda}(x^*, \lambda^*) &= m - p_1x_1^* - p_2x_2^* &= 0.
\end{aligned}$$

Die Walrasianische Nachfrage des Haushaltes ergibt sich als:

$$\begin{aligned}
X_1(p_1, p_2, m) &= \frac{\alpha m}{p_1}\\
X_2(p_1, p_2, m) &= \frac{(1-\alpha)m}{p_2}.
\end{aligned}$$

Damit realisiert der Haushalt einen Nutzen von:

$$V(p_1, p_2, m) = U(X_1(p_1, p_2, m), X_2(p_1, p_2, m)) = Am\Big(\frac{\alpha}{p_1}\Big)^{\alpha}\Big(\frac{(1-\alpha)}{p_2}\Big)^{1-\alpha}.$$

Es soll nun geprüft werden, ob auch die hinreichende Bedingung für das Vorliegen eines Nutzenmaximums erfüllt ist. Wir erinnern hierzu nochmals an folgende mathematischen Begriffe aus Kapitel 7:

i) Die quadratische Form einer $(N \times N)$- Matrix A ist nach Definition 7.49 eine Abbildung $Q_A : \mathbb{R}^n \to \mathbb{R} : \vec{z} \mapsto Q_A(\vec{z})$.

ii) Nach Definition 7.49 ist eine quadratische Matrix A negativ definit unter der Nebenbedingung $B \cdot \vec{z} = 0$, wenn für alle (vom Nullvektor verschiedenen) Vektoren $\vec{z}$, die diese Nebenbedingung erfüllen, $Q_A(\vec{z}) < 0$ gilt.

iii) Gemäß Bemerkung 7.70 liegt eine hinreichende Bedingung für ein Maximierungsproblem unter Nebenbedingungen vor, wenn die zweite Ableitung $d^2\frac{\mathcal{L}^2}{d\vec{x}^2}$ der Lagrangefunktion nach $\vec{x}$ negativ definit unter der Nebenbedingung $g'(\vec{x}^*)\cdot\vec{z}=0$ ist. Dabei steht $g'(\vec{x}^*)$ für die erste Ableitung der Nebenbedingung an der Stelle $\vec{x}^*$.

Im vorliegenden Nutzenmaximierungsproblem ist die Restriktion linear. Die erste Ableitung der Nebenbedingung ist daher konstant, d.h. von den Variablen x_1 und x_2 unabhängig. $g'(\vec{x}^*)$ ergibt sich damit hier als:

$$g'(\vec{x}^*) = (p_1, p_2).$$

Insbesondere ist die zweite Ableitung der Nebenbedingung gleich der Nullmatrix. Damit entspricht die zweite Ableitung der Lagrangefunktion nach $\vec{x}$ der zweiten Ableitung der Nutzenfunktion, es gilt also:

$$\mathcal{L}''(x_1^*, x_2^*, \lambda^*) = U''(x_1^*, x_2^*).$$

Die hinreichende Bedingung für ein Nutzenmaximum unter Nebenbedingung ist hier also erfüllt, wenn wir zeigen können, dass die quadratische Form von U'' negativ definit für alle $\vec{z}$ ist, die auf dem Preisvektor (p_1, p_2) senkrecht stehen. Sei dazu $\vec{z} = (z_1, z_2)$ ein Vektor, der die Nebenbedingung $g'(\vec{x}^*)\cdot\vec{z} = p_1z_1 + p_2z_2 = 0$ erfüllt. Wegen $p_1, p_2 > 0$ gilt dann

$$z_1z_2 = -\frac{p_2}{p_1}\cdot z_2^2 < 0,$$

woraus offensichtlich folgt[37]:

$$Q_{U''(\vec{x}^*)}(z_1, z_2) = z_1^2\frac{\partial^2 U}{(\partial x_1)^2}(\vec{x}^*) + 2z_1z_2\frac{\partial^2 U}{\partial x_1 \partial x_2}(\vec{x}^*) + z_2^2\frac{\partial^2 U}{(\partial x_2)^2}(\vec{x}^*)$$

Da für eine Cobb-Douglas Nutzenfunktion

$$\frac{\partial^2 U}{(\partial x_1)^2}(\vec{x}), \frac{\partial^2 U}{(\partial x_2)^2}(\vec{x}) < 0 \; ; \; \frac{\partial^2 U}{\partial x_1 \partial x_2}(\vec{x}) > 0$$

gilt, ergibt sich $Q_{U''(\vec{x}^*)}(z_1, z_2) < 0$. Die hinreichende Bedingung ist also erfüllt.

[37] Für die Herleitung der quadratischen Form von U'' vergleiche Abschnitt 9.5.1

Bemerkung 9.58

Das hergeleitete Ergebnis auf der Grundlage einer Cobb-Douglas Nutzenfunktion hat einige interessante Eigenschaften:

i) Die Exponenten der Cobb-Douglas Nutzenfunktion geben den Anteil des Einkommens an, den der Haushalt für das jeweilige Gut verwendet. Dies wird insbesondere in folgender Notation deutlich:

$$\alpha = \frac{p_1 X_1}{m}, \qquad 1 - \alpha = \frac{p_2 X_2}{m}.$$

ii) Das Verhältnis, in dem die Güter nachgefragt werden, ist unabhängig vom Einkommen[38]. Es gilt:

$$\frac{X_1}{X_2} = \frac{\alpha}{1-\alpha} \cdot \frac{p_1}{p_2}. \tag{9.14}$$

Daraus folgt, dass der Haushalt bei gegebenen Relativpreisen die Güter immer im gleichen Verhältnis nachfragt. Wenn also das Einkommen um einen gewissen Prozentsatz steigt, so steigt die Nachfrage nach jedem der beiden Güter um den gleichen Prozentsatz. Mit anderen Worten: die *Einkommenselastizität der Nachfrage* ist gleich 1. Die Einkommenselastizität misst die relative Änderung[39] der Nachfrage nach einem Gut bezogen auf eine verursachende relative Änderung des Einkommens. Sie ergibt sich als:

$$\epsilon_{X_1,m} = \frac{\frac{dX_1}{X_1}}{\frac{dm}{m}} = \frac{dX_1}{dm} \cdot \frac{m}{X_1}.$$

Da $X_1 = \frac{\alpha m}{p_1}$ gilt, folgt:

$$\epsilon_{X_1,m} = 1.$$

Dies gilt analog für die Einkommenselastizität der Nachfrage nach Gut 2.

iii) Formt man Gleichung (9.14) um, so erhält man die Gleichung einer Geraden, die als

[38] Diese Eigenschaft, lässt sich für alle linear homogenen Nutzenfunktionen, also z.B. auch bei perfekten Komplementen oder perfekten Substituten, zeigen.

[39] Die relative Änderung einer Variablen z ist definiert als das Verhältnis $\frac{dz}{z}$. Die absolute Änderung der Variablen dz wird also auf das Niveau der Variablen z bezogen.

Einkommensexpansionspfad bezeichnet wird:

$$X_2 = \frac{1-\alpha}{\alpha} \cdot \frac{p_2}{p_1} \cdot X_1.$$

Entlang dieser Geraden ist das Verhältnis der nachgefragten Gütermengen konstant. Bei unveränderten Relativpreisen und variierendem Budget ergibt sich das Haushaltsoptimum immer im Schnittpunkt von Budgetgerade (siehe auch Bemerkung 9.56 ii)) und Einkommensexpansionspfad.

iv) Ändert sich der Relativpreis $\frac{p_1}{p_2}$ um einen gewissen Prozentsatz, ändert sich das Verhältnis, in dem die Güter 1 und 2 nachgefragt werden um den gleichen Prozentsatz. D.h., die *Substitutionselastizität der Nachfrage* ist gleich 1. Diese Größe misst die relative Änderung des Verhältnisses der Güternachfrage bezogen auf eine verursachende relative Änderung des Relativpreises. Sie ergibt sich als:

$$\epsilon_{\frac{X_1}{X_2}, \frac{p_1}{p_2}} = \frac{\frac{d(\frac{X_1}{X_2})}{\frac{X_1}{X_2}}}{\frac{d(\frac{p_1}{p_2})}{\frac{p_1}{p_2}}} = \frac{d(\frac{X_1}{X_2})}{d(\frac{p_1}{p_2})} \cdot \frac{\frac{p_1}{p_2}}{\frac{X_1}{X_2}}.$$

Da $\frac{X_1}{X_2} = \frac{\alpha}{1-\alpha} \cdot \frac{p_1}{p_2}$ gilt, folgt

$$\epsilon_{\frac{X_1}{X_2}, \frac{p_1}{p_2}} = 1.$$

v) Die Nachfrage nach einem Gut hängt nur vom Preis dieses Gutes selbst ab und nicht vom Preis der anderen Güter, d.h. die *Kreuzpreiselastizität der Nachfrage* ist 0. Diese Größe misst die relative Änderung der Nachfrage nach einem Gut, die durch eine relative Preisänderung eines anderen Gutes verursacht wird. Sie ergibt sich als:

$$\epsilon_{X_1,p_2} = \frac{\frac{dX_1}{X_1}}{\frac{dp_2}{p_2}} = \frac{dX_1}{dp_2} \cdot \frac{p_2}{X_1}.$$

Mit $X_1 = \frac{\alpha m}{p_1}$ folgt:

$$\epsilon_{X_1,p_2} = 0.$$

Dies lässt sich analog für die Kreuzpreiselastizität der Nachfrage nach Gut 2 zeigen.

9.5.4 Ausgabenminimierung und Slutsky-Gleichung

Ausgabenminimierung

Neben der Nutzenmaximierung gibt es eine weitere Möglichkeit, die Entscheidung des Haushalts, welche Güterbündel er konsumieren will, zu analysieren. Dieser Ansatz wird als *Ausgabenminimierungsproblem* bezeichnet. Während beim Problem der Nutzenmaximierung (siehe Definition 9.53) der Haushalt versucht seinen Nutzen unter der Restriktion eines gegebenen Budgets zu maximieren, sind beim Ausgabenminimierungsproblem die Rollen von Zielfunktion und Restriktion in entgegengesetzter Form verteilt. Hier versucht der Haushalt für ein gegebenes Nutzenniveau seine Ausgaben zu minimieren.

Definition 9.59 (Ausgabenminimierungsproblem)

Gegeben seien monotone Präferenzen repräsentiert durch eine stetig differenzierbare Nutzenfunktion:

$$U : \mathbb{R}^n \longrightarrow \mathbb{R} : \vec{x} \mapsto U(\vec{x}),$$

ein Preisvektor $(p_1, \ldots, p_n)$ und ein vorgegebenes Nutzenniveau u. Das Ausgabenminimierungsproblem ist definiert als:

$$\min_{\vec{x}} \sum_i p_i x_i \quad \text{u.d.N.} \quad U(\vec{x}) \geq u.$$

In graphischer Analyse lässt sich das Verhältnis zwischen Nutzenmaximierung und Ausgabenminimierung wie folgt beschreiben: Im Fall der Nutzenmaximierung ist dem Haushalt die Budgetgerade vorgegeben (siehe auch Bemerkung 9.56 ii)). Entlang dieser Geraden versucht er diejenige Indifferenzkurve zu finden, die mit dem höchsten Nutzenniveau assoziiert ist. Dies führt zum Optimum anhand der Tangentialbedingung, dass die Grenzrate der Substitution dem relativen Preisverhältnis entsprechen muss. Beim Problem der Ausgabenminimierung ist dem Haushalt eine Indifferenzkurve vorgegeben. Diese versucht er mit geringstmöglichem Aufwand, also mit minimalem Budget zu realisieren. D.h. der Haushalt versucht aus einer Schar paralleler Budgetgeraden diejenige auszuwählen, die den geringsten Abstand zum Ursprung hat. Das Lösen des Ausgabenminimierungsproblems zeigt, dass im Optimum wieder die Tangentiallösung gegeben sein muss[40].

Unter der Annahme, dass die Nutzenfunktion in ihren Argumenten monoton steigt, bindet die Restriktion im Optimum, da dann ein höheres Nutzenniveau als u dem Ziel der Ausgabenminimierung widerspricht. Das Optimierungsproblem liefert ein Gleichungssystem bestehend aus $n+1$ Gleichungen mit $n+1$ Unbekannten: der Nachfrage des Haushalts nach jedem der n Güter und einem Lagrangemultiplikator. Es ist daher möglich, das Gleichungssystem zu lösen und die vom Haushalt nachgefragten ausgabenminimierenden Gütermengen $(x_1^*, \ldots, x_n^*)$ zu bestimmen.

Die Lösung des Ausgabenminimierungsproblems erlaubt die Bestimmung einer sogenannten Hicksschen Nachfragefunktion[41]. Sie ordnet alternativen Güterpreisen und Nutzenniveaus die resultierende ausgabenminimierende Güternachfrage zu.

Definition 9.60 (Hicks'sche Nachfragefunktion)

Gegeben sei das Ausgabenminimierungsproblem 9.59 und die resultierende minimierende Güternachfrage x_i^* nach Gut i. Die *Hicks'sche Nachfragefunktion* für Gut i lautet:

$$H_i : \mathbb{R}^{n+1} \longrightarrow \mathbb{R} : (\vec{p}, u) \mapsto H_i(\vec{p}, u) = x_i^* \ .$$

Setzt man die Hicks'schen Nachfragefunktionen in die Zielfunktion ein, bestimmt man die minimalen Ausgaben als Funktion der Güterpreise und des vorgegebenen Nutzenniveaus. Diese Funktion wird als *Ausgabenfunktion*[42] bezeichnet.

Definition 9.61 (Ausgabenfunktion)

Gegeben sei das Ausgabenminimierungsproblem 9.59 und die Hicks'schen Nachfragefunktionen $H_1(\vec{p}, u), \ldots, H_n(\vec{p}, u)$. Die *Ausgabenfunktion* E ist gegeben als:

$$E : \mathbb{R}^{n+1} \longrightarrow \mathbb{R} : (\vec{p}, u) \mapsto E(\vec{p}, u) = \sum_i p_i H_i(\vec{p}, u).$$

[40]Diesem Ergebnis liegt die mathematische *Dualitätstheorie* zu Grunde. Sie untersucht die Beziehungen zwischen Maximierungsproblemen und den zugehörigen *dualen* Minimierungsproblemen. Diese ergeben sich durch „Vertauschen" der Rollen von Zielfunktion und Nebenbedingung. Ausgabenminimierung ist demnach das duale Problem zur Nutzenmaximierung.

[41]Die Hickssche Nachfragefunktion wird häufig auch als *kompensierte Nachfragefunktion* bezeichnet. Zur Erklärung für diese Bezeichnung siehe die Fußnote in Bemerkung 9.65 iii).

[42]Die im Folgenenden gewählte Notation basiert auf der englischen Bezeichnung *expenditure function*.

Bemerkung 9.62

Wie der geometrische Vergleich (siehe Bemerkung 9.56) von Ausgabenminimierungs- und Nutzenmaximierungsproblem nahe legt, können die in den jeweiligen Optima nachgefragten Mengen identisch sein. Hickssche und Walrasianische Nachfrage sind genau dann identisch, d.h. Hickssche und Walrasianische Nachfragefunktionen schneiden sich genau dann, wenn das im Ausgabenminimierungsproblem vorgegebene Nutzenniveau u gleich dem im Nutzenmaximierungsproblem realisierten Nutzenniveau V ist, d.h. wenn $u = V(\vec{p}, m)$ gilt. Man kann zeigen, dass dies genau dann gilt, wenn auch das im Nutzenmaximierungsproblem vorgegebene Budget m, den im Ausgabenminimierungsproblem resultierenden Ausgaben E entspricht, d.h. wenn $m = E(\vec{p}, u)$ gilt. Die Beziehungen zwischen Nutzenmaximierungs- und Ausgabenminimierungskalkül lauten wie folgt[43]:

i) $m = E(\vec{p}, u) \iff u = V(\vec{p}, m)$.

   D.h. wenn der Wert der Ausgabenfunktion unter der Bedingung, dass das Nutzenniveau u realisiert werden soll, im Ausgabenminimierungsproblem gleich m ist, so muss auch das Nutzenniveau, das im Nutzenmaximierungsproblem realisiert wird, wenn das Budget m zur Verfügung steht, gleich u sein.

ii) $H_i(\vec{p}, V(\vec{p}, m)) = X_i(\vec{p}, m)$.

   D.h. Walrasianische und Hickssche Nachfrage schneiden sich genau dann, wenn das im Ausgabenminimierungsproblem vorgegebene Nutzenniveau dem im Nutzenmaximierungsproblem realisierten Nutzenniveau entspricht.

iii) $H_i(\vec{p}, u) = X_i(\vec{p}, E(\vec{p}, u))$

   D.h. Walrasianische und Hickssche Nachfrage schneiden sich genau dann, wenn das im Nutzenmaximierungsproblem zur Verfügung stehende Budget den im Ausgabenminimierungsproblem realisierten Ausgaben entspricht.

Slutsky-Gleichung

Die *Slutsky-Gleichung* stellt eine Beziehung zwischen Walrasianischer und Hicksscher Nachfrage her. Sie erlaubt es, die Änderung der Walrasianischen Nachfrage aufgrund einer Preisänderung, den sogenannten *Preiseffekt*, in einen *Substitutions-* und einen *Einkommenseffekt* zu zerlegen. Bei der Herleitung greifen wir auf folgendes Lemma zurück:

[43] Die Dualitätstheorie liefert einen formalen Beweis dieser Zusammenhänge.

Satz 9.63 (Hotellings Lemma)

Gegeben sei das Ausgabenminimierungsproblem 9.59, die Hicksschen Nachfragefunktionen $H_1(\vec{p},u),\ldots,H_n(\vec{p},u)$ und die *Ausgabenfunktion* $E(\vec{p},u)$. Es gilt:

$$\frac{\partial E(\vec{p},u)}{\partial p_i} = H_i(\vec{p},u).$$

Beweis:

Es gilt nach Definition 9.61:

$$E(\vec{p},u) = \sum_j p_j H_j(\vec{p},u).$$

Ableiten nach p_i ergibt gemäß Produkt- und Kettenregel:

$$\frac{\partial E(\vec{p},u)}{\partial p_i} = \frac{\partial\left(\sum_{j=1}^n p_j H_j(\vec{p},u)\right)}{\partial p_i} = H_i(\vec{p},u) + \sum_{j=1}^n p_j \frac{\partial H_j(\vec{p},u)}{\partial p_i}.$$

Es bleibt zu zeigen, dass

$$\sum_{j=1}^n p_j \frac{\partial H_j(\vec{p},u)}{\partial p_i} = 0.$$

Nach Definition 9.60 gilt folgende Identität:

$$U(H_1(\vec{p},u),\ldots,H_n(\vec{p},u)) \equiv u.$$

Ableiten nach p_i ergibt gemäß der Kettenregel:

$$\sum_{j=1}^n \frac{\partial U}{\partial x_j}(H_1(\vec{p},u),\ldots,H_n(\vec{p},u)) \cdot \frac{\partial H_j(\vec{p},u)}{\partial p_i} = 0, \tag{9.15}$$

wobei der Ausdruck $\frac{\partial U}{\partial x_j}(H_1(\vec{p},u),\ldots,H_n(\vec{p},u))$ den Grenznutzen des Gutes j gegeben die Nachfrage $H_1(\vec{p},u),\ldots,H_n(\vec{p},u)$ bezeichnet. Das Nutzenmaximierungsproblem 9.53 für $m = E(\vec{p},u)$ (siehe Bemerkung 9.62) liefert folgende Bedingung erster Ordnung:

$$\lambda \cdot p_j = \frac{\partial U}{\partial x_j}(H_1(\vec{p},u),\ldots,H_n(\vec{p},u)).$$

Substitution für $\frac{\partial U}{\partial x_j}(H_1(\vec{p},u),\ldots,H_n(\vec{p},u))$ in Gleichung 9.15 liefert:

$$\sum_{j=1}^n \frac{\partial U}{\partial x_j}(H_1(\vec{p},u),\ldots,H_n(\vec{p},u)) \cdot \frac{\partial H_j(\vec{p},u)}{\partial p_i} = \sum_{j=1}^n \frac{1}{\lambda} \cdot p_j \cdot \frac{\partial H_j(\vec{p},u)}{\partial p_i} = 0.$$

Da im Optimum des Nutzenmaximierungsproblems 9.53 die Restriktion bindet, ist der Lagrangemultiplikator von 0 verschieden (siehe Bemerkung 9.56) und es folgt:

$$\sum_{j=1}^{n} p_j \frac{\partial H_j(\vec{p}, u)}{\partial p_i} = 0.$$

■

Satz 9.64 (Slutsky-Gleichung)

Gegeben seien das Nutzenmaximierungsproblem 9.53 mit den resultierenden Walrasianischen Nachfragefunktionen $X_i(\vec{p}, m)$ $(i = 1, \ldots, n)$. Weiterhin sei das Ausgabenminimierungsproblem 9.59 mit den resultierenden Hicksschen Nachfragefunktionen $H_i(\vec{p}, u)$ $(i = 1, \ldots, n)$ und der *Ausgabenfunktion* $E(\vec{p}, u)$ gegeben.
Gelte $m = E(\vec{p}, u)$ und damit $H_i(\vec{p}, u) = X_i(\vec{p}, E(\vec{p}, u)) = X_i(\vec{p}, m)$. Dann gilt:

$$\frac{\partial X_i(\vec{p}, m)}{\partial p_k} = \frac{\partial H_i(\vec{p}, u)}{\partial p_k} - \frac{\partial X_i(\vec{p}, m)}{\partial m} \cdot X_k(\vec{p}, m).$$

Beweis:

Differenzieren von $H_i(\vec{p}, u) = X_i(\vec{p}, E(\vec{p}, u))$ nach p_k liefert gemäß der Kettenregel:

$$\frac{\partial H_i(\vec{p}, u)}{\partial p_k} = \frac{\partial X_i(\vec{p}, m)}{\partial p_k} + \frac{\partial X_i(\vec{p}, E(\vec{p}, u))}{\partial m} \cdot \frac{\partial E(\vec{p}, u)}{\partial p_k}$$

Substitution von $H_k(\vec{p}, u) = X_k(\vec{p}, E(\vec{p}, u))$ für $\frac{\partial E(\vec{p}, u)}{\partial p_k}$ mittels Hotellings Lemma und die Voraussetzung $m = E(\vec{p}, u)$ liefern:

$$\frac{\partial X_i(\vec{p}, m)}{\partial p_k} = \frac{\partial H_i(\vec{p}, u)}{\partial p_k} - \frac{\partial X_i(\vec{p}, m)}{\partial m} X_k(\vec{p}, m).$$

■

Bemerkung 9.65

i) Wesentlich für die Gültigkeit der Slutsky-Gleichung ist die Voraussetzung $m = E(\vec{p}, u)$. Die beschriebene Beziehung gilt also nur lokal im Schnittpunkt von Walrasianischer und Hicksscher Nachfragefunktion.

ii) Der Ausdruck $\frac{\partial X_i(\vec{p}, m)}{\partial p_k}$ wird als *Preiseffekt* bezeichnet. Er gibt die Änderung der Walrasianischen Nachfrage nach Gut i aufgrund einer Preisänderung von Gut k an.

iii) Der Ausdruck $\frac{\partial H_i(\vec{p}, u)}{\partial p_k}$ wird als *Substitutionseffekt* bezeichnet. Er zeigt, wie sich hypothetisch die Nachfrage nach Gut i aufgrund einer Preisänderung von Gut k

ändern würde, wenn gleichzeitig das Budget des Haushalts so angepasst wird, dass er weiterhin sein ursprüngliches Nutzenniveau u realisiert[44]. Es kann gezeigt werden, dass für $i = k$ der Substitutionseffekt falls die Präferenzordnung monoton, stetig und strikt konvex ist, immer negativ ist.

iv) Der Ausdruck $\frac{\partial X_i(\vec{p}, m)}{\partial m} \cdot X_k(\vec{p}, m)$ wird als *Einkommenseffekt* bezeichnet. Er zeigt wie die Nachfrage nach Gut i aufgrund der durch die Preisänderung implizierten Veränderung des realen Budgets reagiert.

v) Die ökonomische Interpretation der Slutsky-Gleichung wird häufig in folgender Aussage zusammengefasst: Der Preiseffekt ist gleich der Summe aus Einkommens- und Substitutionseffekt.

vi) Für $i = k$ können Güter anhand des Vorzeichens der Preis- und Einkommenseffekte ihrer Nachfragefunktionen klassifiziert werden:

Ist der Einkommenseffekt positiv spricht man von einem *normalen* Gut, ist er negativ von einem *inferioren* Gut.

Ist der Preiseffekt positiv spricht man von einem *Giffen-Gut*, ist er negativ von einem *ordinären* Gut.

9.5.5 Gewinnmaximierung und Gewinnfunktion

In der Wirtschaftstheorie wird der *Gewinn einer Firma* als Differenz zwischen dem mit Preisen bewerteten Output einer Firma (*Erlös*) und dem mit Preisen bewerteten Input (*Kosten*) definiert. Gegeben sei eine Firma, die ein Gut (Output) y mit dem Preis p produziert und dafür n Produktionsfaktoren (Inputs) $x_1, \ldots, x_n$ mit den Faktorpreisen $w_1, \ldots, w_n$ verwendet. Die Betrachtung beschränkt sich im Folgenden wie schon in Abschnitt 9.4 auf den Fall eines einzigen Outputs.

Im Folgenden sei eine Firma unterstellt, die auf *perfekt wettbewerblichen Märkten* agiert. Dies bedeutet, dass auf allen Güter- und Faktormärkten kein Akteur über so viel Markt-

[44] Diese Interpretation erklärt, warum die Hickssche Nachfrage auch als kompensierte Nachfrage bezeichnet wird.

macht verfügt, dass er Preise beeinflussen kann. Firmen in einem solchen Marktumfeld werden als *Preisnehmer* und *Mengenanpasser* bezeichnet. p und $w_1, \ldots, w_n$ stellen aus Sicht der Firma vorgegebene Parameter dar, auf deren Grundlage sie versucht, Output und Faktoreinsatz optimal anzupassen.

In Abschnitt 9.4 wurde eine Produktionsfunktion F als Abbildung definiert, die alternativen Inputvektoren den maximal erzielbaren Output zuordnet. Das Gewinnmaximierungsproblem einer Firma lässt sich daher wie folgt definieren:

$$\max_{y;\vec{x}} \Big(p \cdot y - \sum_{i=1}^{n} w_i x_i\Big) \quad \text{u.d.N.} \quad y \leq F(\vec{x}).$$

Eine gewinnmaximierende Firma wird notwendigerweise effizient produzieren, d.h. im Gewinnmaximum gilt $y = F(\vec{x})$. Damit lässt sich dieses Maximierungsproblem unter Nebenbedingungen in ein freies Maximierungsproblem überführen:

$$\max_{\vec{x}} \Big(p \cdot F(\vec{x}) - \sum_{i=1}^{n} w_i x_i\Big).$$

Im Folgenden wird unterstellt, dass F zweimal stetig differenzierbar ist. Bezeichne $\vec{x}^*$ den gewinnmaximierenden Faktoreinsatz. Damit ergibt sich als notwendige Bedingung für ein Gewinnmaximum:

$$p\frac{\partial F}{\partial x_i}(\vec{x}^*) = w_i \quad \text{für} \quad i = 1, \ldots, n.$$

Bemerkung 9.66

i) Gemäß der notwendigen Bedingung für ein Gewinnmaximum muss also gelten: Der Preis eines Produktionsfaktors i muss gleich dem Wert des Grenzprodukts des Faktors i sein. Der Faktorpreis w_i stellt die Grenzkosten des Einsatzes des Faktors i dar. Die Ausdehnung des Einsatzes dieses Faktors um eine marginale Einheit dx_i führt zu zusätzlichen Kosten in Höhe von $w_i dx_i$. Der Ausdruck

$$p \cdot \frac{\partial F}{\partial x_i}(\vec{x}^*)$$

stellt den Wert des Grenzprodukts des Faktors i im Gewinnmximum dar. Die Ausdehnung des Faktoreinsatzes um eine marginale Einheit führt also zu zusätzlichen

Erlösen in Höhe von

$$p \cdot \frac{\partial F}{\partial x_i}(\vec{x}^*)dx_i \, .$$

Im Gewinnmaximum müssen also die zusätzlichen Erlöse, die aus einer marginalen Erhöhung des Faktoreinsatzes resultieren, gerade den zusätzlichen Kosten entsprechen.

ii) Die notwendige Bedingung liefert ein Gleichungssystem mit n Gleichungen und n Unbekannten. Es ist daher möglich, nach x_i^* aufzulösen und die *gewinnmaximierende Faktornachfrage* der Unternehmung zu bestimmen. Die gewinnmaximierende Faktornachfrage der Unternehmung lässt sich als Funktion interpretieren, die alternativen Güter- und Faktorpreisen die resultierende gewinnmaximierende Faktornachfrage zuordnet. Die Kenntnis dieser gewinnmaximierenden Faktornachfrage erlaubt wiederum die Bestimmung der *Angebotsfunktion* der Unternehmung. Sie ordnet alternativen Güter- und Faktorpreisen den gewinnmaximierenden Output zu. Die Angebotsfunktion ergibt sich durch Einsetzen der gewinnmaximierenden Faktornachfrage in die Produktionsfunktion. Die Kenntnis von Angebotsfunktion und gewinnmaximierender Faktornachfragefunktion erlaubt weiterhin die Bestimmung einer *Gewinnfunktion*. Sie ordnet alternativen Güter- und Faktorpreisen die Höhe des realisierten Gewinns zu. Die Gewinnfunktion ergibt sich durch Einsetzen von Angebotsfunktion und gewinnmaximierender Faktornachfragefunktion in die Gewinndefinition. Man beachte hierzu auch auch Abschnitt 9.5.3, wo die analogen Fragestellungen in Bezug auf das Nutzenmaximierungsproblem analysiert und die aus dem Optimierungskalkül abgeleiteten Funktionen explizit angegeben werden.

iii) Die zweite Ableitung der Zielfunktion ergibt sich als symmetrische $(N \times N)$-Matrix. Eine hinreichende Bedingung für ein Gewinnmaximum ist, dass

$$\begin{pmatrix} \frac{\partial^2 F}{(\partial x_1)^2}(\vec{x}^*) & \frac{\partial^2 F}{\partial x_1 \partial x_2}(\vec{x}^*) & \cdots & \frac{\partial^2 F}{\partial x_1 \partial x_n}(\vec{x}^*) \\ \frac{\partial^2 F}{\partial x_1 \partial x_2}(\vec{x}^*) & \frac{\partial^2 F}{(\partial x_2)^2}(\vec{x}^*) & \cdots & \frac{\partial^2 F}{\partial x_2 \partial x_n}(\vec{x}^*) \\ \vdots & \vdots & \ddots & \vdots \\ \frac{\partial^2 F}{\partial x_1 \partial x_n}(\vec{x}^*) & \frac{\partial^2 F}{\partial x_2 \partial x_n}(\vec{x}^*) & \vdots & \frac{\partial^2 F}{(\partial x_n)^2}(\vec{x}^*) \end{pmatrix}$$

negativ definit ist.

Unter der Annahme eines abnehmenden Grenznutzens folgt, dass die Diagonalelemente negativ sind. Oft wird weiterhin unterstellt, dass das Grenzprodukt eines Faktors steigt, wenn von anderen Faktoren mehr eingesetzt wird. Unterstellt wird also, dass $\frac{\partial^2 F(\vec{x})}{\partial x_k \partial x_\ell} \geq 0$ gilt. Unter dieser Annahme sind die Nicht-Diagonalelemente positiv. Eine allgemeine Aussage über die Definitheitseigenschaft ist auf dieser Grundlage aber noch nicht möglich. (Vergleiche auch Abschnitt 9.5.1. Dort wird das gleiche Problem in Bezug auf Nutzenfunktionen besprochen.)

Beispiel 9.67

Gegeben sei eine Firma, die den Output Y unter Verwendung der Produktionsfaktoren Arbeit L und Kapital K gemäß der Produktionsfunktion $Y = F(K, L)$ herstellt.

Die Produktionsfunktion weise konstante Skalenerträge, Monotonie und abnehmende Grenzprodukte, auf[45]:

$$F(\lambda K, \lambda L) = \lambda F(K, L)$$

$$\frac{\partial F}{\partial K}(K, L), \frac{\partial F}{\partial L}(K, L) \geq 0 \quad ; \quad \frac{\partial^2 F}{(\partial K)^2}(K, L), \frac{\partial^2 F}{(\partial L)^2}(K, L) \leq 0.$$

Die Kosten des Kapitaleinsatzes seien durch den Zinssatz r gegeben, die Kosten des Faktors Arbeit durch den Lohnsatz w. Auf allen Märkten herrsche vollkommene Konkurrenz, so dass die Faktorpreise w, r sowie der Marktpreis p, zu dem der Output abgesetzt werden kann, aus Sicht der Firma gegeben sind.

Die Gewinnfunktion Π der Firma ergibt sich unter diesen Voraussetzungen als:

$$\Pi : \mathbb{R}^3 \to \mathbb{R} : (p, r, w) \mapsto \Pi(p, r, w) = p \cdot F(K^*, L^*) - rK^* - wL^*$$

wobei K^* und L^* die gewinnmaximierenden Faktornachfragen der Firma nach Kapital und Arbeit bezeichnen.

[45]Das Gewinnmaximierungsproblem wird deshalb nur als Beispiel diskutiert, weil ein allgemeineres Vorgehen auf die zahlreichen Möglichkeiten, die zu Grunde liegende Technologie zu spezifizieren eingehen müsste. Hier wird daher nur ein „Spezialfall" diskutiert. Gleichwohl ist es ein Spezialfall mit einer exponierten Bedeutung in der Wirtschaftstheorie.

Die Bedingungen erster Ordnung für ein Gewinnmaximum lauten:

$$p \cdot \frac{\partial F}{\partial K}(K^*, L^*) - r = 0 \iff \frac{\partial F}{\partial K}(K^*, L^*) = \frac{r}{p}$$
$$p \cdot \frac{\partial F}{\partial L}(K^*, L^*) - w = 0 \iff \frac{\partial F}{\partial L}(K^*, L^*) = \frac{w}{p}.$$

Bemerkung 9.68

i) Die Ausdrücke $\frac{r}{p}$ und $\frac{w}{p}$ bezeichnen die realen Faktorkosten. Damit ist gemeint, dass sie nicht auf Währungseinheiten, sondern auf Gütereinheiten lauten. Wenn etwa der Lohnsatz w angibt, wie viele Währungseinheiten pro Arbeitskraft aufzuwenden sind und der Preis p angibt, wie viele Währungseinheiten pro Outputeinheit bezahlt werden müssen, dann gibt der Ausdruck $\frac{w}{p}$ die reale - also in Gütereinheiten gemessene - Entlohnung des Faktors Arbeit an.

ii) Im Gewinnmaximum muss gelten, dass das Grenzprodukt eines Faktors gerade den realen Faktorkosten entspricht. Da die realen Faktorkosten aus Sicht der Firma bei wettbewerblichen Märkten gegeben sind, ist dies ein wichtiges Ergebnis: Es beschreibt wie Produktionsfaktoren auf wettbewerblichen Märkten entlohnt werden.

iii) Unter den Bedingungen eines abnehmenden Grenzprodukts wird die Firma ihre Faktornachfrage genau bis zu dem Punkt ausdehnen, an dem das Grenzprodukt so weit gesunken ist, dass es den realen Faktorkosten entspricht. Die Faktornachfrage der Unternehmung stellt daher eine fallende Funktion in den realen Faktorkosten dar. Je niedriger die reale Faktorentlohnung, desto weiter wird die Firma ihre Faktornachfrage ausdehnen[46].

Beispiel 9.67 (fortgesetzt)

Es soll nun gezeigt werden, dass aus der Entlohnung der Produktionsfaktoren gemäß ihrer Grenzprodukte bei einer Produktionsfunktion mit konstanten Skalenerträgen resultiert, dass eine Firma auf wettbewerblichen Märkten Gewinne in Höhe von Null realisiert.

Aus der Grenzproduktivitätsentlohnung der Faktoren folgt, dass sich die Kosten der Firma

[46] Diese Form die Faktornachfrage einer Unternehmung zu modellieren wird als *neoklassisch* bezeichnet. In *keynsianischer* Betrachtung wird eine weitere Restriktion ergänzt. Demnach wird eine Firma ihre Nachfrage nur dann soweit ausdehnen, bis das Grenzprodukt auf die Höhe der realen Faktorkosten gesunken ist, wenn sie erwartet, die resultierende Produktion auch absetzen zu können.

ergeben als:

$$(*)\quad rK^* + wL^* = p \cdot \frac{\partial F(K^*, L^*)}{\partial K} \cdot K + p \cdot \frac{\partial F(K^*, L^*)}{\partial L} \cdot L$$
$$= p \cdot \left(\frac{\partial F(K^*, L^*)}{\partial K} \cdot K + \frac{\partial F(K^*, L^*)}{\partial L} \cdot L \right).$$

Unterstellt ist, dass die Produktionsfunktion konstante Skalenerträge aufweist, so dass:

$$F(K, L) = L \cdot F\left(\frac{K}{L}, 1\right)$$

Dabei lässt sich der Ausdruck $F(\frac{K}{L}, 1)$ auffassen als Funktion mit einer Veränderlichen $\left(\frac{K}{L}\right)$. Damit ergibt sich für die Grenzprodukte:

$$\begin{aligned}
\frac{\partial F(K,L)}{\partial K} &= \frac{\partial(L \cdot F(\frac{K}{L},1))}{\partial K} \\
&\overset{\text{Kettenregel}}{=} \frac{\partial(L \cdot F(\frac{K}{L},1))}{\partial(\frac{K}{L})} \cdot \frac{\partial(\frac{K}{L})}{\partial K} \\
&= L \cdot \frac{\partial F(\frac{K}{L},1)}{\partial(\frac{K}{L})} \cdot \frac{1}{L} \\
&= \frac{\partial F(\frac{K}{L},1)}{\partial(\frac{K}{L})}
\end{aligned}$$

und

$$\begin{aligned}
\frac{\partial F(K,L)}{\partial L} &= \frac{\partial(L \cdot F(\frac{K}{L},1))}{\partial L} \\
&\overset{\text{Produktregel}}{=} F\left(\frac{K}{L},1\right) + L \cdot \frac{\partial F(\frac{K}{L},1)}{\partial L} \\
&\overset{\text{Kettenregel}}{=} F\left(\frac{K}{L},1\right) + L \cdot \frac{\partial F(\frac{K}{L},1)}{\partial(\frac{K}{L})} \cdot \frac{\partial(\frac{K}{L})}{\partial L} \\
&= F\left(\frac{K}{L},1\right) - \frac{K}{L} \cdot \frac{\partial F(\frac{K}{L},1)}{\partial(\frac{K}{L})}
\end{aligned}$$

Einsetzen dieser Ausdrücke für die Grenzprodukte in (*) liefert:

$$\begin{aligned}
rK^* + wL^* &= p \cdot \left(\frac{\partial F(\frac{K^*}{L^*},1)}{\partial(\frac{K}{L})} \cdot K^* + \left(F\left(\frac{K^*}{L^*},1\right) - \frac{K^*}{L^*} \cdot \frac{\partial F(\frac{K^*}{L^*},1)}{\partial(\frac{K}{L})} \right) \cdot L^* \right) \\
&= p \cdot L^* \cdot F\left(\frac{K^*}{L^*},1\right) \\
&= p \cdot F(K^*, L^*).
\end{aligned}$$

Einsetzen in die Gewinnfunktion liefert:

$$\Pi = p \cdot F(K^*, L^*) - (r \cdot K^* + wL^*) = p \cdot F(K^*, L^*) - p \cdot F(K^*, L^*) = 0.$$

9.5.6 Kostenfunktion und Kostenminimierung

Eine *Kostenfunktion* ordnet einem vorgegebenen Produktionsniveau die minimalen Produktionskosten zu[47]. Damit basiert eine Kostenfunktion auf einer Optimierung unter einer Nebenbedingung.

Definition 9.69 (Kostenminimierungsproblem)

Seien $x_1, \ldots, x_n$ die eingesetzten Produktionsfaktoren mit den Faktorpreisen $w_1, \ldots, w_n$. Das vorgegebene Produktionsniveau sei $y \in \mathbb{R}$ und $F(\vec{x})$ die zugrundeliegende Produktionsfunktion. Es soll unterstellt werden, dass die betrachtete Firma auf wettbewerblichen Märkten agiert, so dass die Höhe der Faktorpreise gegeben ist und durch die Nachfrage der Firma nach Produktionsfaktoren nicht beeinflusst werden kann.
Das Kostenminimierungsproblem der Firma lautet wie folgt:

$$\min_{\vec{x}} \sum_{i=1}^{n} w_i x_i \quad \text{u.d.N.} \quad F(\vec{x}) = y.$$

Unter Verwendung des Lagrangeansatzes:

$$\mathcal{L}(\vec{x}, \lambda) = \sum_{i=1}^{n} w_i x_i - \lambda \cdot (F(\vec{x}) - y)$$

ergeben sich die notwendigen Bedingung für ein Kostenminimum als:

$$\frac{\partial \mathcal{L}}{\partial x_i}(\vec{x}^*, \lambda^*) = w_1 - \lambda \frac{\partial F}{\partial x_i}(\vec{x}^*) = 0 \quad \text{für alle } i \ (i = 1, \ldots, n)$$

$$\frac{\partial \mathcal{L}}{\partial \lambda}(\vec{x}^*, \lambda^*) = F(\vec{x}^*) - y = 0$$

[47] Kostenminimierung ist eine notwendige Bedingung zur Realisierung des Gewinnoptimums, was sich insbesondere zeigt, wenn man die Bedingungen erster Ordnung des Gewinnmaximierungs- und des Kostenminimierungsproblems betrachtet (siehe hierzu auch die nachfolgende Bemerkung 9.72). Der Grund dafür, dass dennoch häufig mit Kostenfunktionen gearbeitet wird, ist ihre leichtere mathematische Handhabbarkeit. Gewinnmaximierungsprobleme sind dann schwierig zu lösen, wenn die zu Grunde liegende Technologie kompliziert ist. Ein Gewinnmaximierungsproblem der Form $\max_{y,\vec{x}} (py - \sum_i w_i x_i)$ u.d.N. $y \leq F(\vec{x})$ kann mittels der Kostenfunktion in ein unbeschränktes Maximierungsproblem der Form $\max_y py - C(y)$ überführt werden, was oft eine Vereinfachung darstellt.

Es ergibt sich also ein Gleichungssystem mit $n+1$ Gleichungen und $n+1$ Unbekannten: der kostenminimierenden Nachfrage nach den n Produktionsfaktoren und dem Lagrangemultiplikator. Es ist daher möglich, nach den kostenminimierenden Faktornachfragen $\vec{x}^*$ zu lösen. Diese Form der Faktornachfrage wird auch als *bedingte Faktornachfrage* bezeichnet. Die Bedingung, die der Faktornachfrage zu Grunde liegt ist das vorgegebene Produktionsniveau y. Die kostenminimerende oder bedingte Faktornachfrage lässt sich als Funktion interpretieren. Sie ordnet alternativen Faktorpreisen und Produktionsniveaus die resultierende Faktornachfrage zu.

Definition 9.70 (Kostenminimierende Faktornachfrage)

Gegeben sei das Kostenminimierungsproblem aus Definition 9.69 mit der Lösung $\vec{x}^*$. Die kostenminimierende Faktornachfragefunktion Z_i für Faktor i ist gegeben als:

$$Z_i : \mathbb{R}^{n+1} \to \mathbb{R} : (\vec{w}, y) \mapsto Z_i(\vec{w}, y) = x_i^*$$

Die Kenntnis der kostenminimierenden Faktornachfragefunktionen erlaubt die Bestimmung der Kostenfunktion. Sie ordnet alternativen Faktorpreisen und Produktionsniveaus das resultierende Kostenniveau zu. Die Kostenfunktion ergibt sich durch Einsetzen der kostenminimierenden Faktornachfragefunktionen in die Definition der Kosten.

Definition 9.71 (Kostenfunktion)

Gegeben sei das Kostenminimierungsproblem aus Definition 9.69 und die kostenminimerende Faktornachfragefunktionen $Z_1(\vec{w}, y), \ldots, Z_n(\vec{w}, y)$. Die Kostenfunktion C ist gegeben als:

$$C : \mathbb{R}^{n+1} \to \mathbb{R} : (\vec{w}, y) \mapsto C(\vec{w}, y) = \sum_i^n w_i Z_i(\vec{w}, y).$$

Bemerkung 9.72

Eine wesentliche Folgerung aus den Bedingungen erster Ordnung des Kostenminimierungsproblems beschreibt das Verhältnis, in dem Produktionsfaktoren im Kostenminimum nachgefragt werden. Die Grenzrate der technischen Substitution zweier Produktionsfaktoren muss im Kostenminimum also dem Verhältnis der Faktorpreise entsprechen:

$$\frac{\frac{\partial F(\vec{x})}{\partial x_i}}{\frac{\partial F(\vec{x})}{\partial x_j}} = \frac{w_i}{w_j}.$$

Das Faktorpreisverhältnis gibt an, in welchem Verhältnis die Produktionsfaktoren am Markt gegeneinander getauscht werden können. Die Grenzrate der technischen Substitution gibt an, in welchem Verhältnis die Produktionsfaktoren gegeneinander getauscht werden können, so dass das Outputniveau konstant bleibt. Ist diese Gleichheit nicht erfüllt, kann die Firma stets durch Veränderung ihrer Faktornachfrage ihre Produktionskosten reduzieren[48].

Dieses Ergebnis lässt sich im Fall zweier Produktionsfaktoren graphisch interpretieren. Die Nebenbedingung $F(x_1, x_2) = y$ impliziert, dass die Produktion entlang einer vorgegebenen Isoquante erfolgt. K bezeichne ein Kostenniveau. Wegen $K = w_1x_1 + w_2x_2$ ergibt sich die Gleichung einer Isokostengerade, d.h. einer Gerade entlang derer alle Kombinationen von x_1 und x_2 zum gleichen Kostenniveau K führen:

$$x_2 = \frac{K}{w_2} - \frac{w_1}{w_2}x_1.$$

Für jedes Kostenniveau K lässt sich im Faktoreinsatzdiagramm eine Isokostengerade angeben. Es ergibt sich also eine Schar von Geraden in Abhängigkeit von K. Zunehmende Entfernung vom Ursprung impliziert dabei steigendes Kostenniveau. Das Optimierungsproblem lässt sich geometrisch so interpretieren, dass bei gegebener Isoquante die niedrigste Isokostengerade gesucht wird, die mit dem vorgegebenen Produktionsniveau vereinbar ist. Dies liefert eine Tangentiallösung, so dass im Kostenminimum gelten muss:

$$\frac{w_1}{w_2} = \frac{\frac{\partial F(\vec{x}^*)}{\partial x_1}}{\frac{\partial F(\vec{x}^*)}{\partial x_2}}.$$

Es wird also dasjenige Kostenniveau K^* realisiert, dessen Isokostengerade Tangente an die Isoquante ist (siehe Abbildung 9.9).

Beispiel 9.73

Im Folgenden soll eine Kostenfunktion explizit berechnet werden. Gegeben seien zwei Produktionsfaktoren mit den Faktorpreisen w_1, w_2. Das vorgegebene Produktionsniveau sei y. Die Technologie sei vom Cobb-Douglas Typ und werde durch die Produktionsfunktion $F(x_1, x_2) = x_1^a x_2^b$ beschrieben, wobei x_i die von Faktor i $(i = 1, 2)$ eingesetzte Menge bezeichnet.

---

[48]Dass die Grenzrate der technischen Substitution dem Verhältnis der Faktorpreise entsprechen muss, stellt auch eine notwendige Bedingung des Gewinnmaximierungsproblems (siehe auch Bemerkung 9.68 in Abschnitt 9.5.5 zum Thema Gewinnmaximierung) dar.

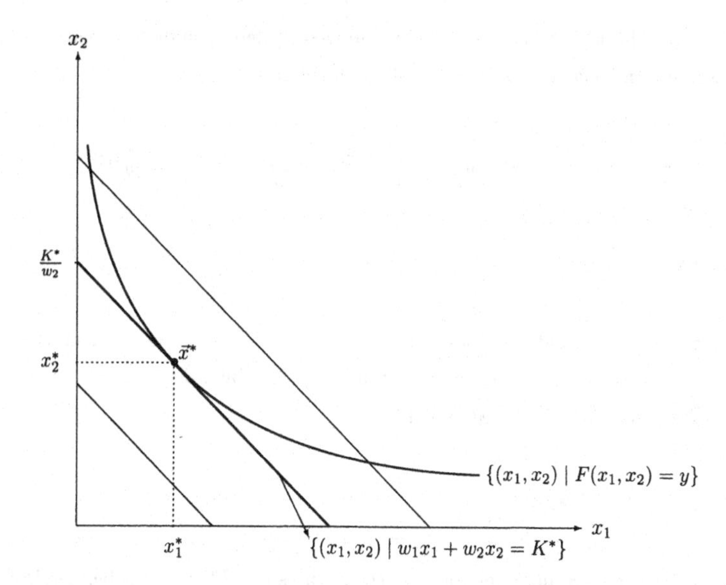

Abbildung 9.9: *Die Tangentialbedingung bei der Kostenminimierung*

Der Lagrangeansatz liefert als notwendige Bedingungen für ein Kostenminimum:

$$\frac{w_1}{w_2} = \frac{a}{b} \cdot \frac{x_2^*}{x_1^*} \tag{9.16}$$

$$y = (x_1^*)^a (x_2^*)^b. \tag{9.17}$$

Auflösen von (9.16) nach x_1^* und Einsetzen in (9.17) liefert die kostenminimierende Nachfrage nach Faktor 2[49]:

$$x_2^* = y^{\frac{1}{a+b}} \left(\frac{w_1}{w_2}\right)^{\frac{a}{a+b}} \left(\frac{b}{a}\right)^{\frac{a}{a+b}} \tag{9.18}$$

Einsetzen von (9.18) in (9.16) liefert die kostenminimierende Nachfrage x_1^* nach Faktor 1:

$$x_1^* = y^{\frac{1}{a+b}} \left(\frac{w_2}{w_1}\right)^{\frac{b}{a+b}} \left(\frac{a}{b}\right)^{\frac{b}{a+b}}.$$

[49]Diese lässt sich als kostenminimierende Nachfragefunktion Z_2 für Faktor 2 in Abhängigkeit von den Faktorpreisen und dem Produktionsniveau interpretieren.

Einsetzen der kostenminimierenden Nachfragen x_1^* und x_2^* in die Kostendefinition liefert, nach einigen kleinen Umformungen, die Kostenfunktion:

$$C(w_1, w_2, y) = w_1 x_1^* + w_2 x_2^* = \left(\left(\frac{a}{b}\right)^{\frac{b}{a+b}} + \left(\frac{b}{a}\right)^{\frac{a}{a+b}}\right) w_1^{\frac{a}{a+b}} w_2^{\frac{b}{a+b}} y^{\frac{1}{a+b}}.$$

Grenzkosten

Gemäß dem Hauptsatz der Integralrechnung (Satz 8.31) stellt die Integration einer Funktion die Umkehrung der Differentiation in folgendem Sinn dar. Bezeichen wir mit F das Integral einer Funktion $f : \mathbb{R} \longrightarrow \mathbb{R}$

$$F(x) = \int f(x)dx,$$

so ist $F(x)$ eine Stammfunktion von $f(x)$, d.h es gilt $F' = f$. Da bei der Differentiation jedoch konstante Summanden verschwinden, ist eine Stammfunktion immer nur bis auf eine Konstante genau bestimmt. Damit erklärt sich die Formulierung „$F(x)$ ist *eine* Stammfunktion von $f(x)$“. Zu einer Funktion $f(x)$ existieren daher beliebig viele Stammfunktionen, während zu jeder Stammfunktion genau eine erste Ableitung existiert.
Eine Möglichkeit, diesen Zusammenhang zu veranschaulichen, stellt die Betrachtung von Kostenfunktionen dar. In generalisierter Betrachtung bestehen die Kosten einer Unternehmung aus fixen Kosten F und variablen Kosten V. Fixe Kosten sind diejenigen Kosten, die unabhängig vom Produktionsumfang anfallen und auch in ihrer Höhe vom Produktionsumfang unabhängig sind. Die variablen Kosten sind vom Output y abhängig. Die Funktion der Variablen Kosten ergibt sich als:[50]

$$V : \mathbb{R} \longrightarrow \mathbb{R} : y \mapsto V(y).$$

Eine Kostenfunktion hat daher allgemein die Form:

$$C : \mathbb{R} \longrightarrow \mathbb{R} : C(y) = V(y) + F.$$

[50] In dieser Betrachtung soll von gegebenen Faktorpreisen ausgegangen werden, so dass die Kostenfunktionen nur vom Produktionsniveau y abhängig sind.

Die 1. Ableitung der Kostenfunktion wird auch als *Grenzkostenfunktion* bezeichnet. Grenzkosten geben an, wie sich die gesamten Produktionskosten ändern, wenn die Produktion um eine marginale Einheit verändert wird. Formal ergibt sich die Funktion der Grenzkosten als:

$$C' : \mathbb{R} \longrightarrow \mathbb{R} : C'(y) = \lim_{\Delta y \to 0} \frac{C(y + \Delta y) - C(y)}{\Delta y}.$$

Dabei gilt:

$$\begin{aligned} \lim_{\Delta y \to 0} \frac{C(y + \Delta y) - C(y)}{\Delta y} &= \lim_{\Delta y \to 0} \frac{(V(y + \Delta y) + F) - (V(y) + F)}{\Delta y} \\ &= \lim_{\Delta y \to 0} \frac{V(y + \Delta y) - V(y)}{\Delta y} = V'(y). \end{aligned}$$

Die Grenzkosten stellen also sowohl die 1. Ableitung der Kostenfunktion als auch die 1. Ableitung der Funktion der variablen Kosten dar. Mit anderen Worten: Sowohl die Kostenfunktion als auch die Funktion der variablen Kosten sind Stammfunktionen der Grenzkostenfunktion. Dies entspricht der Definition der fixen Kosten. Da diese unabhängig vom Produktionsumfang anfallen, sind nur die variablen Kosten für das Steigungsverhalten der Kostenfunktion relevant.

Die geometrische Interpretation des Integrals basiert darauf, das Integral als Fläche unter dem Graphen einer Funktion aufzufassen. Der Inhalt der Fläche unter dem Graphen wird dabei durch die Flächeninhalte von Rechtecken approximiert. Das Integral wird dann als Grenzwert dieser Approximation definiert (siehe Definition 8.1). Damit ergibt sich das Integral über einem Intervall des Definitionsbereiches als stetige Summe der zugehörigen Funktionswerte.

Interpretiert man das Integral der Grenzkostenfunktion geometrisch, so gibt es den Flächeninhalt unter der Grenzkostenkurve an. Diese Interpretation des Integrals zeigt, dass die Fläche unter der Grenzkostenkurve gerade den gesamten variablen Kosten entspricht: Der Ausdruck

$$\int_0^a C'(y)dy = \int_0^a V'(y)dy$$

summiert die Grenzkosten für jedes mögliche Produktionsniveau y mit $0 \leq y \leq a$. Die zusätzlichen Kosten, die durch die Produktion einer marginalen Einheit entstehen, entsprechen gerade den variablen Kosten der Produktion dieser marginalen Einheit. Summiert man nun über die Grenzkosten, die mit jedem Produktionsniveau $y \in [0, a]$ verbunden sind, so erhält man gerade die variablen Kosten, die insgesamt mit der Produktion eines Outputs in Höhe von a verbunden sind.

Durchschnittskosten

Häufig sind auch die durchschnittlichen Stückkosten in ökonomischen Überlegungen relevant. Die Durchschnittskostenfunktion A ergibt sich als:

$$A : \mathbb{R} \longrightarrow \mathbb{R} : y \mapsto \frac{C(y)}{y}$$

wobei:

$$A(y) = \frac{C(y)}{y} = \frac{V(y) + F}{y}.$$

Oft wird ein U-förmiger Verlauf der Durchschnittskostenkurve unterstellt. Es wird also angenommen, dass die Durchschnittskostenfunktion ein globales Minimum besitzt und streng konvex verläuft. Dies wird damit begründet, dass bei niedrigem Produktionsniveau der Anteil der Fixkosten mit steigender Produktion fällt und gleichzeitig die variablen Kosten bei steigender Auslastung konstant sind oder fallen. Bei hoher Produktion werden dagegen fixe Faktoren - d.h. solche Faktoren, deren Einsatz das Unternehmen kurzfristig nicht verändern kann, wie etwa die Größe von Gebäuden - zum limitierenden Faktor, so dass die Produktion nur bei steigenden Durchschnittskosten wegen höherer variabler Stückkosten weiter ausgedehnt werden kann.

Unter der Annahme, dass die Durchschnittskostenfunktion über ein globales Minimum verfügt, lässt sich zeigen, dass die Grenzkostenfunktion die Durchschnittskostenfunktion in ihrem Minimum schneidet[51]. Sei y^* das globale Minimum der Durchschnittskostenfunktion. Dann muss gelten:

$$A'(y^*) = 0.$$

[51] Falls die Funktion der variablen Durchschnittskosten ebenfalls ein globales Minimum besitzt, lässt sich vollkommen analog zeigen, dass der Schnittpunkt dieser Funktion mit der Grenzkostenkurve ebenfalls in ihrem Minimum liegt.

Mit

$$A'(y) = \frac{d}{dy}\left(\frac{C(y)}{y}\right) = \frac{C'(y)y - C(y)}{y^2}$$

folgt:

$$A'(y^*) = 0 \iff C'(y*)y * - C(y*) = 0 \iff C'(y^*) = A(y^*).$$

Weil die 1. Ableitung der Funktion der variablen Kosten gerade den Grenzkosten entspricht, folgt, dass sich Grenzkosten- und Durchschnittskostenfunktion im Minimum der Durchschnittskostenfunktion schneiden. Dieses Ergebnis kann folgendermaßen plausibel gemacht werden: Solange die Grenzkostenkurve unterhalb der Durchschnittskostenkurve verläuft, müssen die Durchschnittskosten fallen, weil die Stückkosten zusätzlicher Produktion unter dem bisherigen Durchschnitt der Stückkosten liegen. Entsprechend müssen die Durchschnittskosten steigen, wenn die Grenzkosten über den Durchschnittskosten liegen. Folglich erreicht die Durchschnittskostenfunktion ihr Minimum in ihrem Schnittpunkt mit der Grenzkostenfunktion.

9.6 Wachstumstheorie: Solow-Modell und Inada-Bedingungen

Die Wachstumstheorie ist eine Disziplin der Volkswirtschaftslehre, die versucht zu erklären, wie sich die Wertschöpfung einer Volkswirtschaft im Zeitverlauf entwickelt. Das grundlegende Modell dieses Zweiges der Wirtschaftstheorie wurde von Robert Solow entwickelt. Das Solow-Modell soll hier in seiner einfachsten Form vorgestellt werden, weil es die Möglichkeit bietet, interessante Grenzwertuntersuchungen vorzunehmen.

Spezifikation des Modells

Gegeben sei eine stetig differenzierbare volkswirtschaftliche Produktionsfunktion $Y = F(K, L)$, wobei Y das Sozialprodukt bezeichnet, K den Produktionsfaktor Kapital und

L den Produktionsfaktor Arbeit. Die volkswirtschaftliche Produktionsfunktion sei homogen vom Grad 1, monoton steigend in den Einzelvariablen und weise in beiden Faktoren abnehmende Grenzprodukte auf, d.h. es gilt:

$$F(\lambda K, \lambda L) = \lambda F(K, L)$$

$$\frac{\partial F}{\partial K}(K, L), \frac{\partial F}{\partial L}(K, L) \geq 0 \quad ; \quad \frac{\partial^2 F}{(\partial K)^2}(K, L), \frac{\partial^2 F}{(\partial L)^2}(K, L) \leq 0.$$

Die Bevölkerung sei im Zeitverlauf konstant. Es sei weiter unterstellt, dass eine konstante Sparquote s existiert, so dass in jeder Periode der gleiche Anteil der Produktion gespart wird. Weiter wird angenommen, dass die gesamte Ersparnis unmittelbar dem Kapitalmarkt zur Verfügung gestellt wird, also unmittelbar wieder in Kapitalanlagen investiert wird. Gleichzeitig existiert eine konstante Abschreibungsrate δ, d.h. dass in jeder Periode ein konstanter Anteil des Kapitals verbraucht wird.

Bemerkung 9.74

Der mit der Produktionsfunktion F erzeugte Output Y steht also für drei unterschiedliche Verwendungen zur Verfügung: Konsum, Ersparnisbildung und Kapitalakkumulation.
Y wird dabei als die aggregierte Wertschöpfung, d.h. als Sozialprodukt der betrachteten Volkswirtschaft interpretiert. Gleichzeitig wird das Sozialprodukt auch als aggregiertes Einkommen der Volkswirtschaft betrachtet[52]. Das Sozialprodukt, in seiner Interpretation als gesamtwirtschaftliches Einkommen, kann konsumiert oder gespart werden. Die Ersparnis stellt dann zunächst *Finanzkapital* dar. Es wird jedoch in diesem Modell zur Vereinfachung angenommen, dass dieses Finanzkapital unmittelbar wieder in *Sachkapital* überführt wird[53]. Die Ersparnis wird also sofort verwendet, um Investitionen zu finanzieren. Diese vereinfachte Betrachtung läuft also auf eine Äquivalenz unterschiedlicher Kapitalbegriffe hinaus. In der Volkswirtschaftslehre stellt Kapital in der Regel einen Produktionsfaktor dar. Als Kapital werden dabei alle diejenigen Inputs in einem Produktionsprozess bezeichnet, die selbst zuvor produziert wurden (beispielsweise Maschinen). Kapital bezeichnet demnach produzierte Güter mit einer spezifischen Verwendung. Daher

[52] Aus der volkswirtschaftlichen Gesamtrechnung, d.h. der systematischen Aufzeichnung aller Güter- und Einkomensströme einer Volkswirtschaft ergibt sich (in vereinfachter Betrachtung), dass der Wert der produzierten Güter und Dienstleistungen in jeder Periode der Einkommenssumme entspricht.

[53] D.h. es wird kein Finanzsystem o.ä. benötigt, um das ersparte Einkommen möglichen Investoren zur Verfügung zu stellen.

auch der Terminus Sachkapital. Diese, in der Produktion eingesetzten Güter, verschleißen im Lauf der Zeit. Im Modell wird der Verschleiß anhand der Abschreibungsrate modelliert. Da demnach Ersparnisbildung und (Sach-)Kapitalakkumulation in diesem Modell äquivalent sind, reduziert sich die Zahl der möglichen Verwendungen. Y kann konsumiert oder zur Kapitalakkumulation verwendet werden. Die Menge aller zur Verfügung stehenden Kapitalgüter wird im Folgenden als *Kapitalstock* K bezeichnet.

Betrachtet man den gesamtwirtschaftlichen Kapitalstock K als Variable, deren Entwicklung von der Zeit abhängig ist und schreibt $K = K(t)$, so kann die Veränderung des Kapitalstocks im Zeitverlauf angegeben werden als[54]:

$$\frac{dK(t)}{dt} = s \cdot F(K(t), L) - \delta \cdot K(t)$$

d.h. die Veränderung des Kapitalstocks ergibt sich als Differenz zwischen der Ersparnis $s \cdot F(K(t), L)$, also dem zusätzlich zur Verfügung gestellten Kapital und der Abschreibung $\delta \cdot K(t)$, also dem Kapitalverschleiß.

Das Gleichgewicht

Ein Gleichgewicht in diesem Modellrahmen zeichnet sich dadurch aus, dass der gesamtwirtschaftliche Kapitalstock im Zeitverlauf konstant ist, d.h. es gilt:

$$\frac{dK(t)}{dt} = 0.$$

In einem solchen Gleichgewicht, in dem sowohl Kapitalstock als auch Bevölkerung im Zeitverlauf konstant sind, ist auch das Sozialprodukt im Zeitverlauf konstant. Im Folgenden soll nun überprüft werden, wann die Voraussetzungen für die Existenz eines solchen Gleichgewichts erfüllt sind. Zunächst stellen wir eine Gleichgewichtssituation graphisch durch ein sog. *Phasendiagramm*, in dem die zeitliche Entwicklung von Variablen beschrieben wird, dar.

[54] Häufig schreibt man auch $\dot{K}(t)$ an Stelle von $\frac{dK(t)}{dt}$.

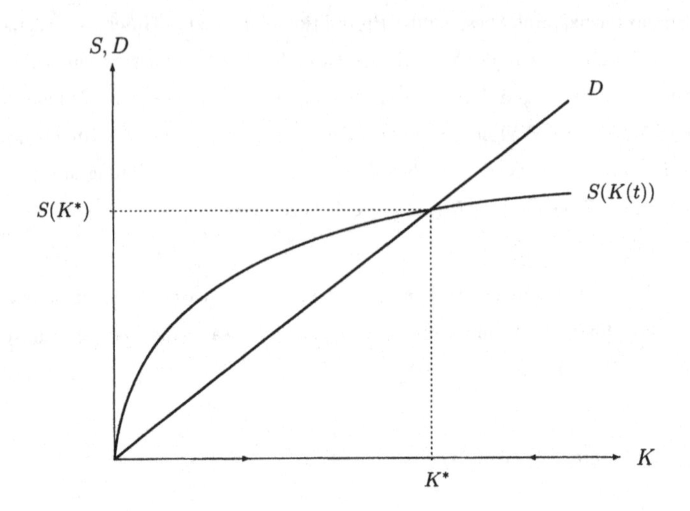

Abbildung 9.10: *Phasendiagramm zur Entwicklung des Kapitalstocks*

Die Ersparnisfunktion $S : K \longrightarrow s \cdot F(K, \overline{L})$ hat, wenn der Faktor Arbeit konstant gehalten wird, auf Grund der Annahme eines abnehmenden Grenzprodukts einen konkaven Verlauf. Die Abschreibungsfunktion $D : K \longrightarrow \delta \cdot K$ ist linear.

Wenn die Ersparnis gerade der Abschreibung entspricht, ist der Kapitalstock im Zeitverlauf konstant. In der graphischen Darstellung des Gleichgewichts (siehe Abbildung 9.10) existiert ein eindeutiger Wert K^*, bei dem sich der Graph der Ersparnisfunktion und der Graph der Abschreibungsfunktion schneiden. K^* wird daher als Gleichgewichtswert des Kapitalstocks bezeichnet und demzufolge ergibt sich der Gleichgewichtswert des Sozialprodukts als $Y^* = F(K^*, L)$.

Dieser Gleichgewichtswert K^* wird als global stabil bezeichnet, weil K unabhängig vom Ausgangswert des Kapitalstocks gegen K^* konvergiert. Falls nämlich $K > K^*$ ist, so folgt $s \cdot F(K(t), L) < \delta \cdot K(t)$ und daher $\frac{dK(t)}{dt} < 0$. Der Kapitalstock schrumpft also, bis K^* erreicht ist. Falls $K < K^*$ ist, so folgt $s \cdot F(K(t), L) > \delta \cdot K(t)$ und daher $\frac{dK(t)}{dt} > 0$. Der Kapitalstock wächst dann, bis K^* erreicht ist. Es gilt also:

$$\lim_{t \to \infty} K(t) = K^*.$$

Inada-Bedingungen

Die bislang über die volkswirtschaftliche Produktionsfunktion getroffenen Annahmen sind nicht hinreichend, um die Existenz eines eindeutigen Gleichgewichts zu garantieren. Diese Annahmen ließen beispielsweise zu, dass die Ersparniskurve vollständig unterhalb oder vollständig oberhalb der Abschreibungskurve verläuft, so dass kein Schnittpunkt existiert. Eine hinreichende Bedingung für die Existenz eines eindeutigen Gleichgewichts stellen die sog. *Inada-Bedingungen* dar. Sie verlangen, dass folgende zwei Forderungen erfüllt sind:

$$1) \quad \lim_{K\to 0} \frac{\partial F(K,L)}{\partial K} = \infty \qquad 2) \quad \lim_{K\to\infty} \frac{\partial F(K,L)}{\partial K} = 0.$$

Die Inada-Bedingungen gewährleisten, dass die Ersparnisfunktion zunächst steiler und für große Werte von K flacher verläuft als die Abschreibungskurve. Damit ist gewährleistet, dass sich die Kurven genau einmal schneiden.

Eine Produktionsfunktion, die für bestimmte Parameterkonstellationen die Inada Conditions erfüllt, ist die CES-Produktionsfunktion. CES steht hierbei für *constant elasticity of substitution*. Für Produktionsfunktionen dieses Typs gilt, dass die Elastizität des Faktoreinsatzverhältnisses bezogen auf das Faktorpreisverhältnis konstant ist. Allgemein lautet die Funktionsvorschrift:

$$F(K,L) = \left[K^{\frac{\sigma-1}{\sigma}} + L^{\frac{\sigma-1}{\sigma}}\right]^{\frac{\sigma}{\sigma-1}}; \quad 0 \leq \sigma \leq \infty; \quad \sigma \neq 1$$

Anwendung der Kettenregel liefert:

$$\frac{\partial F(K,L)}{\partial K} = \left[1 + \left(\frac{L}{K}\right)^{\frac{\sigma-1}{\sigma}}\right]^{\frac{1}{\sigma-1}} = \mathrm{e}^{\frac{1}{\sigma-1}\ln\left(1+\left(\frac{L}{K}\right)^{\frac{\sigma-1}{\sigma}}\right)}.$$

Wegen

$$\lim_{K} \frac{\partial F(K,L)}{\partial K} \overset{\text{Stetigkeit}}{=} \mathrm{e}^{\frac{1}{\sigma-1}\ln\left(\lim_{K}\left[1+\left(\frac{L}{K}\right)^{\frac{\sigma-1}{\sigma}}\right]\right)}$$

sind zur Überprüfung der Inada-Bedingungen zunächst die Grenzwerte:

$$\lim_{K\to 0}\left[1 + \left(\frac{L}{K}\right)^{\frac{\sigma-1}{\sigma}}\right] \quad \text{und} \quad \lim_{K\to\infty}\left[1 + \left(\frac{L}{K}\right)^{\frac{\sigma-1}{\sigma}}\right]$$

zu berechnen.

i) Gelte $\sigma > 1$. Dann folgt:

$$\lim_{K\to 0}\left[1+\left(\frac{L}{K}\right)^{\frac{\sigma-1}{\sigma}}\right] = \infty \implies \lim_{K\to 0}\frac{\partial F(K,L)}{\partial K} = \infty$$

und

$$\lim_{K\to \infty}\left[1+\left(\frac{L}{K}\right)^{\frac{\sigma-1}{\sigma}}\right] = 1 \implies \lim_{K\to \infty}\frac{\partial F(K,L)}{\partial K} = \mathrm{e}^1 = \mathrm{e}$$

Für $\sigma > 1$ sind die Inada-Bedingungen also nicht erfüllt.

ii) Gelte $\sigma < 1$. Dann folgt:

$$\lim_{K\to 0}\left[1+\left(\tfrac{L}{K}\right)^{\frac{\sigma-1}{\sigma}}\right] = \lim_{K\to 0}\left[1+L^{\frac{\sigma-1}{\sigma}}K^{\frac{1-\sigma}{\sigma}}\right] = 1$$

$$\overset{\ln(1)=0}{\implies} \lim_{K\to 0}\frac{\partial F(K,L)}{\partial K} = \mathrm{e}^0 = 1$$

und

$$\lim_{K\to \infty}\left[1+\left(\tfrac{L}{K}\right)^{\frac{\sigma-1}{\sigma}}\right] = \lim_{K\to 0}\left[1+L^{\frac{\sigma-1}{\sigma}}K^{\frac{1-\sigma}{\sigma}}\right] = \infty$$

$$\implies \lim_{K\to \infty}\frac{\partial F(K,L)}{\partial K} = \mathrm{e}^{\frac{\infty}{\sigma-1}} = \mathrm{e}^{-\left(\frac{\infty}{1-\sigma}\right)} = 0.$$

Für $\sigma < 1$ sind die Inada-Bedingungen also nicht erfüllt.

iii) Im Grenzübergang $\sigma \to 1$ liefert die CES-Produktionsfunktion gerade eine Cobb-Douglas Produktionsfunktion. Gelte Daher:

$F(K,L) = AK^{\alpha}L^{\beta}$ mit $A, \alpha, \beta > 0$. Es ergibt sich $\dfrac{\partial F(K,L)}{\partial K} = A\alpha K^{\alpha-1}L^{\beta}$.

Gelte $\alpha > 1$. Dann folgt:

$$\lim_{K\to 0} A\alpha K^{\alpha-1}L^{\beta} = 0 \quad , \quad \lim_{K\to\infty} A\alpha K^{\alpha-1}L^{\beta} = \infty.$$

Für $\alpha > 1$ sind die Inada-Bedingungen also nicht erfüllt.

Gelte $\alpha < 1$. Dann folgt:

$$\lim_{K\to 0} A\alpha K^{\alpha-1}L^{\beta} = \infty \quad , \quad \lim_{K\to\infty} A\alpha K^{\alpha-1}L^{\beta} = 0.$$

Für $\alpha < 1$ sind die Inada-Bedingungen also erfüllt.

Literaturhinweise

Kapitel 1: Formale Logik

Meschkowski, H. (1971): Einführung in die moderne Mathematik.
B.I. Wissenschaftsverlag, Mannheim

Paulos, J.A. (1991): Ich lache, also bin ich.
Campus-Verlag, Frankfurt/New York

Quine, W.v.O. (1974): Grundzüge der Logik.
Suhrkamp Verlag, Frankfurt a.M.

Tarski, A. (1977): Einführung in die mathematische Logik.
Vandenhoeck und Ruprecht, Göttingen

Kapitel 2: Mengenlehre

Halmos, P. (1976): Naive Mengenlehre.
Vandenhoeck und Ruprecht, Göttingen

Klaua, D. (1979): Mengenlehre.
de Gruyter Verlag, Berlin

Meschkowski, H. (1971): Einführung in die moderne Mathematik.
B.I. Wissenschaftsverlag, Mannheim

Schmidt, J. (1974): Mengenlehre I.
B.I. Wissenschaftsverlag, Mannheim

Kapitel 3: Algebraische Strukturen

Jänich, K. (1993): Lineare Algebra (5. Auflage).
Springer Verlag, Berlin, Heidelberg, New York

Lamprecht, E. (1991): Einführung in die Algebra.
Birkhäuser Verlag, Basel, Boston, Berlin

Kapitel 4: Abbildungen

Fleming, W. (1987): Functions of several variables.
Addison-Wesley, Reading, Mass.

Halmos, P. (1976): Naive Mengenlehre.
Vandenhoeck und Ruprecht, Göttingen

Kapitel 5: Finanzmathematik

Bosch, K. (1991): Finanzmathematik.
Oldenbourg Verlag, München

Ingersoll, J. (1987): Theory of financial decision making.
Rowman & Littlefield, Totawa (New Jersey)

Köhler, H. (1992): Finanzmathematik.
Carl Hauser Verlag, München, Wien

Kruschwitz, L. (1989): Finanzmathematik.
Verlag Franz Vahlen, München

Lohmann, K. (1989): Finanzmathematische Wertpapieranalyse.
Verlag Otto Schwarz & Co., Göttingen

Kapitel 6: Stetigkeit

Erwe, F. (1970): Differential- und Integralrechnung I.
B.I. Wissenschaftsverlag, Mannheim

Maak, W. (1970): Differential- und Integralrechnung.
Vandenhoeck und Ruprecht, Göttingen

Mangoldt v., H./Knopp, K. (1989): Einführung in die höhere Mathematik, Bd. 1.
Hirzel Verlag, Stuttgart

Rudin, W. (1976): Principles of mathematical Analysis.
Mc Graw-Hill, New York

Kapitel 7: Differenzierbarkeit

Erwe, F. (1970): Differential- und Integralrechnung I.
B.I. Wissenschaftsverlag, Mannheim

Fleming, W. (1987): Functions of several variables.
Addison-Wesley, Reading, Mass.

Intriligator, M. (1971): Mathematical optimization and economic theory.
Prentice Hall, Englewood Cliffs (N.J.)

Maak, W. (1970): Differential- und Integralrechnung.
Vandenhoeck und Ruprecht, Göttingen

Mangoldt v., H./Knopp, K. (1989): Einführung in die höhere Mathematik, Bd. 1 - 2.
Hirzel Verlag, Stuttgart

Rudin, W. (1976): Principles of mathematical Analysis.
Mc Graw-Hill, New York

Stummel, F./Hainer, K. (1982): Praktische Mathematik.
Teubner Verlag, Stuttgart

Kapitel 8: Integrationstheorie

Fleming, W. (1987): Functions of several variables.
Addison-Wesley, Reading, Mass.

Maak, W. (1970): Differential- und Integralrechnung.
Vandenhoeck und Ruprecht, Göttingen

Mangoldt v., H./Knopp, K. (1989): Einführung in die höhere Mathematik, Bd. 3.
Hirzel Verlag, Stuttgart

Rudin, W. (1976): Principles of mathematical Analysis.
Mc Graw-Hill, New York

Kapitel 9: Ökonomische Anwendungen

Mas-Colell, A./Whinston, M.D./Green, J.R. (1995): Microeconomic Theory.
Oxford University Press, Oxford, New York

Varian, H.R. (1985): Mikroökonomie.
Oldenbourg Verlag, München, Wien

Sammelwerke:

Beckmann, M.J./Künzi, H.P. (1973 - 1984): Mathematik für Ökonomen [I - III].
Springer Verlag, Berlin, Heidelberg, New York

Breitung, K./Filip, P. (1990): Einführung in die Mathematik für Ökonomen.
Oldenbourg Verlag, München, Wien

Bronstein, I.N./Semendjajew, K.A. (1991): Taschenbuch der Mathematik.
Verlag Harri Deutsch, Zürich,Frankfurt

Chiang, A. (1984): Fundamental Methods of Mathematical Economics.
Mc Graw-Hill, Kogakusha

Gal, T. et al. (1991): Mathematik für Wirtschaftswissenschaftler I,II.
Springer Verlag, Berlin, Heidelberg, New York

Hauptmann, H. (1988): Mathematik für Betriebs- und Volkswirte.
Oldenbourg Verlag, München, Wien

Kall, P. (1982): Analysis für Ökonomen.
Teubner Verlag, Stuttgart

Luh, W./Stadtmüller, K. (1991): Mathematik für Wirtschaftswissenschaftler.
Oldenbourg Verlag, München, Wien

Opitz, O. (1991): Mathematik: Lehrbuch für Ökonomen.
Oldenbourg Verlag, München, Wien

Richter, R./Schlieper, U./Friedmann, W. (1981): Makroökonomik.
Springer Verlag, Berlin, Heidelberg, New York

Rommelfanger, H. (1992): Mathematik für Wirtschaftswissenschaftler I, II.
B.I. Wissenschaftsverlag, Mannheim

Tietze, J. (1992): Einführung in die angewandte Wirtschaftsmathematik.
Vieweg Verlag, Braunschweig

Varian, H.R. (1985): Mikroökonomie.
Oldenbourg Verlag, München, Wien

Index

A

E

F

G

H

I

J

K

L

M

N

O

S

T

U

V

Deutscher Universitäts-Verlag